Photoshop CC 手绘完全自学手册

创锐设计　编著

图书在版编目（CIP）数据

Photoshop CC手绘完全自学手册／创锐设计编著. —北京：机械工业出版社，2017.1

ISBN 978-7-111-55752-4

Ⅰ. ①P… Ⅱ. ①创… Ⅲ. ①图像处理软件－手册 Ⅳ. ①TP391.413-62

中国版本图书馆CIP数据核字（2016）第322640号

本书是编者集多年数码手绘经验编写而成的一本基础型数码手绘自学教程，以流行的绘图软件 Photoshop 为平台，全面而详细地讲解了数码手绘的实操手法，帮助读者打下扎实的基础，并且能够触类旁通、扩展思路，独立完成更多作品的绘制。

全书共 7 章，可分成 2 个部分。第 1 部分为基础知识，讲解数码手绘的软硬件基础知识、绘图软件 Photoshop 的基本操作、画笔的选择与设置、绘画的基本技法等内容。第 2 部分为典型实例，分门别类地讲解了静物、美食、花卉、鸟类、宠物等典型题材的作品绘制，通过详细的操作步骤解析，让读者在动手绘制的过程中理解和掌握相应的数码手绘技法。

本书内容全面、系统、翔实，非常适合数码手绘爱好者自学使用，也可作为大中专院校美术类或数字媒体艺术类专业的教材或教学参考书。

Photoshop CC手绘完全自学手册

出版发行：机械工业出版社（北京市西城区百万庄大街22号 邮政编码：100037）

责任编辑：杨 倩

印 刷：北京天颖印刷有限公司　　版 次：2017年1月第1版第1次印刷

开 本：190mm×210mm 1/24　　印 张：10

书 号：ISBN 978-7-111-55752-4　　定 价：59.00元

凡购本书，如有缺页、倒页、脱页，由本社发行部调换

客服热线：（010）88379426 88361066　　投稿热线：（010）88379604

购书热线：（010）68326294 88379649 68995259　　读者信箱：hzit@hzbook.com

PREFACE 前言

数码手绘是现代信息技术与传统绘画艺术相结合的产物。与传统绘画形式使用画笔在画纸或画布上创作不同，数码手绘借助绘图软件与数位板完成艺术作品的创作，具有颜色更真实、细腻，修改、变形、变色更方便，能够长期保存等优点，因而被广泛应用在影视动画、插图绘制、广告制作、服装设计等领域。

本书以流行的绘图软件Photoshop为平台，全面而详细地讲解了数码手绘的实操手法，帮助读者打下扎实的基础，并且能够触类旁通、扩展思路，独立完成更多作品的绘制。

内容结构

全书共7章，可分成2个部分。

第1部分为基础知识，包括第1～2章，讲解数码手绘的软硬件基础知识、绘图软件Photoshop的基本操作、画笔的选择与设置、绘画的基本技法等内容。通过对这一部分的学习，读者能够建立对数码手绘的基本认知，并掌握Photoshop中不同种类画笔的选择、设置与使用方法。

第2部分为典型实例，包括第3～7章，分门别类地讲解了静物、美食、花卉、鸟类、宠物等典型题材的作品绘制。每个实例都有详细的操作步骤解析，让读者能够一步步顺利完成作品的绘制，并在这一过程中掌握相应的数码手绘技法。

编写特色

●本书采用“基础知识+实战演练”的编写模式，内容系统、全面、循序渐进，没有数码手绘经验的读者通过自学也可轻松掌握实用的Photoshop数码手绘技术，实现传统手绘向数码手绘的无缝升级。

●书中绘画题材的选择都以学习某一种重要的数码手绘表现技法为出发点。例如，静物题材是为了讲解不同材质的质感表现技法，美食题材是为了讲解立体感的表现技法，花卉、鸟类和宠物题材则是为了讲解纹理、羽毛和毛发的表现技法。

●每类题材下选用的作品具有很强的代表性，并且操作难度适中、成品效果精美。作品的讲解首先对绘画要点、色彩搭配等重点和难点进行分析，然后用极其详尽的步骤展示绘制的过程，使每位读者跟随讲解都能绘制出类似的图像效果，激发出学习的信心和热情。

●书中穿插了大量的技巧提示，读者不仅能学到数码手绘技法，还能掌握许多Photoshop操作技巧，领会Photoshop数码手绘的精髓。

●本书的云空间资料包含所有实例的PSD源文件，读者可通过云盘下载，在学习过程中用于对比和模仿。

读者对象

本书非常适合数码手绘爱好者自学使用，也可作为大中专院校美术类或数字媒体艺术类专业的教材或教学参考书。

由于编者水平有限，在编写本书的过程中难免有不足之处，恳请广大读者指正批评，除了扫描二维码添加订阅号获取资讯以外，也可加入QQ群134392156与我们交流。

编　者

2017年1月

如何获取云空间资料

步骤 1：扫描关注微信公众号

在手机微信的“发现”页面中点击“扫一扫”功能，如左下图所示，页面立即切换至“二维码 / 条码”界面，将手机对准右下图中的二维码，即可扫描关注我们的微信公众号。

步骤 2：获取资料下载地址和密码

关注公众号后，回复本书书号的后 6 位数字“557524”，公众号就会自动发送云空间资料的下载地址和相应密码。

步骤 3：打开资料下载页面

方法 1：在计算机的网页浏览器地址栏中输入获取的下载地址（输入时注意区分大小写），按 Enter 键即可打开资料下载页面。

方法 2：在计算机的网页浏览器地址栏中输入“wx.qq.com”，按 Enter 键后打开微信网页版的登录界面。按照登录界面的操作提示，使用手机微信的“扫一扫”功能扫描登录界面中的二维码，然后在手机微信中点击“登录”按钮，浏览器中将自动登录微信网页版。在微信网页版中单击左上角的“阅读”按钮，如右图所示，然后在下方的消息列表中找到并单击刚才公众号发送的消息，在右侧便可看到下载地址和相应密码。将下载地址复制、粘贴到网页浏览器的地址栏中，按 Enter 键即可打开资料下载页面。

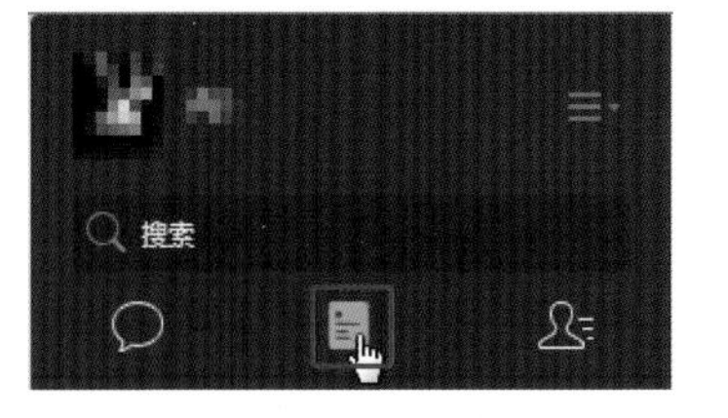

步骤 4：输入密码并下载资料

在资料下载页面的“请输入提取密码：”下方的文本框中输入下载地址附带的密码（输入时注意区分大小写），再单击“提取文件”按钮，在新打开的页面中单击右上角的“下载”按钮，在弹出的菜单中选择“普通下载”选项，即可将云空间资料下载到计算机中。下载的资料如为压缩包，可使用 7-Zip、WinRAR 等解压软件解压。

CONTENTS 目录

第1章　数码手绘基础知识

数码手绘通过数位板和绘图软件相结合的方式来创建绘画作品，与传统手绘相比，不但更易保存，而且可以自由地查看与修改图像。本章对数码手绘的优点、数码手绘必备绘图软件、数位板进行介绍，让读者更为全面地认识数码手绘。

1.1 传统手绘与数码手绘

绘画是一种大众所熟悉的艺术。大多数情况下，绘画都会使人联想到传统的纸上作画，这种绘画方式需要绘画者具有较好的绘画功底，对各种绘画工具、材料、颜色等有全面的了解。由于是在纸上作画，创作起来非常花费时间，并且不易修改，如果出现错误，轻则用修改液修改，重则需要重新绘制。

由于传统手绘绘制过程漫长、修改太麻烦，所以越来越多的人选择了数码手绘。数码手绘，顾名思义就是利用数字化设备进行绘画，如在计算机上通过数位板和绘图软件相结合的方式来作画，如下三幅图像所示。与传统手绘相比，数码手绘有很多优点，它对创作者的绘画功底要求不高，创作出的作品不像传统艺术品会受到作品的种类和大小、展示空间及光线、环境等的限制，而且可以长时间保存和反复查看。

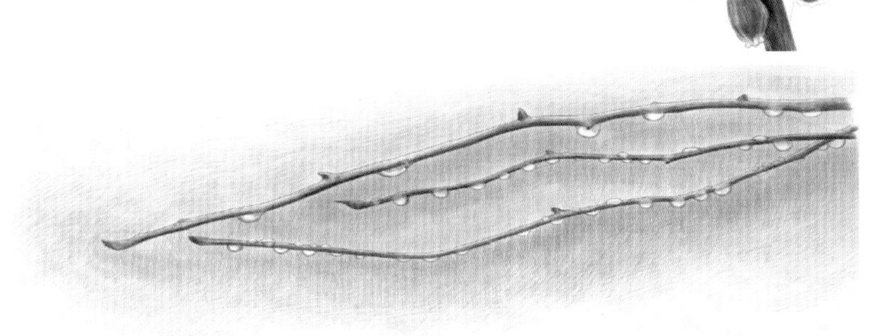

其次，数码手绘不但绘制起来更方便，修改起来也更为简单。即使是不会绘画的人也可以在计算机上进行简单的绘画操作，如果在绘制的过程中发生了错误，只需通过快捷键 Ctrl+Z 或者使用绘图软件中的擦除工具擦掉就可以轻松解决问题。再次，数码手绘更加真实细腻，不但能表现传统手绘的质感，在层次表现上也更理想，如左图所示。

1.2 常用数码手绘软件

运用电脑进行绘画时，选择一款合适的绘图软件是非常有必要的。目前，被人们所熟知的绘图软件有 Adobe Photoshop、Corel Painter、Autodesk SketchBook Pro 等，下面就来简单认识这些软件。

1. Adobe Photoshop

Adobe Photoshop 是很多数码绘画爱好者最为熟悉的数字软件之一，它是由 Adobe 公司推出的一款功能强大、用户众多的图像处理软件。Adobe Photoshop 提供了许多不同样式的画笔笔刷，可以通过对画笔的简单调整，绘制出类似于排笔的绘图笔触，并模拟出真实的油画、水彩画、蜡笔绘画、彩铅绘画等不同风格的艺术作品。右图所示为 Photoshop 的工作界面。

2. Corel Painter

由 Corel 公司所出品的专业绘图软件 Corel Painter 是目前世界上最为完善的电脑美术绘图软件，以其特有的“Natural Media”仿天然绘画技术为代表，在计算机上将传统的绘画方法和数码手绘设计完美地结合起来，能够带给使用者全新的数字化绘图体验，更接近手工素描、绘画的表现，并且能够与 Photoshop 更好地兼容。如下左图所示为 Painter 的工作界面。

3. Autodesk SketchBook Pro

Autodesk SketchBook Pro 是 Autodesk 公司推出的一款数字绘图设计软件，专为与平型计算机或数位板配合使用而设计。Autodesk SketchBook Pro 软件拥有友好的用户界面和丰富多彩的工具集，包括调色盘、环形菜单、画笔、导向工具、渐变填充、动画书、扭曲等，如下右图所示。将它与数位板配合起来使用，可以帮助用户设计出富有创意的各种绘画作品。

1.3 认识数位板

前面对常用绘图软件进行了介绍，下面再来认识数码手绘中的另一个重要工具——数位板。数码手绘是通过数位板与绘图软件相结合来进行创作的，数位板相当于传统手绘中的画笔工具。在学习数码绘画前，先要对数位板的构成、使用方法有一个全面的了解。

1.3.1 了解数位板

数位板也称为手绘板、绘图板、绘画板等，是计算机输入设备的一种，由一块数位板和一支压感笔组成，如下图所示。

数位板不仅可以让用户找回拿着笔在纸上画画的感觉，和绘图软件结合应用，还能模拟各种各样的画笔。将数位板与 Painter、Photoshop 等绘图软件结合起来，不但可以创作出各种风格的作品，如素描、彩铅画、油画、水彩画等效果，还能绘制出许多传统绘画技法无法表现出来的写实效果。

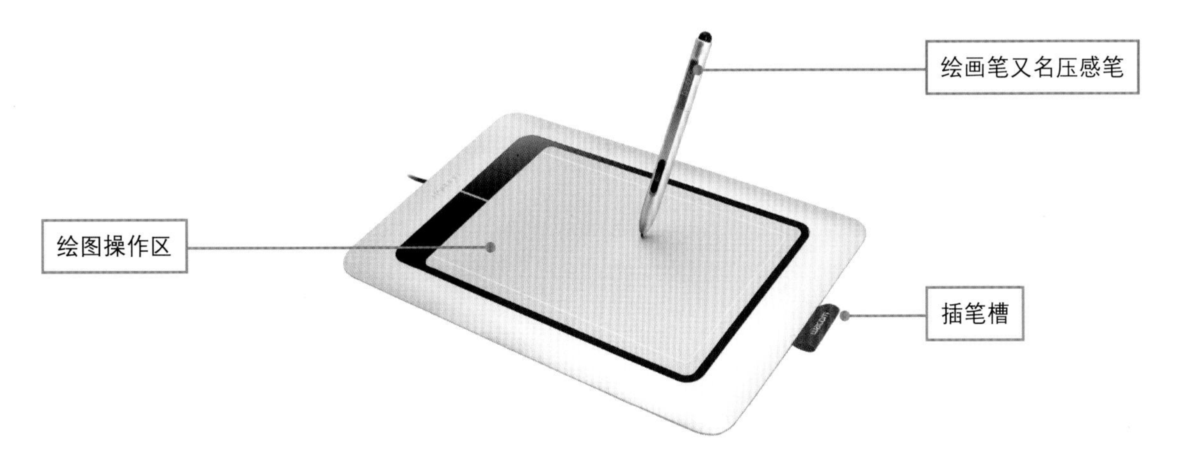

1.3.2 数位板的选择

Wacom 公司诞生于日本，是世界领先的数位板系统、笔感应式数位屏系统和数字界面解决方案的提供商。Wacom 公司针对不同的用户推出了不同功能和价位的数位板，按照功能上的区别，大致分为丽图系列、贵凡系列、Bamboo 系列、影拓系列和液晶数位屏系列 5 大类。

■ 1. 丽图系列

丽图系列价格大约在 500 元以内，主要针对入门级的用户，面向中小学生，只具有最初级的功能。其压感笔属于耗材，当笔头磨损后，需要购买新笔更换，其他系列的产品则可以更换笔尖。只有一个侧开关，没有笔擦。右图所示为丽图系列数位板。

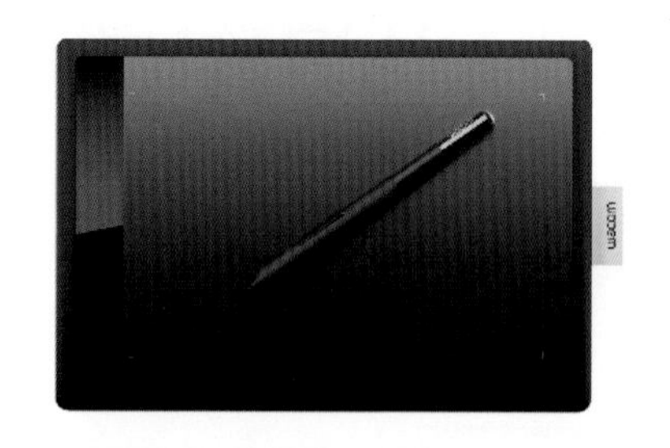

■ 2. 贵凡系列

贵凡系列价位大约在 1500 元以内，主要面向广大的数码手绘爱好者、美术专业的学生等。它拥有了数码手绘创作的绝大部分功能，用它可以绘制出各种不同风格的作品，是 Wacom 公司的主打系列产品之一。右图所示为贵凡系列数位板。

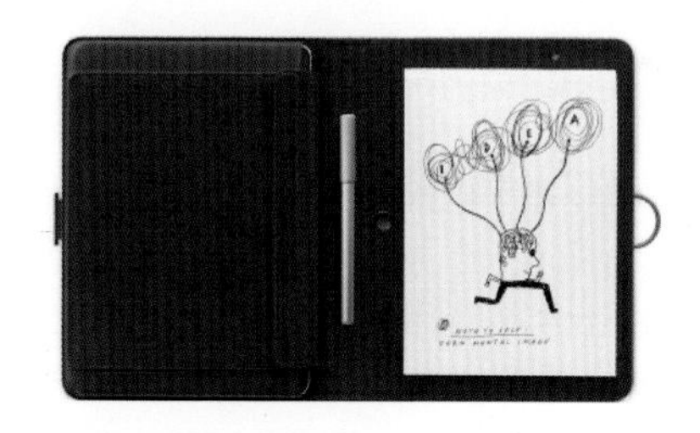

■ 3. Bamboo系列

Bamboo 系列价位同样在 1500 元以内，此系列的产品应用领域广泛，能让用户更加自如地在计算机上进行输入、浏览，从为文档添加注释到修饰照片，都能够应对自如。用它来操作计算机，不仅可以减少重复性劳损的风险，更重要的是，借助笔的准确性，可以极其迅速而准确地在电脑应用中导航。右图所示为 Bamboo 系列数位板。

■ 4. 影拓系列

影拓系列价格在 1000 ～ 5000 元之间，主要面向资深用户，如右图所示。该产品不仅支持顶级的 1024 级的压感，而且支持倾斜角度感应等多项高级功能，并且有各种不同的专业级别的配件可以选配（如专业的喷枪笔、6D 美术笔等），是 Wacom 公司积累几十年的技术结晶，为专业人士提高创作效率、丰富作品细腻度进行了诸多的设计和改进。

5. 液晶数位屏系列

液晶数位屏系列价格在 10000 ～ 38000 元之间，是数位板与液晶显示器完美结合的产物，如右图所示。此系列的数位板在 OA 办公、教学演示、影视编辑、医疗、商务等领域都有广泛应用。

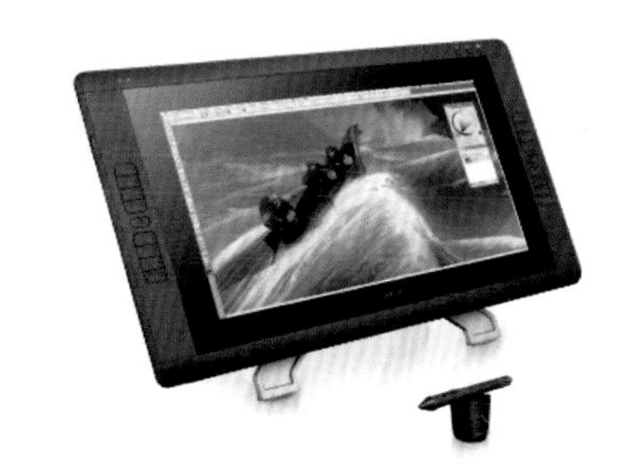

1.3.3 压感笔的使用

压感笔是绘图用的数码压力感应笔，一般配合数位板一起使用。压感笔能够在距数位板 5mm 外的地方对内容进行识别，每支压感笔的应用系统转换区域都有两个按钮，而这两个按钮在压感笔放到数位板表面上时都会被激活。很多人在拿到数位板后，对于压感笔并不能很好的适应，如力度的大小，距离的远近等，下面就来认识并学习压感笔的使用。

1. 压感笔的构造

学习使用压感笔绘画前，先要对压感笔的整体构造有一个简单的了解。压感笔的外观与普通画笔一样，主体为条形笔杆，依次为笔尖、侧面开关以及末端橡皮擦。此外，购买数位板的时候会附赠笔座，在不使用压感笔的时候，可以把画笔垂直放于笔座中。

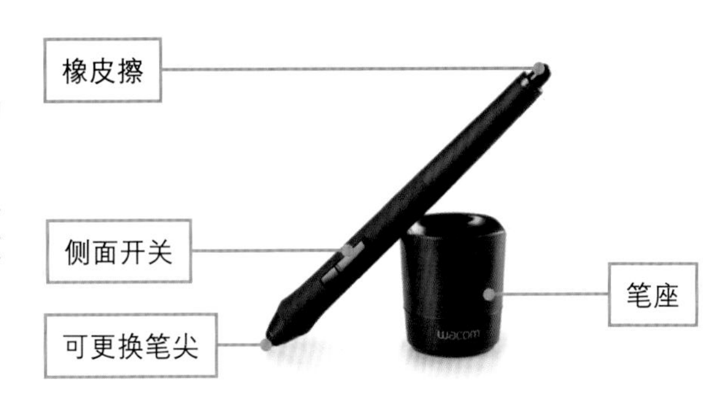

2. 正确握住压感笔

使用压感笔进行绘画时，握笔方法与平常握铅笔或钢笔的方法一样，不过画笔侧面开关应置于拇指之下，方便随时按下快捷键。由于压感笔能够在距离数位板 5mm 外的地方对内容进行识别，所以移动光标时，没有必要一定让笔尖紧触数位板的表面，且笔杆倾斜角度不宜超过 60° 。

3. 压感笔笔尖的更换

随着长时间的使用，压感笔笔尖会出现一定程度的磨损，压力越大，笔尖磨损的速度越快，当笔尖磨损到非常平或者短于 1mm 时，就需更换。在更换笔尖时，用笔尖夹夹紧旧笔尖，再向外夹出，把新的笔尖插入笔筒，平稳地向内推动笔尖直到无法推动为止。

1.4 数位板与绘图软件Photoshop的结合

绘图软件具有处理图片、制作特效、绘制图像的功能，但没有安装数位板驱动程序就不能实现对压感笔和数位板灵活地控制。所以在进行数码手绘之前，先要安装数位板驱动程序，使数位板与绘图软件完美地结合，用数位板代替鼠标，模拟传统画笔工具进行绘画创作。

1．硬件安装

将数位板的 USB 插头插入计算机主机的 USB 接口。尽量不要使用 USB 集线器或者 USB 延长线，以免出现供电不足等不正常现象。

2．安装驱动程序

拿出数位板包装内的程序驱动盘，找到安装驱动程序，或者从网上下载对应的驱动程序。将数位板与计算机连接在一起，启动驱动程序，显示正在进行驱动程序的安装，如下左图所示。完成后在弹出的“数位板 - 许可协议”对话框中单击“接受”选项，如下右图所示。

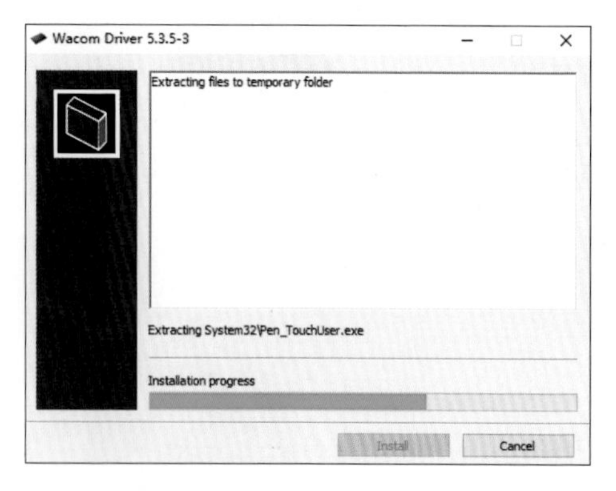

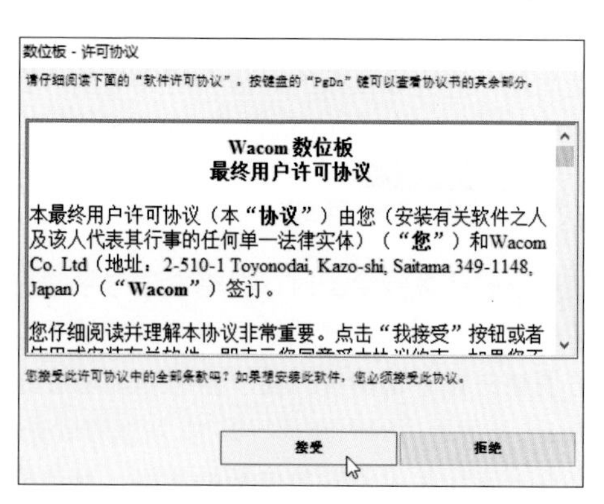

弹出“数位板 - 状态”对话框，在对话框中显示数位板的安装进度，如下左图所示。安装完成后弹出“安装数位板”对话框，提示数位板驱动程序安装成功，如下右图所示，表示可以正常使用数位板进行绘画了。

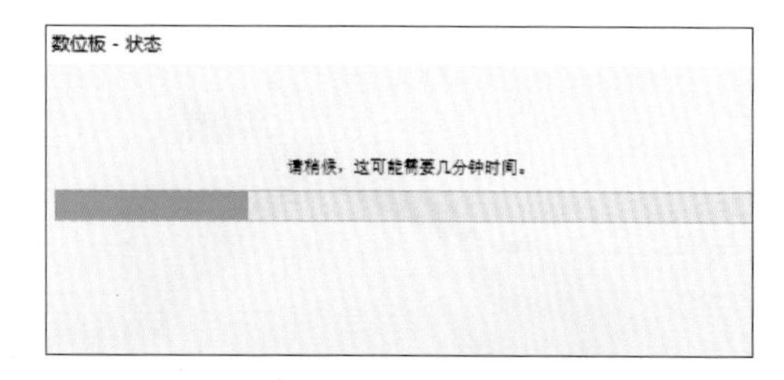

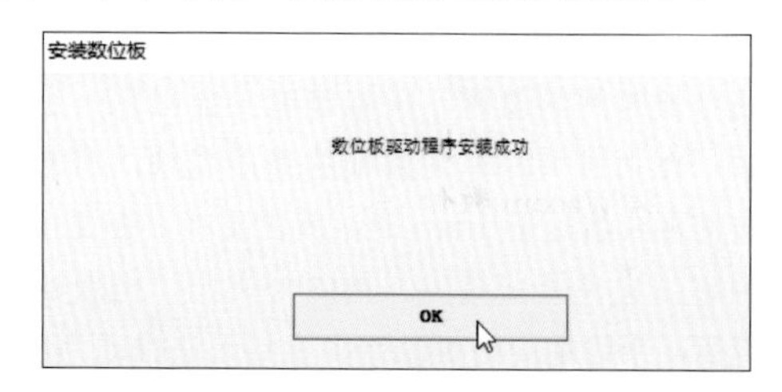

驱动程序安装好以后，启动 Photoshop 程序，“画笔预设”选取器中的画笔描边缩览图将会变为粗细变化的形态，如下图所示，说明驱动程序已安装成功。

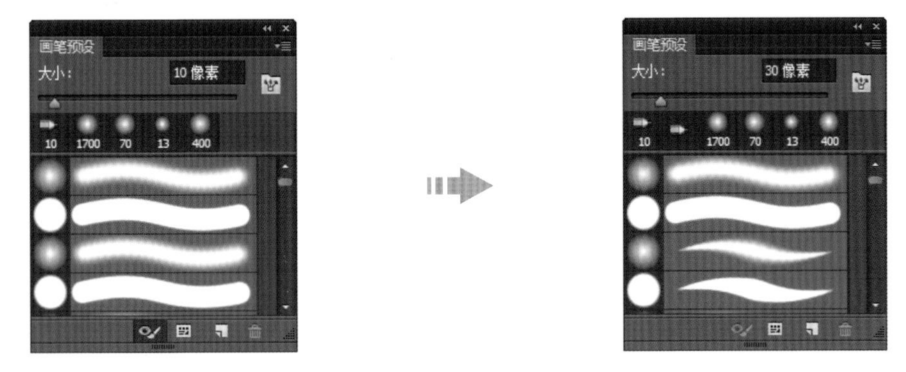

3．应用

启动 Photoshop 程序，单击工具箱中的“画笔工具”按钮，选择画笔工具，根据需要在“画笔预设”选取器中选择一种画笔笔尖，再通过“画笔”面板选择笔尖控制选项，调整画笔效果，然后把压感笔移到工作窗口中，通过使用压感笔在画面中描绘，就能轻松创建绘画效果，如下图所示。

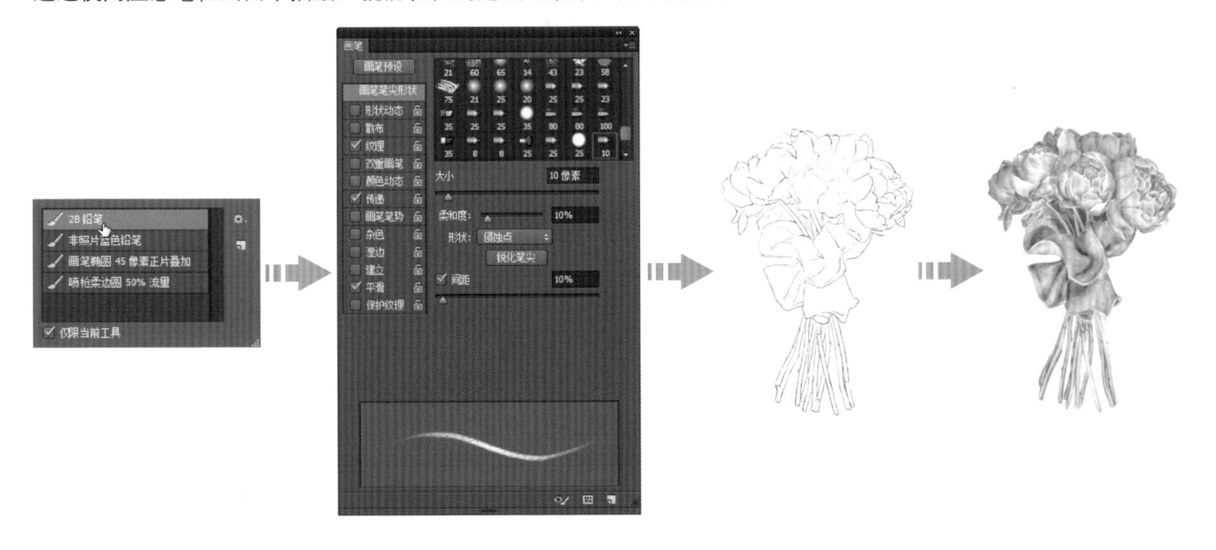

压感笔的参数设置

使用压感笔绘画时，可以在数位板属性对话框中调整橡皮擦感应、自定义倾斜灵敏度、调整笔尖感应和双击等。以 Wacom 数位板为例，安装好数位板后，在 Windows 控制面板中会出现 Wacom 数位板属性图标，双击该图标，会打开数位板属性对话框，在对话框中对压感笔的笔尖压感、橡皮擦感应等进行测试和调整。

1.5 认识Photoshop

Photoshop 是由 Adobe 公司推出的一款功能强大、设计人性化、兼容性好的图像处理软件，它集图像扫描、编辑修改、图像制作、广告创意、图像输入与输出于一体。下面以 Photoshop CC 为例进行认识和了解。

1.5.1 Photoshop的界面构成

将 Photoshop 程序安装在计算机中以后，就可以启动 Photoshop 程序。启动后，可以看到 Photoshop 的窗口由菜单栏、工具选项栏、标题栏、工具箱、状态栏、工作窗口和面板几大部分组成，如下图所示。

菜单栏：在Photoshop中共包含了11组菜单，应用菜单栏中的命令能完成图像的大部分编辑操作

选项栏：选择工具箱中的不同工具会出现不同的工具选项

标题栏：显示了当前正在编辑的图像的名称、显示比例等

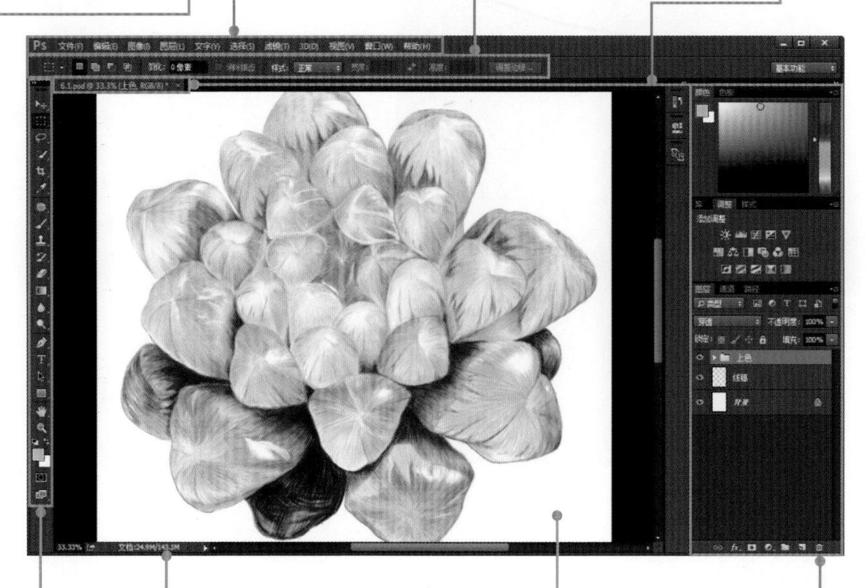

工具箱：是所有工具的集合，可根据需要进行工具的选择

状态栏：包含当前打开的图像的大小以及显示比例等信息

图像窗口：主要包含的是当前打开的图像的相关信息

面板：用于多种操作的控制和编辑

1.5.2 Photoshop中的绘画工作区

Photoshop 提供了多种预设工作区，包括 3D、动感、绘画、摄影、排版规则等。其中“绘画”工作区主要针对数码手绘而设计。执行“窗口 > 工作区 > 绘画”菜单命令，如下左图所示，即可进入到“绘画”工作区，如下右图所示，在此工作区中，可以使当前界面与绘图操作更加匹配，并且结合“画笔”“色板”“画笔预备”等面板的搭配，让绘画操作更加得心应手。

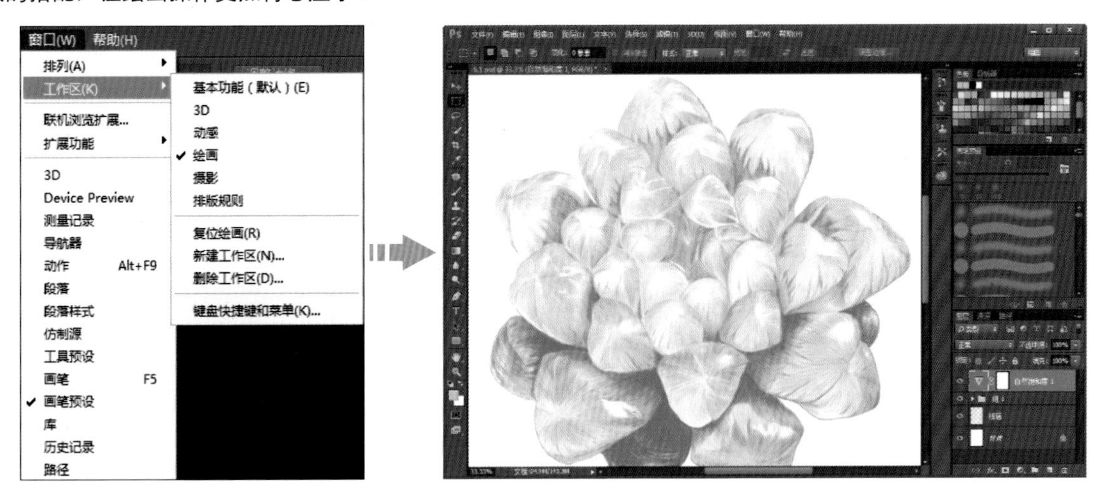

1.5.3 工具箱工具简介

工具箱将 Photoshop 的重要功能以图标的形式聚集在一起，用户通过工具箱中工具的形态和名称了解工具箱的主要功能。Photoshop 为工具箱中的工具配置了快捷键，让工具的选择更加方便。

默认情况下工具箱停放在窗口左侧，以单列显示。将鼠标指针放在工具箱顶部双箭头位置，单击可以切换工具箱以双列的形式显示；若单击并向右侧拖动鼠标，可以将工具箱从窗口左侧拖出，放在窗口的任意位置，如右图所示。

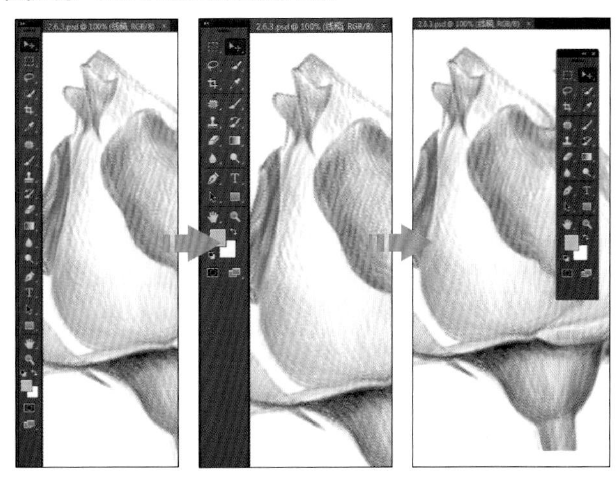

在工具箱中除了已显示的工具外，还提供了许多隐藏工具。如果工具右下角带有一个黑色三角形图标，则表示这是一个工具组，单击黑色三角图标可以显示隐藏的工具；将鼠标指针移动到隐藏的工具上后单击鼠标，即可选择隐藏的工具。下图展示了工具箱中的所有工具。

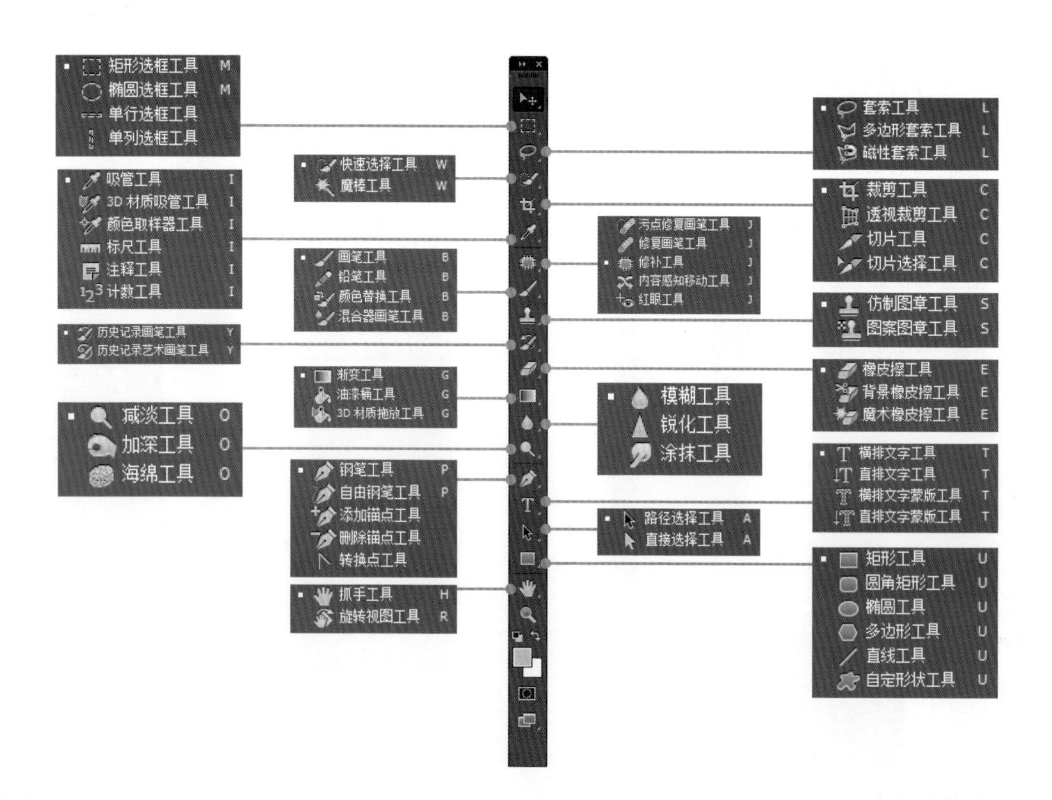

1.5.4 了解绘画常用面板

Photoshop 中提供了很多不同的面板，在这些面板中有不同的选项设置，运用 Photoshop 绘画时，可以结合这些面板中的选项，更加快速、便捷地完成作品的绘制。下面对一些常用的面板做一个简单的介绍。

1. “图层”面板

“图层”面板是 Photoshop 中最常用的面板，此面板主要用于编辑和管理图层。在绘制图像的过程中出现的所有图层都会被罗列在“图层”面板中。应用“图层”面板可以选择不同类型的图层，也可以运用面板进行图层的创建、复制、添加图层样式和图层蒙版、更改图层混合模式等。

此外，“图层”面板也可以用于图层组的管理与编辑。例如创建图层组、调整图层组顺序、展开或折叠图层组等，右图所示即为展开和折叠图层组的效果。利用“图层”面板中的图层组编辑功能，可以绘制出更精细的图像。

2. “颜色”面板

“颜色”面板用于设置前景色和背景色。在面板中，单击右侧的前景色色块即可对前景色进行设置，单击背景色色块即可对背景色进行设置。默认情况下以黑白色为前景色和背景色，如果需要更改颜色，可以在面板右侧输入颜色值，也可以拖动滑块调整颜色值，如下左图所示。单击“颜色”面板右上角的扩展按钮，在展开的面板菜单中可以切换颜色面板的显示方式，若选择立方体选项，则可以以立方体样式显示颜色，如下右图所示。

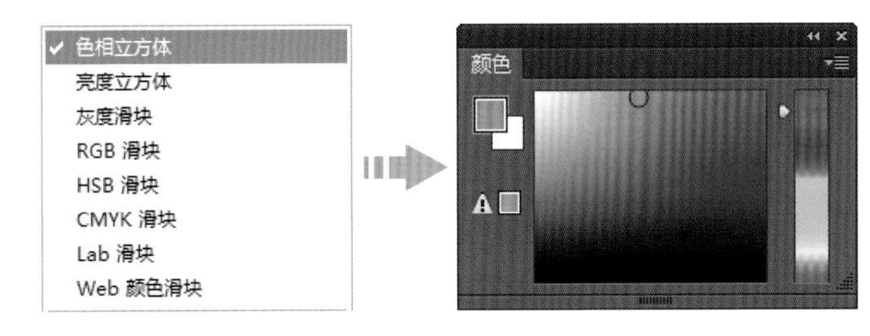

3. “色板”面板

“色板”面板主要用于对颜色的设置。应用“色板”面板可以快速地更改前景色与背景色。要更改颜色时，将鼠标指针移至“色板”面板中的色块上，鼠标指针自动转换为吸管，此时单击色块即可将该色块颜色设置为前景色；如果按下 Ctrl 键单击“色板”面板中的色块，则可以将单击的颜色设置为背景色，如右图所示。

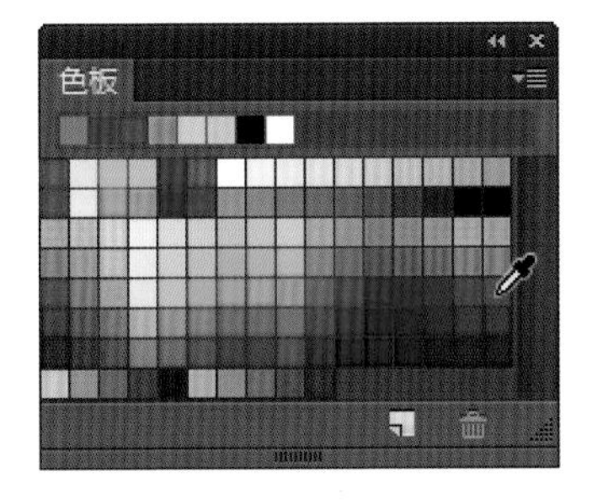

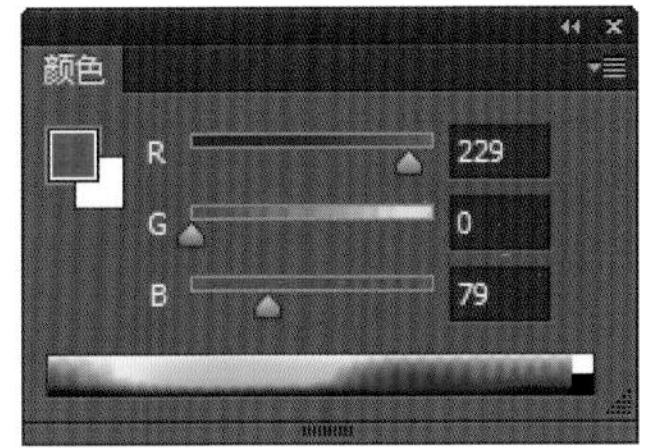

4. “画笔”面板

在“画笔”面板中可以完成几乎所有的画笔形状的设置，如右图所示，包括画笔笔尖的大小、倾斜程度、硬度和间距等。对画笔的设置提供了编辑的空间，使得创作出的绘画效果更为逼真。

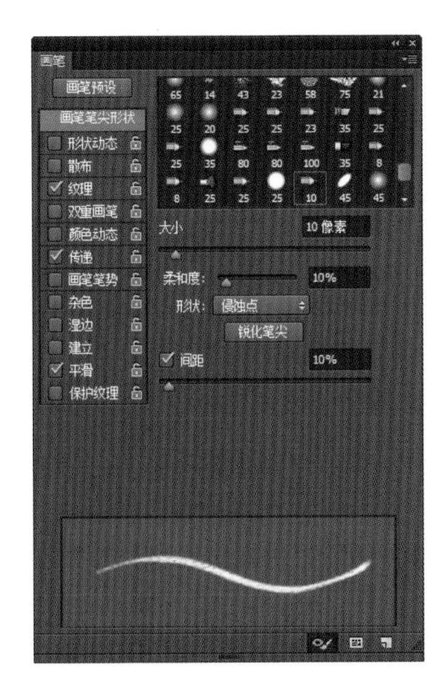

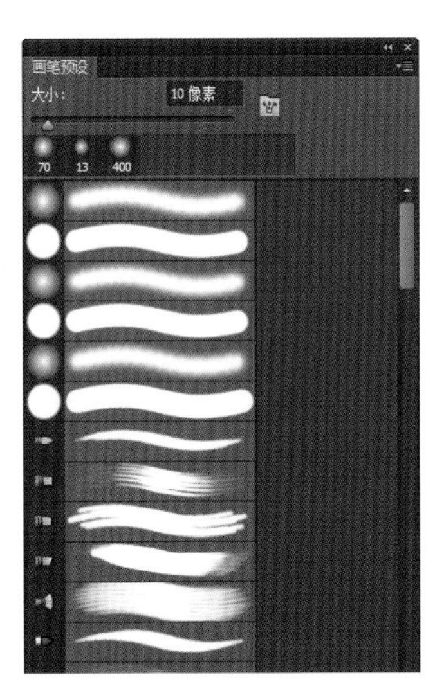

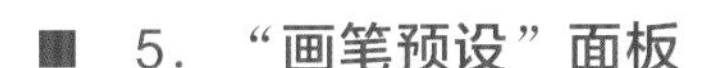

5. “画笔预设”面板

“画笔预设”面板可以快速选择 Photoshop 中所包含的预设画笔形状，此外，还可以自定义新的画笔效果，将其存储在该面板，方便在绘图时对画笔进行多次使用，让绘图更加方便、快捷。

1.6 文件的基础操作

学习处理与绘制图像之前，首先需要掌握一些简单的基础操作，例如打开文件、新建文件、保存绘制的图像等。Photoshop 中对于文件的基础操作大多数可以使用“文件”菜单来实现。

1.6.1 新建文件

使用 Photoshop 绘制图像时，执行“文件 > 新建”菜单命令或按下快捷键 Ctrl+N，如下左图所示，即可打开“新建”对话框，在对话框中可以指定新建文件的名称、大小以及画布的颜色等，如下中图所示，设置后单击对话框右上角的“确定”按钮，即可创建一个用于绘制图像的新文件，如下右图所示。

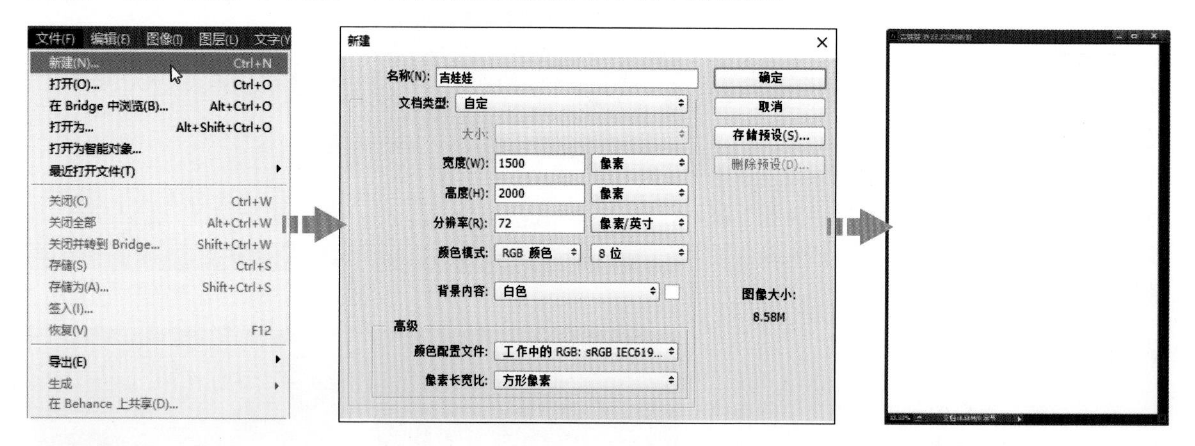

1.6.2 打开文件

除了可以在 Photoshop 中创建新文件来绘制图像外，也可以打开已经创建好的图像，然后对其做进一步的调整与编辑。Photoshop 中打开文件的方法有很多种，可以使用菜单命令打开，也可以双击文件将其打开，还可以打开最近编辑的文件。

1. 用“打开”命令打开

Photoshop 中使用“打开”命令可以打开多种格式的文件。启动 Photoshop 程序后，执行“文件 > 打开”菜单命令，如下左图所示，即可打开“打开”对话框，在该对话框中单击选中需要打开的文件，然后单击右下方的“打开”按钮，如下中图所示，即可在 Photoshop 中打开选中的文件，如下右图所示。如果要选择多个文件，则需要在“打开”对话框中按住 Ctrl 键依次单击要打开的文件，将其同时选中，再单击“打开”按钮将其打开。

2. 双击快捷方式图标打开图像

如果需要打开的文件为 PSD 格式，可以直接在文件夹中双击文件快捷方式图标，如下图所示，即可启动 Photoshop 程序并打开相应的文件，打开效果如下图所示。

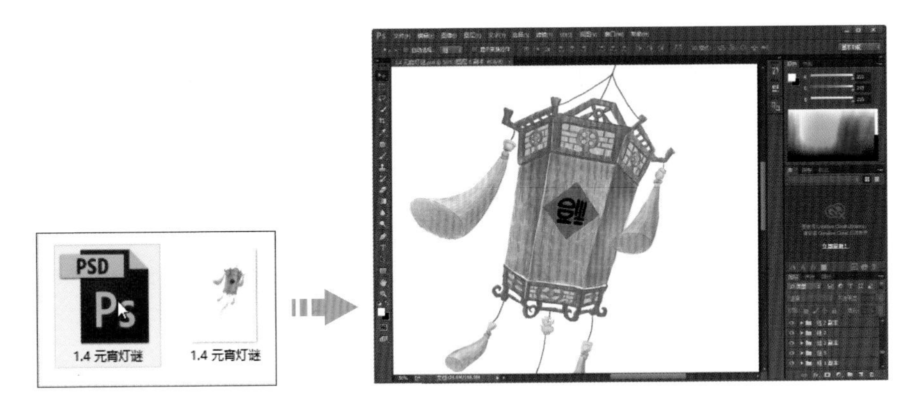

3. 打开最后使用过的文件

Photoshop 中的“文件 > 最近打开的文件”下拉菜单中保存了用户最近在 Photoshop 中打开的多个文件，如下图所示。如果需要打开最近编辑过的文件，可直接在该列表中选择。

技巧提示　清除最近打开的文件目录

如果要清除最近打开的文件目录，可以执行“文件 > 最近打开的文件”菜单命令，再选择菜单底部的“清除最近的文件列表”命令。

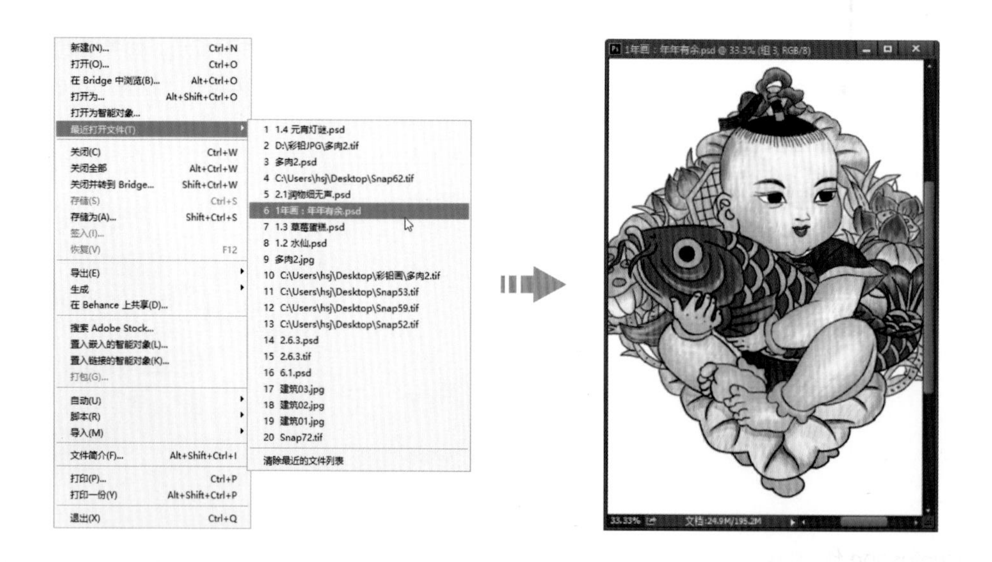

1.6.3 存储绘画作品

当打开一个图像文件并对其进行编辑之后，如下左图所示，可以执行“文件 > 存储”命令，保存所做的修改，图像会按照原有的格式存储。如果是对新建的文件进行编辑后保存，则执行“文件 > 存储为”命令，如下中图所示。打开“另存为”对话框，在对话框中设置文件的存储位置和名称，最后单击“保存”按钮，如下右图所示，即可完成对文件的存储。

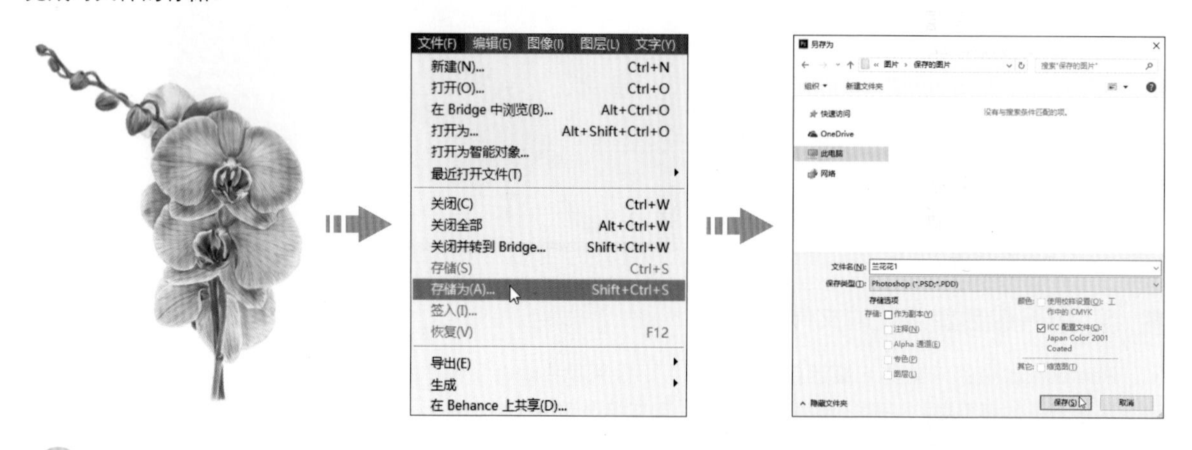

技巧提示 快速存储图像

Photoshop 中除了执行菜单命令存储图像，也可以按下快捷键 Ctrl+S 或 Ctrl+Shift+S，快速存储图像。

1.7 图层的应用

在 Photoshop 中，图层占有相当重要的地位，所有图像文件的绘制和编辑都会用到图层。图层就像是一张张透明的纸，供用户在上面作图，然后按上、下顺序叠放在一起组成图像。在一个图层上作图不会影响另外图层上的图像，但上面一层会遮挡下面一层的图像。绘画过程中，图层的应用主要包括创建新图层、图层的复制与删除、设置图层的不透明度和混合模式。

1.7.1 创建新图层

运用 Photoshop 作画前，首先需要创建新图层，然后在创建的图层中进行图像的绘制。在 Photoshop 中创建新图层有多种不同的操作方法。

1. 单击按钮创建图层

使用“图层”面板中的“创建新图层”按钮，可以快速创建新图层。单击“图层”面板下方的“创建新图层”按钮，即可在当前选择的图层之上创建一个新图层，且自动选择新建的图层，如右图所示。

2. 执行命令创建新图层

如果需要在创建新图层时指定图层名称，可以单击“图层”面板右上角的扩展按钮，如下左图所示，在展开的面板菜单中执行“新建图层”命令，如下中图所示，打开“新建图层”对话框，在该对话框中即可指定图层名称、颜色以及不透明度等。设置完成后单击“确定”按钮，在“图层”面板中即可看到创建的图层，如下右图所示。

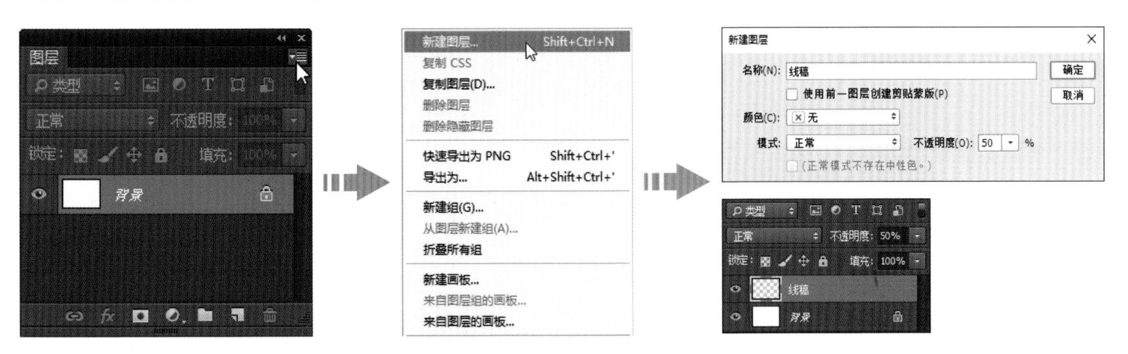

要创建新图层，也可以执行“图层 > 新建 > 图层”菜单命令，如下左图所示，打开“新建图层”对话框，在对话框中指定图层名称、混合模式、不透明度，如下中图所示，单击“确定”按钮，创建新图层，如下右图所示。

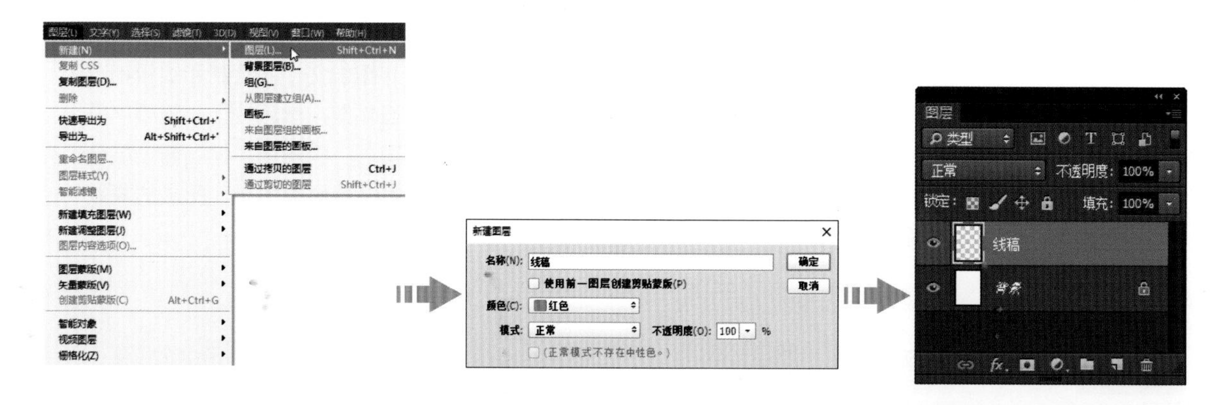

更改图层名称

如果想要更改图层名称，可双击“图层”面板中的图层名称，直接输入新名称。也可执行“图层 > 重命名图层”命令对图层名称进行修改。

1.7.2 创建图层组

在 Photoshop 中，为了便于管理图像，除了可以在“图层”面板中创建图层外，还可以在该面板中创建图层组。

1．单击按钮创建图层组

使用“图层”面板中的“创建新组”按钮，可以快速创建新图层组。单击“图层”面板下方的“创建新组”按钮，即可在当前选择的图层之上创建一个新图层组，且自动选择新建的图层组，如右图所示。

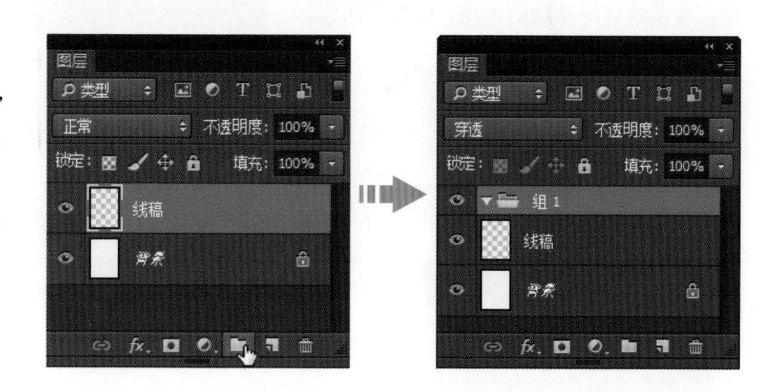

2．执行命令创建图层组

除了使用创建新组按钮创建新的图层组，也可单击“图层”面板右上角的扩展按钮，在展开的面板菜单中执行“新建组”命令，如下左图所示。或者直接执行“图层 > 新建 > 组”菜单命令，打开“新建组”对话框，在该对话框中可以指定图层组的名称、颜色以及不透明度等，如下中图所示。设置完成后单击“确定”按钮，完成创建的图层组效果如下右图所示。

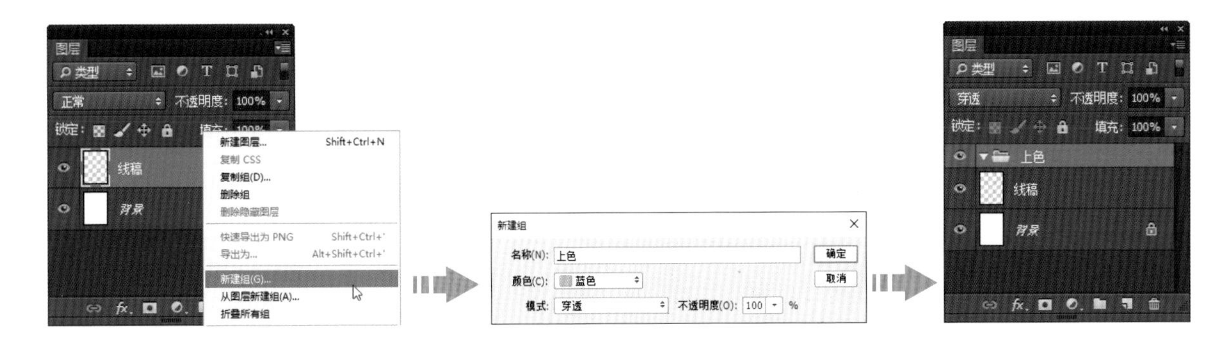

1.7.3 图层的复制与删除

使用 Photoshop 绘画时，不但要创建图层，也要复制与删除图层。使用“图层”面板菜单命令或是操作按钮，都可以完成图层的复制与删除操作。

1. 复制图层

要复制图层，只需要在“图层”面板中选中需要复制的图层，然后将选中的图层拖动至“创建新图层”按钮上，释放鼠标后即可在“图层”面板中生成一个副本图层，如右图所示。

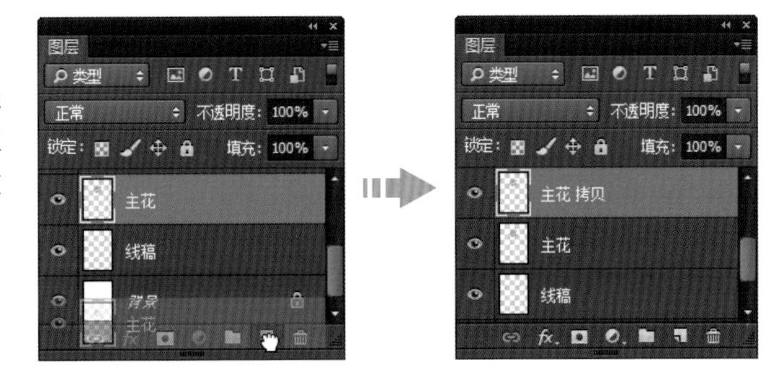

除了可以通过拖动的方式复制图层，也可以在选中图层后，执行“图层 > 复制图层”菜单命令，或者单击“图层”面板右上角的扩展按钮，在展开的面板菜单中执行“复制图层”命令，打开“复制图层”对话框，单击对话框中的“确定”按钮，即可复制“图层”面板中选中的图层，如右图所示。

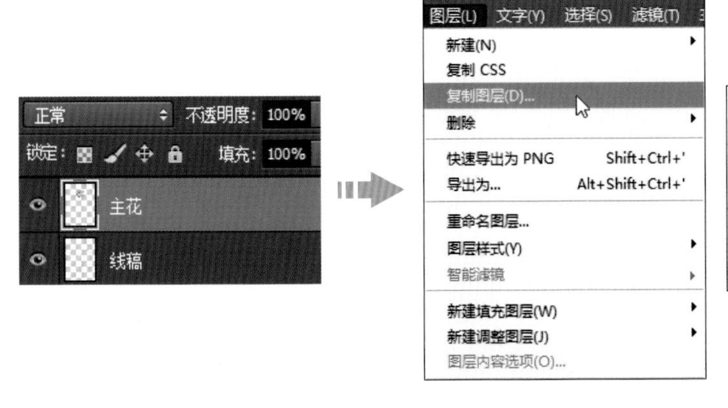

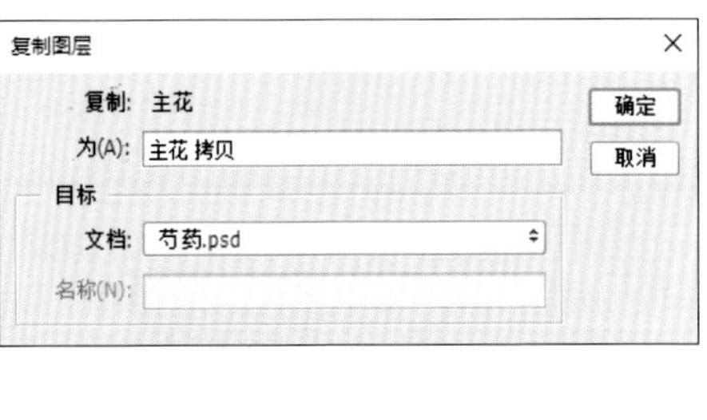

2. 删除图层

对于“图层”面板中多余的图层，在存储作品前需要先将其删除。Photoshop 中删除图层的方法非常简单：在“图层”面板中选中要删除的图层，单击“删除图层”按钮，如下左图所示，弹出提示对话框，单击对话框中的“是”按钮，如下中图所示，即可从“图层”面板中删除选中的图层，效果如下右图所示。

快速删除图层

Photoshop 中可快速删除“图层”面板中创建的图层，其操作方法是选择并将图层拖曳至“删除图层”按钮，释放鼠标后可以完成图层的删除操作。

1.7.4 图层不透明度和混合模式

对于绘画来说，同样可以通过调整图层的不透明度和混合模式，以创作更出色的绘画作品。在 Photoshop 中，使用“图层”面板可以任意更改图层的不透明度和混合模式。

在“图层”面板中选中图层，如下左图所示，单击“设置图层的混合模式”下拉按钮，在展开的下拉列表中即可选择设置的图层混合模式，单击“不透明度”选项右侧的倒三角形按钮，则可弹出“不透明度”选项滑块，拖曳滑块或输入数值，可以调整图层的不透明度，如下中图所示，效果如下右图所示。

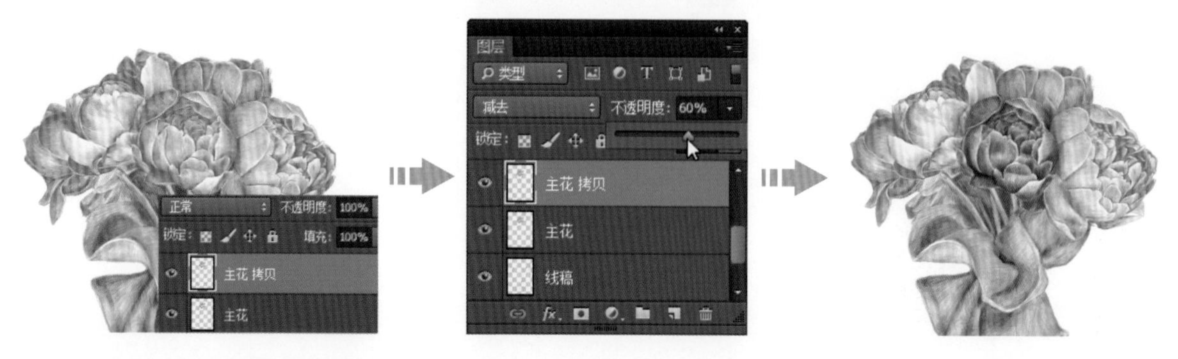

第2章 画笔的选择与设置

Photoshop 中，运用“画笔工具”可以模拟出各式各样的笔尖形状和画笔效果。在绘制的过程中，可以通过选择不同的画笔和设置不同的画笔选项来控制画笔绘制效果。本章将对 Photoshop 中“画笔工具”和“画笔”面板的选项进行全面介绍。

2.1 认识画笔工具

“画笔工具”可以在空白的画布中进行绘画，还可以在对已有的图案进行修饰和上色。单击工具箱中的“画笔工具”按钮，即可选中“画笔工具”。使用选中的画笔工具在图像上涂抹，就可以进行图像的绘制。下面对画笔的一些选项的基础设置进行讲解。

2.1.1 “工具预设”选取器

“工具预设”选取器用于储存预设的画笔笔触设置，包括“画笔工具”选项栏中的“不透明度”和“流量”以及画笔的颜色等。通过“工具预设”选取器还能载入工具预设或者创建新的工具预设等，方便用户对常用的设置进行反复的使用。

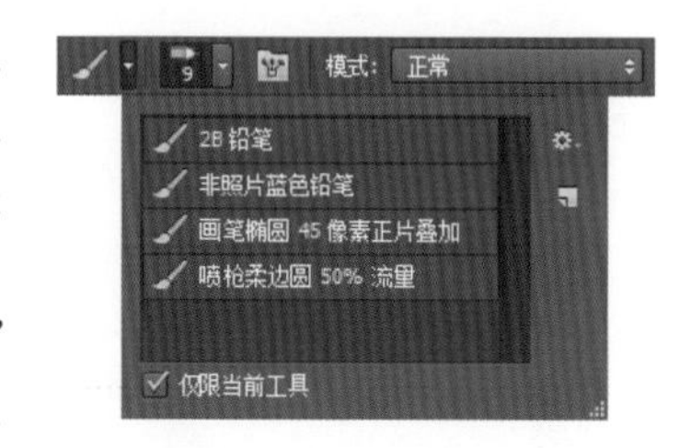

单击“画笔工具”选项栏中画笔图标后的下拉按钮，可打开“工具预设”选取器，其中罗列出了当前载入的工具预设列表，如右图所示，通过预设工具前的图标和文字说明能够知晓该工具的大致绘图效果，让选择更为方便。

1．载入工具预设

在“工具预设”选取器中可以将预设的工具选项载入，并应用于不同图像的绘制。单击“工具预设”选取器右侧的设置按钮，打开工具快捷菜单，在菜单中执行“载入工具预设”命令，如下左图所示，打开“载入”对话框，在对话框中选择要载入的画笔，如下中图所示，单击“载入”按钮，即可将工具预设载入到“工具预设”选取器中，如下右图所示。在载入工具预设后，也可执行“复位工具预设”命令，将工具预设还原至默认状态。

2. 创建工具预设

在“工具预设”选取器中不但可以载入工具预设，也可以将设置的画笔选项创建为新的工具预设。在工具选项栏中设置画笔选项后，打开“工具预设”选取器，单击右侧的“创建新的工具预设”按钮，如下左图所示，打开“新建工具预设”对话框，在对话框中输入工具预设名称，单击“确定”按钮，如下中图所示，即可创建新的工具预设，并显示于“工具预设”选取器中，如下右图所示。

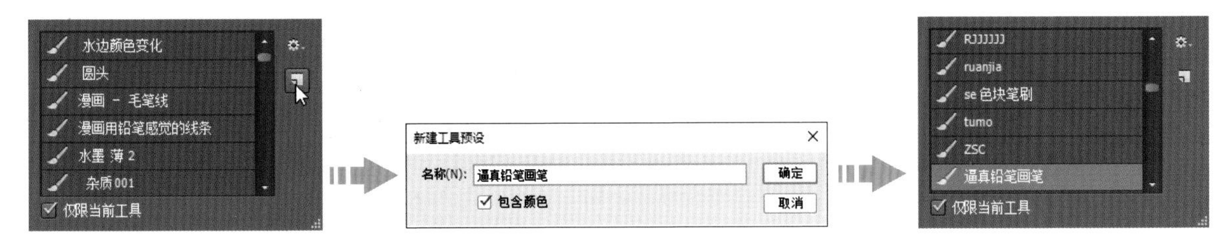

2.1.2 “画笔预设”选取器

“画笔预设”选取器可以快速选择所需的画笔，并且可以用于调整所选画笔的笔触大小、硬度等，方便将画笔设置为需要的效果。

单击“画笔工具”选项栏中画笔大小后的下拉按钮，即可打开“画笔预设”选取器。在打开的“画笔预设”选取器中罗列出了画笔预设的样式，如下左图所示。通过预设的效果可以了解所选画笔笔触的形状，单击即可选择进行画笔的应用。

与“工具预设”相似，在“画笔预设”选取器中也可以载入画笔预设、复位画笔预设、创建新的画笔预设等。单击“画笔预设”右侧的设置按钮，在打开的菜单中即可看到画笔预设选项，如复位画笔、载入画笔和系统预设的一些画笔等，如下右图所示。

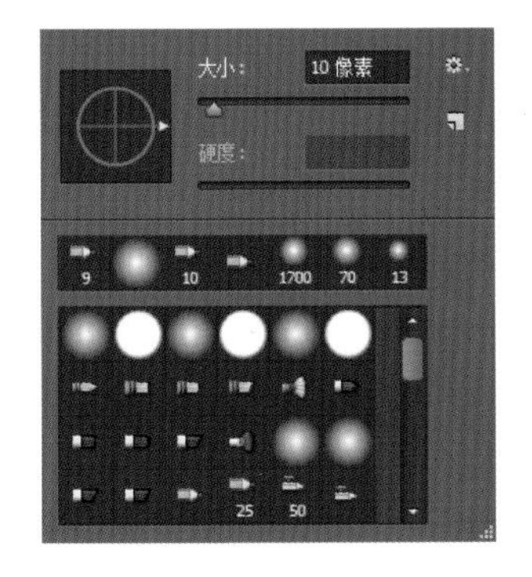

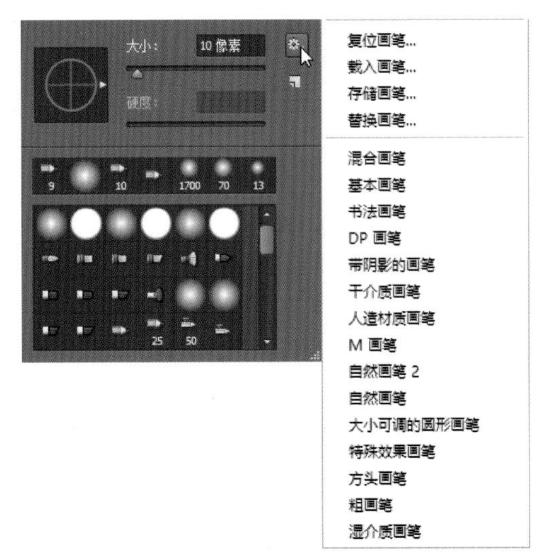

2.1.3 工具选项栏参数设置

在“画笔工具”工具选项栏中除了“工具预设”选取器和“画笔预设”选取器外，还包括“模式”“不透明度”及“流量”等选项，如下图所示。运用画笔作画时，需要通过结合这些选项，调整画笔的效果，创建更自然、流畅的绘画效果。

1. 模式

在“画笔工具”选项栏中，“模式”选项用于控制画笔笔触在绘画过程中与画布的混合模式，它与“图层混合模式”有些类似，但不同的是，在应用的过程中，工具选项栏中的“模式”只会对笔画的区域产生影响，而不会对整个图层产生作用。单击“模式”右侧的下拉按钮，在展开的下拉列表中可以看到多种混合模式，如下左图所示，其中“背后”和“清除”模式只有在“背景”图层和锁定图层之外的图层上才能使用。在绘制时选择不同的混合模式绘制，可以在图像上绘制出不同的样式及色彩效果，如下几幅图像所示为选择不同模式的绘制效果。

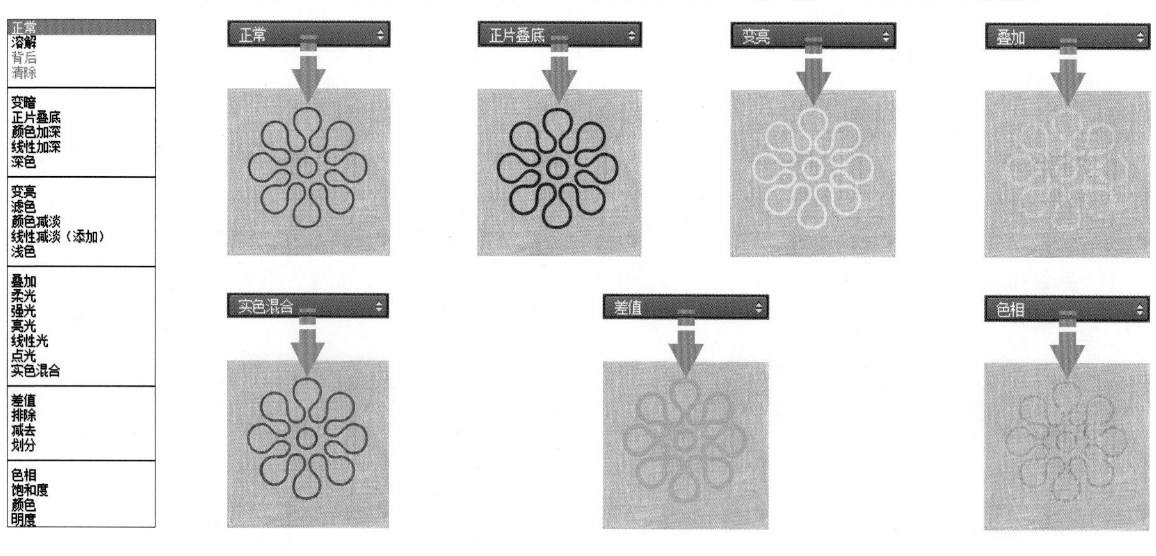

2. 不透明度

“不透明度”用于调整画笔的不透明程度，即油墨在绘图过程中的最大油墨覆盖量，直接在文本框中输入数值或利用弹出的快速式滑块进行参数调整。设置的“不透明度”值越大，画笔效果就越明显，反之越小，画笔效果就越淡。如右图所示分别展示了设置“不透明度”为 100%、50% 和 20% 时绘制的画笔效果。

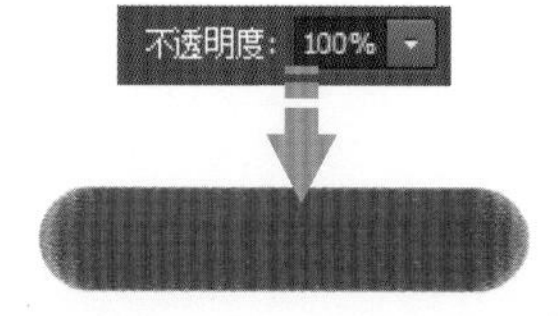

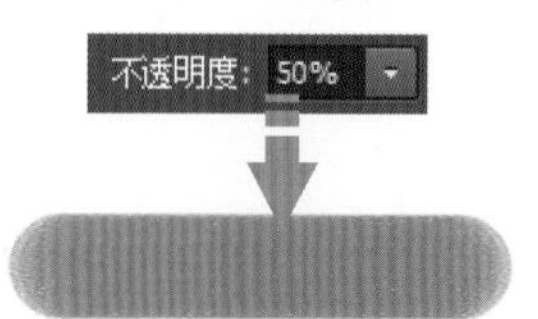

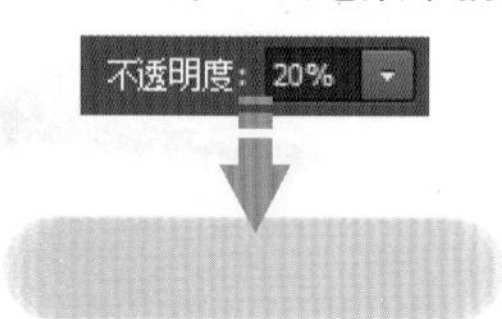

3．控制压力对不透明度的影响

单击“画笔工具”选项栏中的“控制压力对不透明度的影响”按钮，将其激活后，在使用压感笔进行绘画的过程中，不需要对“不透明度”选项进行设置，画笔的笔触也会随着数位板的压力变化而变化，如右图所示分别为单击该按钮前和单击该按钮后绘制的画笔效果。

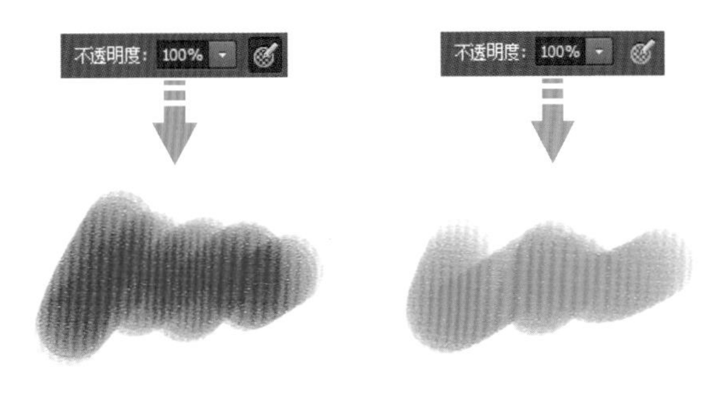

4．流量

“流量”用于设置“画笔工具”在绘画描边的过程中应用油彩的速度，设置的参数值越大，其色彩就越浓重，形成的画笔效果就越清晰，反之，设置的参数值越小，其色彩就越淡，形成的画笔效果就越轻。与“不透明度”选项一样，可以通过输入数值或拖曳弹出式滑块调整“流量”的大小。如下图所示分别展示了设置“流量”为10%、60% 和 100% 时，运用画笔绘制的效果。

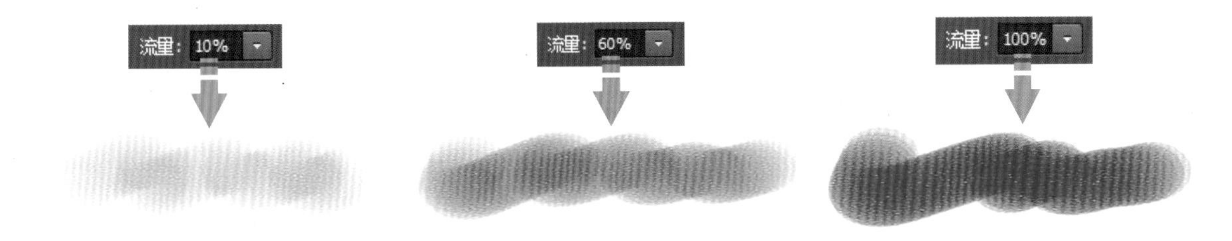

5．启用喷枪样式建立效果

单击“画笔工具”选项栏中的“启用喷枪样式建立效果”按钮，激活该选项，在绘画的过程中能够模拟喷枪的绘画效果，在同一位置上用画笔绘制笔画时，在笔尖停顿的过程中，笔画的颜色会变深，并呈现出晕开的效果，与“画笔”画板中的“建立”功能相同。

6．控制压力对画笔大小的影响

单击“控制压力对大小的影响”按钮，激活选项后，在使用压感笔进行绘画的过程中，不需要对画笔的“大小”选项进行设置，画笔笔触的大小和不透明度会随着数位板的压力变化而变化。如下左图所示为未启用“控制压力对画笔大小的影响”时，运用压感笔绘制的画笔效果，如下右图则为启用后使用压感笔在不同压力下绘制的画笔效果。

2.2 认识“画笔”面板

Photoshop 中“画笔工具”的设置几乎都可以在“画笔”面板中进行，包括对笔尖的大小、倾斜程度、硬度和间距等。“画笔”面板中除了可以选择预设的画笔进行使用外，还能对 Photoshop 中所预设的画笔进行重新设置，由此来控制画笔的笔触形状，制作出满意的画笔。

选择工具箱中的画笔工具后，执行“窗口 > 画笔”菜单命令，即可打开“画笔”面板。在“画笔”面板中分为 3 个区域，如下图所示，左侧为画笔笔尖形状设置，通过选中复选框即可添加多种样式效果；右侧为基本设置，用于调整画笔的基本属性；最下方为画笔预设监视器，显示出当前编辑的画笔的形态。

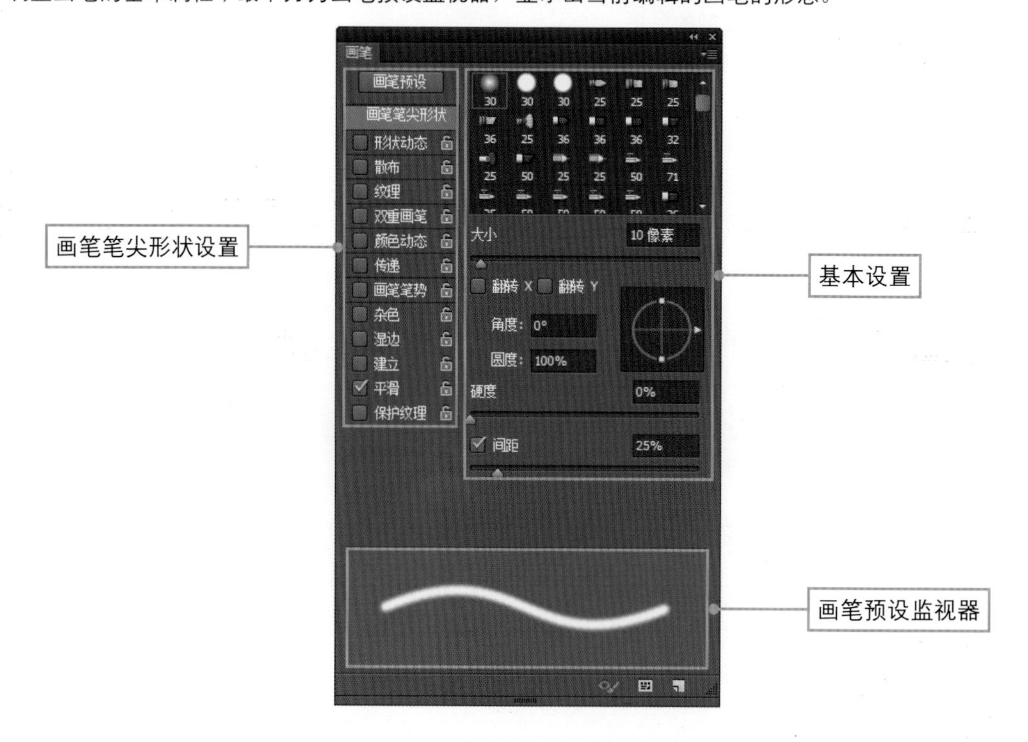

2.2.1 画笔的笔尖设置

在画笔面板的基本设置中，可以对画笔笔尖的大小、角度、圆度、硬度和间距等属性进行设置，以调整画笔的基本形状，控制画笔笔触的形态。

1. 画笔选取器

在“画笔选取器”中可以查看预设载入的画笔笔尖，并在每个画笔预览形状的下方显示出画笔预设的像素大小，通过单击即可选中需要使用的画笔笔尖。此外，还能在其中选择需要重新编辑的画笔，对画笔的形状进行二次调整。当选择不同的画笔笔尖时，会产生不同的绘画效果，下左图所示为选择“圆扇形”笔尖绘制的效果，下右图所示为选择“侵蚀平面”笔尖绘制的效果。

2. 大小

“大小”选项用于控制当前选用画笔笔尖的大小，通过拖曳滑块或输入数值来调整画笔大小。画笔的大小调整范围为 1 ～ 300 像素的任意整数值，调整画笔笔尖大小时会对绘图中笔触的粗细产生直接的影响。如下图所示，分别展示了设置“大小”为 8 像素和 28 像素时绘制出的不同粗细的画笔效果。

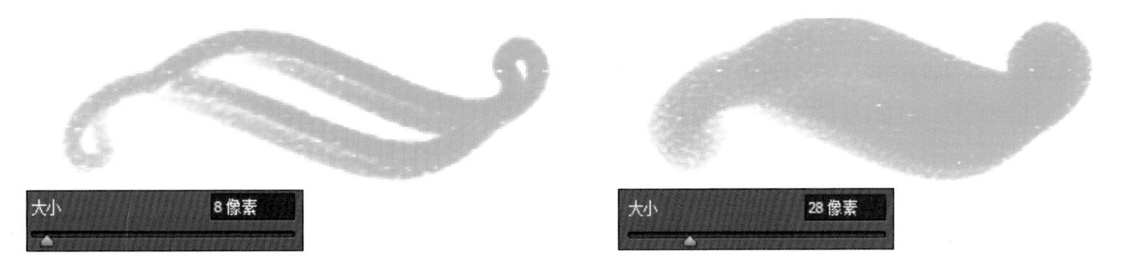

技巧提示　快速调整画笔大小

在 Photoshop 中，如果需要调整画笔笔尖的大小，除了可以拖曳“画笔”面板中的“大小”选项滑块外，也可以直接按下键盘中的 [或] 键，快速缩小或放大画笔笔尖大小。

3. 翻转X/翻转Y

“翻转 X”和“翻转 Y”复选框可以对当前所选画笔进行镜像的翻转，由此来对画笔的笔触方向进行调整，只需要控制复选框的设置情况，就可以实现画笔笔触垂直或水平方向上镜像效果的调节。如下图所示分别为勾选不同复选框时绘制的枫叶。

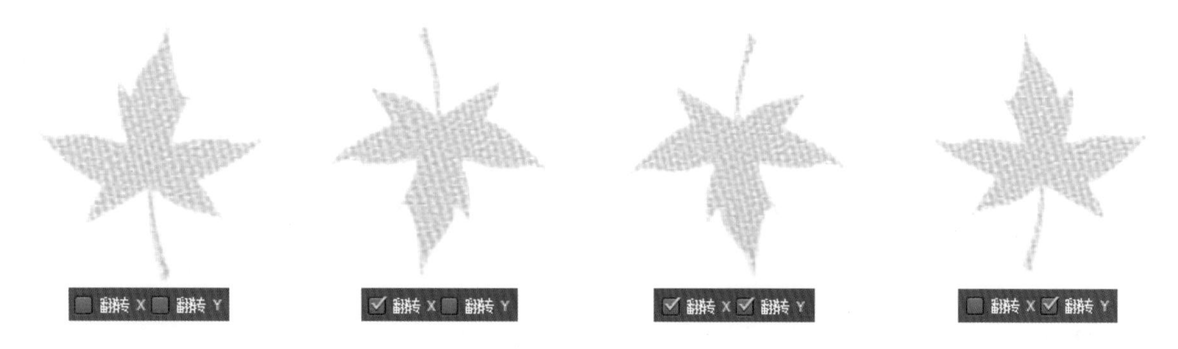

4．角度和圆度

“角度”选项用于调整画笔笔触在绘画过程中的旋转角度，“圆度”选项用于控制画笔笔尖的扁圆状态。在调整选项时，只需要输入数值或拖曳右侧预览管理区中的笔触控制点，即可对画笔笔尖的角度和圆度进行调节。调整“角度”和“圆度”选项参数时，画笔笔尖形状也会发生变化，使绘制的图像效果更加出色。如下图所示为设置不同角度和圆度时绘制的图形。

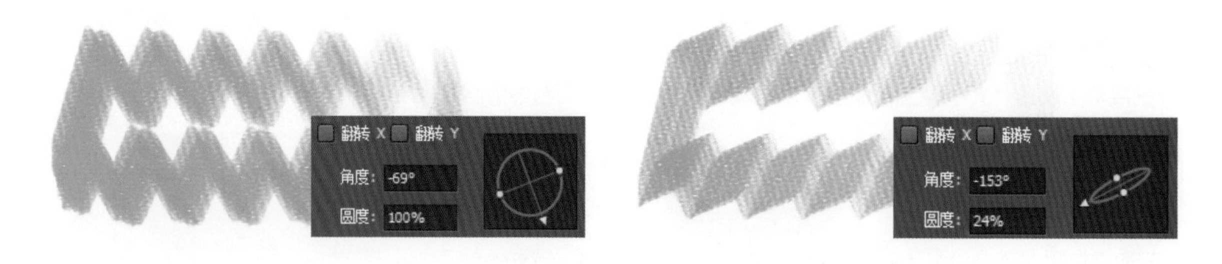

5．硬度

“硬度”选项用于调整画笔笔触的坚硬程度，设置的参数值越小，画笔笔触越柔软；反之，设置的参数值越大，画笔笔触越坚硬，绘制效果越明显。当设置“硬度”为 0% 时，可以看到绘制的笔画边缘很柔和，而设置“硬度”为 100% 时，画笔绘制出的笔画边缘显得非常生硬，如下图所示。

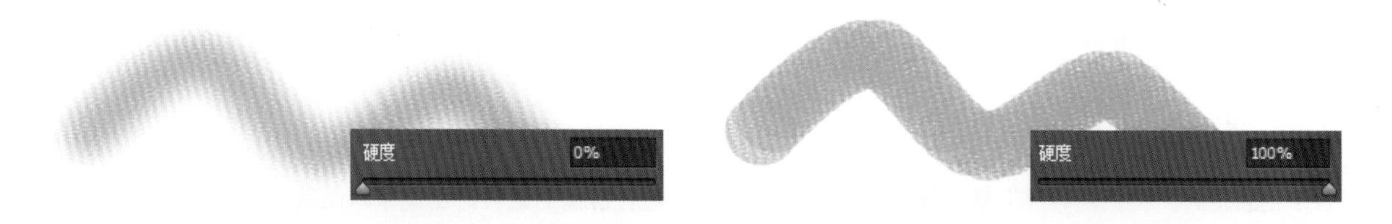

6. 间距

“间距”选项用于调整笔画中单个笔触之间的距离，取值范围为 0% ～ 1000%，同样可以通过输入数值或拖曳选项滑块进行调整。设置的参数值越小，单个笔触之间的距离越窄，绘制的线条越连贯，反之，设置的参数值越大，单个笔触之间的距离就越宽。下面的几幅图像分别展示了应用不同“间距”时画笔的绘制效果。

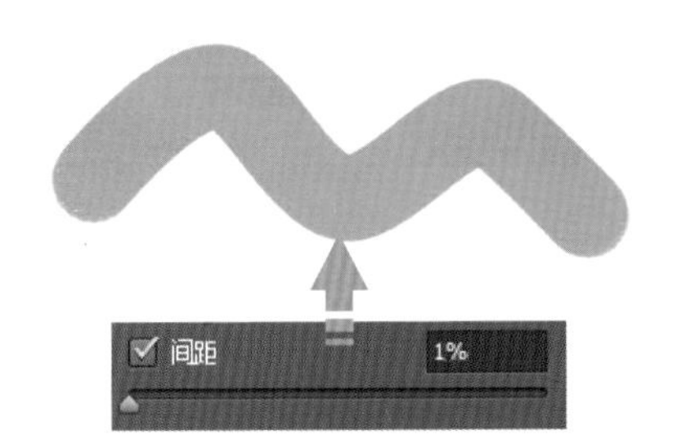

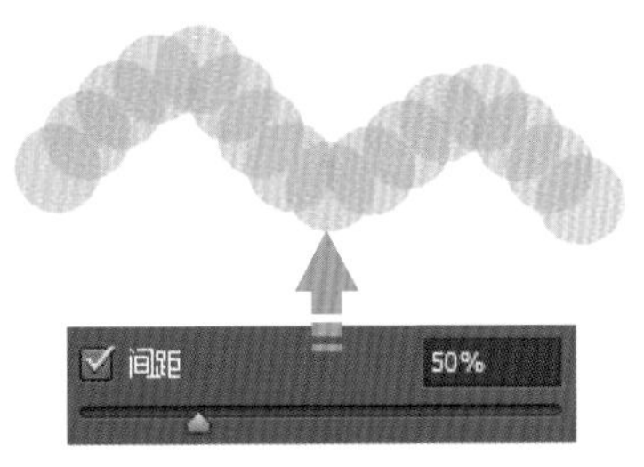

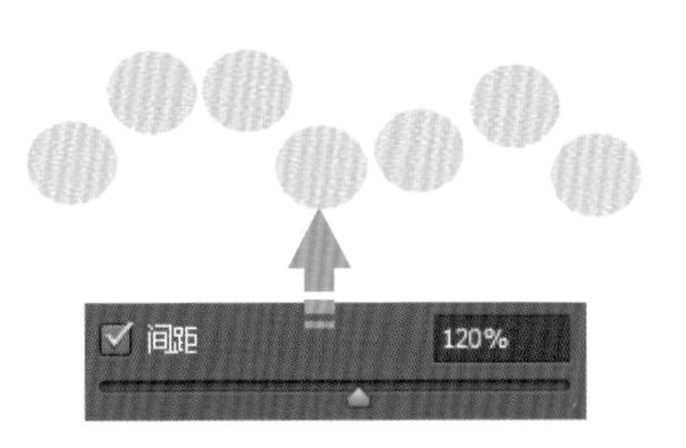

7. 预设监视器

“预设监视器”位于“画笔”面板最下方，用于实时预览当前设置下的画笔形态。更改“画笔”面板中的选项时，位于“预设监视器”中的画笔形态也会随之发生改变。右侧的图像即为选择不同画笔笔尖时，在“预设监视器”中显示出的画笔效果。

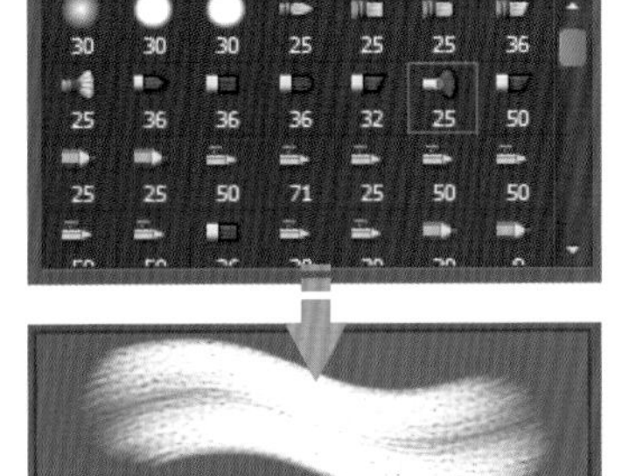

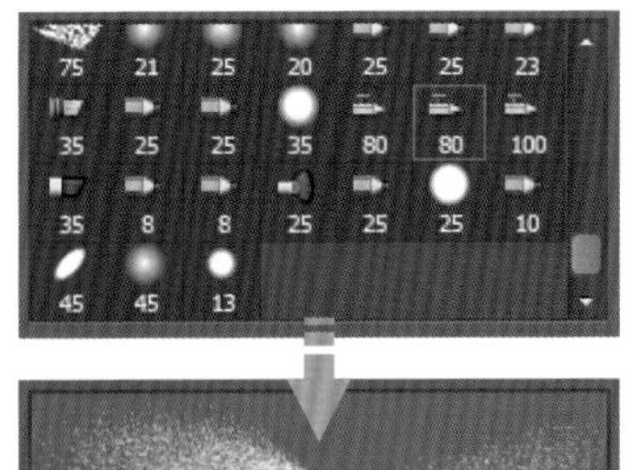

2.2.2 画笔的形状动态

Photoshop 中的画笔实际上就是笔触连接在一起的形态，在画笔面板中的“形状动态”选项面板下可以调整画笔在画面中的形态变化，它决定了描边时画笔笔迹的变化，通过各个选项的设置即可制作丰富的笔触变化效果，让画笔不再单调。

打开“画笔”面板后，单击勾选“形状动态”复选框，在面板右侧即可显示完整的“形状动态”选项面板，其中包括画笔的大小抖动、角度抖动、圆度抖动等多个选项，如右图所示。

1. 大小抖动

“大小抖动”选项用于调整画笔抖动的大小，即改变笔画中出现的笔触大小。与基本设置中的“大小”设置不同的是，此处的“大小抖动”选项在控制画笔大小的同时还能控制画笔的不规则形态，获得更加自然的画笔效果，设置的参数越大，拉动的弧度就越大。如下图所示，选择“画笔选取器”中的“柔边圆”画笔，分别设置“大小抖动”值为 0% 和 100% 时，使用画笔绘制时能看到参数越大，抖动的效果越明显，呈现的笔触变化就越丰富。

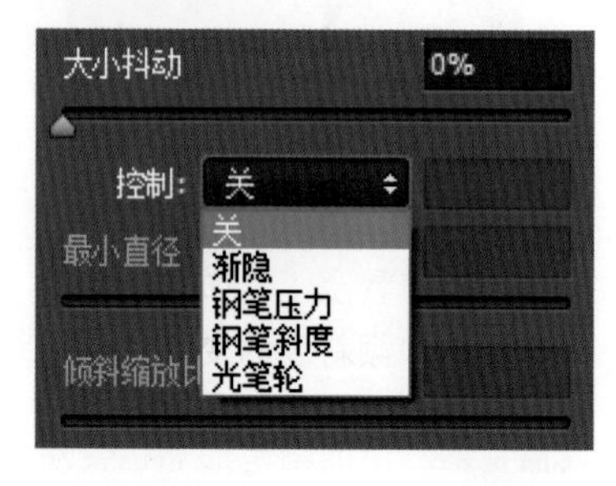

在“大小抖动”选项下，还可以通过“控制”下拉列表中的选项对画笔的抖动动作做出细致的调整，得到更满意的画笔效果。单击“控制”选项下拉按钮，展开下拉列表，其中包括了“关”“渐隐”“钢笔压力”“钢笔斜度”和“光笔轮”5 个选项，如右图所示。默认选择“关”选项，此时不会指定画笔的抖动程序，即不激活笔触的尺寸变化，同时在此选项下，即使使用压感笔，也不会出现任何性质的变化。

“渐隐”选项可以控制笔触逐渐缩小的程度，选择此选项后将激活“控制”后的数值框，根据输入的不同参数来设置画笔抖动的区间变化，取值范围为 1 ～ 9999。设置的参数越大，画笔结尾处逐渐缩小的过程就越长。

当设置“大小抖动”为 20% 时，选择“控制”下拉列表中的“渐隐”选项，分别输入 25 和 80 时，得到不同的程度的画笔效果，如下图所示。

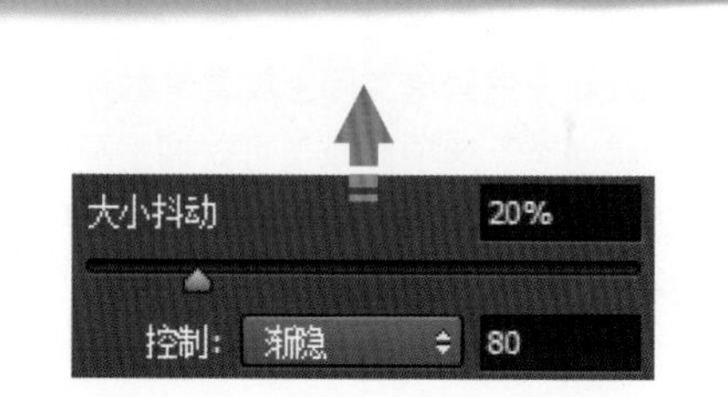

技巧提示 钢笔压力、钢笔斜度和光笔轮

在“控制”选项下拉列表中，“钢笔压力”“钢笔斜度”和“光笔轮”3 个选项主要是针对压感笔而提供的，如果不是使用压感笔，而是使用鼠标进行绘制，笔触不会发生变化。

选择“钢笔压力”选项，Photoshop 会根据画笔的用笔强度来调整画笔的大小，如果使用压感笔进行绘制，笔触的尺寸也会随着该选项的大小而发生变化；选择“钢笔斜度”选项时，可以以压感笔为基准，根据绘制时手势的倾斜度调整画笔的大小，由此来展示出不同的笔触尺寸；选择“光笔轮”选项时，利用压感笔且带有拇指轮输入板的工具，也可以调整画笔笔触大小变化，只要是安装了拇指轮的喷枪笔都可以使用此功能。下面的三幅图像分别为选择不同选项时，在下方的“预设监视器”中显示的运用压感笔绘制的画笔效果。

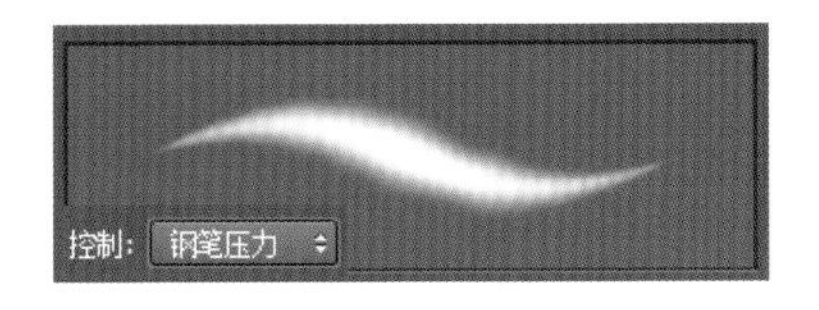

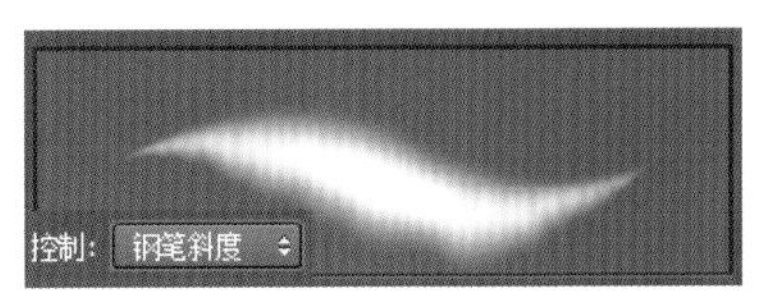

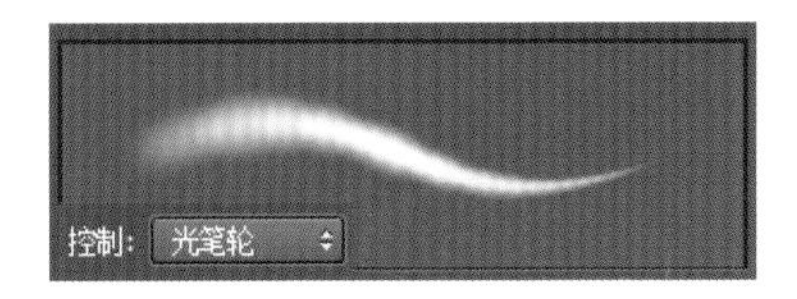

2. 最小直径

“最小直径”选项用于设置抖动的最小幅度，由此来定义最小尺寸的笔触，其取值范围为 0% ～ 100%。输入的参数越小，画笔抖动的强度就越大，反之，输入的参数越大，画笔抖动的强度就越小。如果使用压感笔绘制，则随着压力和倾斜度的变化，笔画开始和结束的尺寸也会发生变化。右图所示为设置“大小抖动”为 100%，分别输入“最小直径”为 5% 和 95% 时绘制出的笔触粗细的变化。

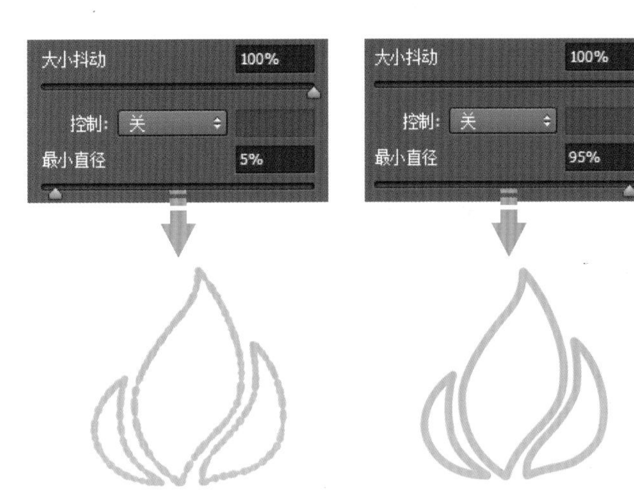

3. 倾斜缩放比例

“倾斜缩放比例”选项只有在选择“最小直径”时，选择“控制”下拉列表中的“钢笔倾斜”选项时才为可用状态。此选项主要用于在画笔的抖动幅度中指定倾斜时画笔的缩放大小。下图所示为选择“控制”下拉列表中的“钢笔倾斜”选项时，分别设置“倾斜缩放比例”为 20%和 200%时在“预设监视器”中显示的画笔效果。

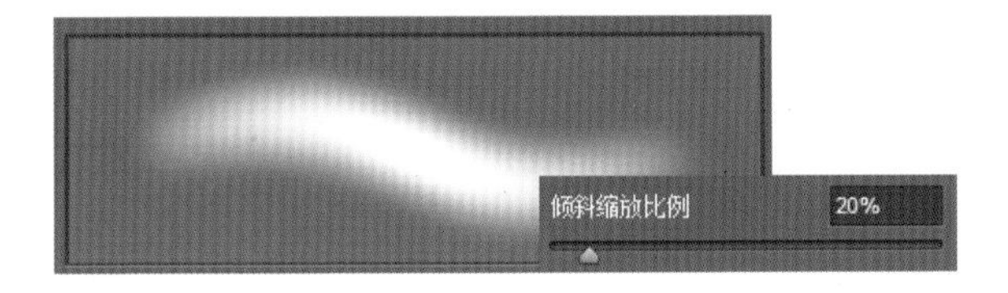

4. 角度抖动

“角度抖动”选项用于控制每个笔触的角度变化，直接拖曳滑块或输入数值即可调整参数值。“角度抖动”的范围为 0% ～ 100%，设置的参数值越小，笔触越接近原始笔触的角度；设置的参数值越大，画笔笔触的旋转幅度就越大。选择“画笔选取器”中的小草形状画笔，设置“大小抖动”“最小直径”和“倾斜缩放比例”选项均为 0，调整“角度抖动”分别为 10% 和 80%，运用画笔绘制的不同效果如下图所示。

与“大小抖动”相似，“角度抖动”也可以通过“控制”下拉列表中的选项来控制画笔角度的抖动效果。单击“控制”选项右侧的下拉按钮，在展开的下拉列表中即可查看并选择不同的控制选项，如右图所示。

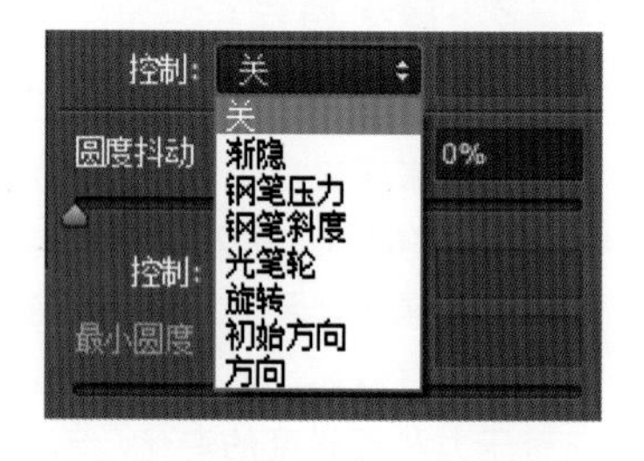

■ 5．圆度抖动

“圆度抖动”选项用于调整画笔笔触的圆度随机性，在使用“画笔工具”绘制曲线的过程中，画笔笔触的扁平程度还会根据曲线的弯曲程度进行相应的变化。“圆度抖动”的取值范围为 0% ～ 100%，设置的参数越大，笔触越扁；设置的参数越小，越接近原始笔触的形态。选择“画笔选取器”中的“柔边圆”画笔，设置“圆角抖动”为 3% 时，绘制的笔触变化不是很明显，如下左图所示。设置“圆度抖动”为 85% 时，绘制的笔触根据曲线的弯曲程度进行相应的扁平变化，如下右图所示。

■ 6．最小圆度

“最小圆度”选项可根据画笔抖动的程度来设置画笔笔触的最小的圆度，设置的参数越小，抖动效果越明显。此选项只有选择“控制”下拉列表中的“关”选项以外的选项才能被激活。当“圆度抖动”为 100%，“最小圆度”分别为 15 和 85 时，运用画笔“草”绘制的效果如下图所示。

2.2.3 画笔的纹理

应用“画笔”面板中的“纹理”设置可以为画笔的笔触添加纹理效果，主要利用图案使用笔触的绘画效果类似于某种特定的纹理，由此来模拟铅笔画、油画、水彩画效果。Photoshop 提供了多种预设的纹理，可以在绘制时单击并选择应用，也可以根据个人需要载入新的纹理并应用。

单击“画笔”面板中的“纹理”选项并勾选对应的“纹理”复选框，即可展开“纹理”选项面板，如右图所示。在选项面板顶部选择纹理样式，再通过调整下方的选项，控制纹理的变化和强度等。

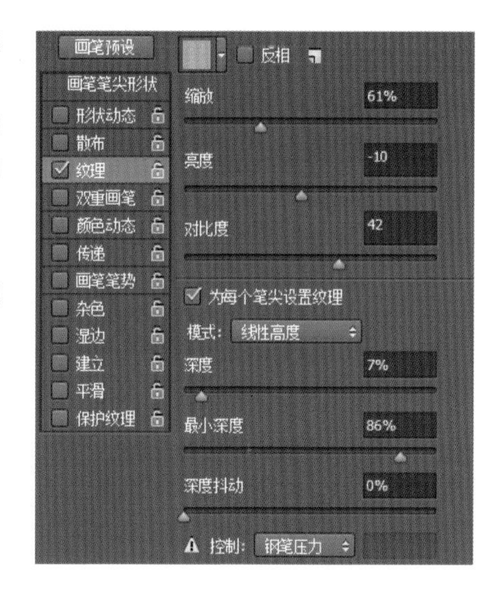

1. 图案选取器

在“纹理”选项面板的最上方即为“图案选取器”。在“图案选取器”中包含了多种 Photoshop 预设的纹理效果，单击即可选中并将其应用到画笔的笔触中。单击“图案选取器”右侧的下拉按钮，在展开的“图案选取器”中可以预览到多种图案效果，如右图所示。

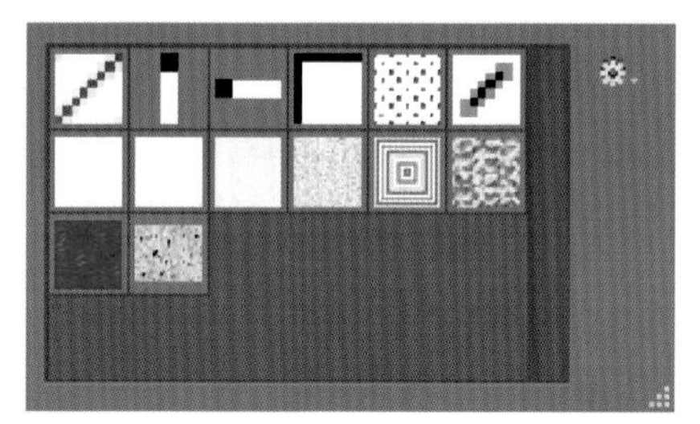

单击右上方的按钮，在打开的快捷菜单中选择所需的纹理类型，还可以载入多种 Photoshop 中自带的图案，例如“艺术表面”“艺术家画笔画布”“彩色纸”等，如右图所示。执行不同命令，即可把相应的纹理图案载入到“图案选取器”内，下面的三幅图像分别为依次载入“艺术家画笔画布”“旧版图案”“岩石”图案组中的图案时所显示的“图案选取器”。

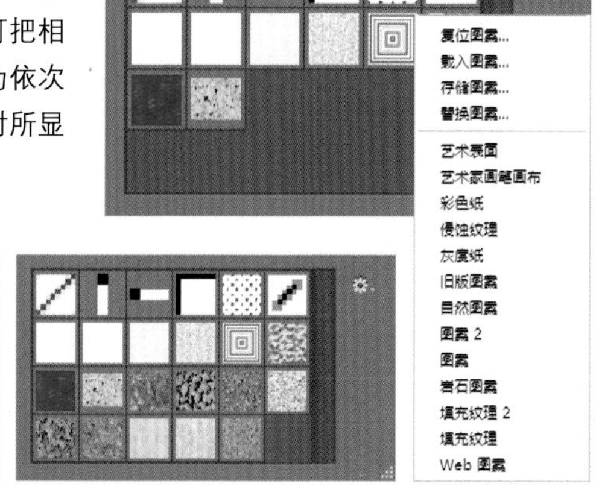

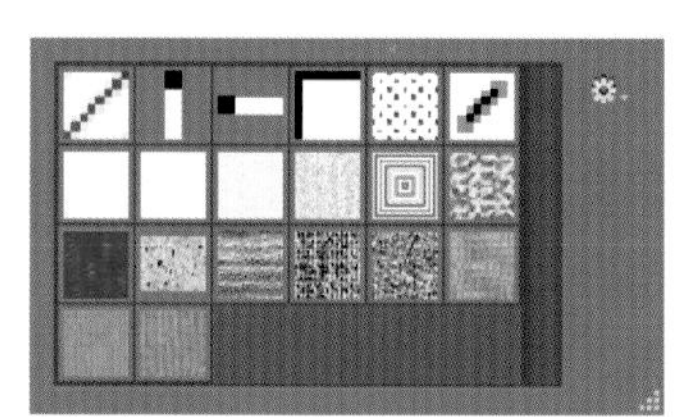

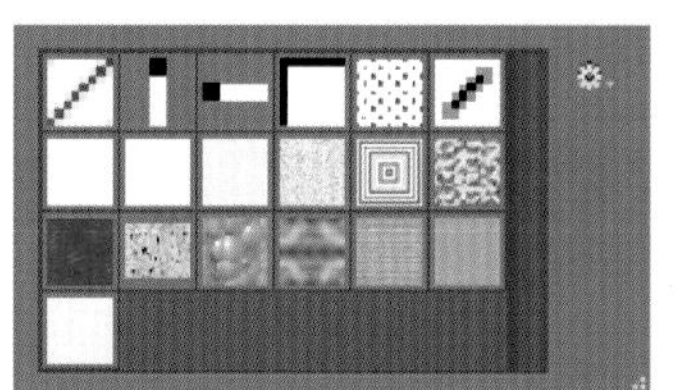

将预设的图案载入到“图案选取器”中以后，就可以为画笔指定要应用的图案，单击即可为画笔设置相应的纹理图案。选择不同的纹理图案应用到画笔笔触上，会使得画笔的填充产生不同的效果，如下图所示分别为应用“花岗岩”“上底色亚麻”“黄菊”“水晶”“灰泥 3”和“蚁穴”的图案纹理绘制的图像效果。

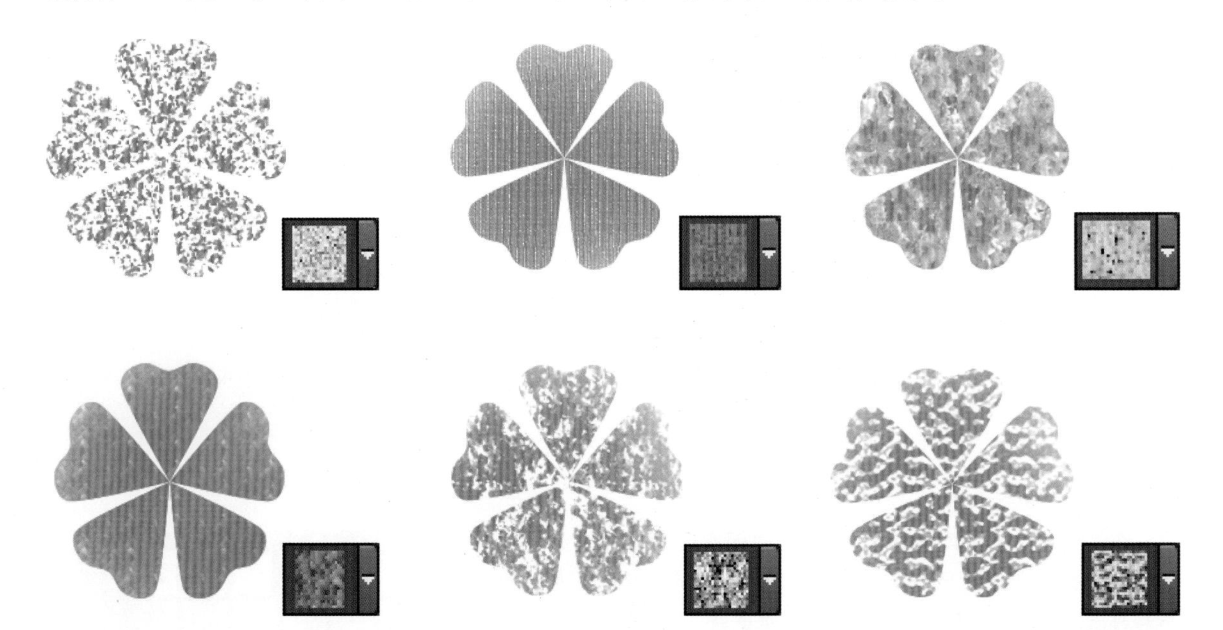

技巧提示　载入更多纹理

Photoshop 中不但可以载入系统预设的纹理，也可以将个人制作的图案或是网上下载的图案添加到“图案选取器”中用于图像的绘制。单击“图案选取器”右上角的扩展按钮，在展开的菜单中执行“载入图案”命令，打开“载入”对话框，在对话框中选择要载入的图案，单击“载入”按钮，即可载入图案，载入后单击即可对笔触应用图案。

2. 反相

“反相”选项用于翻转当前选定图案的纹理，基于图案中的色调或者影调对纹理中的亮点和暗点进行翻转，使之进行反向显示。如右图所示为选择“生亚麻”纹理，使用“柔边圆”画笔在勾选“反相”复选框以及取消勾选时绘制出的不同效果。

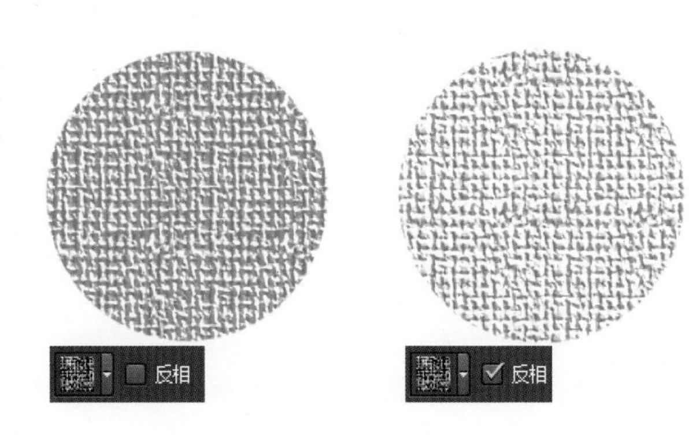

3. 缩放

“缩放”选项可以改变当前选定图案的显示比例，可以拖曳滑块或输入数值来调整画笔纹理的缩放比例。设置的参数值越大，图案显示越大。下面的图像为选择“多刺的灌木”纹理时，分别设置“缩放”值为 10%、100% 和 500%，运用画笔绘制的图案效果。

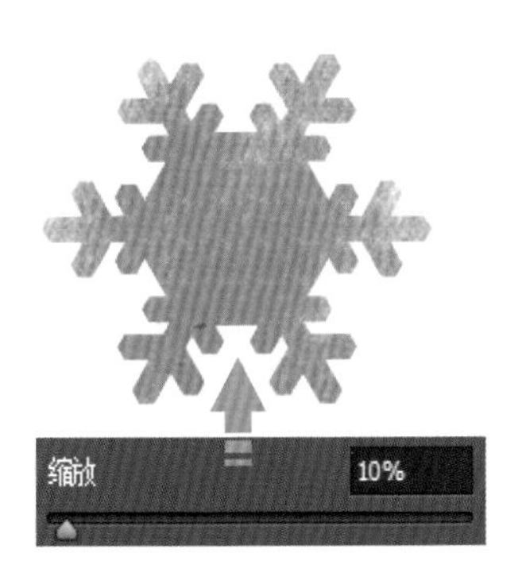

4. 亮度

“亮度”选项主要用于控制图案的明亮程度，设置范围为 -150 至 +150，设置的参数越大，图案的亮度越高，图像越亮，反之则越暗。如右图所示，当设置“亮度”为 -20 时，可以看到较低亮度值绘制的画笔效果较明显，颜色较深，“亮度”为 75 时，可以看到较高亮度值绘制的笔触不是很明显，同时颜色较浅。

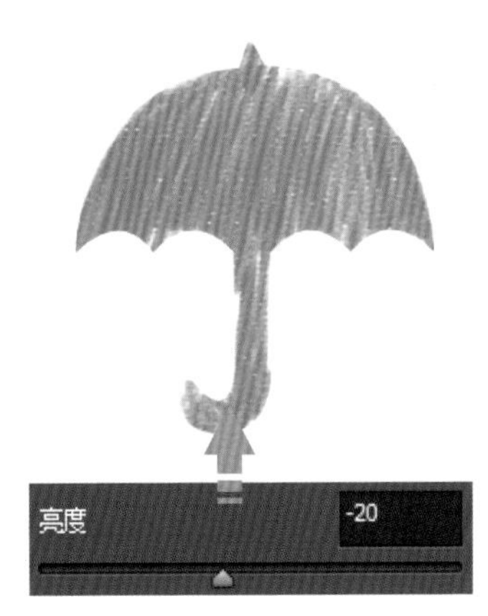

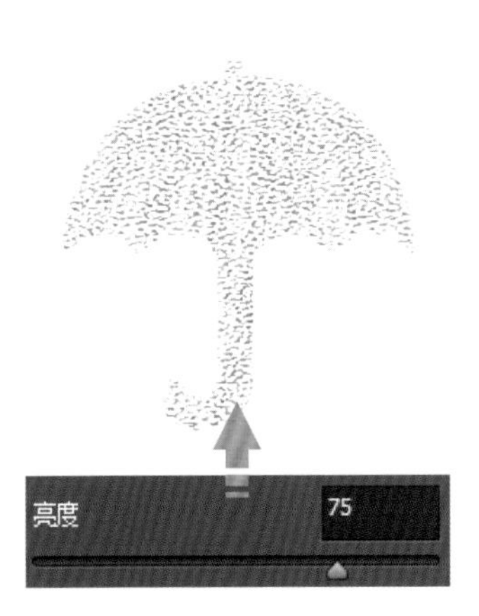

5. 对比度

“对比度”选项用于调整纹理图案的明暗对比程度，设置的“对比度”越大，明暗对比越明显；设置的“对比度”越小，明暗对比越弱。如下图所示，随着对比度的增加，绘制的图像所表现出来的纹理质感会越来越强。

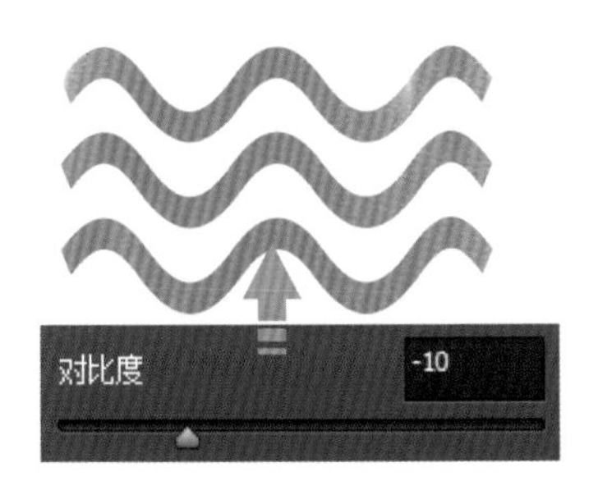

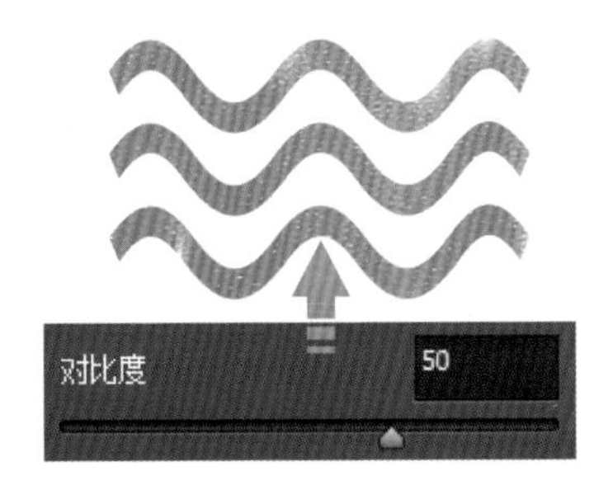

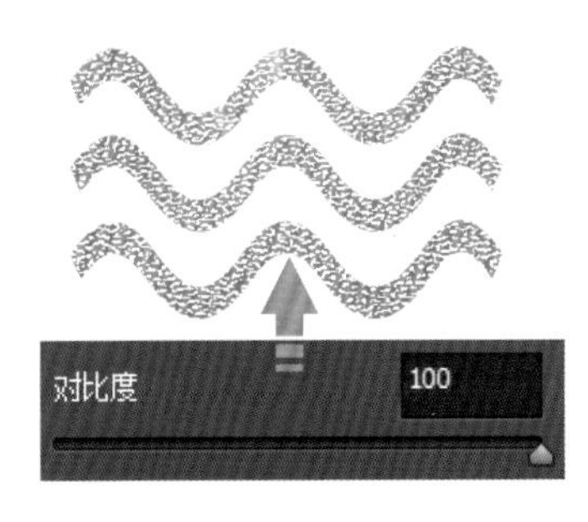

■ 6．模式

“模式”选项的作用与“图层”面板中的混合模式作用类似，只是这里的模式是针对纹理与笔触之间的明暗程度进行叠加。在“模式”下拉列表中提供了多种与画笔效果混合应用的模式选项，单击“模式”选项右侧的下拉按钮，在展开的“模式”下拉列表中即可看到系统提供的多种不同的模式选项，如右图所示。当选择不同的模式进行绘制时，所绘制的画笔笔触也会呈现不同的效果，如下图所示。

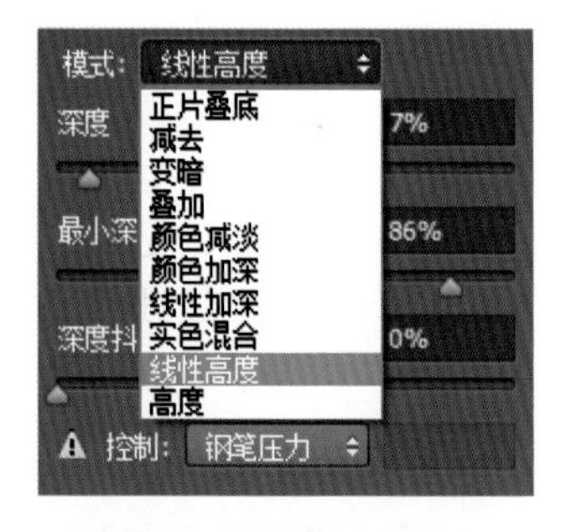

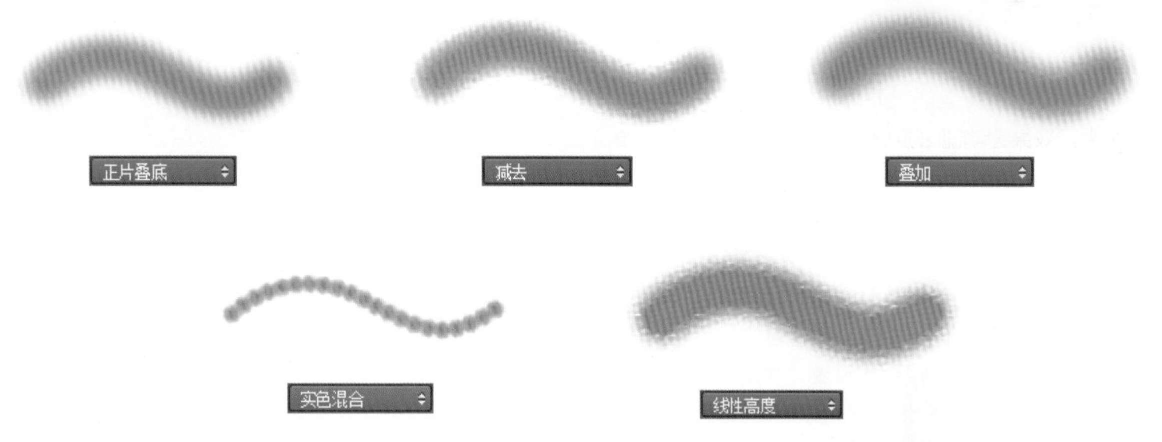

> **技巧提示　为每个笔尖设置纹理**
>
> 勾选“纹理”选项面板中的“为每个笔尖设置纹理”复选框，可以激活下方的“深度抖动”选项，并且为每个绘制的笔触分别应用纹理效果。

■ 7．深度

“深度”选项用于调整纹理中颜色被渗透到笔触中的深度，深度不同，表现出来的纹理效果也会有所不同，深度越高，笔触边缘的纹理就越清晰，笔触中间纹理也就越深；而深度越低，纹理表现就越模糊。右图所示分别为设置“深度”为 5% 和 70% 时绘制的叶子图案。

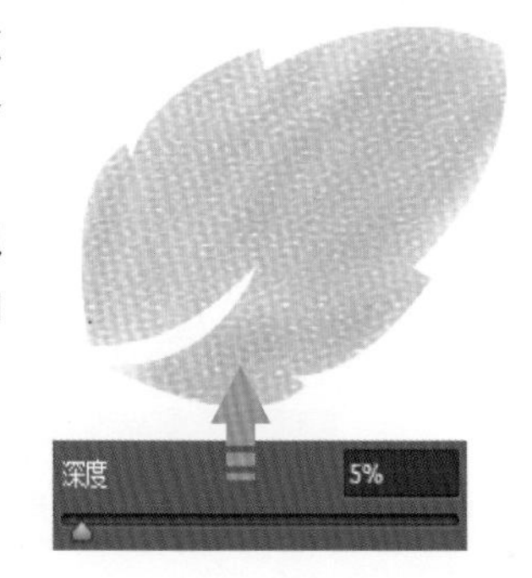

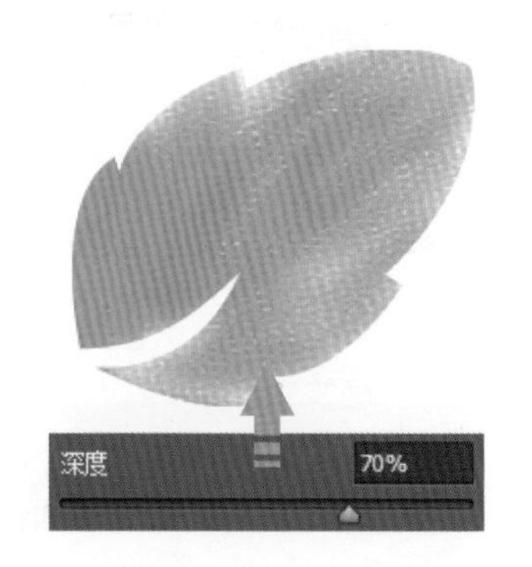

■ 8．最小深度

“最小深度”选项只有在“深度抖动”中选择“控制”下拉列表中的“关”选项外的其他选项时才会被激活。通过调整“最小深度”选项，可以对纹理被渗透到笔触中的最小深度的程度进行控制，设置的参数越大，笔触的着色越明显，边缘纹理越清晰。右图所示即为激活“最小深度”选项后，分别设置参数值为0% 和 100% 时绘制的效果。

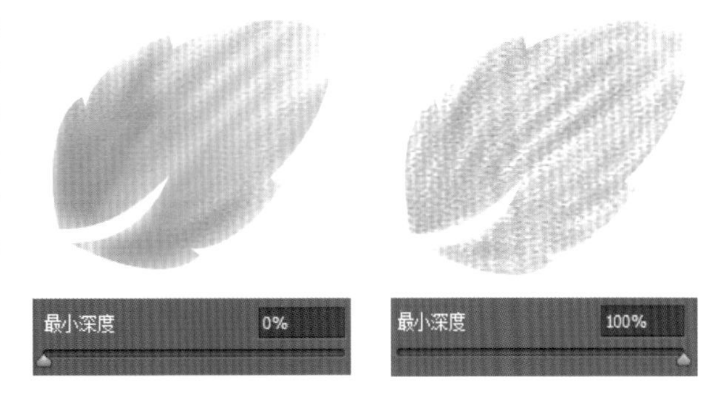

■ 9．深度抖动

“深度抖动”选项主要用于控制笔触纹理抖动的最大幅度，为纹理添加动态的变化效果，同时也可以在一个画笔里制作出更自然的深度变化。“深度抖动”的取值范围在 0 至 100 之间，设置的参数值越大，纹理抖动的幅度越大，效果越明显；反之，参数越小，纹理抖动的幅度越小，效果越弱。下面的图像即为“深度”和“最小深度”不变，“深度抖动”值分别为 10% 和 95％时绘制的图像效果。

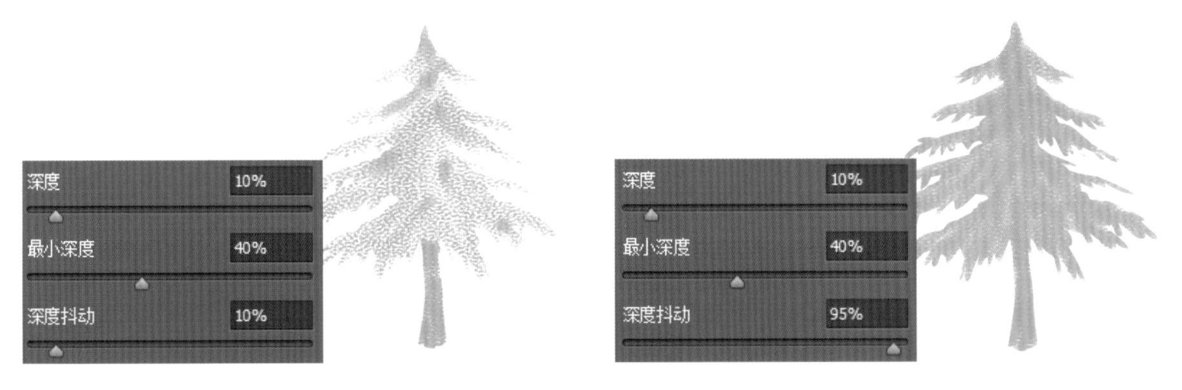

“深度抖动”对笔触纹理的影响同样可以通过“控制”下拉列表中的选项来做精细的调整。单击“控制”选项右侧的下拉按钮，展开“控制”下拉列表，在该下拉列表中包括了“关”“渐隐”“钢笔压力”“钢笔斜度”“光笔轮”和“旋转”6 个选项，如右图所示，当选择不同的选项时，运用画笔所绘制出的效果也会有一定的区别。

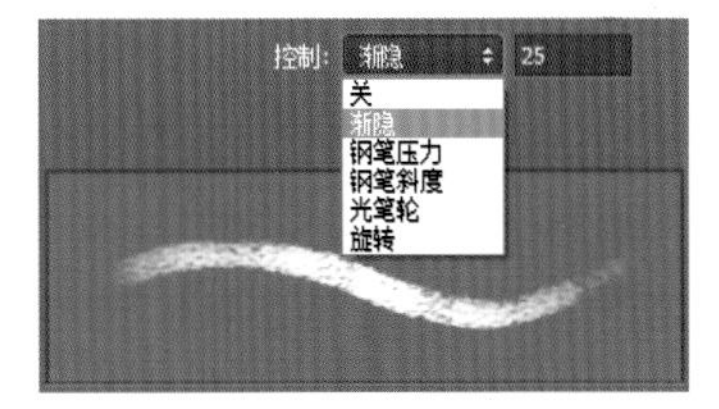

2.2.4 画笔传递效果

“画笔”面板中的“传递”选项面板中的设置是针对画笔笔触的不透明度和填充效果进行调整的，通过设置此选项面板中的参数，可以控制画笔笔触的随机不透明度，并且可设置笔触随机的颜色流量，从而绘制出自然的若隐若现的画笔效果，使画面表现更加灵动、通透。

打开“画笔”面板，单击“传递”选项并勾选对应的复选框，展开“传递”选项面板，如右图所示。在选项面板中包含“不透明度抖动”和“流量抖动”两个设置选项，用于对画笔笔触的不透明程度和填充程度进行调整，让画笔的笔触在画面中产生自然的空间感。

1．不透明度抖动

“不透明度抖动”选项用于调整画笔笔触的不透明度，将不透明度随机应用到单个笔触上，只需直接拖曳滑块或在右侧的数值框中输入 0% ～ 100% 之间的参数即可完成调整。通过“不透明度”选项的设置，能够让笔触产生一种自然的透明度变化，使绘画效果更逼真。下图所示分别为设置“不透明度抖动”为 10%、50% 和 100% 时绘制的效果。

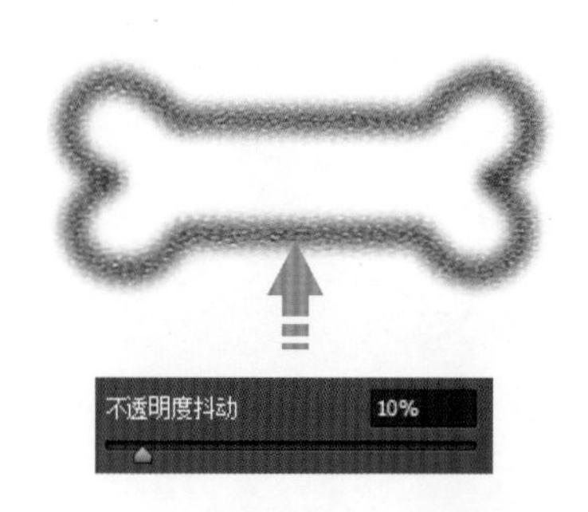

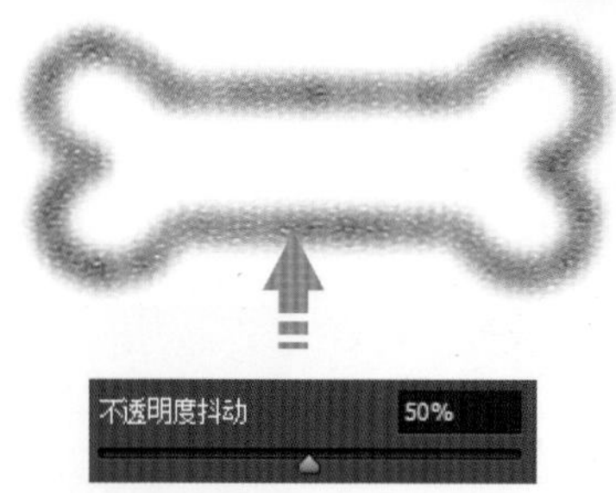

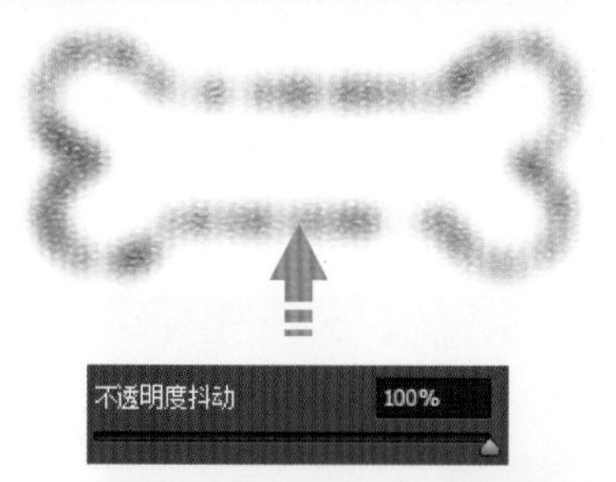

在“不透明度抖动”选项下提供了一个“控制”选项，如右图所示，通过该选项可以对不透明度产生影响，根据具体情况选择不同的控制选项，使画笔更加准确。

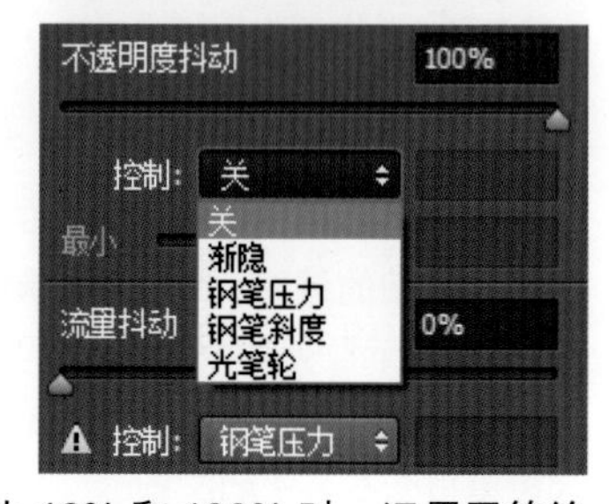

默认选择“关”选项，在此选项下使用压感笔不会对“不透明度抖动”的情况产生影响；选择“渐隐”选项，可以在后面的文本框中输入数值，输入后 Photoshop 将按指定数量的多少对画笔笔迹的“不透明度抖动”从最大抖动渐隐到无抖动效果，同时还会激活“最小”选项，在其中设置“不透明度抖动”的最小值。

下图所示为选择“控制”下拉列表中的“渐隐”选项分别输入“最小”值为 10% 和 100% 时，运用画笔绘制的画笔效果。

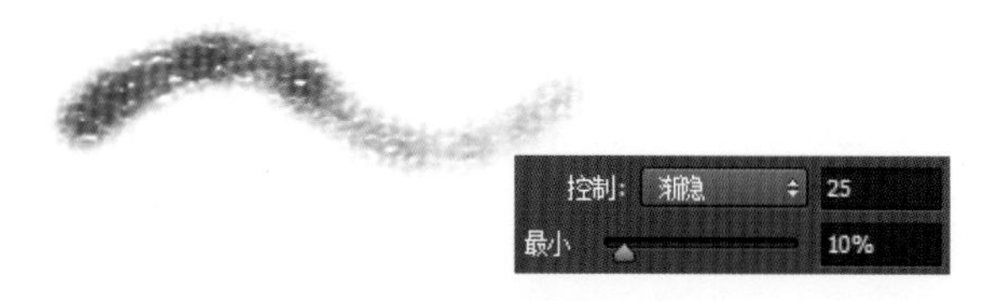

2. 流量抖动

流量抖动用于控制画笔笔触的颜色填充效果，即颜料在笔触中的数量，设置的参数值越大，其笔触表现的色彩就越淡。下面的图像分别为画笔“流量抖动”为 0%、60% 和 100% 时的画笔效果，可以看到随着参数值的增加，笔触的效果越来越淡。

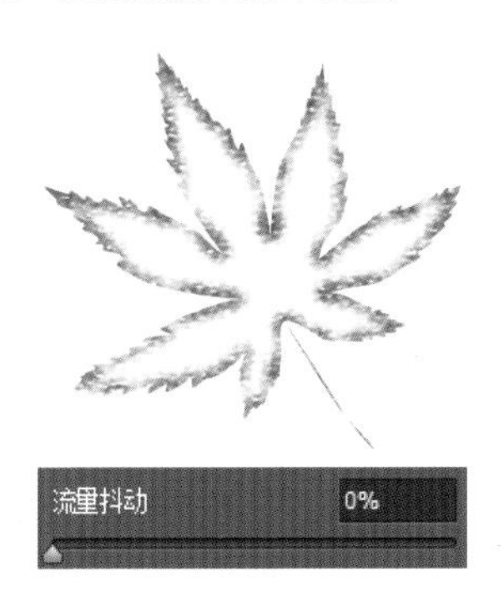

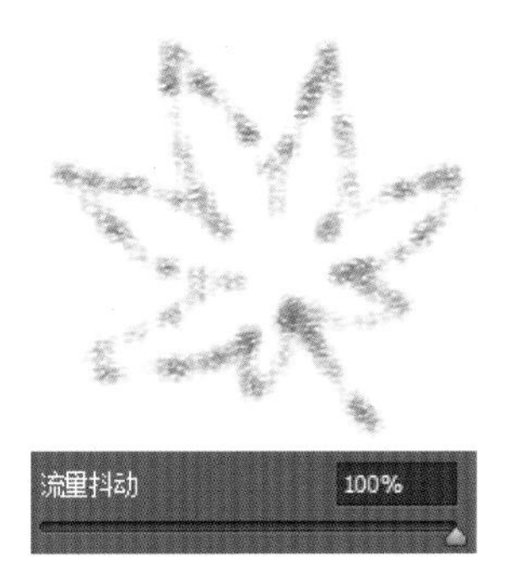

与“不透明度抖动”一样，“流量抖动”也可以通过“控制”下拉列表中的选项调整笔触的流量抖动所产生的影响。单击“控制”选项右侧的下拉按钮，即可展开“控制”下拉列表，如右图所示，在该下拉列表中即可选择控制选项，控制图像绘制效果。

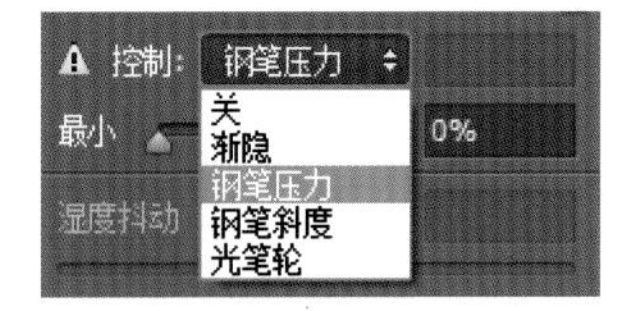

技巧提示 **湿度抖动与混合抖动**

当选择“画笔工具”时，可以看到画笔“传递”选项面板中的“湿度抖动”和“混合抖动”选项显示为灰色，呈不可使用状态。若要启用这两个选项，需选择工具箱中的“混合器画笔工具”。

2.2.5 平滑画笔

“平滑”可以绘制出更为自然的曲线效果。当使用压感笔进行绘画时，利用“平滑”画笔设置可以快速对绘图笔触产生的不自然的效果进行调节，但是在描边渲染时有可能会导致轻微滞后。

如下图所示，选择画笔描绘时，勾选“平滑”复选框时绘制的画笔效果比未勾选时绘制的线条更加流畅一些。

2.3 艺术画笔

Photoshop 中的“画笔”面板中除了常规的画笔外，还包含了多种硬毛刷画笔、喷枪画笔以及侵蚀效果画笔。选择这类画笔可以模拟出与传统绘画工具相似的绘画笔触，制作出类似于油画、水彩画、彩铅画等风格的绘画效果。

2.3.1 侵蚀点画笔

侵蚀点画笔的表现类似于铅笔和蜡笔，运用这类画笔作画时，会随着时间推移自然磨损，即画笔使用越久，笔尖越粗。在绘画的过程中，可以通过图像左上角的“实时画笔笔尖预览”来观察画笔的磨损程度。通过“画笔选取器”中的笔尖形态可以准确判断侵蚀笔尖画笔，选择这类画笔后，在“画笔”面板下方会显示侵蚀笔尖控制选项，如下图所示。

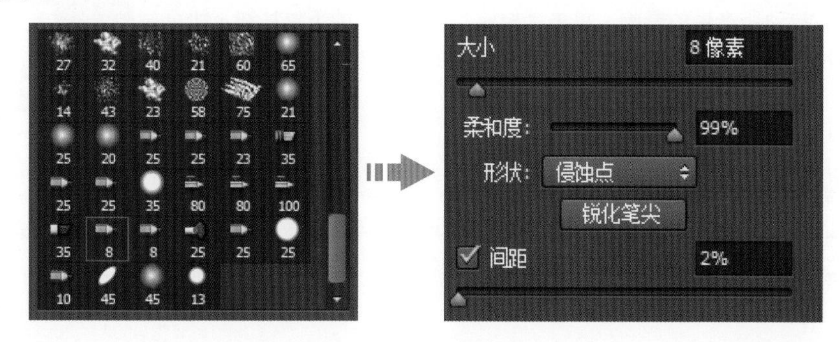

1. 柔和度

“柔和度”选项用于控制画笔笔尖的磨损率，设置的范围为 0% ～ 100%，可以拖曳滑块或输入百分比值进行调整。设置的“柔和度”越大，画笔磨损度越高；反之，画笔笔尖的磨损度越低。当设置“柔和度”为 10% 时，由于画笔磨损度较低，画笔笔尖变化不是很明显，如下左图所示。当设置“柔和度”为 90% 时，增加了磨损度，在反复涂抹的过程中，画笔磨损度较高，笔尖变得较粗，如下右图所示。

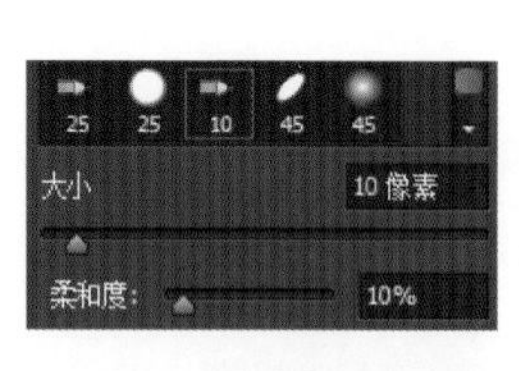

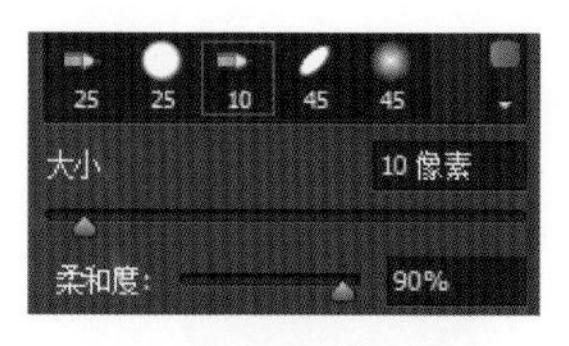

2. 形状

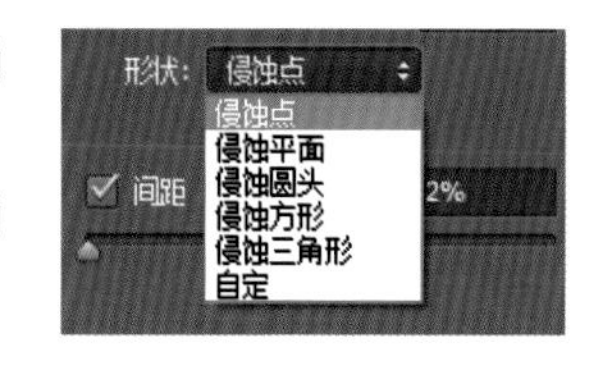

“形状”下拉列表中的选项用于设置不同形状的画笔笔尖。当选择一种侵蚀点画笔时，会自动切换至相应的笔尖形状，此时也可以单击“形状”选项右侧的下拉按钮，在展开的下拉列表中重新选择不同的笔尖形状，如右图所示。选择不同的形状时，画笔笔尖会随之发生改变。下面的图像分别为选择不同形状笔尖绘制的画笔效果。

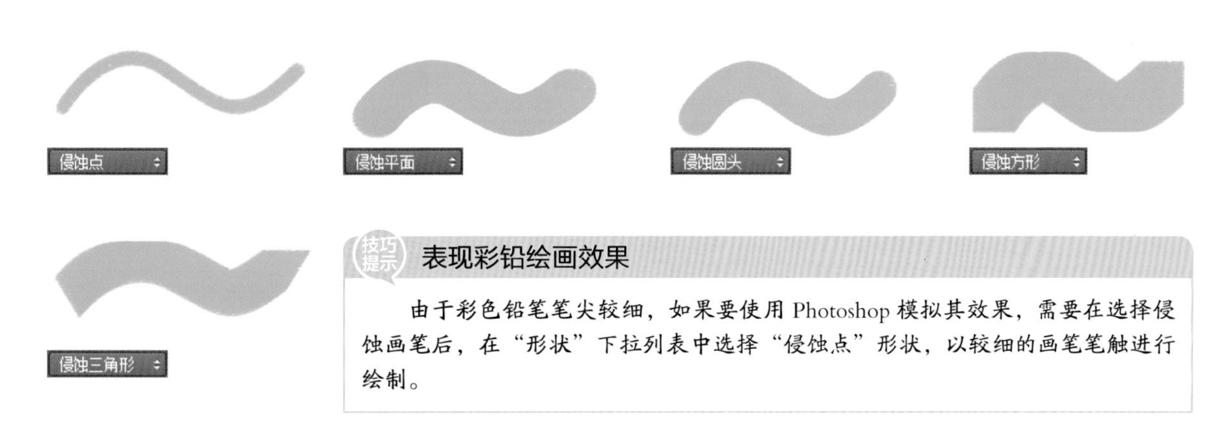

表现彩铅绘画效果

由于彩色铅笔笔尖较细，如果要使用 Photoshop 模拟其效果，需要在选择侵蚀画笔后，在“形状”下拉列表中选择“侵蚀点”形状，以较细的画笔笔触进行绘制。

3. 锐化笔尖

使用侵蚀点画笔绘画时，画笔会呈现不同程度的磨损，画笔笔尖会越来越粗，此时单击“锐化笔尖”按钮，可以将笔尖恢复为原始锐化程度。如下左图所示，先使用画笔对其中一朵花进行上色，上色完成后可以看到画笔笔尖变粗，如下中图所示。此时单击“锐化笔尖”按钮再次绘制时，可以看到画笔又恢复到默认的粗细状态，如下右图所示。

2.3.2 硬毛刷画笔

硬毛刷画笔可以快速调整出类似于排笔的绘画效果。在“画笔”面板中，可以通过画笔笔尖的形状来进行区分。由于硬毛刷画笔都是由刷毛构成的，所以当选择硬毛刷画笔后，在“画笔”面板中可以自由调整毛刷的长度、粗细和硬度等，由此获得非常逼真的绘画效果。单击选择其中一种硬毛刷画笔，在“画笔”面板下方会显示“硬毛刷品质”选项，如右图所示。

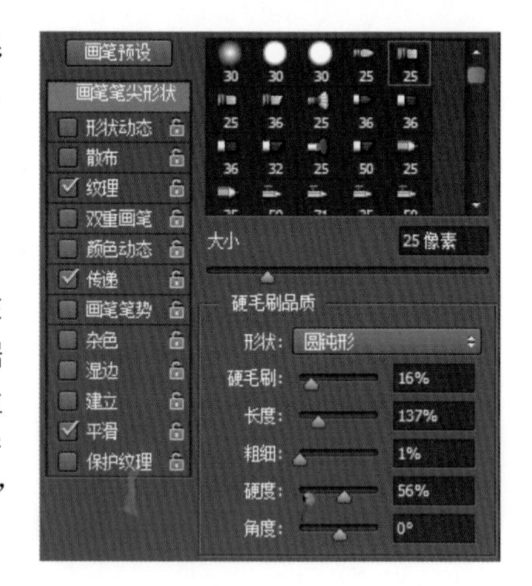

■ 1. 形状

“形状”选项用于选择画笔笔尖形状。选择一种硬毛刷画笔后，在“形状”下拉列表中会显示与之对应的毛刷形状。在绘画时，也可以根据需要重新调整笔尖形状。单击“形状”右侧的下拉按钮，在展开的下拉列表中即可选择形状，如下左图所示。当选择不同的形状时，画笔会产生不同的绘画效果，下列三幅图像分别选择“圆点”“圆钝形”和“平点”形状时绘制的画笔效果。

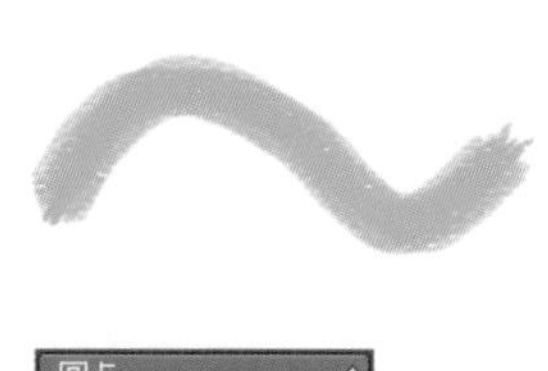

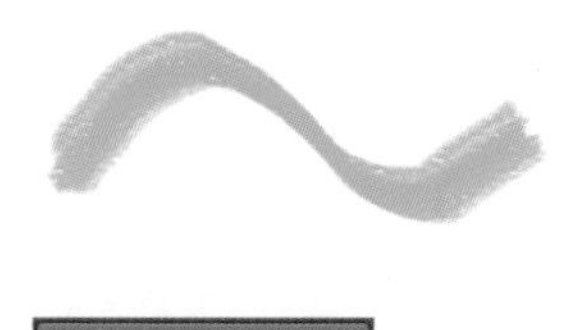

■ 2. 硬毛刷

“硬毛刷”可以控制画笔笔触中刷毛的数量，取值范围为 1% ～ 100%。设置的参数值越大，画笔刷毛的数量越多，绘制的画笔效果越细腻；反之，刷毛的数量也就越少，线条会越清晰，但绘制的画笔效果略显粗糙。选择“圆曲线”画笔，设置“大小”为相同像素，输入“硬毛刷”为 6% 时，在绘制的画笔效果中能看到包含的 6 根刷毛，如下左图所示；当设置“硬毛刷”为 26% 时，则包含 26 根刷毛，如下中图所示；设置“硬毛刷”为 60% 时，则刷毛数量变得更多，绘制的每一根线条变得更细，颜色变得越深，如下右图所示。

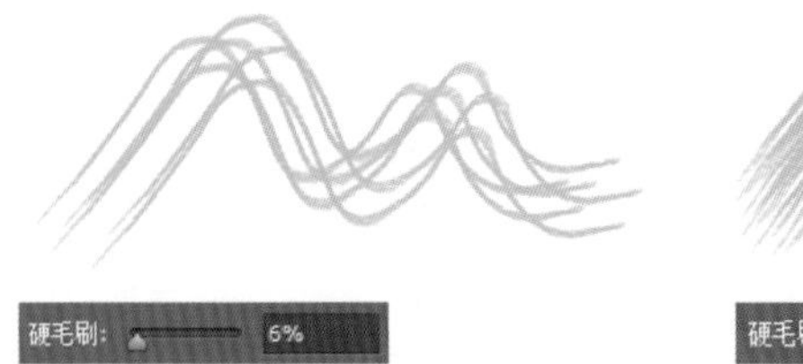

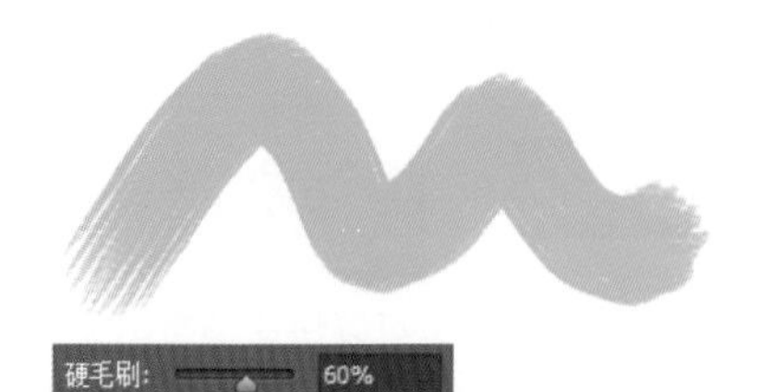

3. 长度

“长度”选项用于控制画笔刷毛的长短，设置的范围为 25% ～ 500%。设置的参数越小，刷毛越短，绘制的画笔效果越粗糙；参数越大，刷毛越长，绘制的画笔效果越清晰，喷洒的颜色就越会多，颜色也更鲜艳。右图所示为选择“平钝笔”硬毛刷画笔，分别设置“长度”为 33% 和 330% 时绘制的画笔效果。

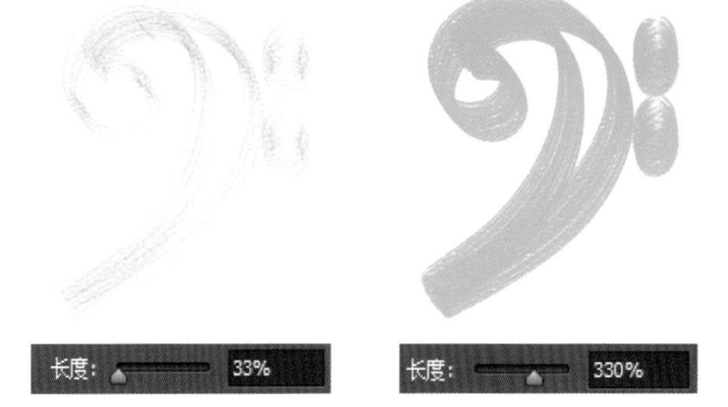

4. 粗细

“粗细”选项可以调整各个刷毛的粗细程度，其设置的范围为 1% ～ 200%，参数越小，画笔刷毛越细，笔画呈现出的效果越细腻；参数越大，画笔刷毛越粗，笔画呈现更为厚重的效果。选择“平曲线”画笔，设置“大小”为 30 像素，分别输入“粗细”值为 10% 和 150% 时绘制的画笔效果如下图所示。

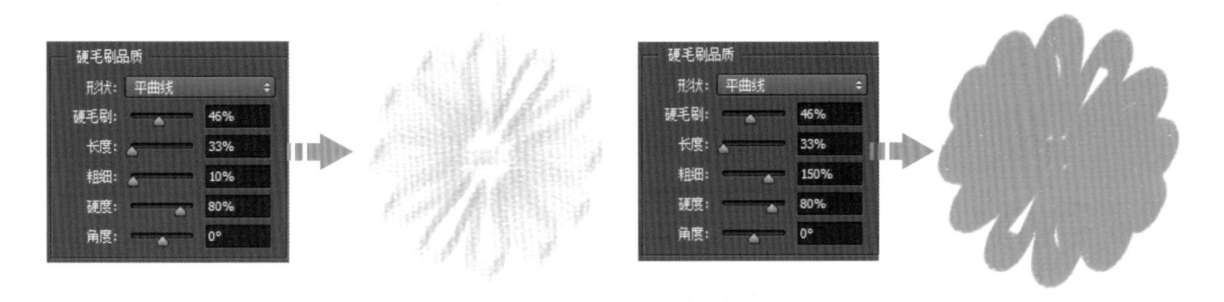

5. 硬度

“硬度”选项用于调整形成画笔的刷毛的软硬度，设置的范围为 1% ～ 100%，参数越小，绘制时各个刷毛会柔和地散开，画笔效果相对柔软；参数越大，刷毛越坚硬，画笔效果越粗糙，且笔画起点位置最为明显。如下图所示为选择“平曲线”画笔，分别设置“硬度”为 20% 和 60% 时绘制的画笔效果。

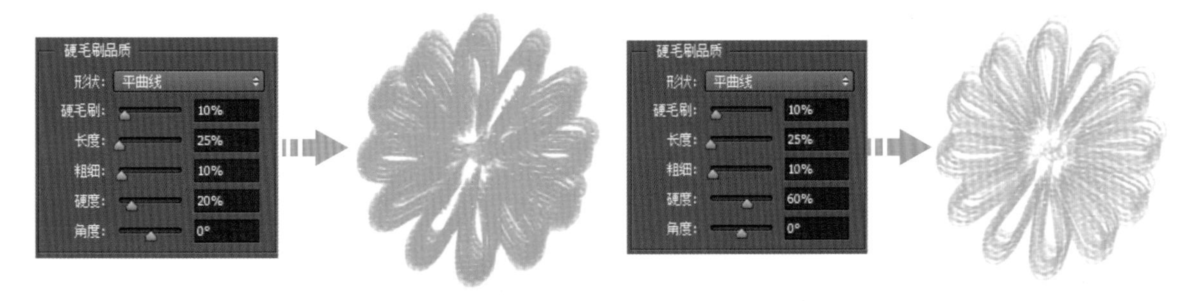

6. 角度

“角度”选项用于控制画笔接触到画布时画笔笔杆的旋转角度，设置的范围为 -180° 至 +180° 。当设置不同的“角度”时，运用画笔绘制出的图像会获得不同的画笔效果。右图所示分别为设置“角度”为 -95° 和 150° 时绘制的画笔效果。

2.3.3 喷枪画笔

喷枪画笔可以模拟真实绘画中油墨逐渐晕开的效果，它受到单击的时间长短的影响。在绘画过程中，单击的时间越长，其晕开后呈现的纹理和颜色就越明显，反之，单击时间越短，呈现的纹理和颜色就越淡。对于压感笔来说，则与使用者施力的大小有关。在“画笔选取器”中同样包含多种不同的喷枪画笔，可以通过观察面板中的画笔形态来判断喷枪画笔，选择喷枪画笔后，在“画笔”面板下方会显示喷枪画笔控制选项，如下图所示。

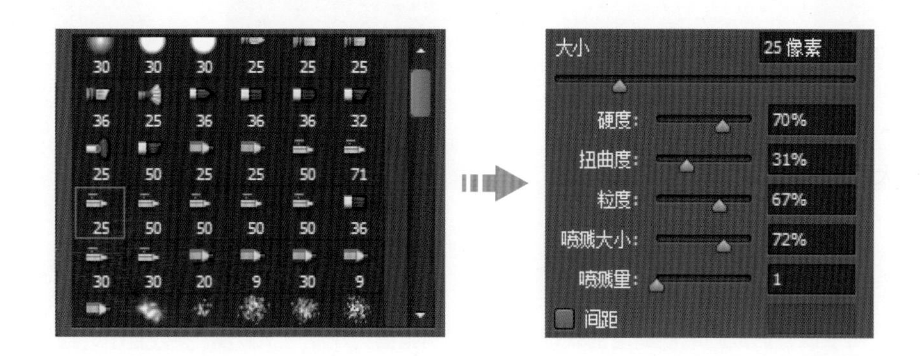

1. 硬度

“硬度”选项用于控制喷枪画笔笔尖的坚硬程度，设置的范围为 1% ～ 100%，可以通过拖曳滑块或者输入具体的数值来调整。设置的参数越大，喷枪的笔尖越坚硬，得到的绘画效果越粗糙；反之，喷枪的笔尖越柔和，得到的绘画效果越精细。选择喷枪画笔，分别设置“硬度”为 10% 和 100% 时绘制的画笔效果如右图所示。

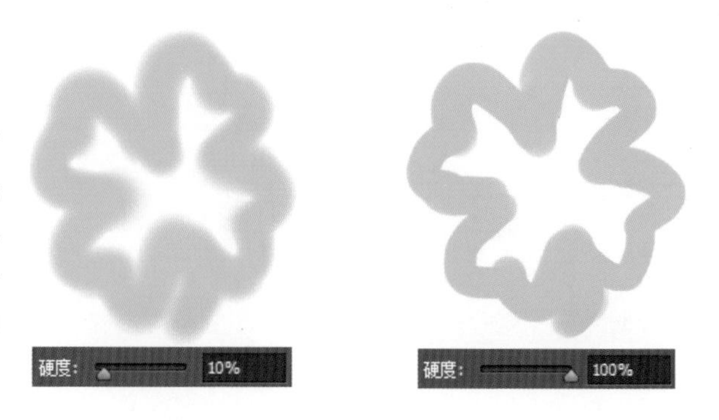

2．扭曲度

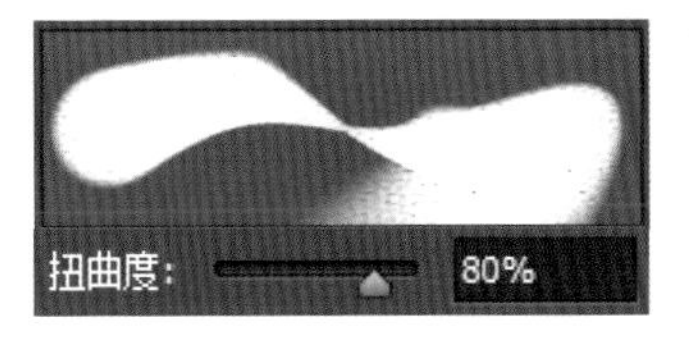

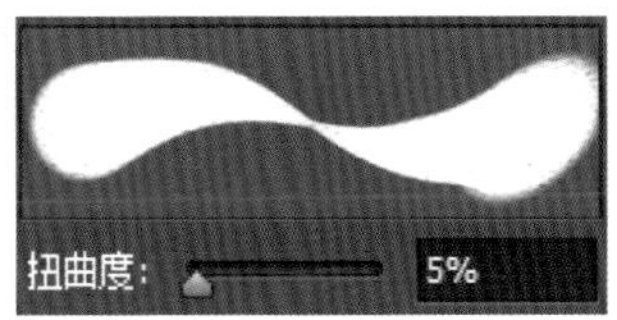

“扭曲度”选项用于控制喷枪画笔在绘制曲线的过程中线条的扭曲程度，参数范围为0%～100%，设置的参数越大，曲线的扭曲程度越明显。当设置“扭曲度”为80%和5%时，在“画笔”面板的下方显示出不同的笔触预览效果，如上图所示。

3．粒度

“粒度”选项用于控制喷枪画笔边缘的毛糙程度，其设置范围为0%～100%。设置的参数越大，笔画边缘就越呈现出颗粒状的状态，画笔边缘越毛糙；反之，设置的参数越小，喷枪画笔的边缘越平滑。分别设置“粒度”值为10%、40%和80%时绘制的画笔效果如下图所示。

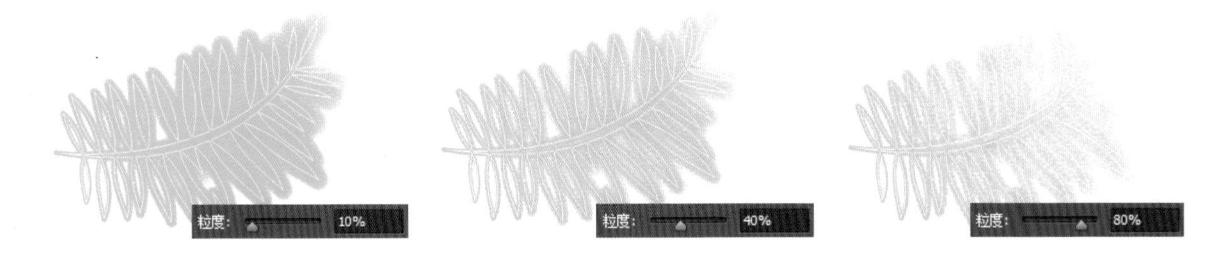

4．喷溅大小

“喷溅大小”选项用于调整喷枪中每个笔触的大小，参数范围为1%～100%。设置的“喷溅大小”值越大，笔触的尺寸就越大，呈现的笔触纹理就越模糊；反之设置的值越小，笔触的尺寸就越小，笔触的纹理就会越清晰。如下图所示分别为设置“喷溅大小”值为8%、58%、88%时绘制的画笔效果。

5．喷溅量

“喷溅量”选项用于控制画笔的笔触数量，取值范围为1～200。设置的“喷溅量”越大，包含的笔触数量越多，绘制的画笔效果越浓；反之，绘制的画笔效果就越淡。当“喷溅大小”为1%，输入“喷溅量”为2和150时绘制的画笔效果如右图所示。

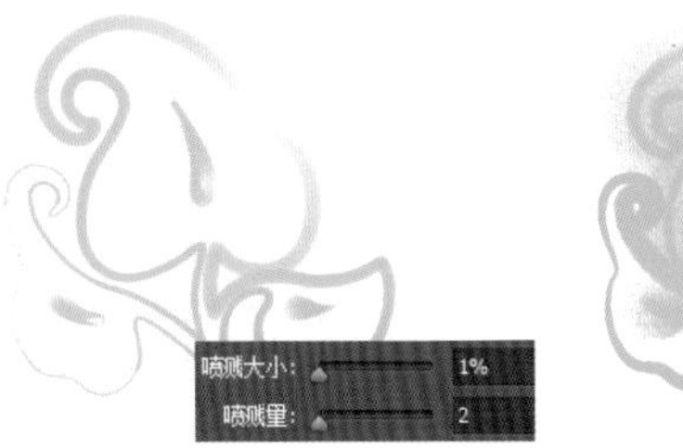

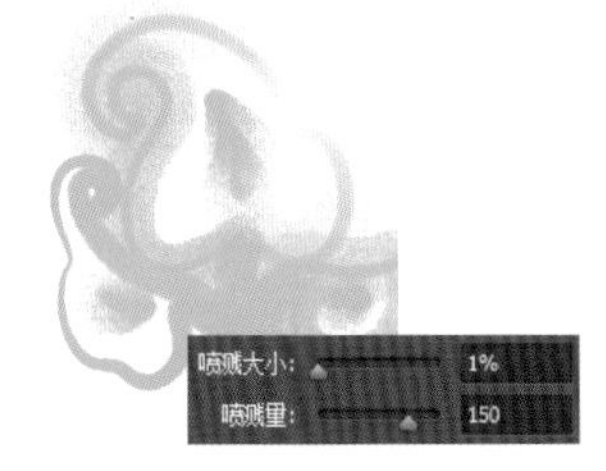

2.4 绘画的基本技法

设置完画笔选项后，还需要掌握排线方式和控制颜色深浅的变化等绘画基本技法，才能使用画笔完成图像的绘制。

2.4.1 不同的排线方式

使用画笔绘制图像时，有排线、交叉和平涂几种排线方式。其中排线是最基础的布线方式，画排线时主要是对力道与准确性的把握，线的方向要一致，线与线间的距离要差不多，按“轻——重——轻”的笔力下笔，如下左图所示；交叉布线是排线的组合运用，将方向不同的排线组合在一起，就可以形成交叉排线，如下中图所示；这种布线方式可以表现出画面的张力，适合于表现阴影和人物皮肤等；平涂是缩小排线间距的一种布线方式，如下右图所示，它适合于表现较为细腻的部分，这种布线方式掌握不好容易给人“脏乱”的感觉。

2.4.2 颜色深浅变化的控制

颜色由深入浅、由浅入深都被称为颜色的渐变，这是绘画过程中经常遇到的。在数码手绘过程中，可以通过调整画笔的不透明度来控制颜色的深浅变化，也可以依靠绘画者用压感笔的轻重来实现。绘画之前，需要想好哪个地方需要最深或者最浅，在最深的地方用笔最重，而最浅的地方用笔最轻，中间部分则通过轻重的变化实现自然的过渡效果。下面的几幅图展示了颜色深浅变化的绘制效果。

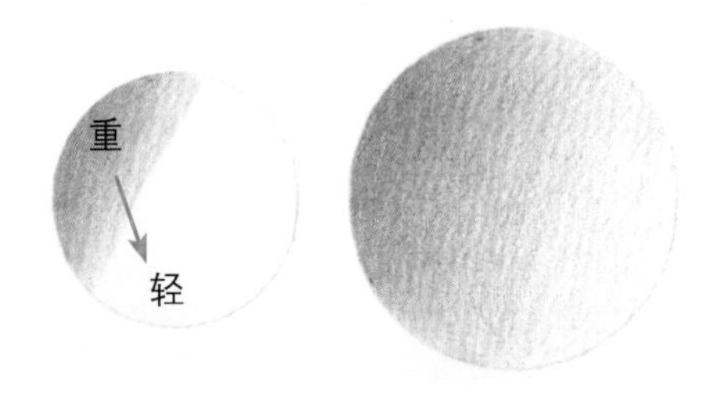

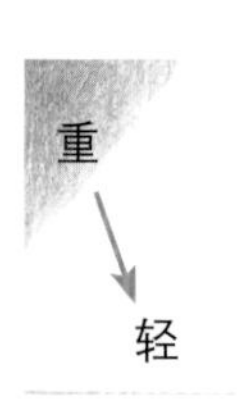

第3章 恋物情结——静物

静物的绘制是绘画领域当中很重要的一部分，在绘制静物时应当从其外形、色彩、材质等多方面考虑，使创作出的绘画作品更具感染力。本章将详解四种不同材质的静物的绘制。

3.1 如何表现物品的材质特征

在写实类的绘画中，需要根据物品本身的材质特点来进行绘制，使之更有质感和感染力，这样才能增加绘画作品的张力。

1. 金属制品

金属材质的物品大多具有较强的反光性，经常会在光滑的外表投射出周围环境的颜色和倒影。在绘制时，为了表现这种高反光质感，需要在阴影与高光相连接的部分使用画笔反复地绘制，加重色彩以增强明暗反差，从而表现较强的金属质感，如右图所示即为本章中绘制的不锈钢材质的汤匙效果，图像中可以看到较明显的反光效果。

2. 皮革制品

皮革材质与金属材质有些类似，也具有一定的反光效果，不过不同种类的皮革，其反光强弱也会有一定区别。在大多数情况下，皮革也具有很强的反光效果，所以在绘制的时候，先用细腻的线条定义物品的基调，再平滑而工整地绘制中间的过渡区域，表现出光滑的皮质感觉，同样高光也要适当留白，如右图所示为绘制的小皮鞋。

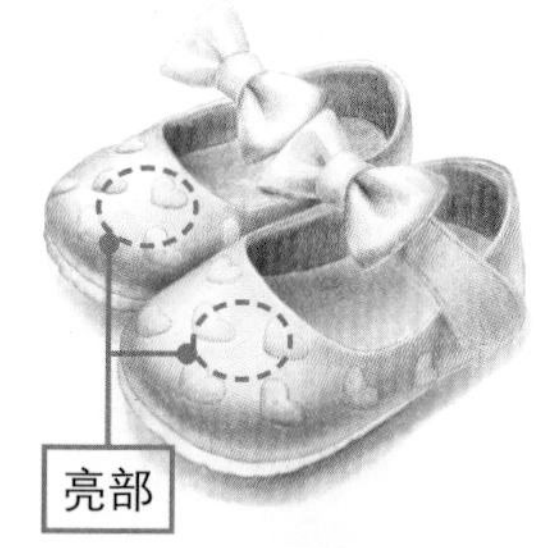

3. 毛绒制品

毛绒材质的物品能给人柔软、蓬松的感受，它与金属材质的物品不同，其高光与阴影部分的用色过渡更为柔和，不着重强调其轮廓线条。所以在绘制这类物品时，为了突出其材质特点，在绘制轮廓线边缘部分时，可以适当降低画笔不透明度，通过反复叠涂使颜色呈现自然的过渡效果，表现柔软的质感，右图所示即为绘制的羊毛毡手作。

4. 木制品

不同的木材上面所呈现出来的纹理会存在很大的差别。木纹的绘制是表现其质感的关键，为了呈现出自然逼真的木头质感，需要顺着木头的纹理走向进行绘制，将纹理清晰地表现出来。右图所示即为绘制的木质玩具小车。

3.2 不锈钢汤匙

不锈钢是一种高合金钢，表面光泽度极好，并且耐腐蚀。使用不锈钢制成的餐具不仅美观耐用，而且易于清洗。

绘画要点

源文件 随书资源\源文件\03\不锈钢汤匙.psd

本实例讲解不锈钢材质汤匙的绘制。由于不锈钢材质的汤匙有着接近镜面的光亮度，所以在绘制的时候，高光、反光、明暗交界线分界较为明显，应通过反复地描绘，加大此区域中的颜色反差，凸显金属的材质特征，并且要根据汤匙的弧度慢慢旋转画笔绘制。

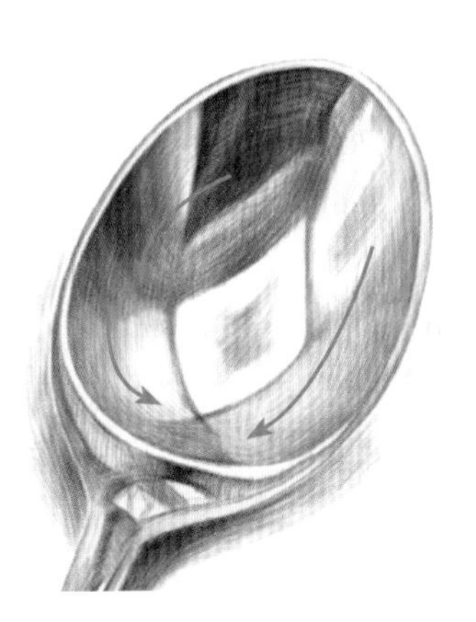

色彩搭配

根据不锈钢的材质特点，汤匙用灰色作为底色，将其与黄色搭配起来，更能表现不锈钢汤匙极好的光泽度。

01 执行“文件 > 新建”菜单命令，打开“新建”对话框，在“名称”文本框中输入名称为“不锈钢汤匙”，然后在下方指定新建文件的大小，单击“确定”按钮，新建文件。

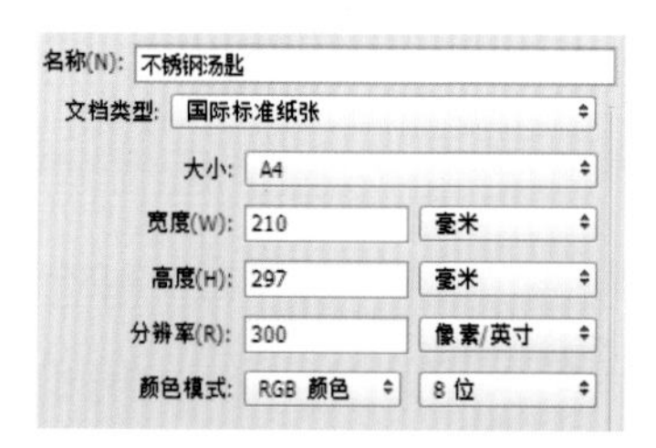

02 单击工具箱中的“画笔工具”按钮，选中“画笔工具”，单击工具选项栏中的“点按可打开‘工具预设’选取器”按钮，在打开的“工具预设”选取器下方单击选中“2B 铅笔”画笔预设。

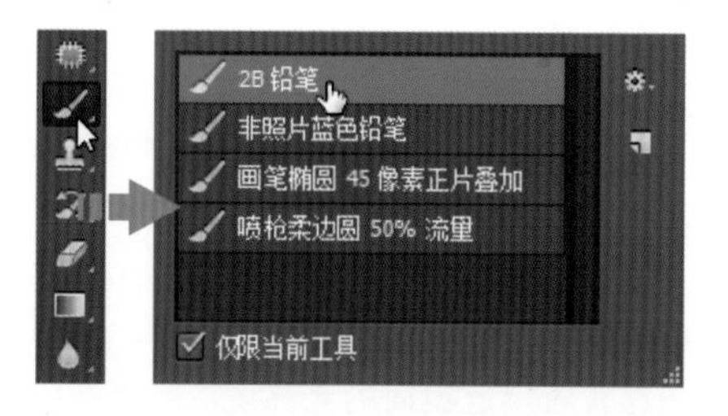

03 单击“图层”面板中的“创建新图层”按钮，新建图层，将新建的图层命名为“线稿 1”，应用画笔绘制出不锈钢汤匙的主体轮廓。

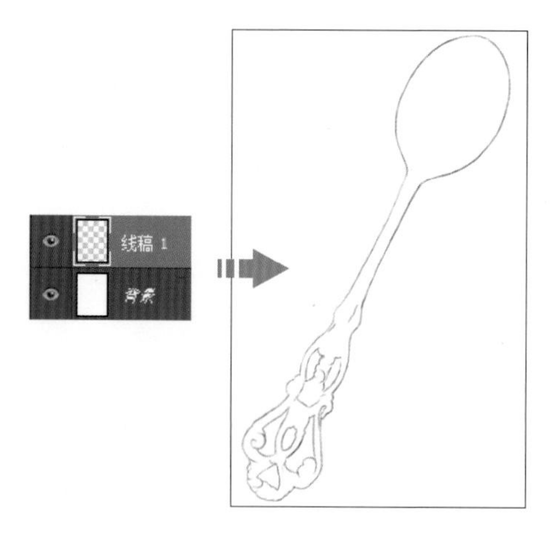

04 为了便于后面上色，需要对细节进行绘制。单击“创建新图层”按钮，新建“线稿 2”图层，用画笔勾勒出不同的区域。

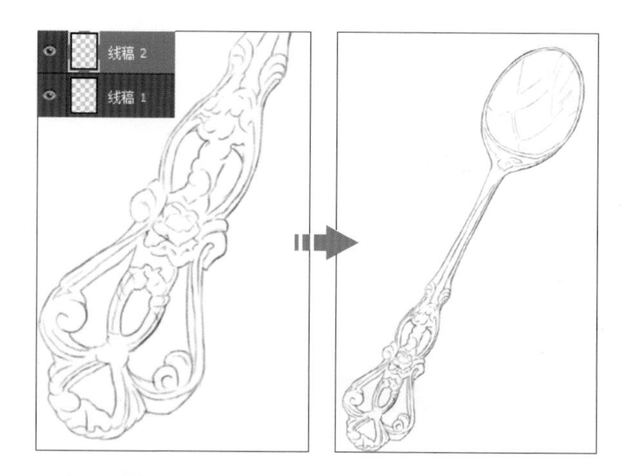

05 绘制好线稿后，接下来为汤匙上色。新建“上色”图层组，在图层组中创建新图层，打开“颜色”面板，将前景色设置为 R57、G56、B51，然后在“画笔工具”选项栏中将“不透明度”设置为 40%，根据线稿划分区域，运用画笔为汤匙上灰色底色。

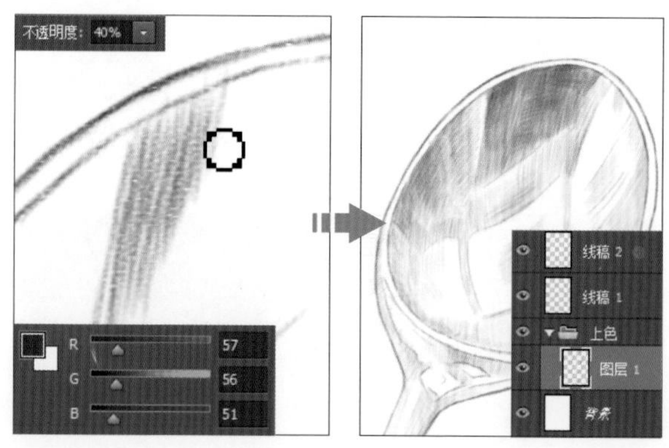

06 在“画笔工具”选项栏中降低画笔的不透明度，设置“不透明度”为 **15%**，设置后用画笔继续在汤匙下方涂抹上色，为汤匙柄部分上浅灰色的底色。

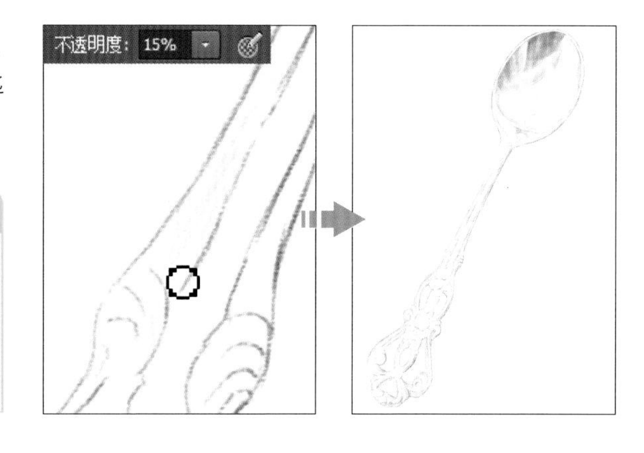

调整不透明度

使用画笔绘画时，可以在选项栏中的“不透明度”数值框中输入数值调整不透明度，也可以单击右侧的倒三角形按钮，拖曳弹出的“不透明度”滑块来调整。

07 为增强色彩，在“图层”面板中选中“图层 1”图层，按下快捷键 Ctrl+J，复制图层，得到“图层 1 拷贝”图层。

08 打开“颜色”面板，在面板中拖曳颜色滑块，将颜色设置为 R255、G244、B95，创建新图层，用画笔为汤匙描绘出淡黄色的底色。

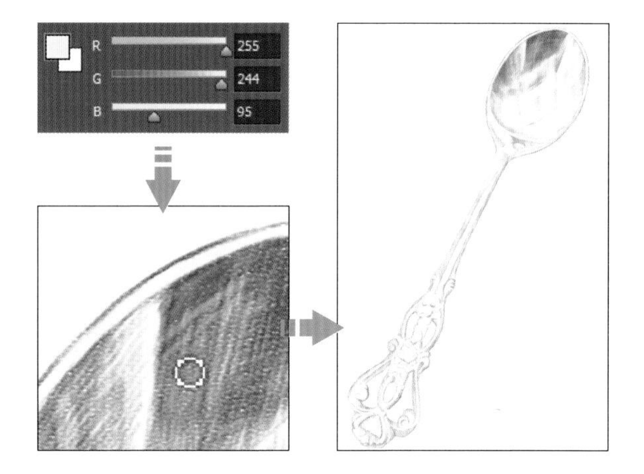

09 这里同样需要增强色彩，所以在“图层”面板中选中“图层 2”图层，按下快捷键 Ctrl+J，复制图层，得到“图层 2 拷贝”图层，复制图像后，在图像窗口将看到颜色更深的汤匙效果。

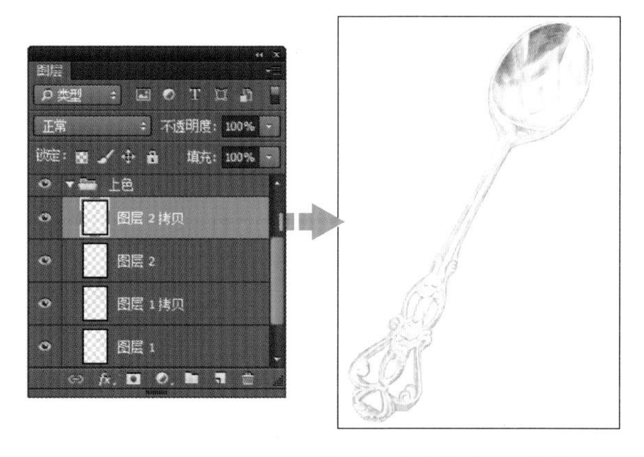

10 打开“颜色”面板，在面板中拖曳颜色滑块更改颜色，具体颜色值为 R159、G154、B99，创建新图层，用画笔在汤匙凹下去的部分涂抹，叠加颜色，加强汤匙的体积感。

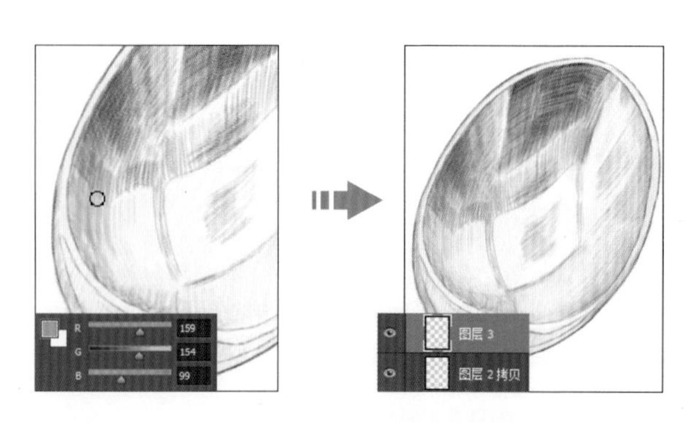

11 选中上一步创建的图层，继续使用画笔在汤匙的其他区域进行绘制，叠加相同的颜色。

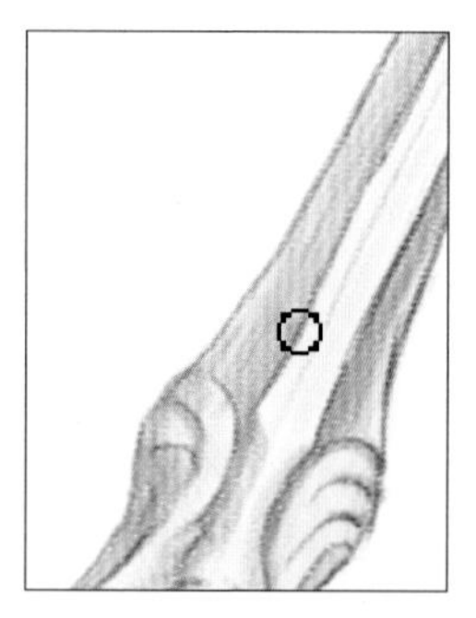

12 打开“颜色”面板，在面板中将颜色值更改为 R63、G37、B22，设置后创建新图层，用画笔在汤匙中间位置涂抹，叠加颜色，使汤匙颜色显得更有层次感。

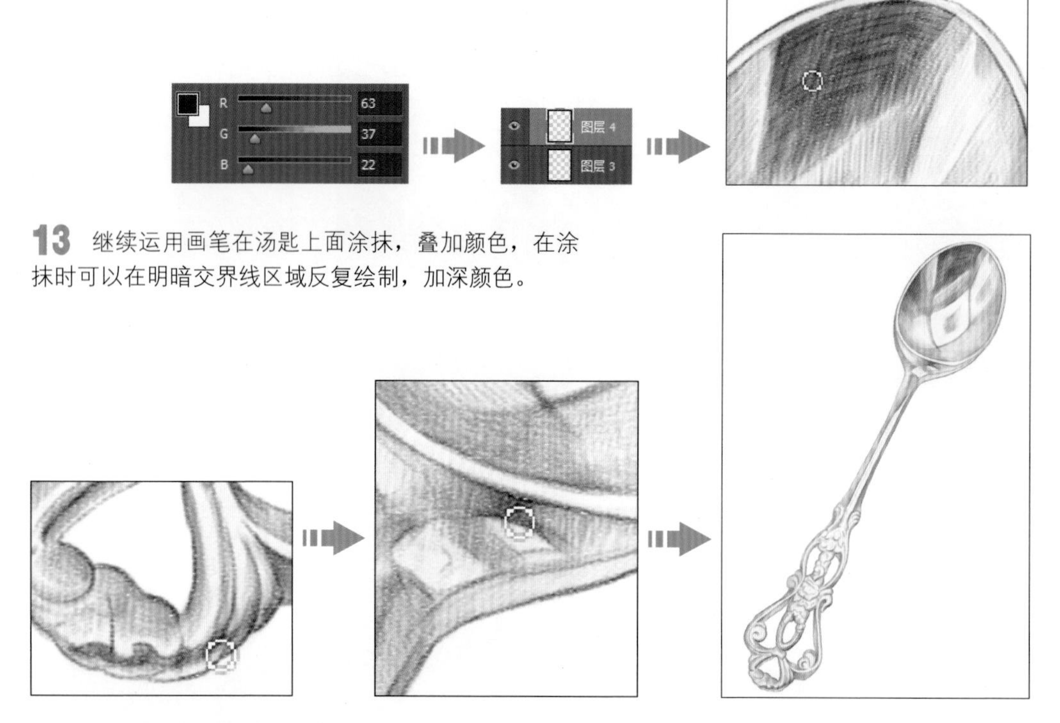

13 继续运用画笔在汤匙上面涂抹，叠加颜色，在涂抹时可以在明暗交界线区域反复绘制，加深颜色。

14 为增强汤匙的明暗层次，在“图层”面板中选中“图层 4”图层，执行“图层 > 复制图层”菜单命令，复制图层，创建“图层 4 拷贝”图层。

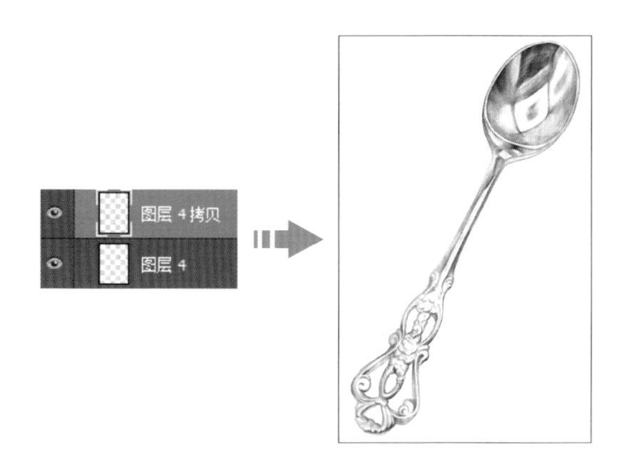

15 为使金色的汤匙呈现更强的光泽感。选中“橡皮擦工具”，在选项栏中选择“柔边圆”画笔，设置“不透明度”为 23%，选中“图层 4 拷贝”图层，涂抹匙子部分，擦除一部分颜色。

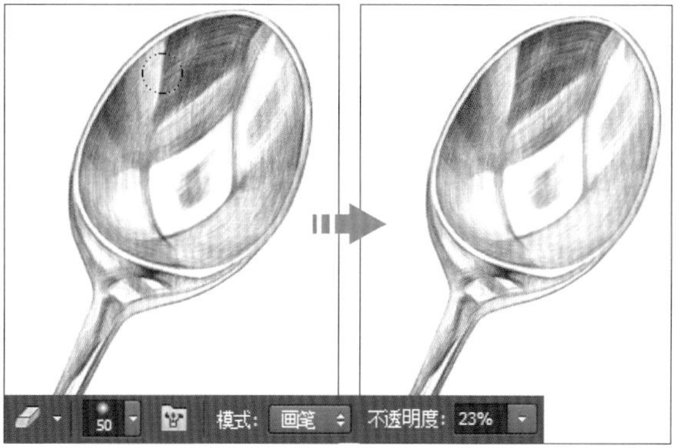

16 打开“颜色”面板，设置颜色值为 R89、G77、B61，单击“创建新图层”按钮，新建“图层 5”图层，继续用画笔在汤匙内侧涂抹，叠加颜色，把亮部和暗部的色度拉开。

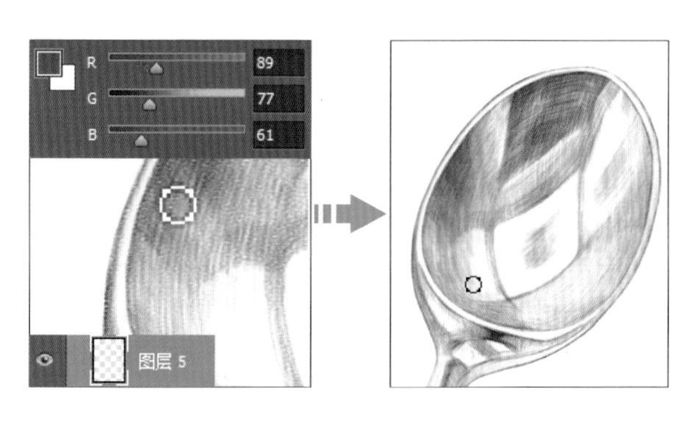

17 打开“颜色”面板，设置颜色值为 R72、G81、B40，由于金色的金属在靠近高光的区域都会偏冷，所以用画笔在汤匙周围绘制，轻轻叠加一层橄榄绿色。

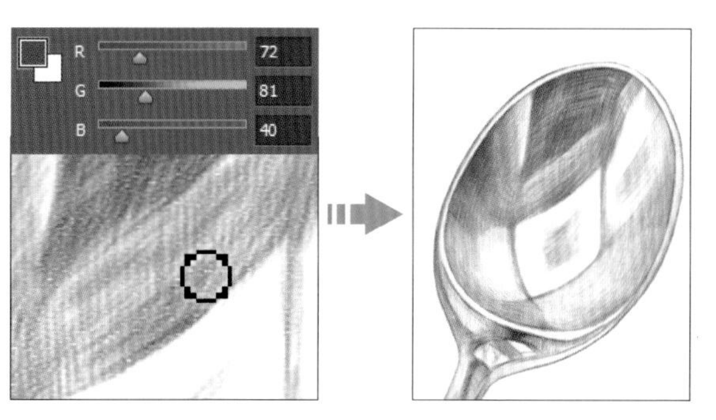

18 为了增强汤匙材质的光泽感，创建“图层 6”图层，单击工具箱中的“默认前景色和背景色”按钮，将前景色设置为黑色，使用画笔在汤匙的暗部和投影区域涂抹，加深颜色。

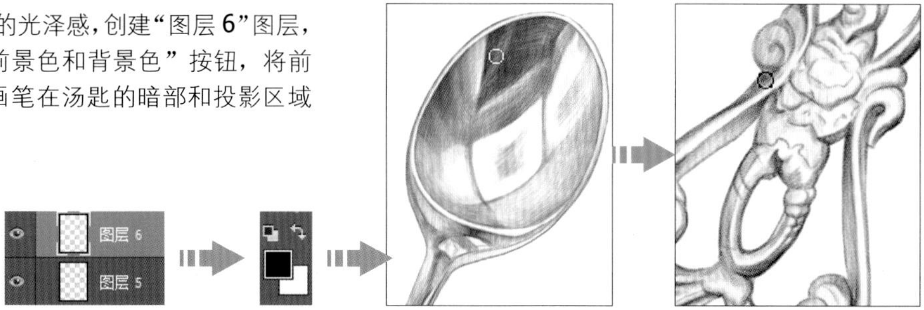

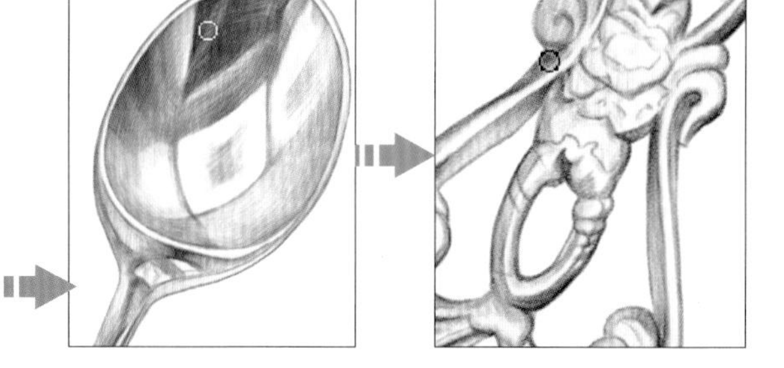

19 因为金属有光滑的表面，可以反射周围的环境光，所以还要为汤匙叠加环境色。打开“颜色”面板，将颜色设置为 R234、G103、B15，创建“图层 7”图层，运用画笔跟随汤匙的弧度和走向描绘，叠加一层淡橙色。

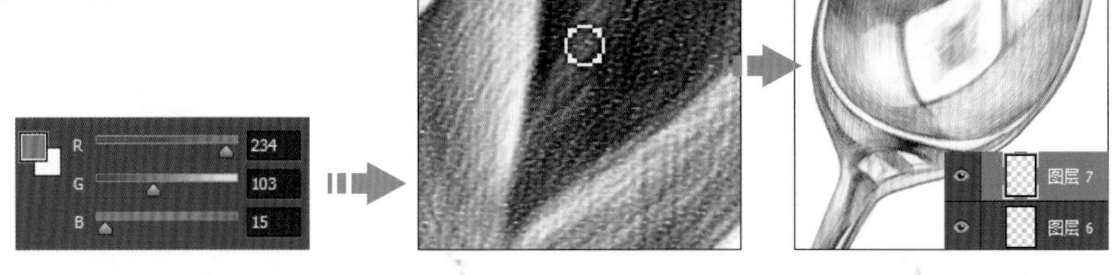

20 打开“颜色”面板，在面板中将颜色更改为橘色，具体参数值为 R217、G120、B28，单击“图层”面板中的“创建新图层”按钮，新建“图层 8”图层，降低画笔不透明度，继续在汤匙柄部叠涂一些环境色。

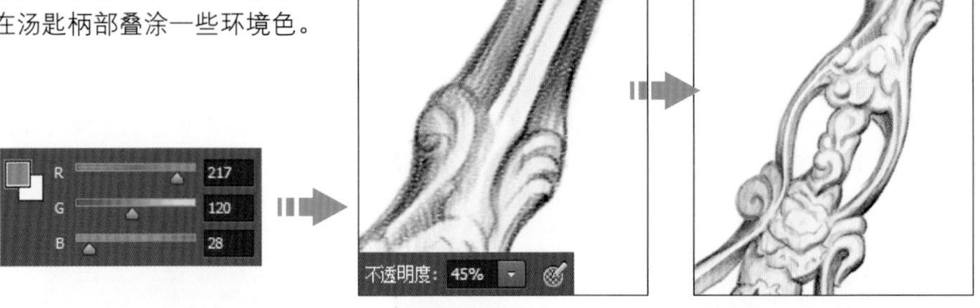

21 为加深颜色，在“图层”面板中选中“图层 8”图层，执行“图层 > 复制图层”菜单命令，或按下快捷键 Ctrl+J，复制图层，得到“图层 8 拷贝”图层。

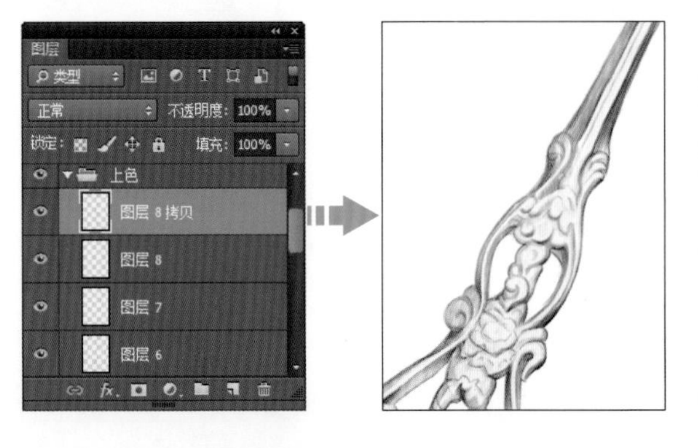

22 执行“窗口 > 画笔”菜单命令，打开隐藏的“画笔”面板，在面板顶部的“画笔选取器”中单击选择“柔角 30”画笔，然后拖曳下方的“大小”滑块，将画笔笔尖大小设置为 100 像素。

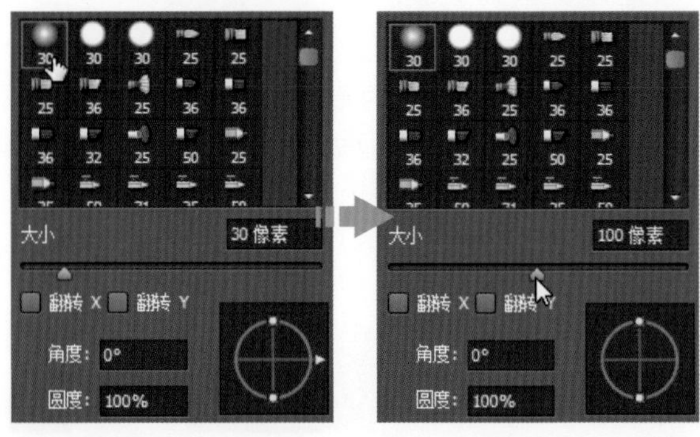

23 打开“颜色”面板，将颜色值设置为 R43、G37、B23，新建“图层 9”图层，在“画笔工具”选项栏中设置“不透明度”为 20%，使用画笔在匙子暗部涂抹，叠加颜色。

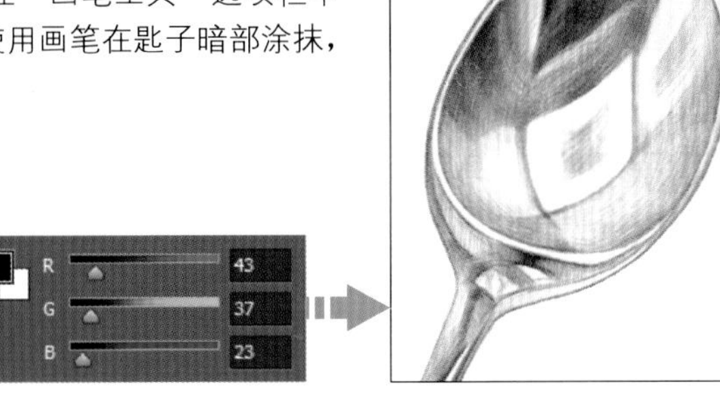

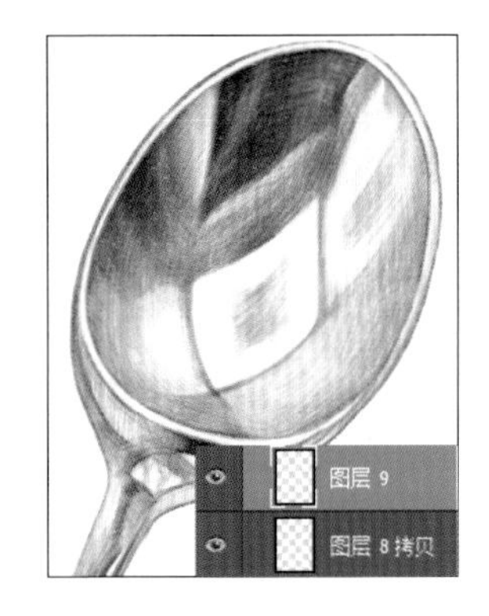

24 打开“颜色”面板，在面板中运用鼠标拖曳颜色滑块，设置颜色值为 R71、G47、B40，创建“图层 10”图层，选择“画笔工具”，重新选择预设的“2B 铅笔”画笔，将画笔移至汤匙的下方，运用画笔绘制出深褐色的投影。

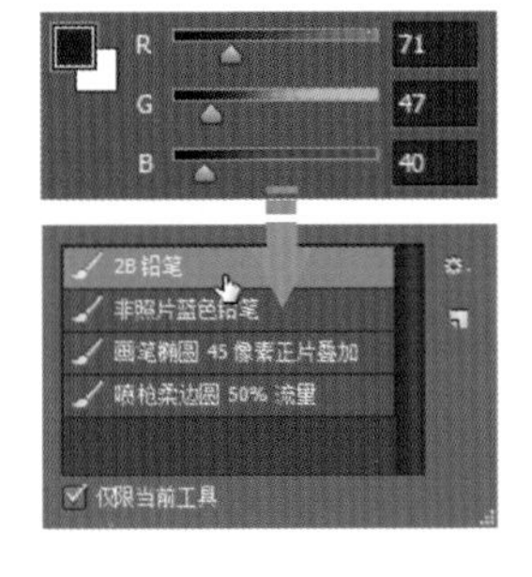

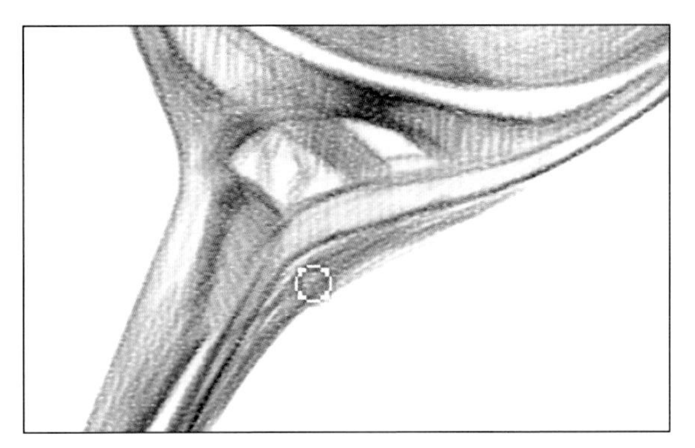

25 最后返回“图层”面板，选中“线稿 2”图层，将图层的“不透明度”设置为 43%，选择“线稿 1”图层，将图层的“不透明度”设置为 50%，降低线稿不透明度，完成本作品的绘制。

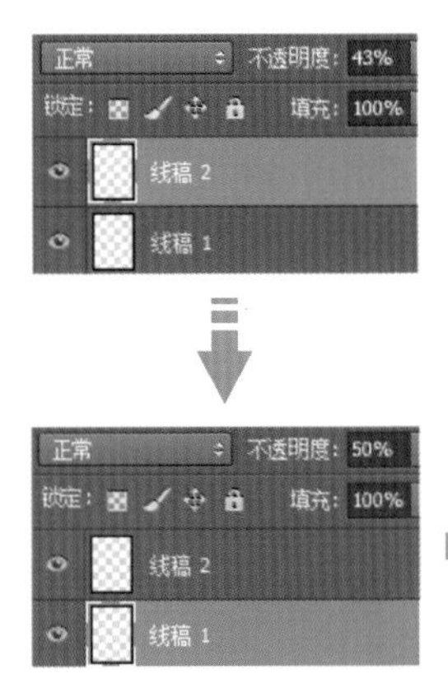

3.3 积木跑车

积木跑车是较为常见的一类木质玩具，具有安全、环保等特点，根据所选用的木材的不同，其表面纹理也存在一定的差别。

绘画要点

本实例讲解一个简单流线型的积木跑车的绘制。由于木头拥有独特的纹理，所以在绘制的时候，不管是轮胎还是车身部分的绘制，都需要顺木头纹理的方向和车子打磨的曲线进行绘制，以表现木材本身的质地和特点。

色彩搭配

为了表现积木小车的特点，采用同类色配色方式，使用同类色的熟褐色和黄褐色构成画面的主要基调，通过明度的梯度变化，使得单一的画面也能呈现自然的色调变化。

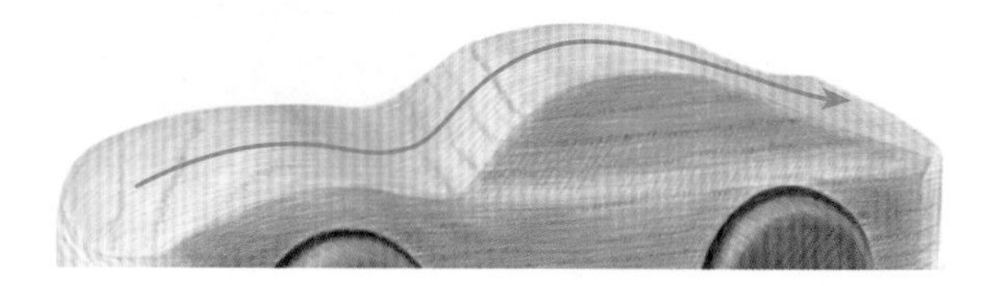

源文件　随书资源 \ 源文件 \03\ 积木跑车 .psd

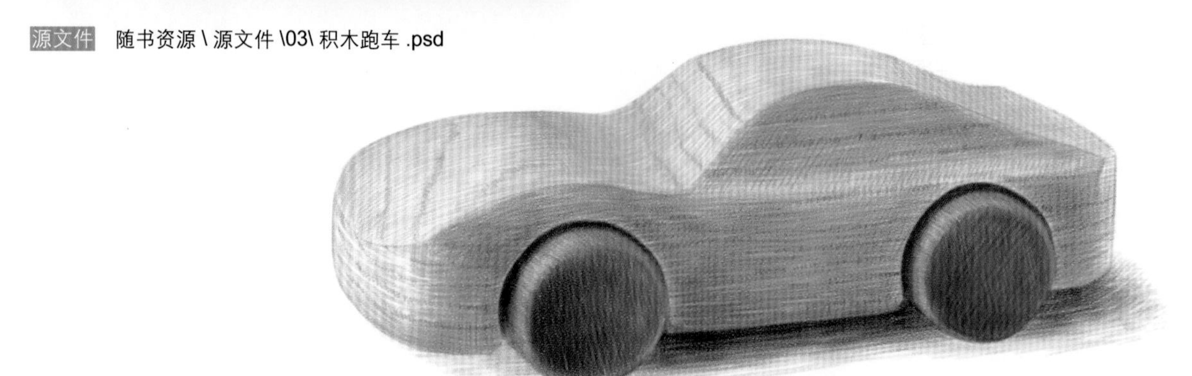

01 执行“文件 > 新建”菜单命令，打开“新建”对话框，在“名称”文本框中输入“积木跑车”，然后在下方设置新建文件的大小，单击“确定”按钮，新建文件。

02 单击工具箱中的“画笔工具”按钮，选中“画笔工具”，单击工具选项栏中的“点按可打开‘工具预设’选取器”按钮，在打开的“工具预设”选取器下方单击选中“2B 铅笔”画笔预设，选择后工具箱中会自动根据选择画笔，更改画笔笔尖颜色。

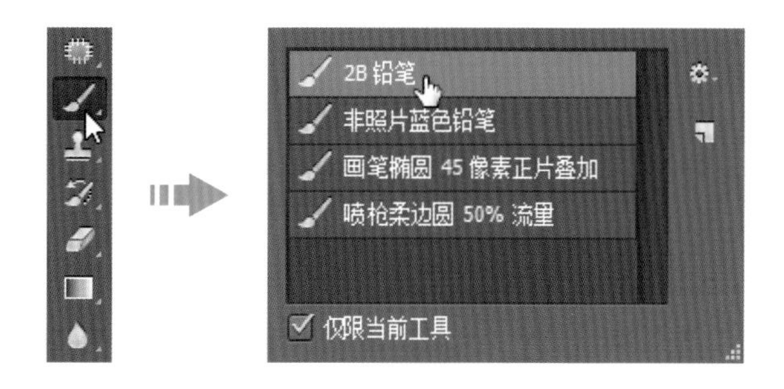

03 单击“图层”面板中的“创建新图层”按钮，新建“图层 1”图层，双击“图层 1”图层名，将图层重新命名为“线稿”图层，确保“线稿”图层为选中状态，将鼠标指针移至文件中间位置，绘制汽车线稿。

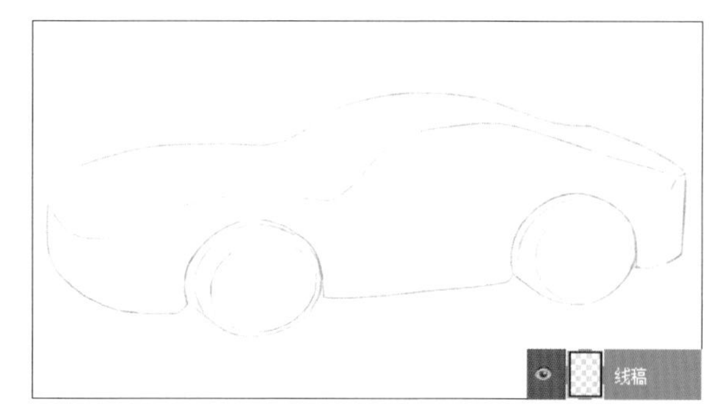

04 创建“车轮 1”图层组，单击“图层”面板中的“创建新图层”按钮，在图层组中新建“图层 1”图层，打开“颜色”面板，设置前景色为 R173、G85、B47，运用画笔先为跑车的前轮上色。

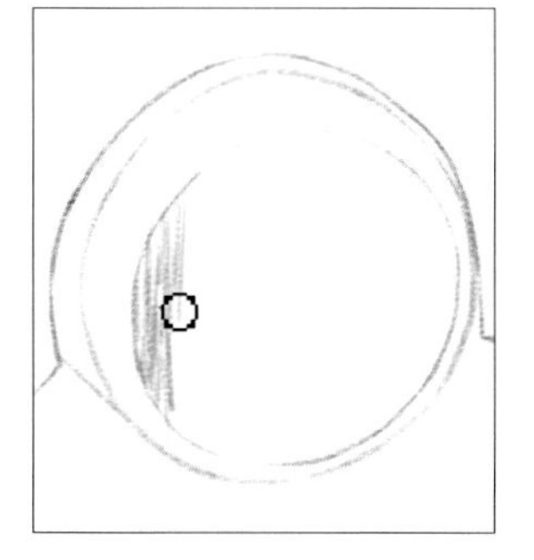

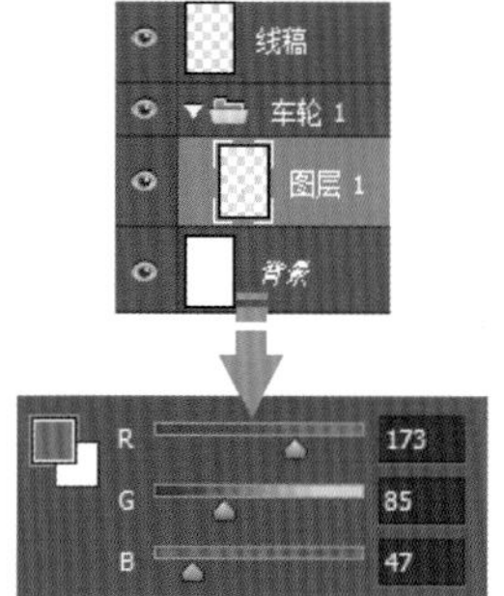

技巧提示 锁定图层

绘制“线稿”后，如果不需要再对其进行更改，可以单击“图层”面板中的锁定图层按钮，将图层锁定，避免上色的时候影响到“线稿”图层。

05 在“图层”面板中选中新建的“图层 1”图层，继续使用画笔在前轮位置涂抹上色，在绘制时需要通过颜色的深度变化表现层次。

06 为了增强颜色，在“图层”面板中确保“图层 1”图层为选中状态，按下快捷键 Ctrl+J，复制图层，并将图层“不透明度”设置为 71%。

07 确保“图层 1 拷贝”图层为选中状态，打开“颜色”面板，在面板中设置颜色为 R171、G79、B45，运用画笔在前轮上方位置涂抹，叠加颜色。

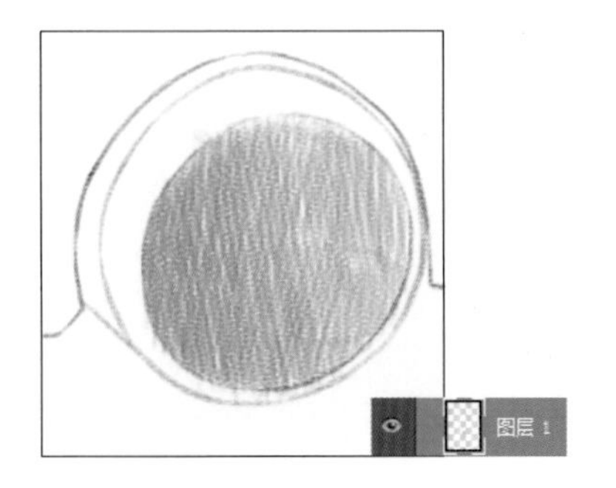

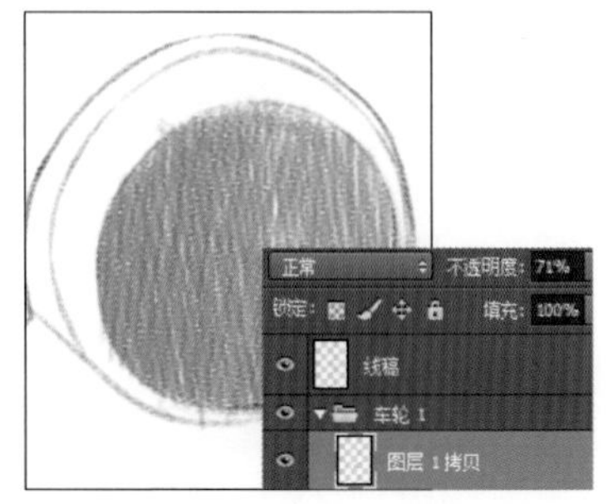

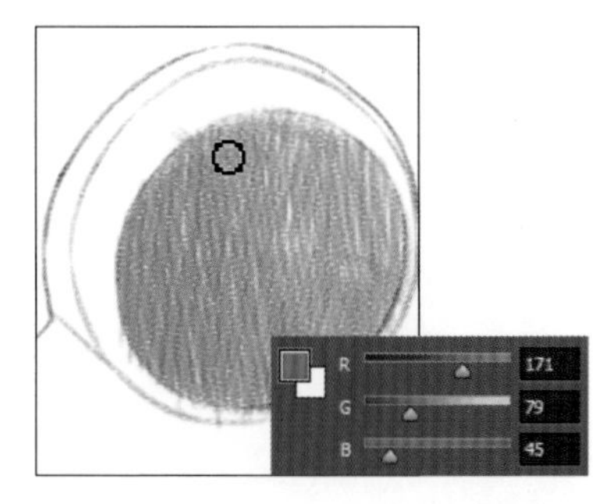

08 打开“颜色”面板，在面板中拖曳颜色滑块，设置颜色为 R52、G34、B24，在“画笔工具”选项栏中将画笔“不透明度”设置为 50%，创建“图层 2”图层，用画笔在车轮上叠涂颜色。

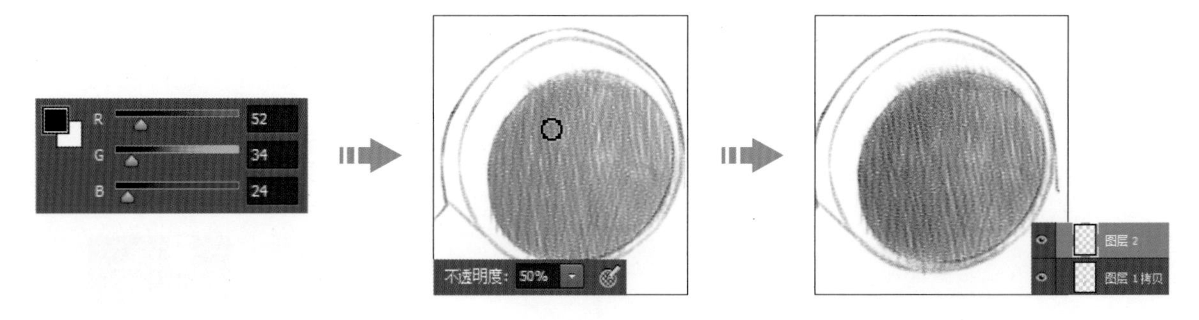

09 打开“颜色”面板，在面板中拖曳颜色滑块，将颜色设置为 R78、G39、B2，创建“图层 3”图层，运用画笔跟随木头的纹理方向涂抹前轮边缘部分，加强前轮体积感。

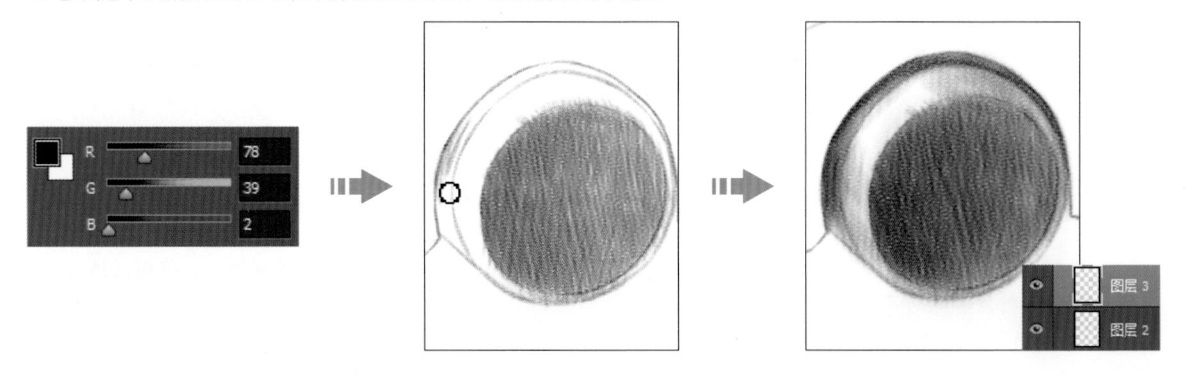

10 打开“颜色”面板，在面板中拖曳颜色滑块，将颜色设置为 **R72**、**G39**、**B4**，创建“图层 **4**”图层，继续运用画笔跟随木头的纹理方向涂抹前轮，加强前轮体积感。

11 在“颜色”面板中将颜色设置为较浅一些的颜色，具体颜色值为 **R155**、**G90**、**B48**，创建“图层 **5**”图层，根据木头高光反光不强的特质，运用画笔在高光处绘制，压暗亮部。

12 打开“颜色”面板，在面板中设置颜色为 **R212**、**G124**、**B17**，创建“图层 **6**”图层，运用画笔继续在车轮的高光部分涂抹，在高光处叠加亮色。

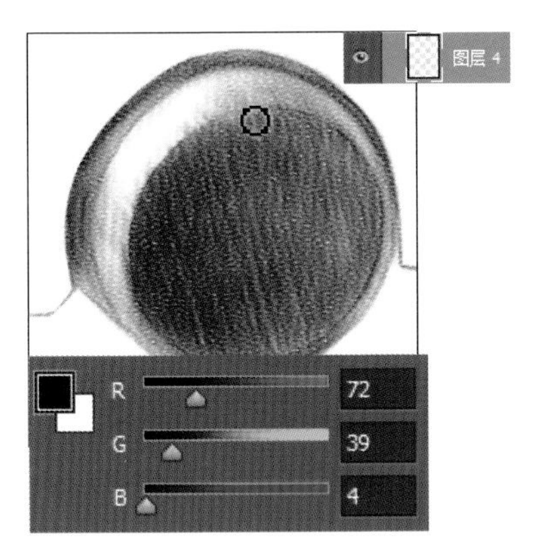

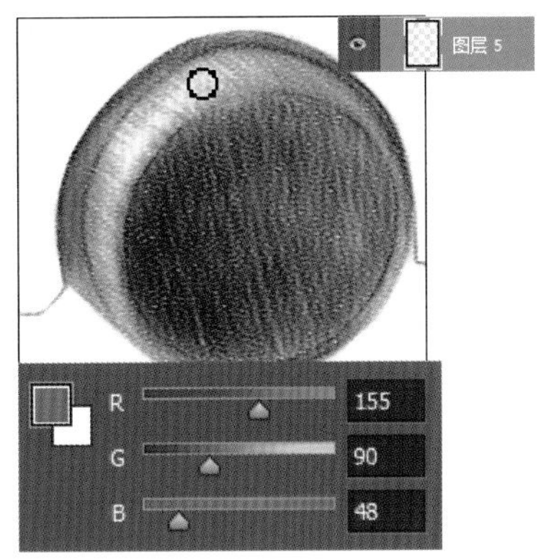

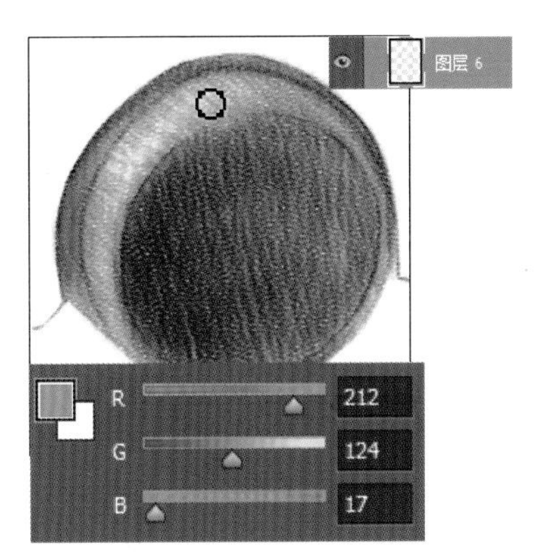

13 为增强木纹质感，打开“颜色”面板，在面板中设置颜色值为 **R156**、**G102**、**B66**，运用画笔绘制车轮，得到更自然的颜色过渡效果。

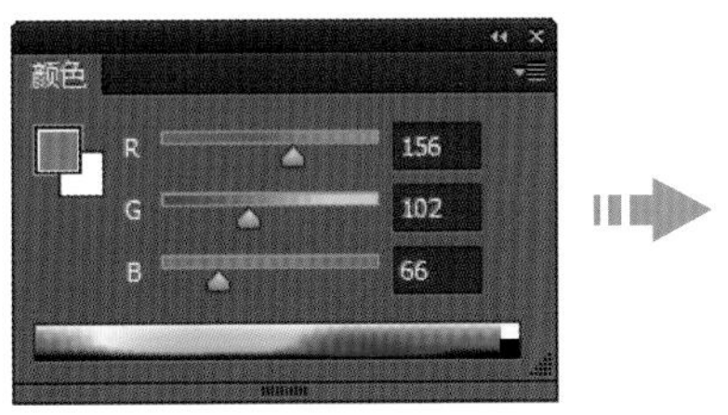

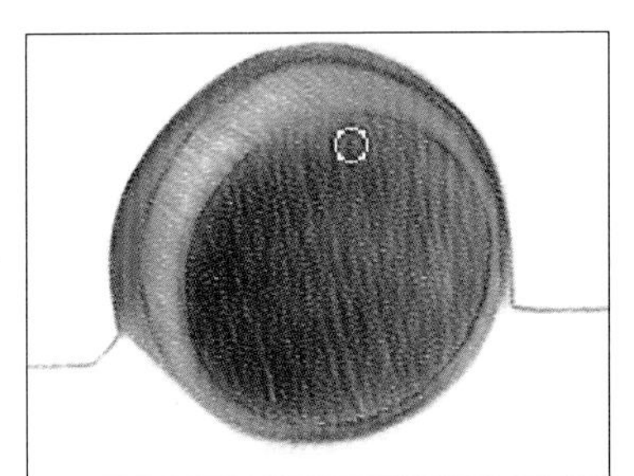

14 单击工具箱中的“默认前景色和背景色”按钮，将前景色恢复为默认的黑色，创建“图层 **7**”图层，使用黑色的画笔在阴影部分上色，使阴影部分变得更暗。

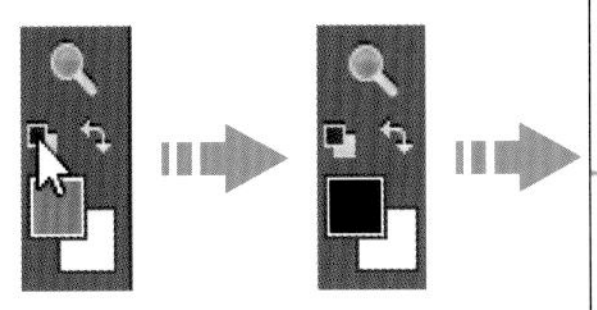

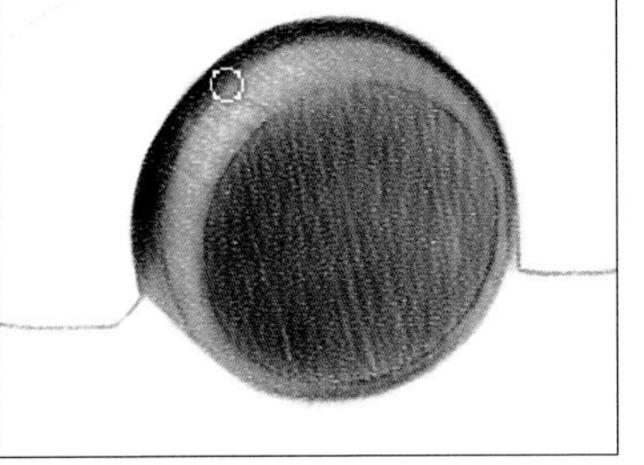

技巧提示

输入颜色值

在“颜色”面板中可以将光标定位于 R、G、B 后的数值框，然后输入数值更改颜色。

15 接下来要像画前轮一样，为后轮填色。新建“车轮 2”图层组，在图层组中创建“图层 8”图层，打开“颜色”面板，在面板中将前景色设置为 R172、G84、B46，运用画笔绘制车轮，填充底色。

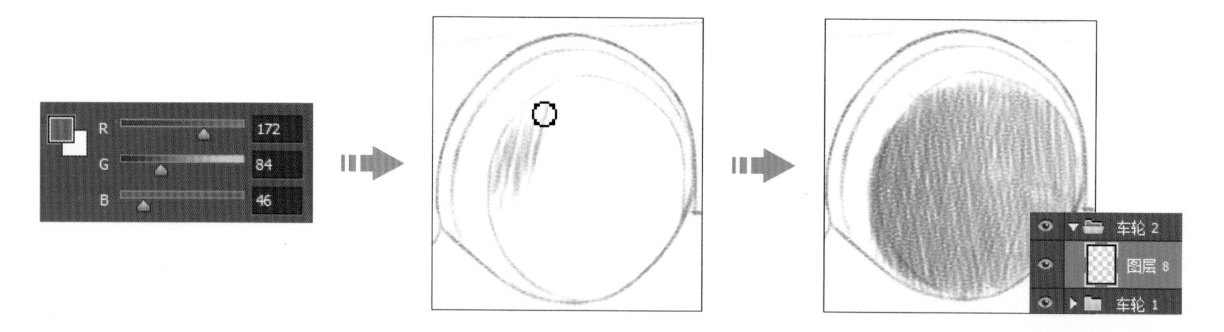

16 为增强颜色，在“图层”面板中复制“图层 8”图层，得到“图层 8 拷贝”图层，在图像窗口中可看到更深的车轮颜色。

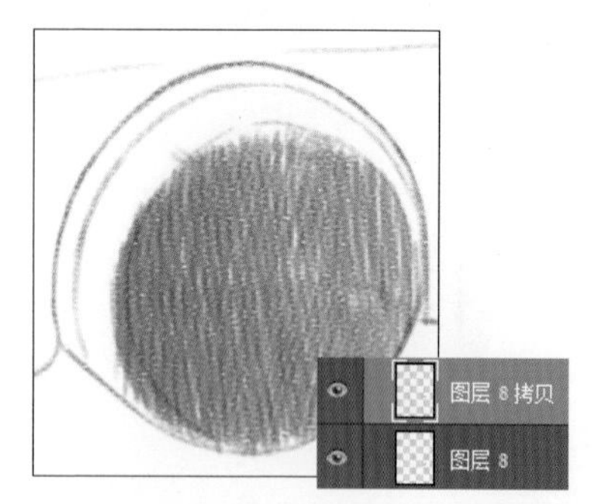

17 打开“颜色”面板，在面板中拖曳颜色滑块，将颜色设置为 R142、G57、B41，在“图层”面板中单击选中“图层 8 拷贝”图层，使用画笔工具在车轮上描绘，叠加颜色，然后再将画笔移至留白区域，运用画笔涂抹为其上色。

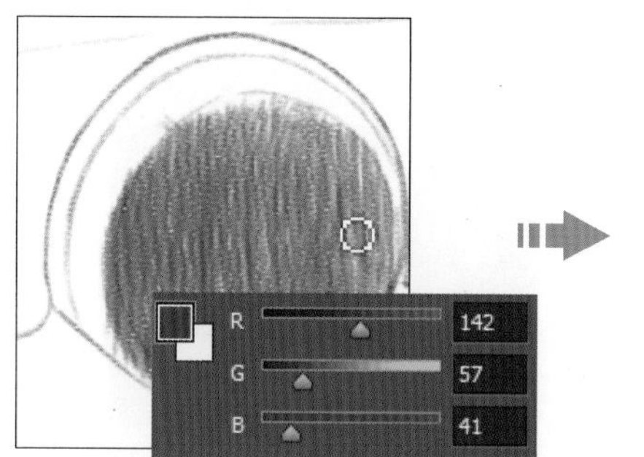

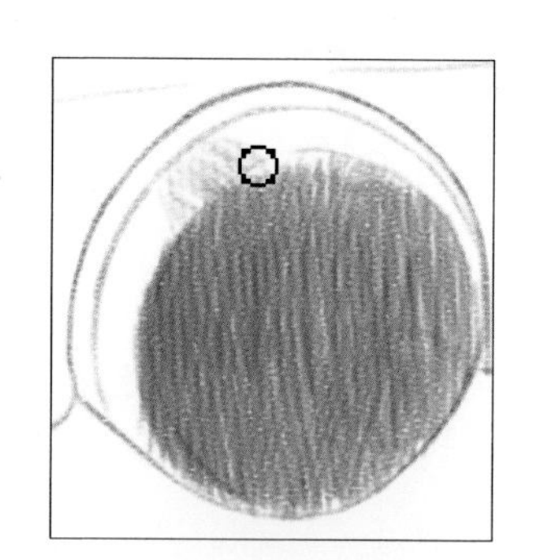

18 打开“颜色”面板，在面板中拖曳颜色滑块，将颜色设置为 R97、G46、B13，在“图层”面板中单击选中“图层 8 拷贝”图层，继续使用画笔工具绘制车轮，加强车轮的体积感。

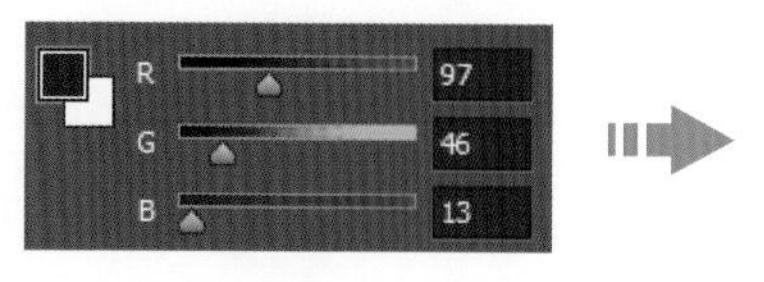

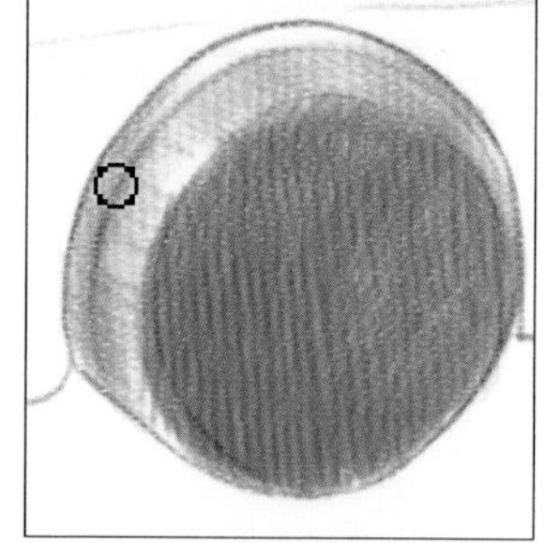

技巧提示 **复制图层**

在“图层”面板中选中要复制的图层，拖曳至“创建新图层”按钮，释放鼠标即可复制选中的图层。

19 打开“颜色”面板，在面板中将颜色设置为深褐色，具体颜色值为R57、G36、B26，执行“窗口 > 画笔”菜单命令，打开“画笔”面板，单击面板中的“锐化笔尖”按钮，锐化画笔笔尖，创建“图层 9”图层，在车轮左侧涂抹，叠加较深一些的颜色。

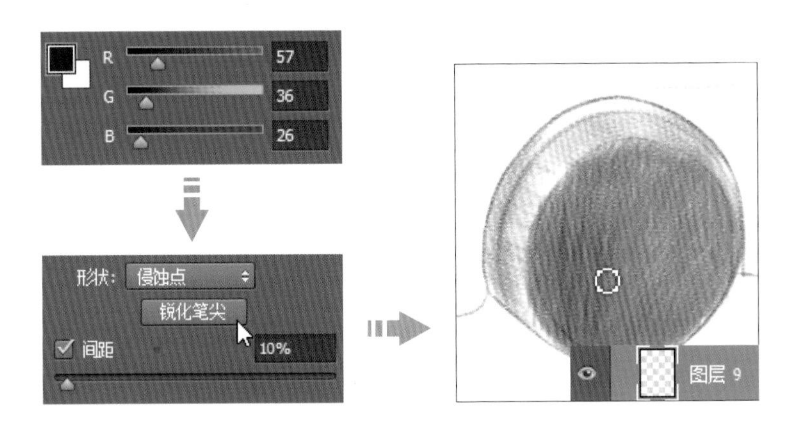

20 打开“颜色”面板，更改颜色为浅褐色，具体颜色值为 R116、G68、B26，选中“图层 9”图层，运用画笔描绘车轮右上角部分，叠加浅一些的颜色。

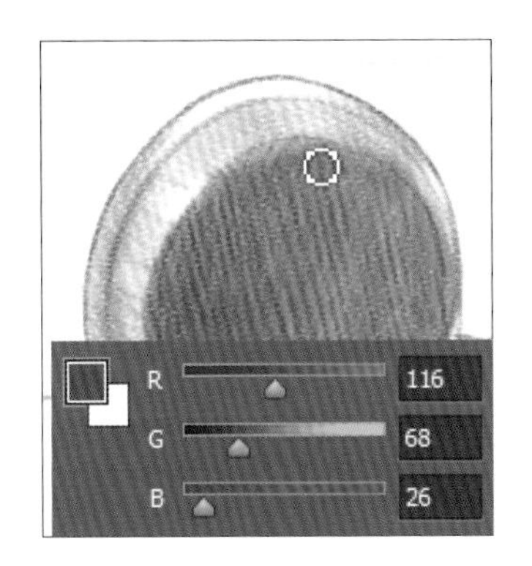

21 打开“颜色”面板，在面板中分别设置颜色值为 R50、G28、B10，R79、G40、B3，新建“图层 10”图层，运用画笔在后轮上绘制，加深颜色。

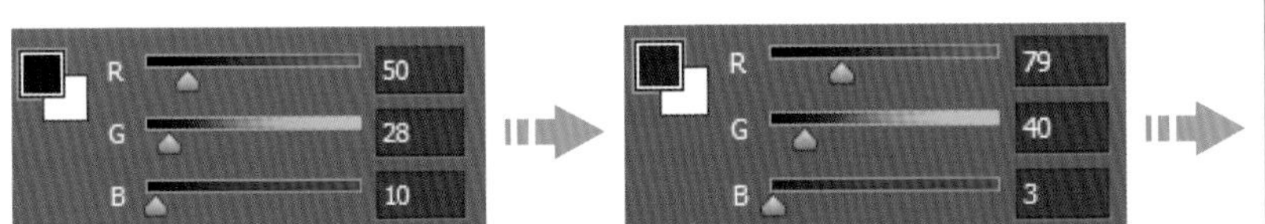

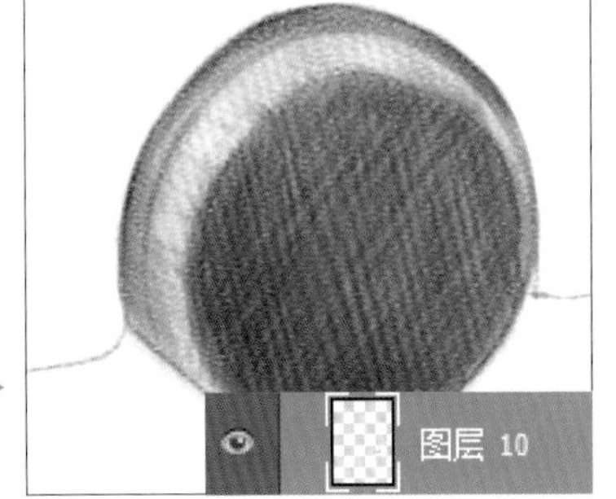

22 打开“颜色”面板，设置颜色值为 R155、G90、B48，新建“图层 11”图层，使用画笔描绘车轮高光部分，为高光部分添加亮色。

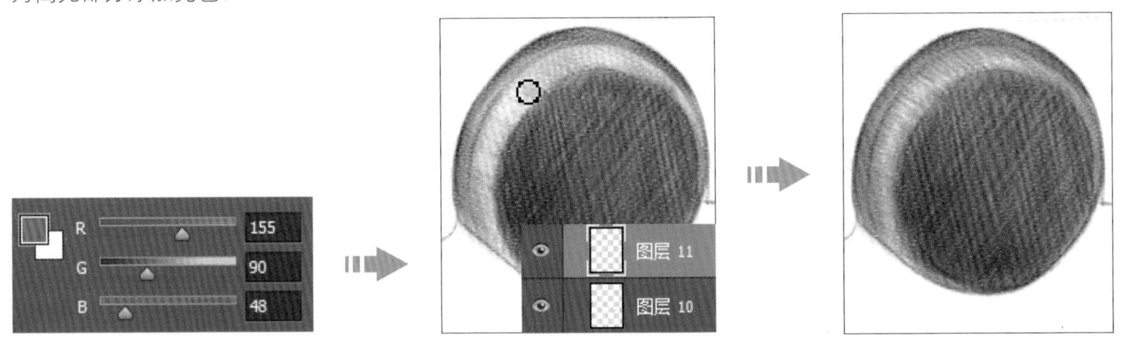

23 新建“图层 12”图层，打开“颜色”面板，在面板中分别设置颜色值为 R220、G127、B17 和 R127、G63、B20，运用画笔在后轮高光处涂抹，叠加更多的颜色。

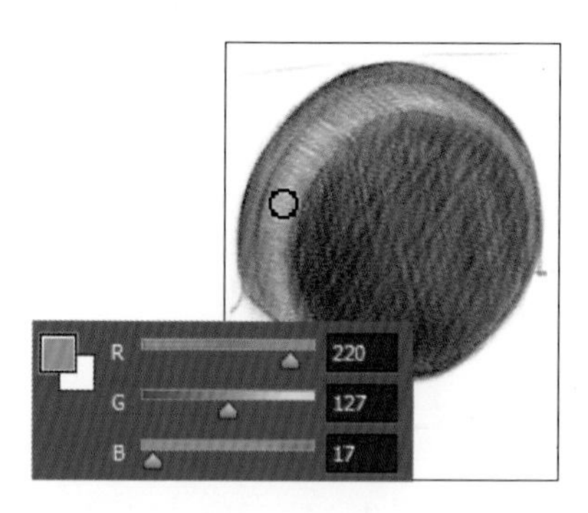

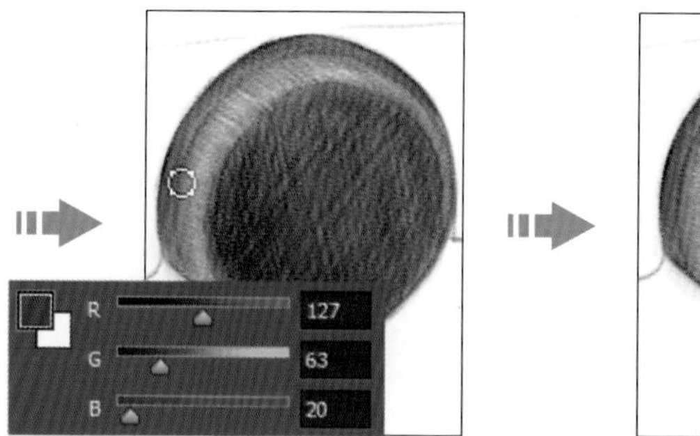

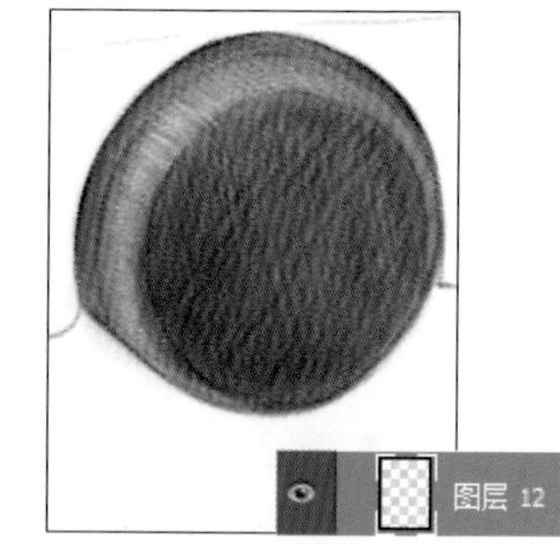

24 为了增强其影调，创建“图层 13”图层，单击工具箱中的“默认前景色和背景色”按钮，设置前景色为黑色，绘制车轮的阴影部分。

25 经过前面的操作，已完成车轮的上色工作，接下来要为车身上色。新建“车身”图层组，在图层组中创建“图层 14”图层，打开“颜色”面板，设置颜色为 R212、G101、B21，用画笔绘制车身暗部，绘制时需要跟随木纹走向和车身打磨的曲线来排列线条。

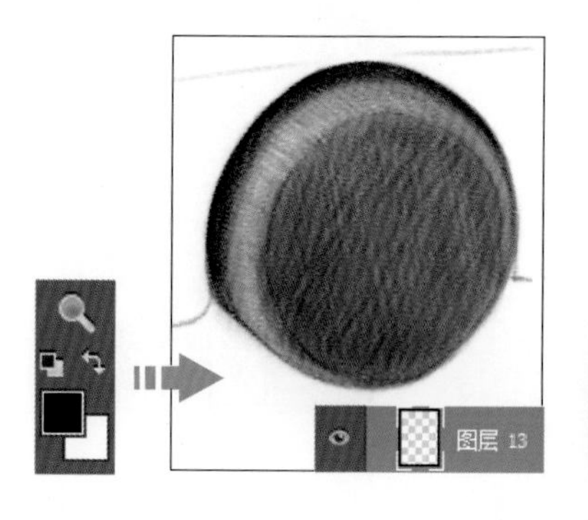

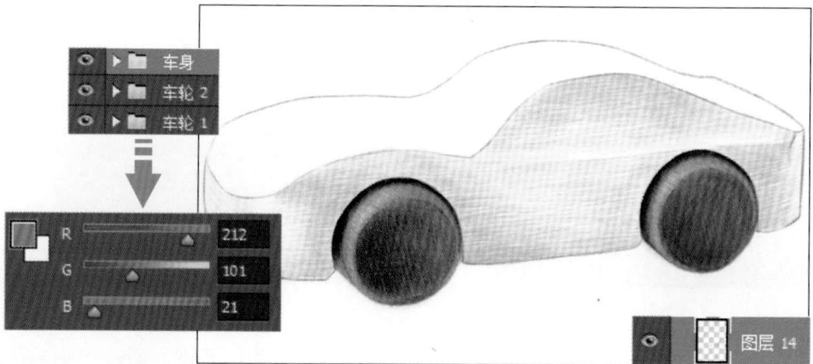

26 新建“图层 15”图层，打开“颜色”面板，分别设置颜色值为 R224、G129、B19 和 R127、G97、B59，使用画笔描绘车身部分，增强车身明暗关系。

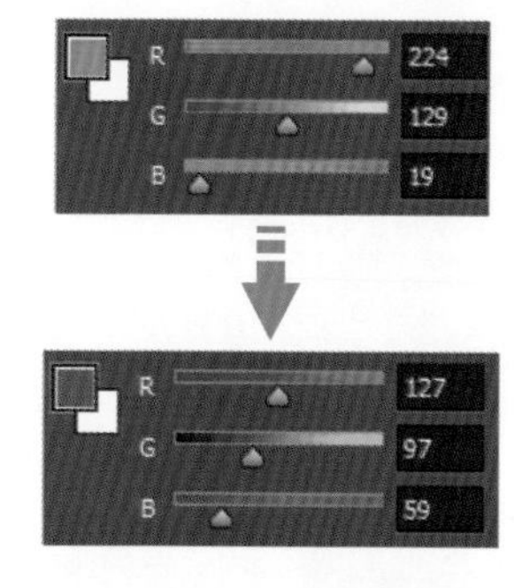

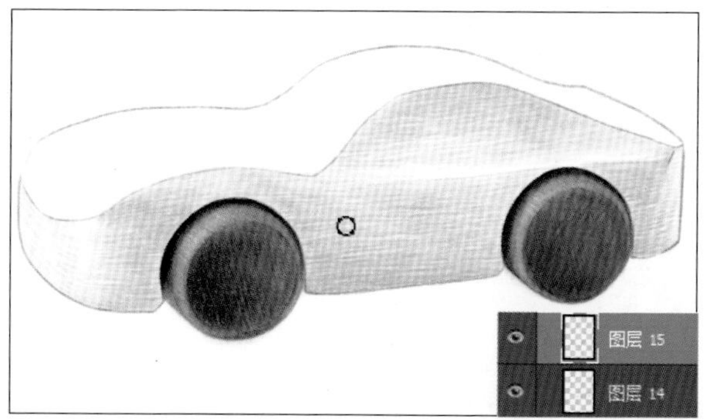

27 打开“颜色”面板，设置颜色值为 R219、G115、B16，单击“图层”面板中的“创建新图层”按钮，新建“图层 16”图层，用画笔描绘车身，叠加颜色，添加亮色。

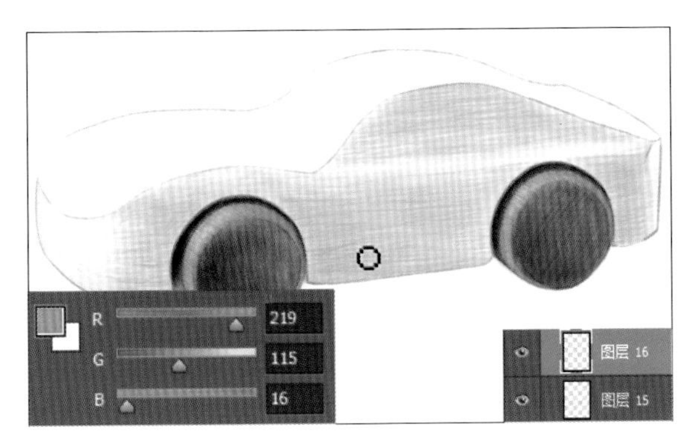

28 在“画笔”面板中单击选择“柔角 30”画笔，设置画笔大小为 90、“不透明度”为 50%，继续在车身上涂抹，叠加颜色，使车身颜色过渡更柔和。

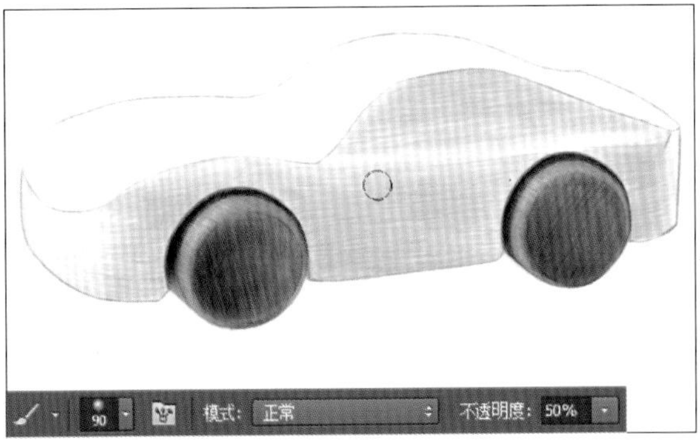

29 在“画笔”面板中单击选择“侵蚀点”画笔，打开“颜色”面板，在面板中拖曳颜色滑块，设置颜色为 R54、G32、B17，新建“图层 17”图层，运用画笔再次描绘，为车身添加适当的纹理。

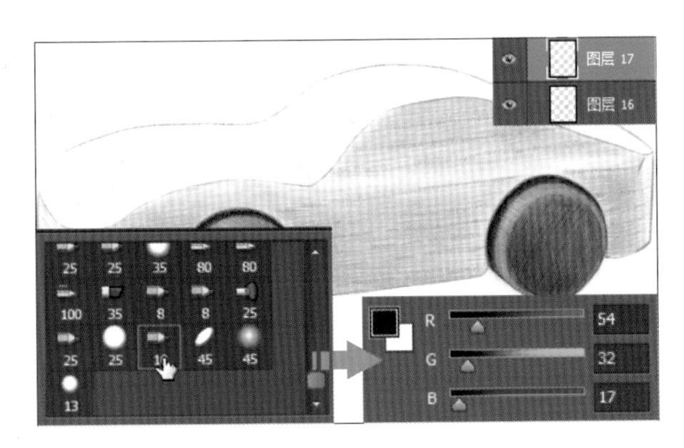

30 打开“颜色”面板，设置颜色值为 R65、G41、B25，新建“图层 18”图层，用画笔在靠近车轮的暗部区域描绘，加深暗部区域的颜色，使车身层次感更强。

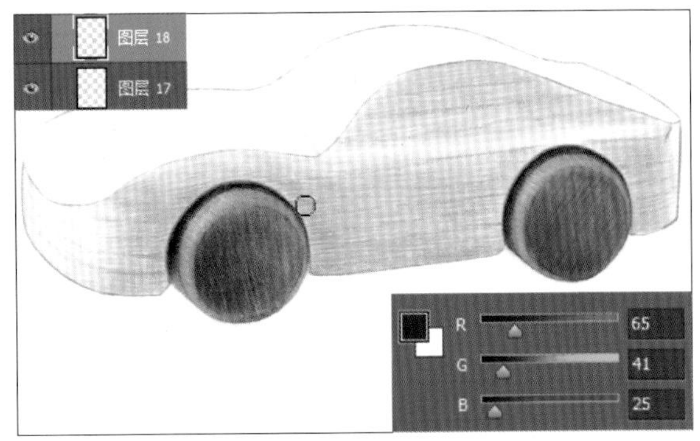

31 选中上一步创建的“图层 18”图层，打开“颜色”面板，设置颜色值为 R154、G130、B92，再用画笔涂抹车身上部，叠加更多的颜色效果。

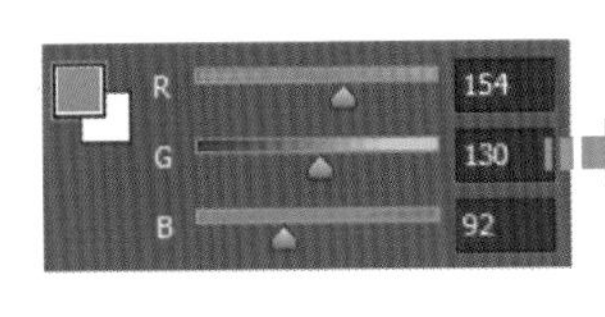

32 新建“图层 19”图层，打开“颜色”面板，设置颜色值为 R142、G103、B67，继续用画笔在车头部分绘制，加重车头部分区域的颜色。

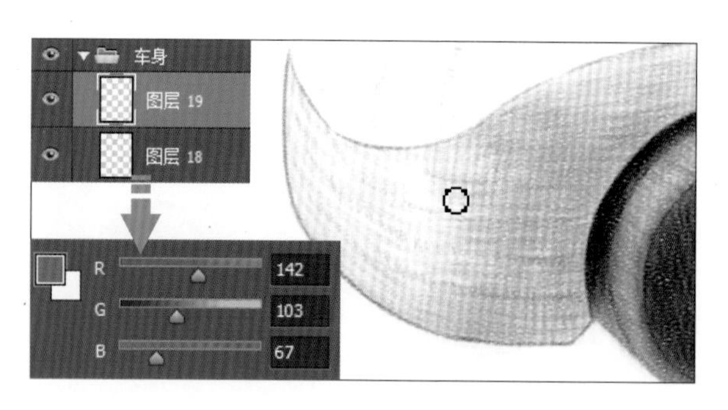

33 为使整个车身部分的颜色更鲜艳，在“图层”面板中选中“车身”图层组，执行“图层 > 复制组”菜单命令，复制图层组，创建“车身拷贝”图层组。

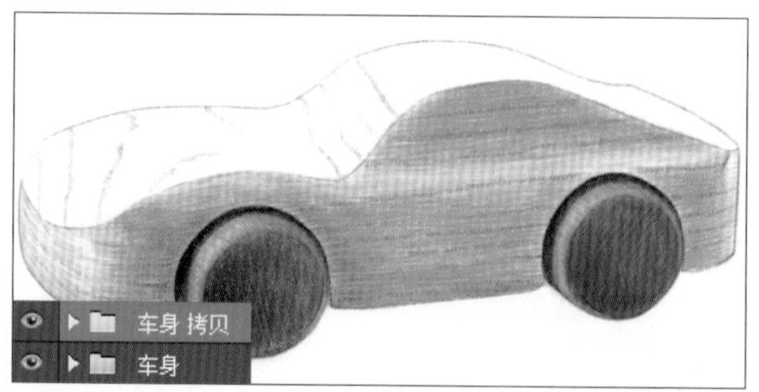

34 单击“车身拷贝”图层组前的倒三角按钮，展开图层组，在图层组中新建“图层 20”图层，打开“颜色”面板，设置颜色值为 R77、G46、B29，用画笔在靠近车轮的位置涂抹，进一步加深暗部区域。

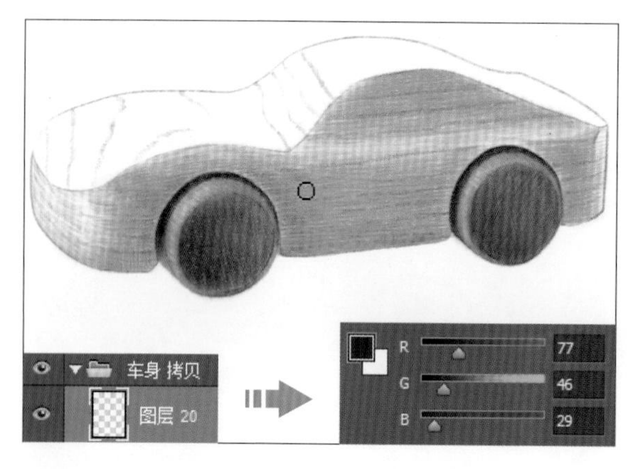

35 单击“创建新图层”按钮，新建“图层 21”图层，打开“颜色”面板，设置颜色值为 R205、G151、B101 和 R77、G46、B29，用画笔描绘车身，叠加更多的颜色，呈现更丰富的颜色变化。

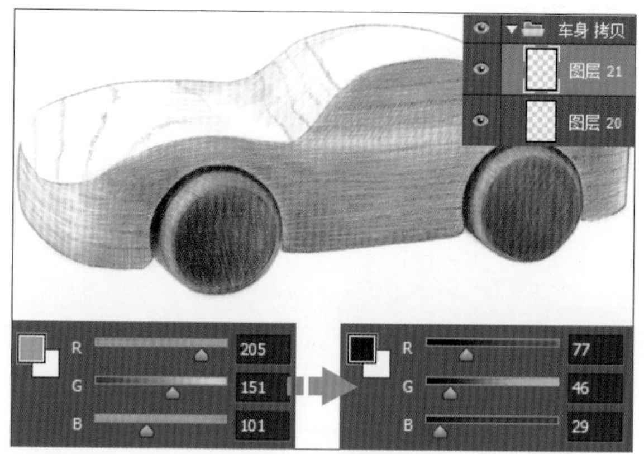

36 新建“车顶”图层组，在图层组中创建“图层 22”图层，打开“颜色”面板，设置颜色值为 R215、G188、B165，用画笔描绘车顶，为车的顶部区域上色。

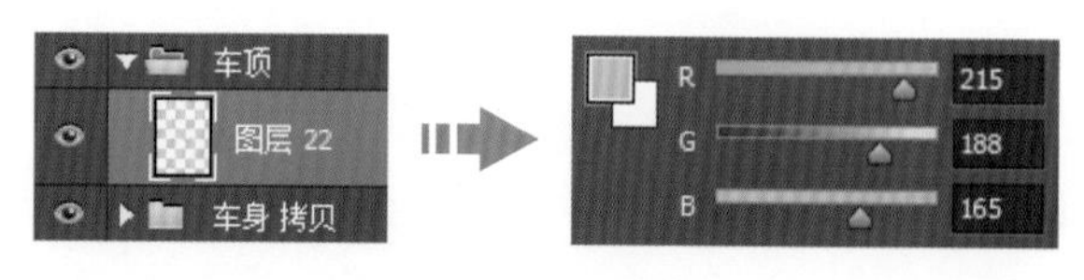

37 新建“图层23”图层，打开“颜色”面板，设置颜色值为 **R215、G188、B165**，使用画笔在车头部分绘制，轻叠少许颜色，突出车头的高光部分。

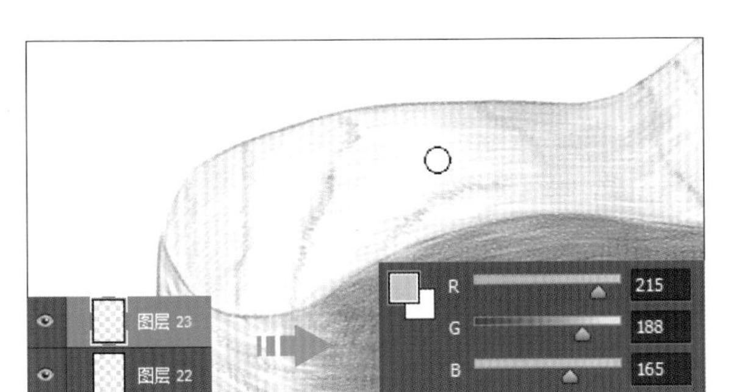

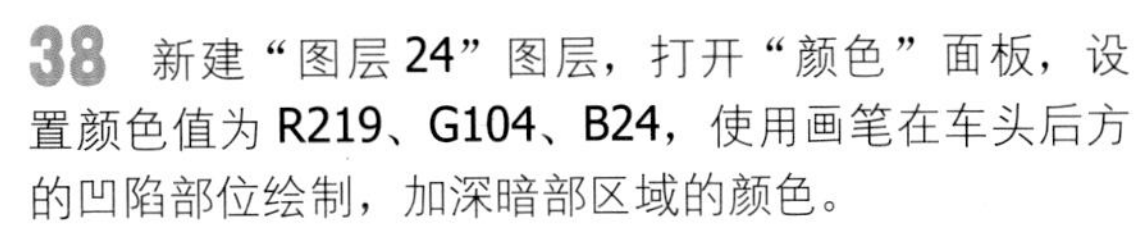

38 新建“图层24”图层，打开“颜色”面板，设置颜色值为 **R219、G104、B24**，使用画笔在车头后方的凹陷部位绘制，加深暗部区域的颜色。

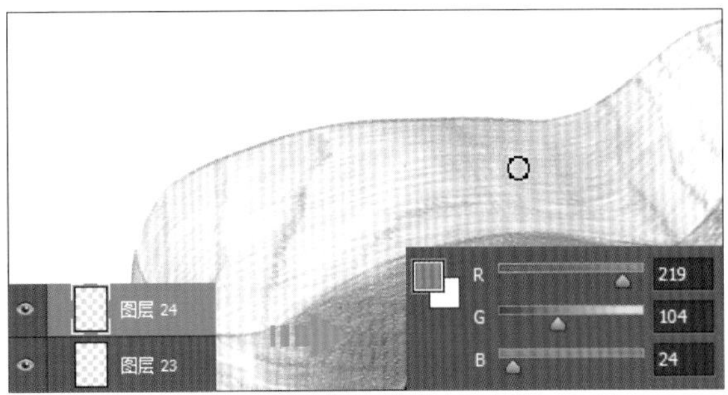

39 新建“图层25”图层，打开“颜色”面板，设置颜色值为 **R117、G90、B19**，创建新图层，继续用画笔绘制车顶及靠后背光的区域，再叠加黄褐色，由于木头材质的性质，这部分绘制的颜色较浅一些。

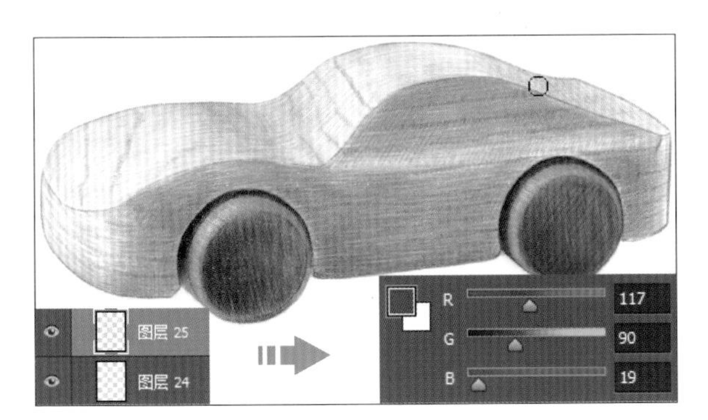

40 新建“图层26”图层，打开“颜色”面板，设置颜色值为 **R214、G187、B164**，用画笔绘制车顶暗部区域，使暗部的颜色变得更深，加强整个车身的立体感。

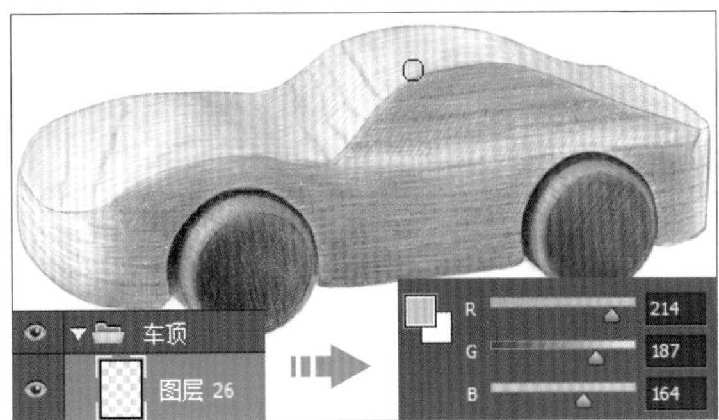

41 在“背景”图层上方新建“图层27”图层，打开“颜色”面板，设置颜色值为 **R63、G36、B12**，在车底绘制一些阴影，将“线稿”图层的“不透明度”降为 **38%**，至此，已完成本实例的绘制。

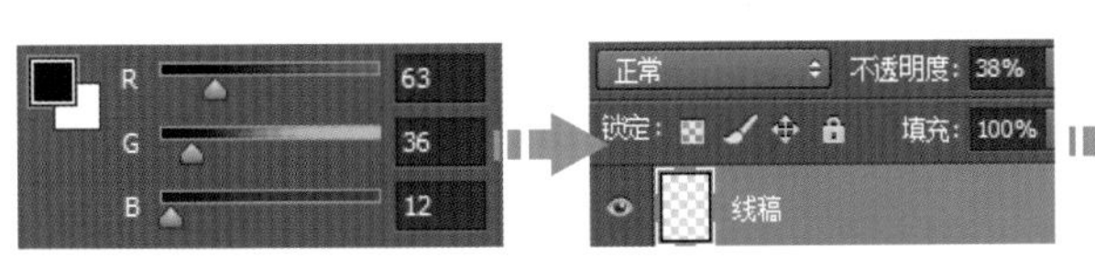

3.4 婴儿皮鞋

皮鞋多以天然皮革为主要原料，配合其他合成材料制造的鞋，具有舒适、透气、吸湿等特点。与成人皮鞋不同，婴儿皮鞋不仅注重样式，而且皮质要柔软、有弹性，使宝宝穿着更舒适。

■ 绘画要点

绘制皮鞋表面时，为了表现婴儿皮鞋的质感，在高光处可以稍作留白，然后沿着鞋子的明暗交界线上色，由于明暗交界线并不只是一条线，而是一个过渡的面，所以在绘制的时候可以通过颜色的渐变呈现更自然的光泽感。

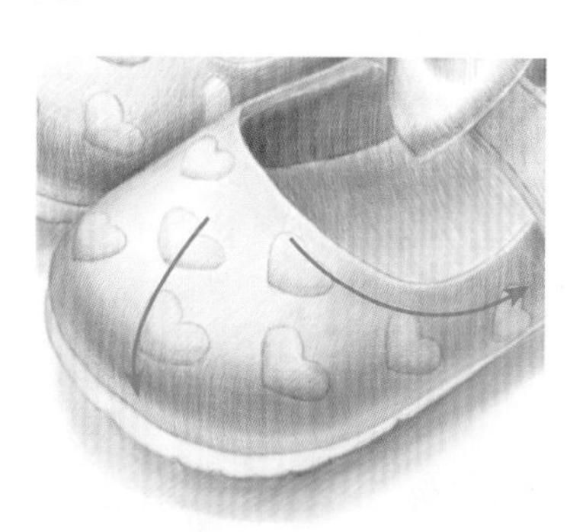

■ 色彩搭配

用无较大差异的粉蓝色和粉绿色表现鞋子皮面部分，在鞋子内部用了褐色来表现，突出鞋子的立体感，使鞋子显得更逼真。

源文件 随书资源 \ 源文件 \03\ 婴儿皮鞋 .psd

01 执行“文件 > 新建”菜单命令，打开“新建”对话框，在“名称”文本框中输入名称为“婴儿皮鞋”，然后在下方设置新建文件的大小，单击“确定”按钮，新建文件。

名称(N): 婴儿皮鞋
文档类型: 国际标准纸张
大小: A4
宽度(W): 210 毫米
高度(H): 297 毫米
分辨率(R): 300 像素/英寸
颜色模式: RGB 颜色 8 位

02 单击工具箱中的“画笔工具”按钮，选中“画笔工具”，单击工具选项栏中的“点按可打开‘工具预设’选取器”按钮，在打开的“工具预设”选取器下方单击选中“2B 铅笔”画笔预设，选择后工具箱中会自动根据所选画笔更改画笔笔尖颜色。

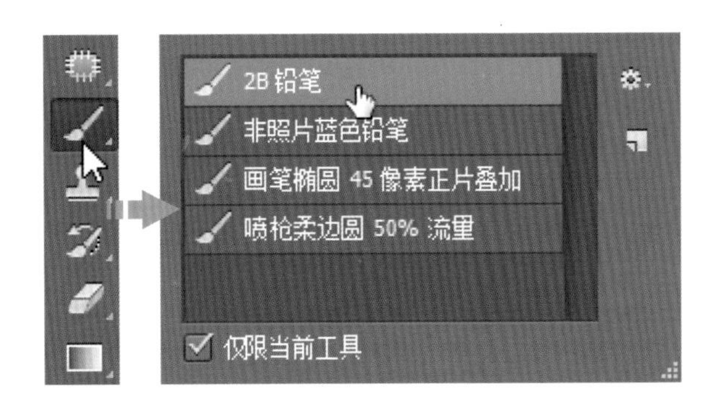

03 单击“图层”面板中的“创建新图层”按钮，新建“图层 1”图层，双击“图层 1”图层名，将图层重新命名为“线稿”图层，用铅笔绘制线稿部分，在绘制时需要勾勒鞋面的桃心轮廓。

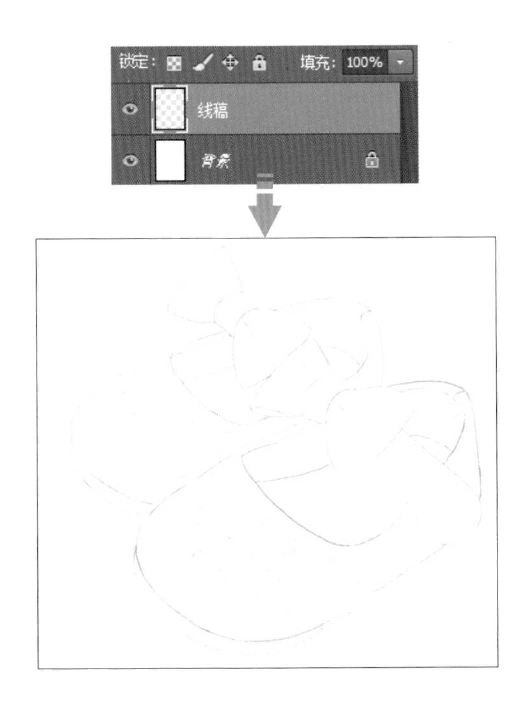

04 新建“鞋子 1”图层组，在图层组中新建“图层 1”图层，打开“颜色”面板，在面板中设置前景色为 R135、G76、B42，在“画笔工具”选项栏中降低“不透明度”为 20%，根据光源角度，从小皮鞋的内里开始绘制，为鞋子内壁和鞋垫上色。

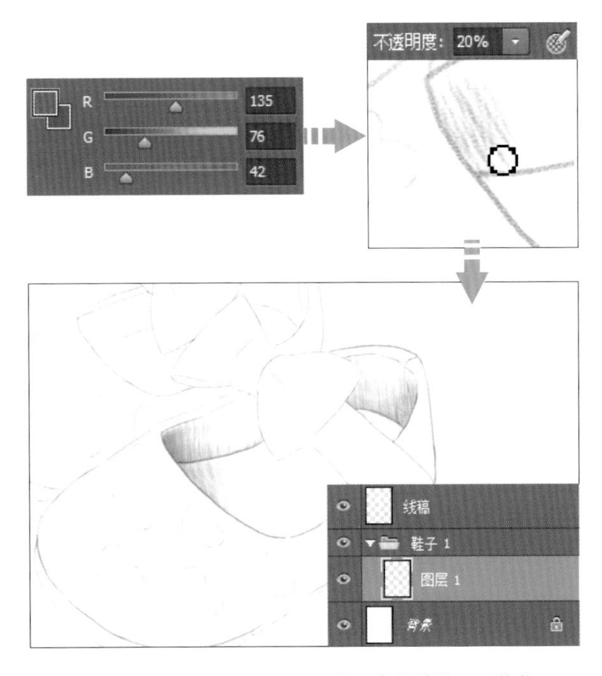

05 单击“图层”面板下的“创建新图层”按钮，新建图层，打开“颜色”面板，在面板中拖曳颜色滑块，设置前景色为 **R109**、**G55**、**B27**，在“画笔工具”选项栏中将画笔“不透明度”设置为 **20%**，用画笔在鞋子内侧涂抹，加深颜色。为了让鞋子内侧的层次感更强，更改前景色为 **R201**、**G169**、**B142**，运用画笔在鞋垫右下部分绘制涂抹，用浅一些的颜色过渡一下。

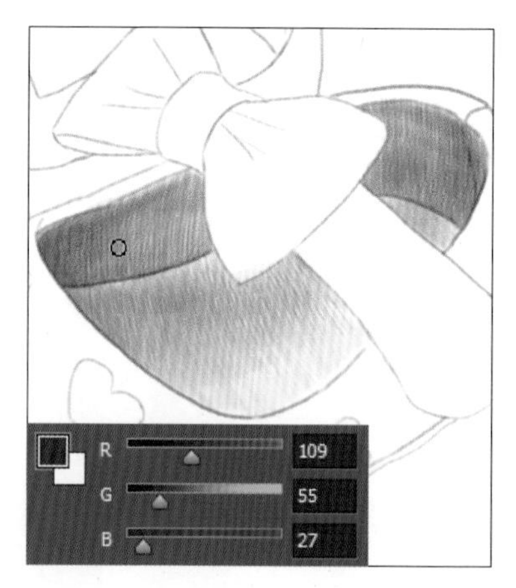

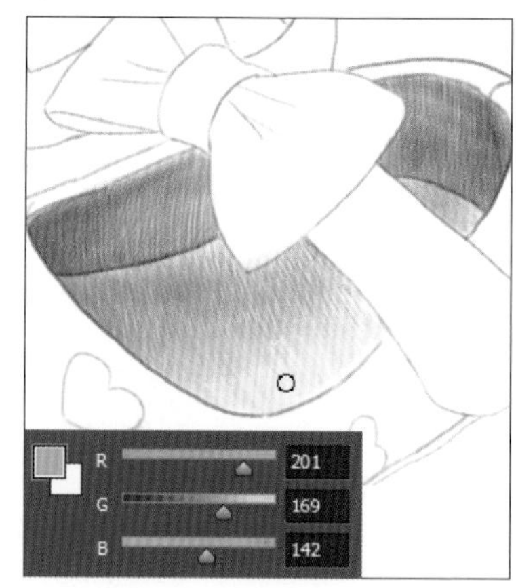

06 创建新图层，打开“颜色”面板，设置前景色为 **R231**、**G206**、**B201**，继续使用画笔在鞋垫下方涂抹，叠加颜色。

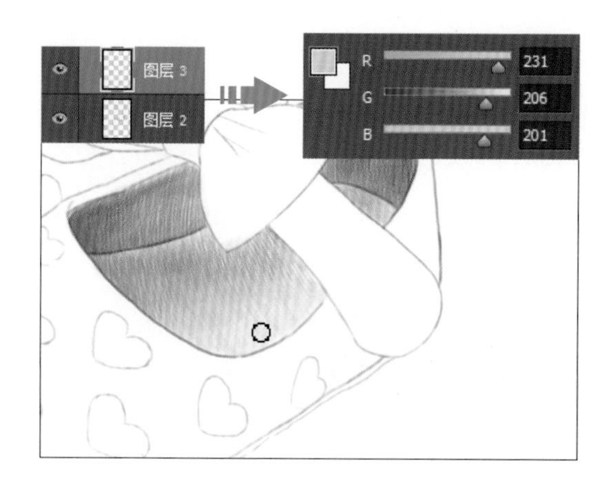

07 创建新图层，打开“颜色”面板，在面板中设置颜色值为 **R119**、**G200**、**B185**，运用画笔在其中一只鞋子上方绘制，为其着色。着色过程中，对于高光部分要通过留白的方式表现，而暗部区域则可以连续涂抹加深颜色，使绘制的鞋子更有立体感。

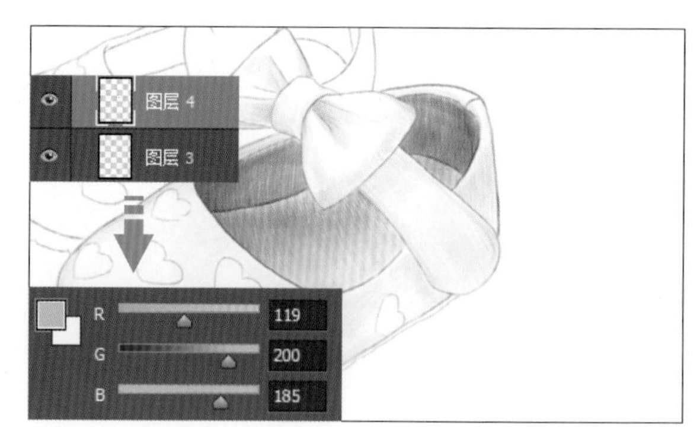

08 为加深鞋子颜色，在“图层”面板中选中“图层 4”图层，按下快捷键 Ctrl+J，复制图层，得到“图层 4 拷贝”图层。

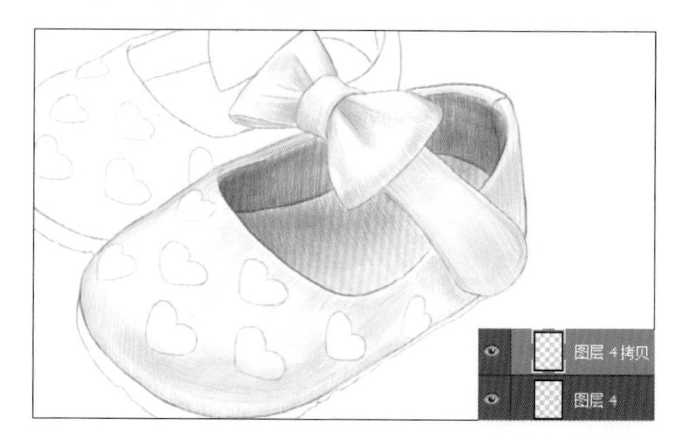

09 根据鞋子的受光情况，在靠近鞋子内侧的鞋面以及蝴蝶结部分颜色需要淡一些，所以选择“橡皮擦工具”，在选项栏中选择“柔边圆”画笔，将画笔大小调整为9像素，“不透明度”设置为23%，运用“橡皮擦工具”在鞋面和蝴蝶结位置涂抹，擦除部分叠加颜色。

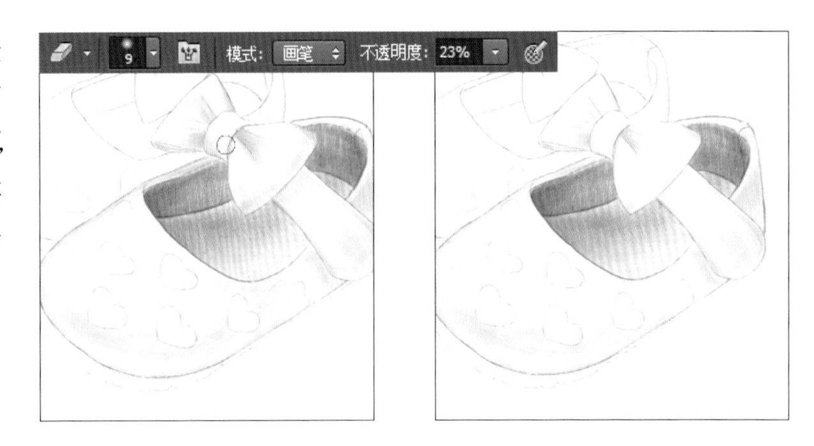

10 打开“颜色”面板，设置颜色值为R108、G157、B215，创建“图层5”图层，运用画笔在鞋子上的明暗交界处涂抹，叠加一层淡淡的蓝色。

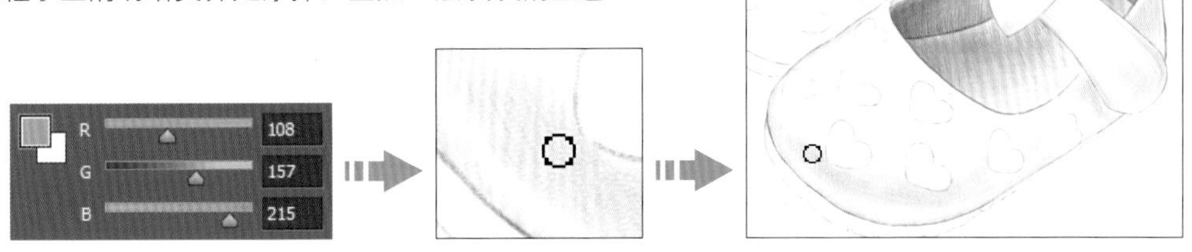

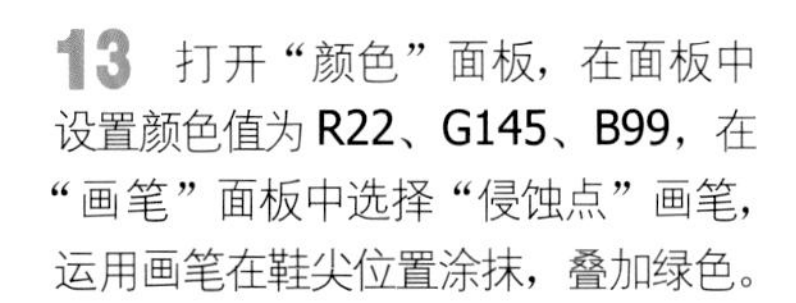

11 选中“图层5”图层，按下快捷键Ctrl+J，复制图层，创建“图层5拷贝”图层，加深颜色。

12 打开“画笔”面板，单击“柔角30”画笔，在选项栏中将画笔大小调整为50，用画笔涂抹鞋子底侧边缘位置，加深颜色。

13 打开“颜色”面板，在面板中设置颜色值为R22、G145、B99，在“画笔”面板中选择“侵蚀点”画笔，运用画笔在鞋尖位置涂抹，叠加绿色。

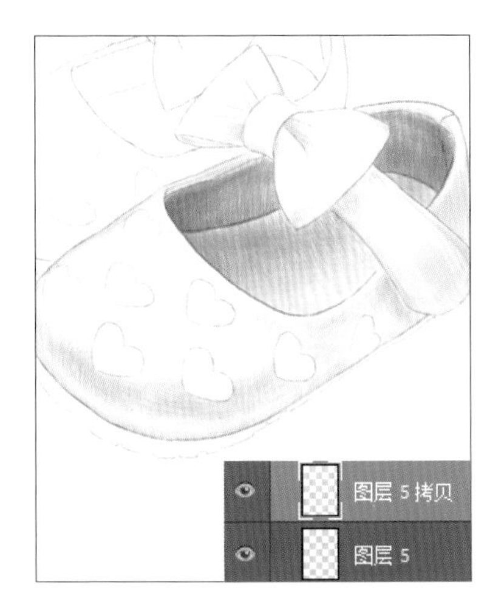

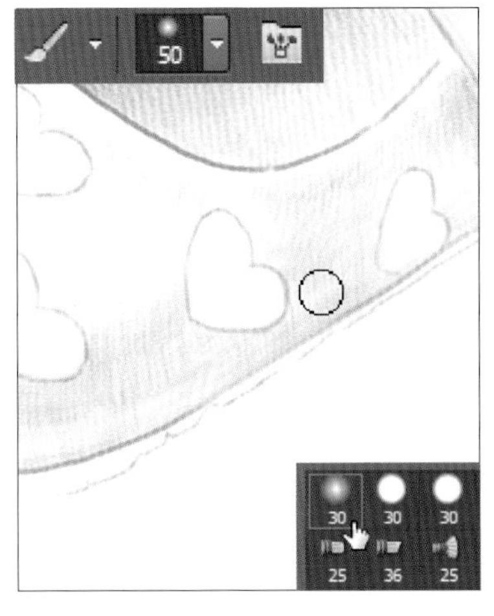

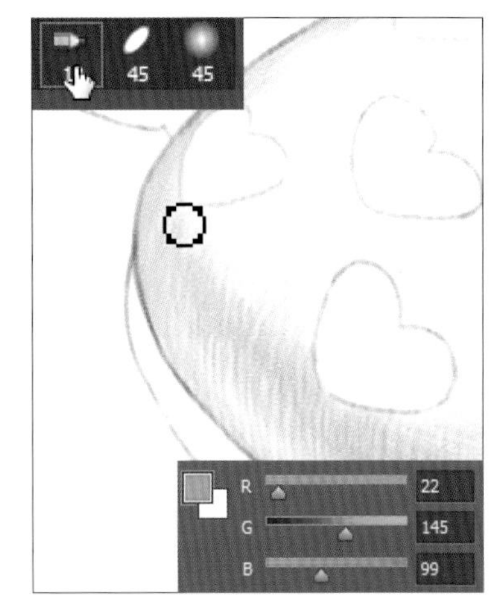

14 打开“颜色”面板，设置颜色为 R14、G101、B58，新建“图层 6”图层，运用画笔在鞋面上绘制，对鞋子整体润色，再将前景色设置为 R21、G114、B98，继续在鞋面明暗交界的位置涂抹，叠加颜色，丰富鞋面颜色，绘制时需要注意颜色之间过渡要自然。

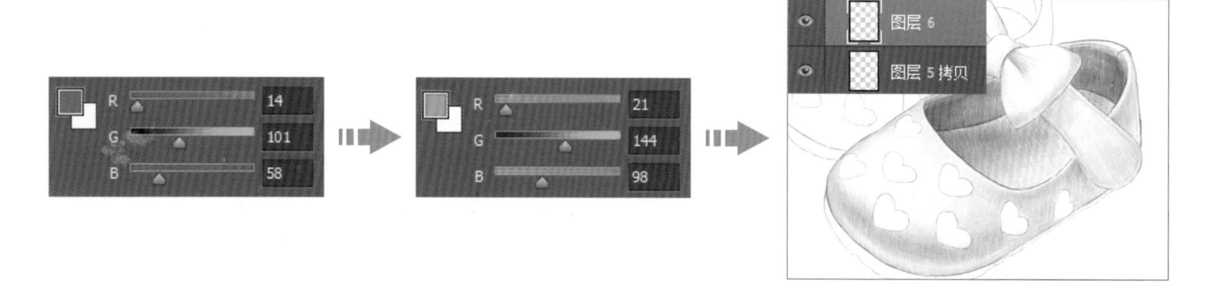

15 打开“颜色”面板，在面板中设置颜色值为 R15、G49、B134，新建“图层 7”图层，为使用投影及暗部区域颜色变得更深，使用画笔在鞋子底部以及蝴蝶结旁边涂抹，加深阴影效果。

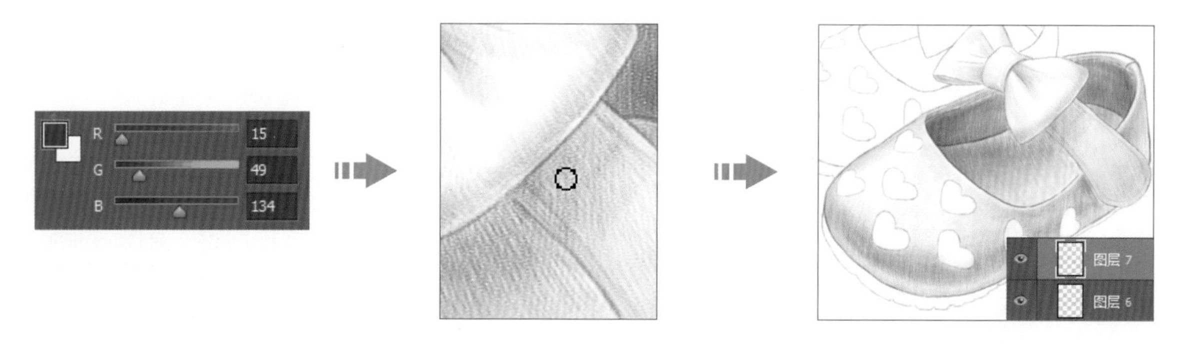

16 新建“图层 8”图层，在“画笔”面板中单击选择“柔角 30”画笔，放大画笔笔尖，运用上一步设置的颜色涂抹鞋子底部，加深颜色。

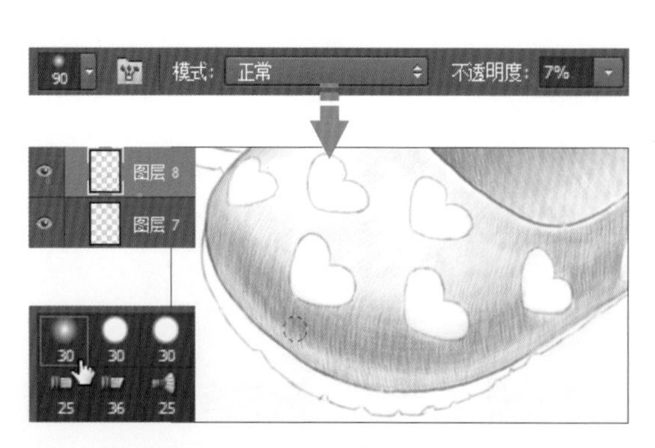

17 打开“颜色”面板，在面板中设置颜色值为 R56、G118、B98，为了增强鞋子的立体感，选中“图层 8”图层，使用画笔在鞋子下方的暗部以及蝴蝶结暗部区域描绘，叠加一层青色。

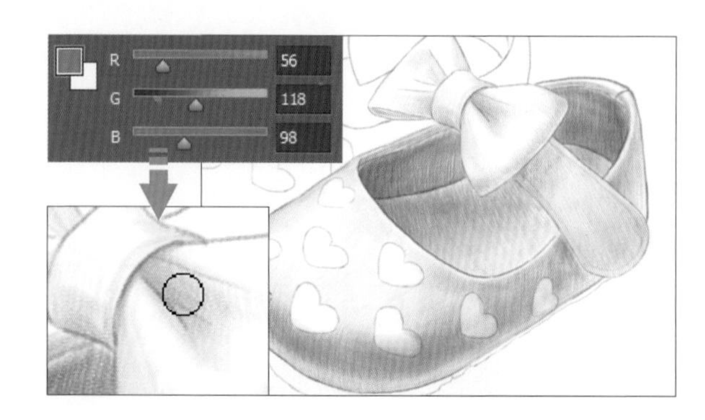

18 在“画笔”面板中单击重新选择“侵蚀点”画笔，打开“颜色”面板，在面板中将颜色更改为粉蓝色，具体参数值为 R102、G188、B231，新建“图层 9”图层，用画笔描绘蝴蝶结亮部，添加亮色。

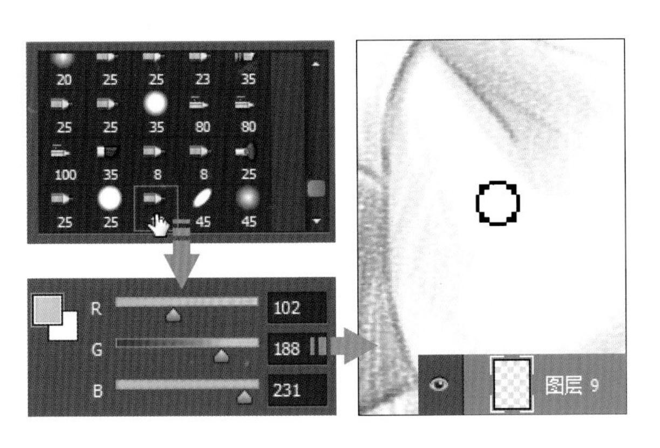

19 继续使用画笔在蝴蝶结亮部绘制，叠加颜色，使颜色过渡更自然。完成蝴蝶结过渡颜色的绘制后，再把画笔移至鞋面上方，在鞋面的反光位置同样绘制出过渡色彩。

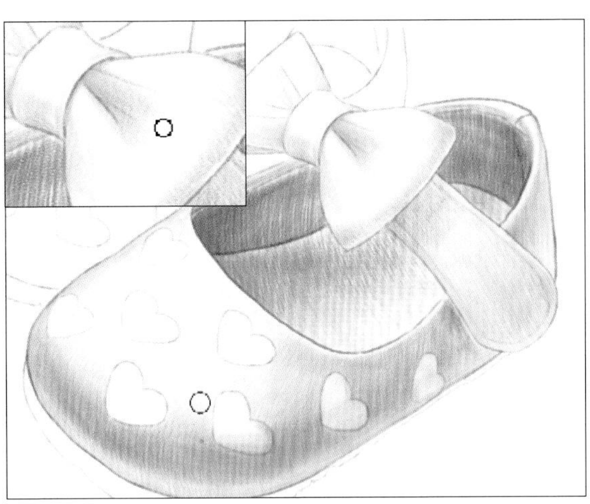

20 接下来再为鞋子上的桃心上色。打开“颜色”面板，在面板中拖曳颜色滑块，设置颜色值为 R79、G101、B54，新建“图层 10”图层，用画笔在桃心上绘制着色。由于桃心是缝制上去的，所以会稍微鼓起来，为了呈现出这种立体的视觉效果，在与皮质部分衔接的部分可以反复涂抹，加深阴影。

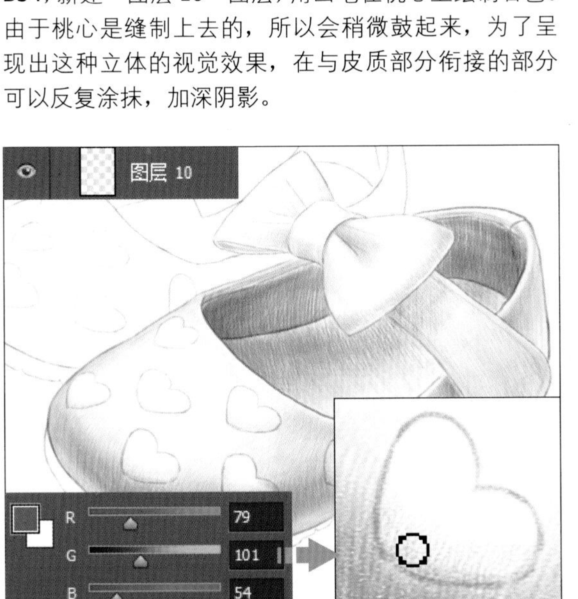

21 为增强桃心部分的立体感，在“图层”面板中选中“图层 10”图层，按下快捷键 Ctrl+J，复制图层，得到“图层 10 拷贝”图层。

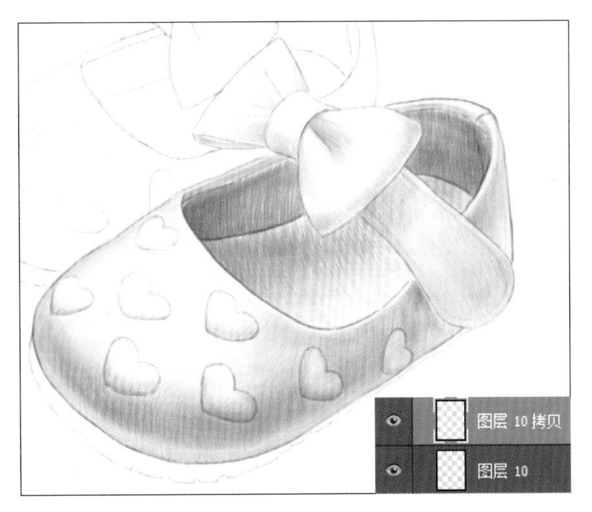

22 打开“颜色”面板，在面板中将前景色设置为更冷一些的蓝色，具体颜色值为 R62、G189、B143，选中“图层 10 拷贝”图层，再使用画笔在桃心中间位置绘制，叠加颜色，使桃心部分的颜色更丰富一些。

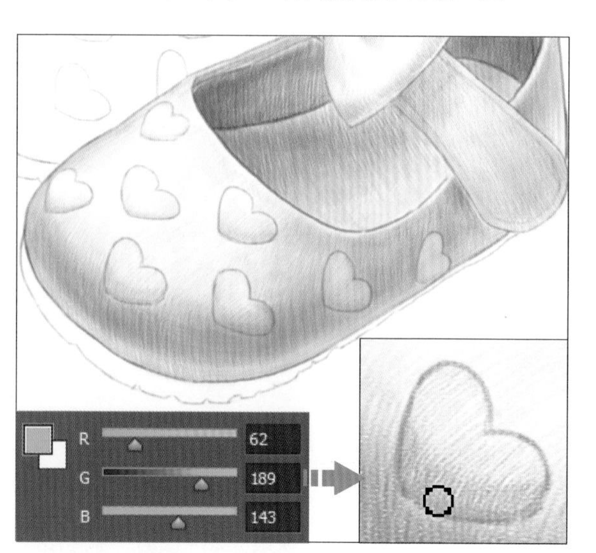

23 确保“图层 10 拷贝”图层为选中状态，单击“图层”面板中的“设置图层的混合模式”右侧的下拉按钮，在展开的下拉列表中选择“正片叠底”混合模式，混合图层，加深颜色。

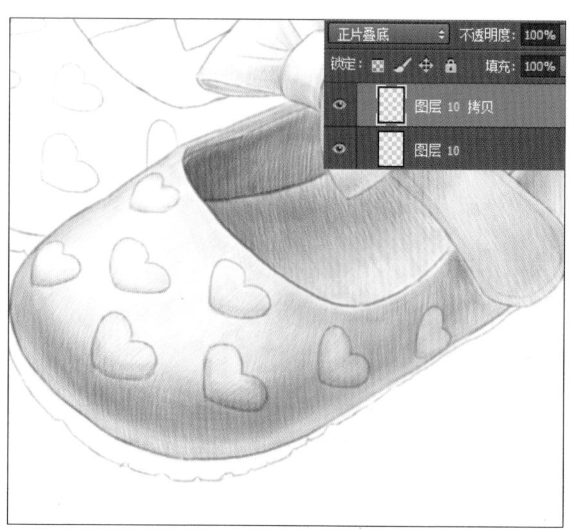

24 打开“颜色”面板，在面板中拖曳颜色滑块，设置颜色值为 R13、G95、B55，新建“图层 11”图层，运用画笔在鞋拴以及缝纫线位置绘制，叠加颜色。

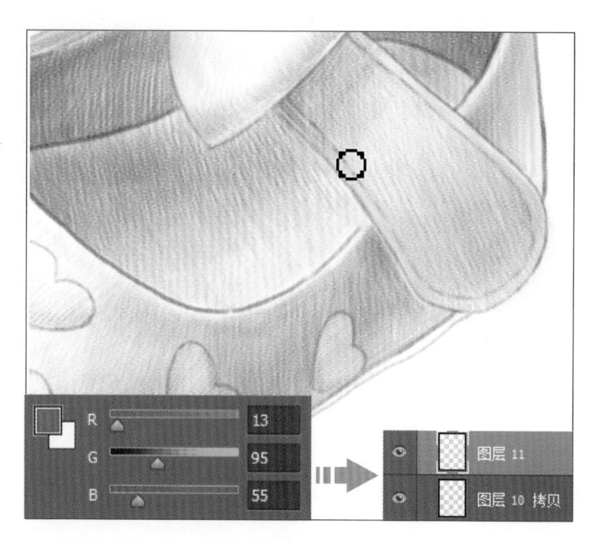

25 打开“颜色”面板，在面板中设置前景色为 R31、G48、B94，创建“图层 12”图层，用画笔在蝴蝶结的暗部绘制逐渐过渡的色彩效果，让蝴蝶结更有体积感。

26 选中“图层 12”图层，按下快捷键 Ctrl+J，复制图层，得到“图层 12 拷贝”图层，再使用画笔适当涂抹，加深颜色。

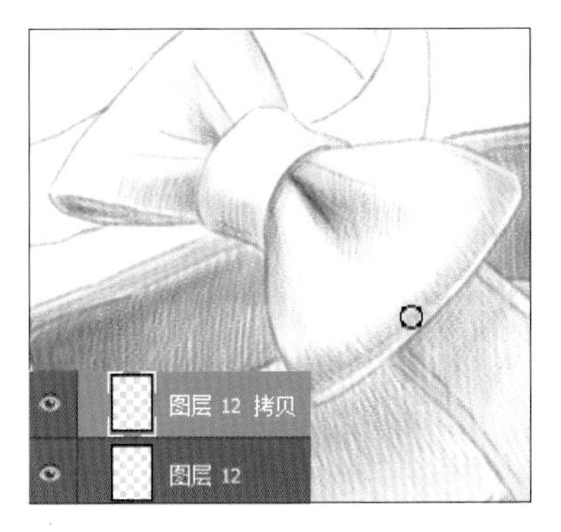

27 打开“颜色”面板，设置前景色 R146、G172、B197，新建“图层 13”图层，用画笔描绘鞋底，为鞋底上色。

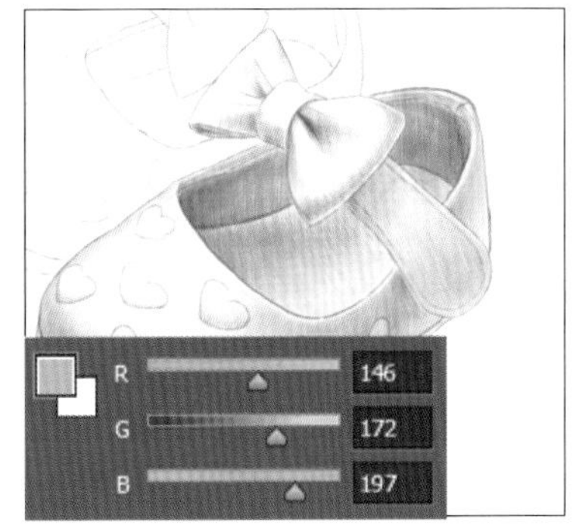

28 打开“颜色”面板，设置前景色 R136、G76、B40，新建“图层 14”图层，再次运用画笔涂抹鞋子内壁，加深颜色。

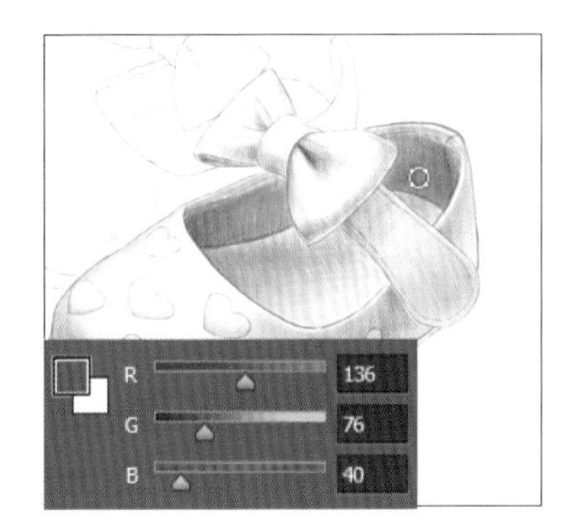

29 经过前面的绘制，完成其中一只鞋子的上色，下面对另外一只鞋子上色。创建“鞋子 2”图层组，在图层组中新建“图层 15”图层，打开“颜色”面板，设置前景色为 R134、G75、B41，在鞋子内壁和鞋底涂抹润色。

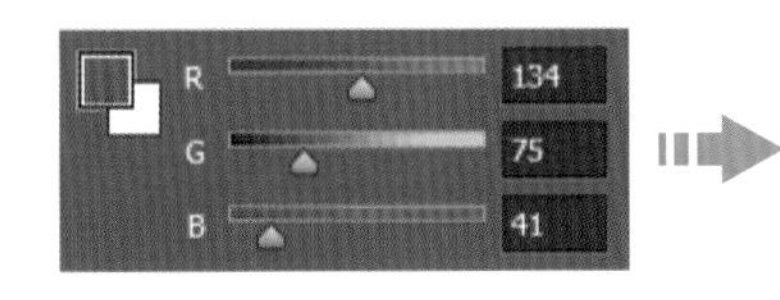

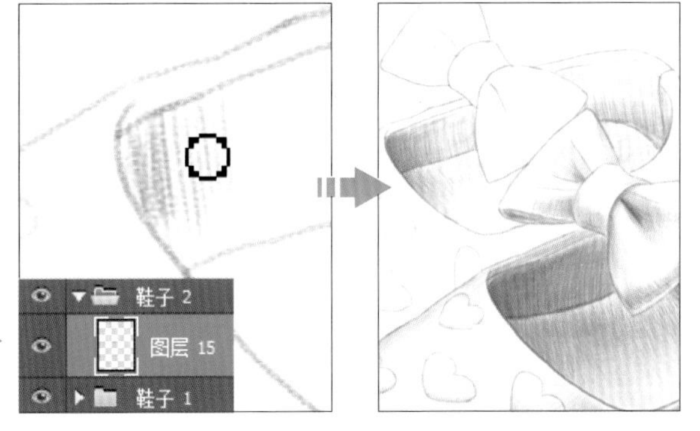

30 打开“颜色”面板，设置前景色为 R134、G75、B41，新建“图层 16”图层，继续用画笔在鞋后跟位置涂抹润色。

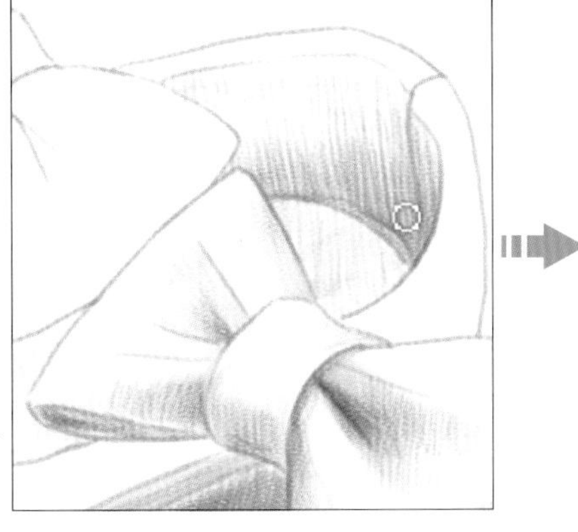

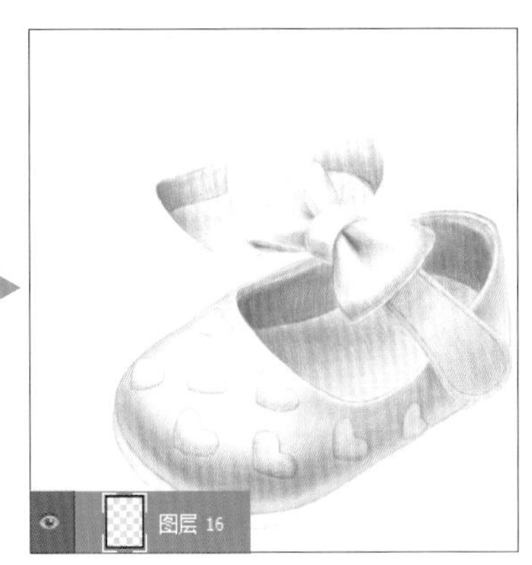

31 打开“颜色”面板，分别设置前景色为 R137、G166、B148 和 R101、G194、B176，新建“图层 17”图层，用画笔在白色的鞋面位置涂抹，大面积为鞋子铺色。

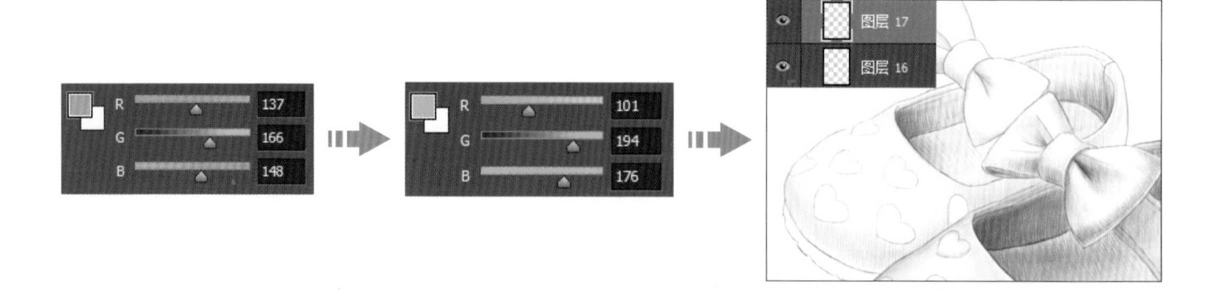

32 新建“图层 18”图层，打开“颜色”面板，在面板中拖曳颜色滑块，设置前景色为 R25、G79、B159，在被遮挡的鞋子部分描绘，为鞋子遮挡部分铺色。

33 新建“图层 19”图层，打开“颜色”面板，在面板中拖曳颜色滑块，设置前景色为 R52、G110、B84，用画笔在鞋子上涂抹，表现自然的颜色过渡效果。

34 新建“图层 20”图层，打开“颜色”面板，设置前景色为 R23、G145、B101，用画笔在与下方鞋子相连接的位置描绘，加深颜色。

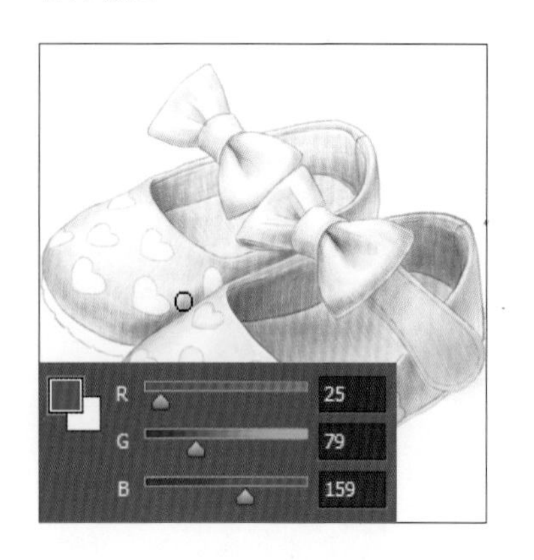

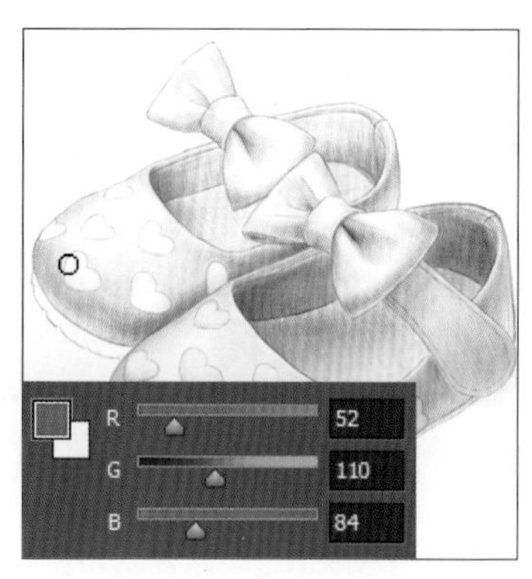

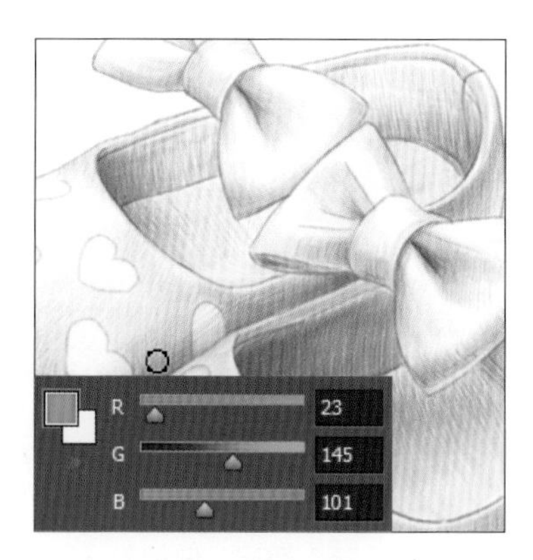

35 选中“图层 20”图层，打开“颜色”面板，更改前景色为 R142、G161、B137，在鞋头部分描绘，叠加更多的颜色，使鞋子呈现更强的体积感。

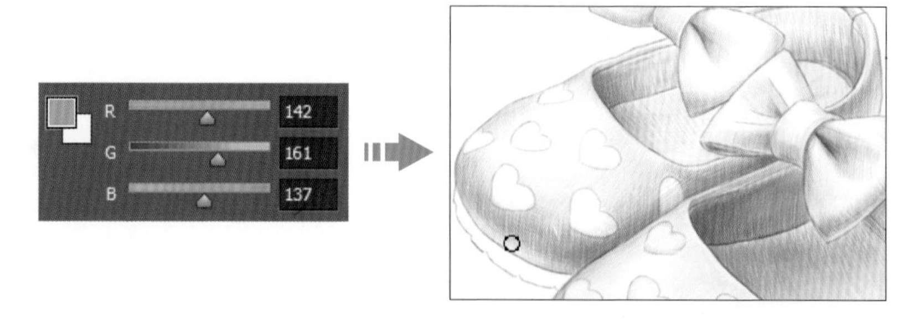

36 新建“图层 21”图层，打开“颜色”面板，在面板中分别设置颜色为 R34、G61、B132 和 R26、G49、B93，用画笔在鞋面以及蝴蝶结上描绘，叠加颜色。

37 打开“颜色”面板，在面板中设置颜色值为 R55、G87、B46，单击“创建新图层”按钮，新建“图层 22”图层，运用画笔在鞋面桃心位置绘制，为桃心部分上色。

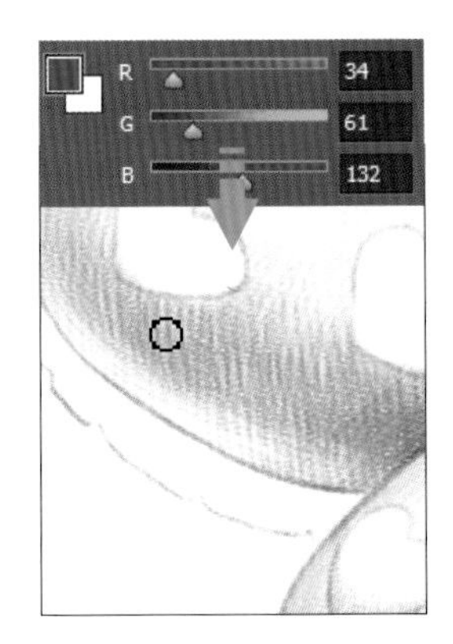

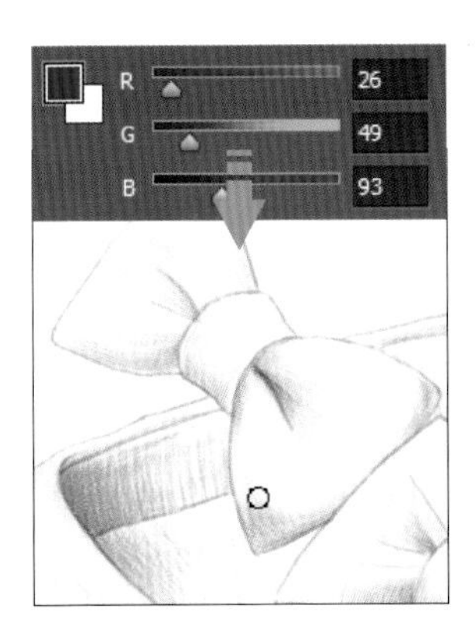

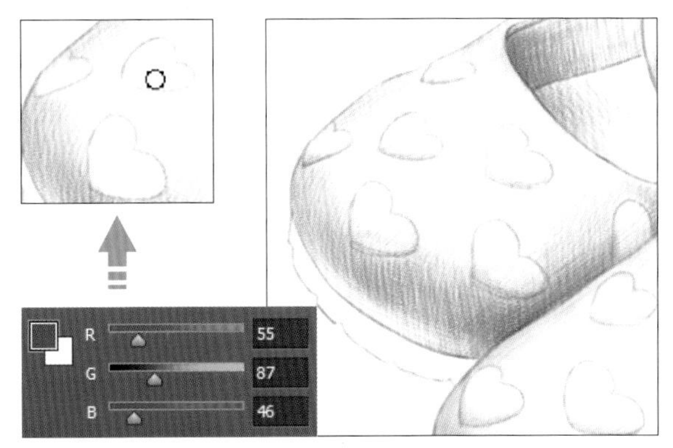

38 选中“图层 22”图层，按下快捷键 Ctrl+J，复制图层，得到“图层 22 拷贝”图层，在打开的“颜色”面板中设置前景色为 R130、G160、B118，选中复制的图层，用画笔在桃心位置绘制，加深颜色。

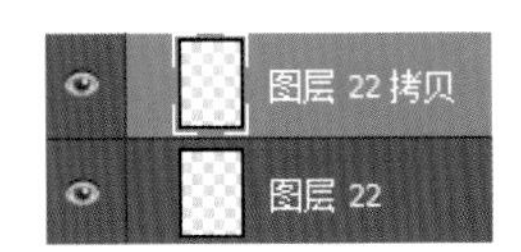

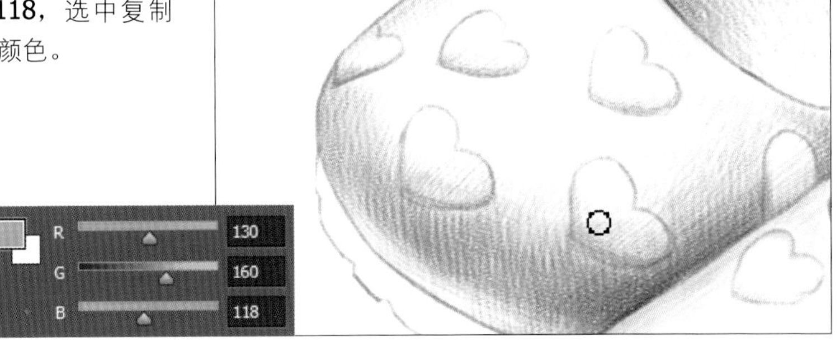

39 为保持鞋子的圆润光滑的质感，还需要在鞋底部填充相似的颜色。新建“图层 23”图层，打开“颜色”面板，拖曳颜色滑块，设置颜色值为 R48、G79、B159，沿鞋底走向继续绘制，为鞋底上色。

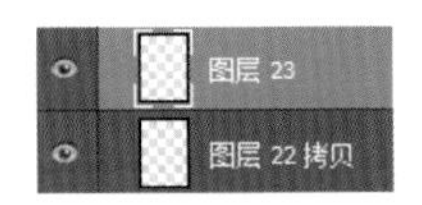

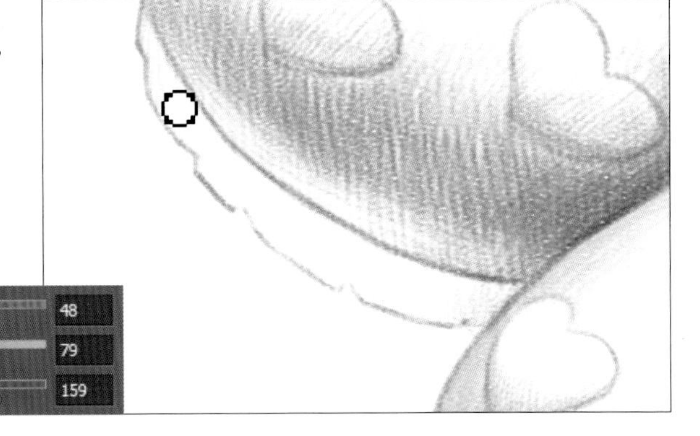

40 打开“颜色”面板，设置颜色值为 R60、G70、B97，创建新图层，继续使用画笔在鞋底部分涂抹，为鞋底叠加颜色。

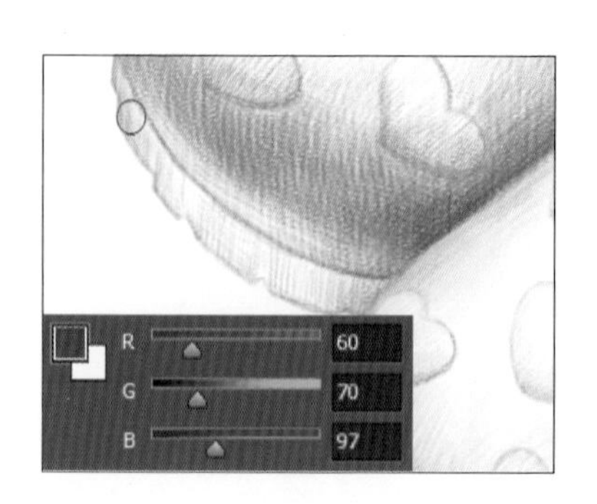

41 打开“颜色”面板，拖曳颜色滑块，设置颜色值为 R131、G71、B36，单击“图层”面板中在“创建新图层”按钮，新建“图层 25”图层，描绘鞋底，加深颜色。

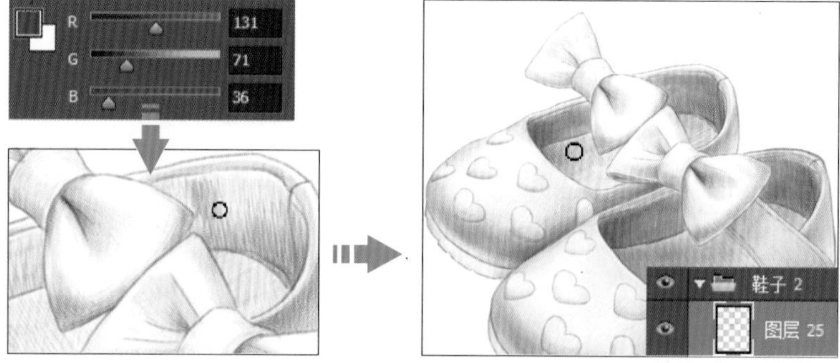

42 为增强立体感，最后要为鞋子添加投影。打开“颜色”面板，在面板中设置颜色值为 R90、G59、B31，创建新图层，用画笔在鞋子下方需要添加投影的位置涂抹，绘制自然的投影效果。

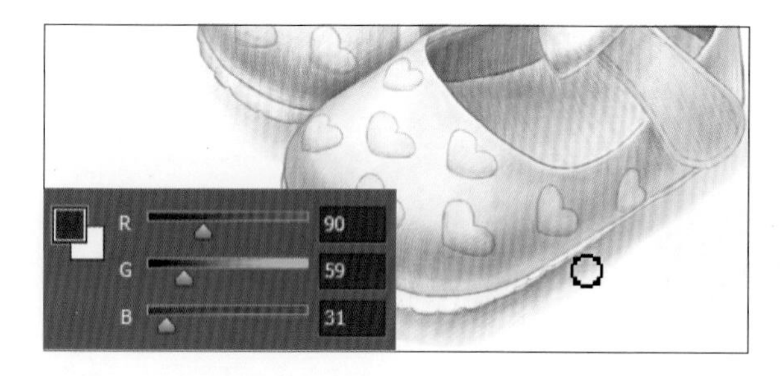

43 按下快捷键 Ctrl+J，复制投影图层，加深投影效果，再选择“橡皮擦工具”，在工具选项栏中降低不透明度，然后在颜色较深的投影位置涂抹，擦除图像。

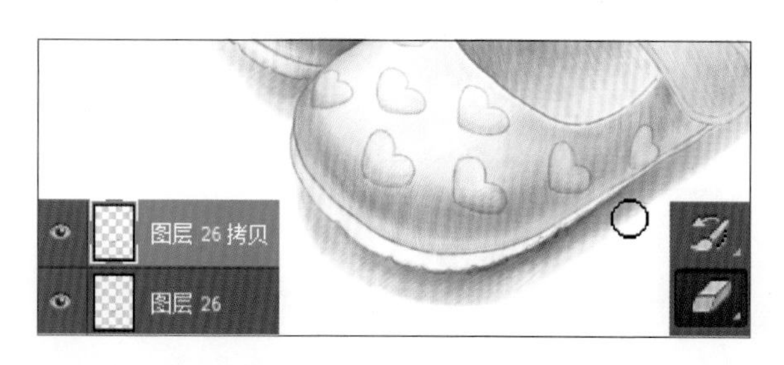

44 在“图层”面板中选中“线稿”图层，单击“设置图层的混合模式”右侧的下拉按钮，在展开的下拉列表中选择“正片叠底”混合模式，设置“不透明度”为 42%，至此已完成本实例的绘制。

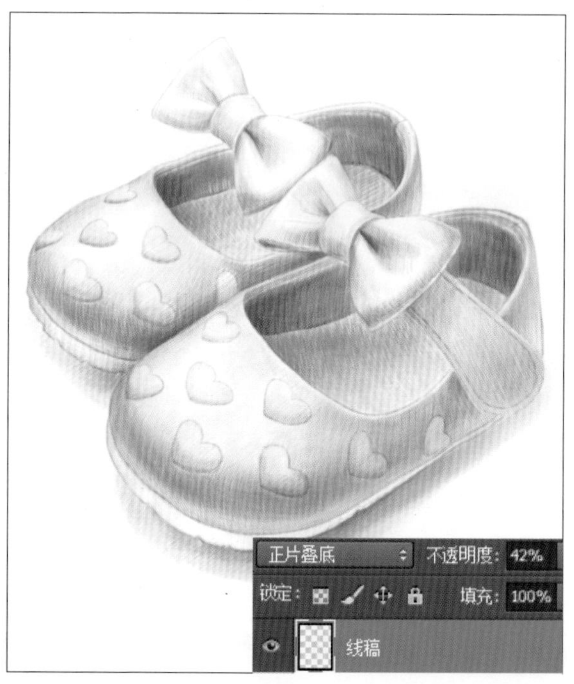

3.5 羊毛毡手作

羊毛毡是人类历史记载中最古老的织品形式之一，用羊毛毡制作手工作品具有不用缝纫、制作简单、造型丰富、色彩多样等特点，因而在手工爱好者群体中掀起了一股热潮。

绘画要点

源文件　随书资源\源文件\03\羊毛毡手作.psd

毛绒质感的工艺品能带给人温馨又温暖的感受。绘制时为了突显羊毛毡手作毛茸茸、软绵绵的特点，边缘部分与旁边区域相对用色不宜过深，应当通过颜色的慢慢自然过渡来表现其柔软质感。并且在绘制的时候，通过来回涂抹叠加颜色。

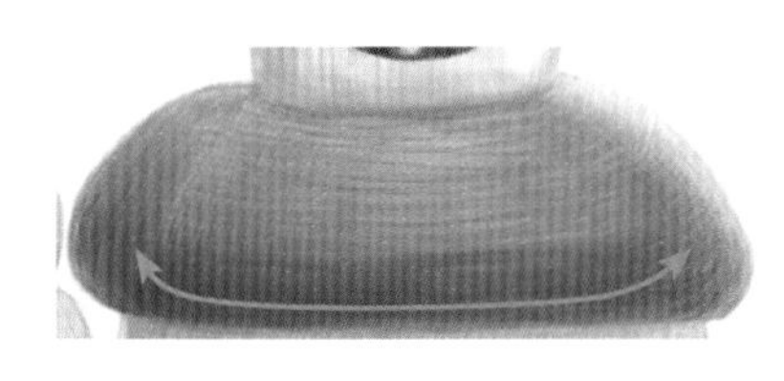

色彩搭配

作品中用了互补的红色和绿色来进行配色，其极高的可视度能有效地让图像脱颖而出，同时鲜明的配色可表现出旺盛的活力。

01 执行“文件 > 新建”菜单命令，打开“新建”对话框，在“名称”文本框中输入“羊毛毡手作”，然后在下方设置新建文件的大小，单击“确定”按钮，新建文件。

02 单击工具箱中的“画笔工具”按钮，单击“画笔工具”工具选项栏中的“点按可打开‘工具预设’选取器”按钮，在打开的“工具预设”选取器下方单击选中“2B 铅笔”画笔预设，选择后工具箱中会自动根据选择画笔更改画笔笔尖颜色。

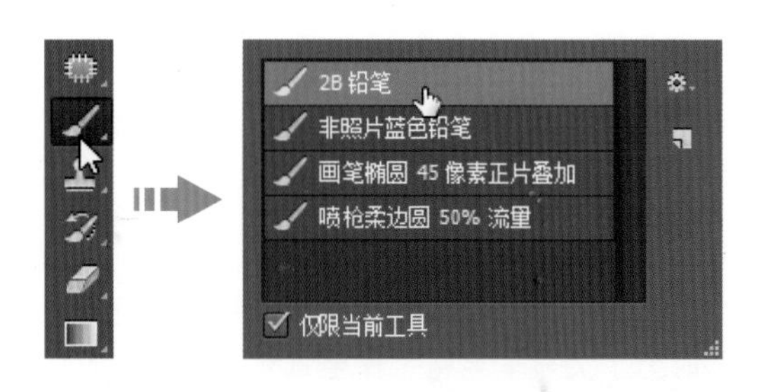

03 单击“图层”面板中的“创建新图层”按钮，新建“图层 1”图层，双击“图层 1”图层名，将图层重新命名为“线稿”图层，确保“线稿”图层为选中状态，将鼠标指针移至文件中间位置，用铅笔绘制线稿部分。

04 新建“底座”图层组，在图层组中新建“图层 1”图层，打开“颜色”面板，在面板中设置颜色为 R77、G50、B23，打开“画笔”面板，单击选择“柔角 30”画笔，在选项栏中设置“不透明度”为 50%，“流量”为 38%，为底座上色。

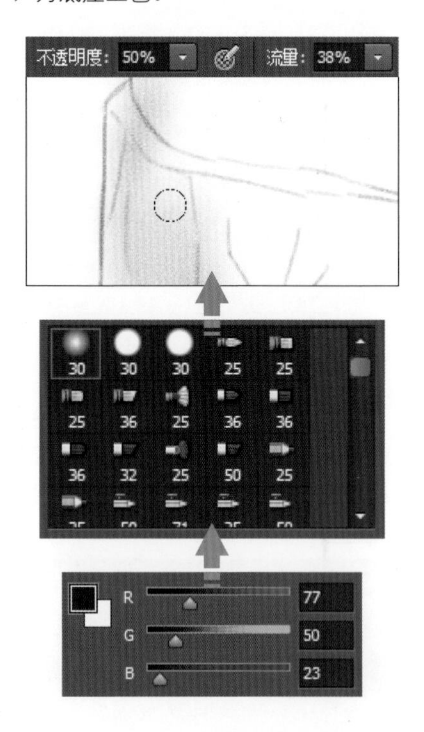

05 打开“画笔”面板，在面板中选择“侵蚀点”画笔，在前景色不变的情况下，继续使用画笔在底座位置描绘，为底座叠加颜色。

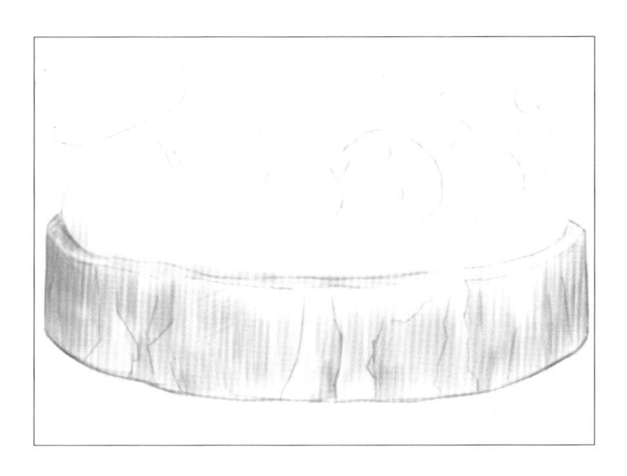

06 新建“图层 2”图层，打开“颜色”面板，在面板中分别设置前景色为 R100、G61、B41 和 R77、G50、B23，继续使用画笔在底座位置描绘，叠加颜色。

07 为加强底座部分的颜色，打开“图层”面板，在面板中选中“图层 2”图层，按下快捷键 Ctrl+J，复制图层，创建“图层 2 拷贝”图层，在图像窗口中查看复制图层后的图像效果。

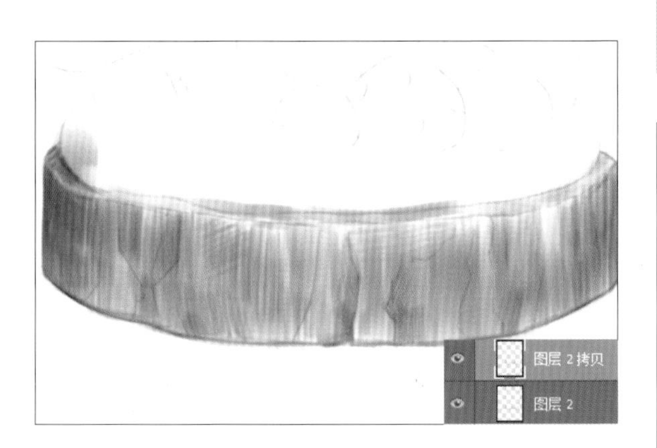

08 单击“创建新图层”按钮，新建“图层 3”图层，打开“颜色”面板，分别设置前景色为 R45、G30、B21 和 R70、G40、B31，设置后继续使用画笔在底座位置描绘，叠加颜色。

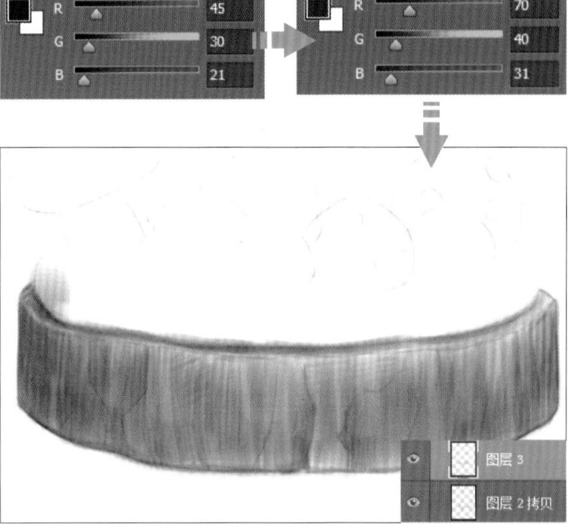

09 根据确定好的光源，开始为草地铺色。创建“草坪”图层组，在图层组中新建“图层 4”图层。打开“颜色”面板，设置颜色值为 **R138**、**G196**、**B86**，运用画笔在草坪位置绘制重色部分，强调体积感。

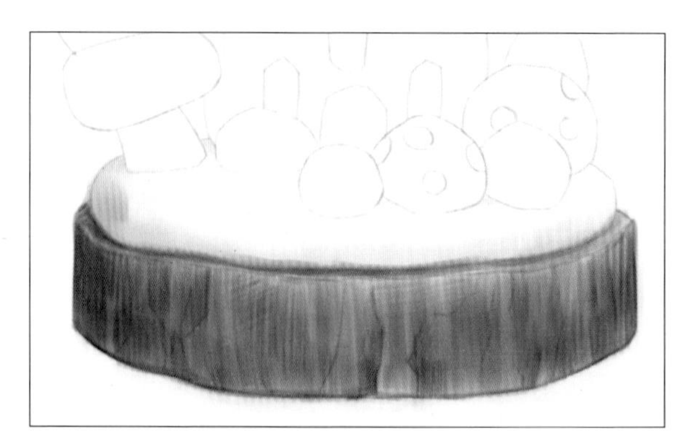

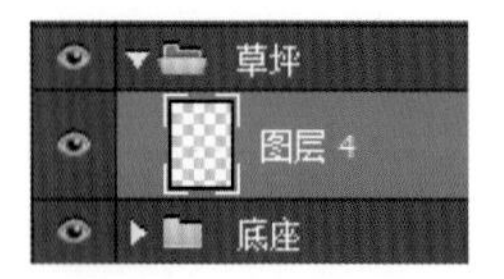

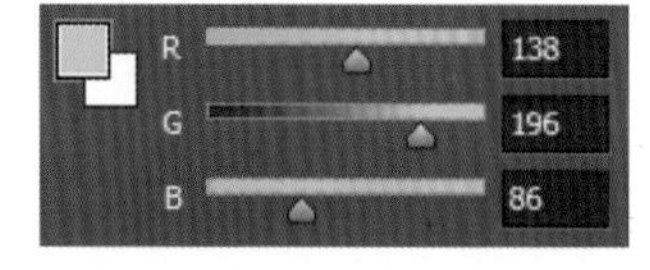

10 为加深草坪颜色，选中“图层 4”图层，按下快捷键 **Ctrl+J**，复制图层，创建“图层 4 拷贝”图层，在图像窗口查看复制图层后的图像效果。

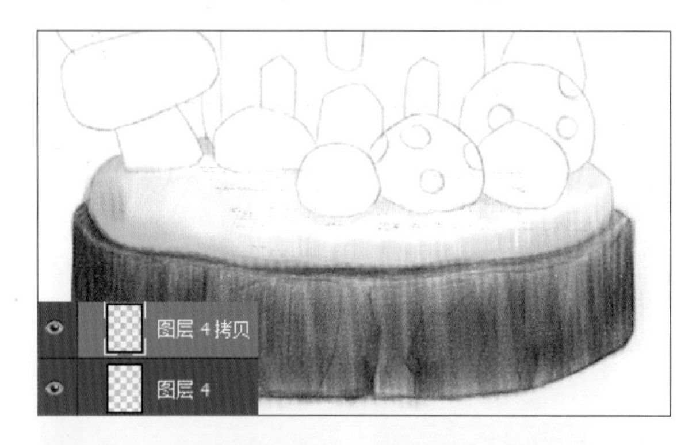

11 打开“颜色”面板，在面板中设置颜色为 **R120**、**G191**、**B72**，新建“图层 5”图层，运用画笔在草坪位置绘制，叠加颜色，绘制时注意要从边缘往中间上色。

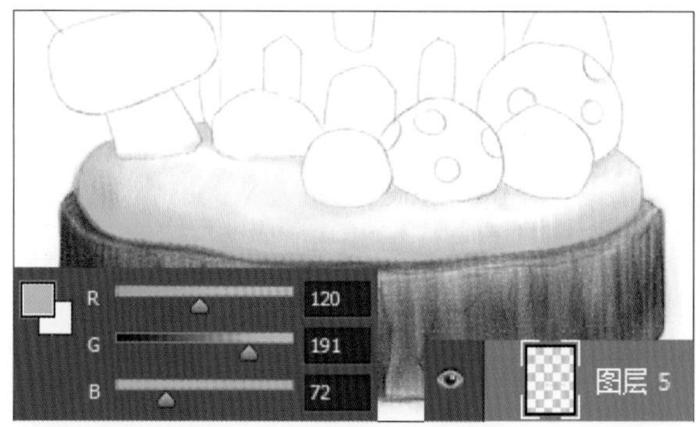

12 打开“画笔”面板，在面板中单击“柔角 30”画笔，设置画笔“不透明度”为 **12%**，选中“图层 5”图层，更改前景色为 **R126**、**G195**、**B114**，调整画笔大小，继续涂抹叠加颜色。

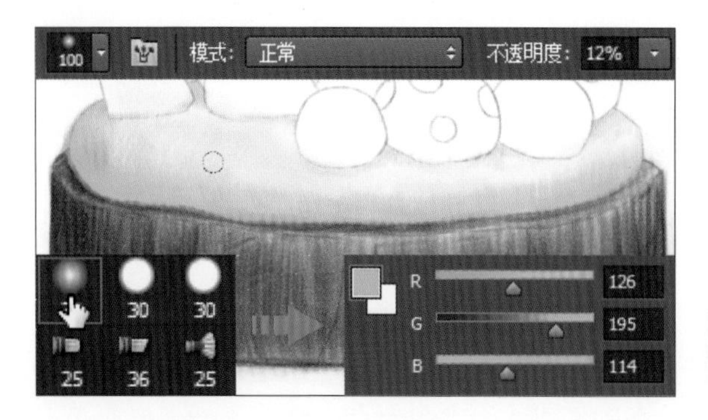

13 新建“图层 6”图层，在“画笔”面板中单击“侵蚀点”画笔，在“颜色”面板中将前景色更改为 **R145**、**G171**、**B98**，用画笔描绘草坪底部，加深颜色。

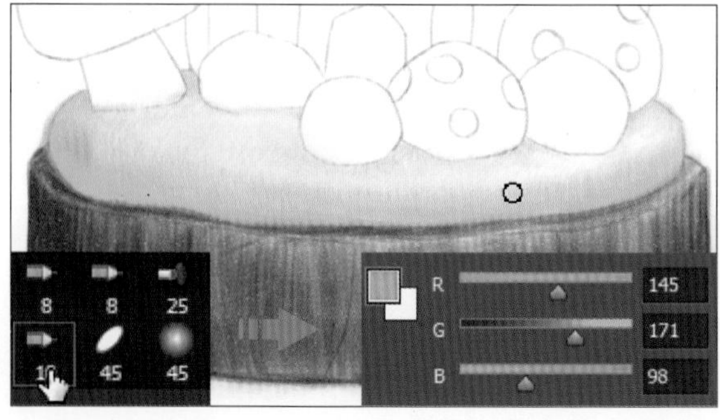

14 新建“图层 7”图层，打开“颜色”面板，在面板中设置颜色值为 R250、G243、B138，在“画笔工具”选项栏中将“不透明度”设置为 58%，运用画笔在草坪高光部分涂抹，叠加颜色，得到更立体的草坪效果。

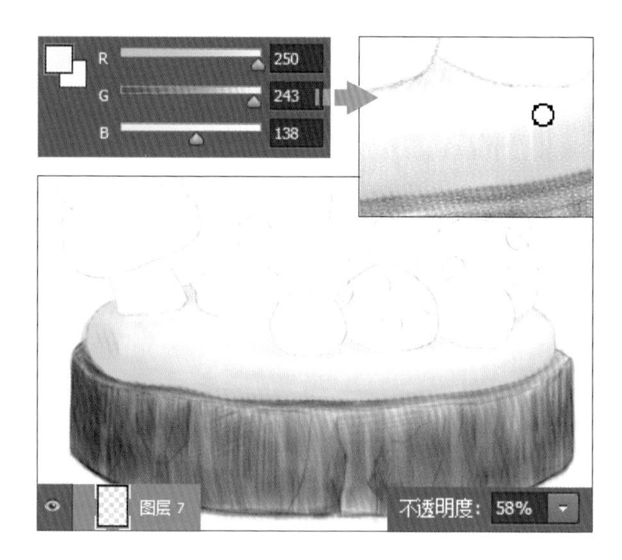

15 为突出立体感，打开“颜色”面板，在面板中设置颜色值为 R140、G72、B47，新建“图层 8”图层，用画笔在草坪边缘等背光部分来回涂抹，叠加颜色，加重色彩。

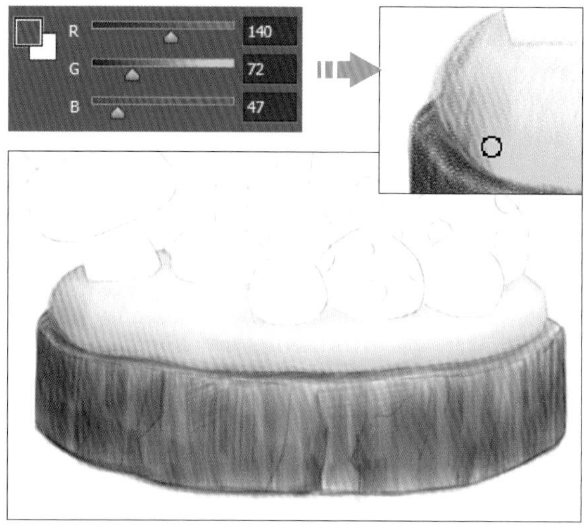

16 接下来为圆球上色，根据光的来源确立明暗。打开“颜色”面板，在面板中设置前景色为 R246、G181、B48，新建“图层 9”图层，用画笔在圆球上涂抹上色，由于毛绒质感高光反光不强，所以在涂抹时要注意色彩明暗的变化。

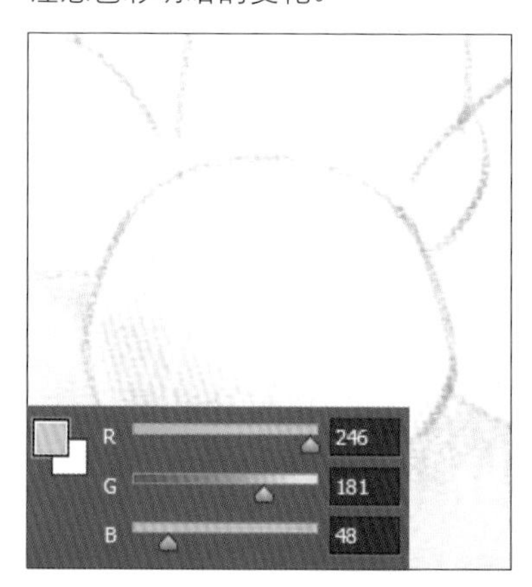

17 为增强立体感，在“图层”面板中选中“图层 9”图层，按下快捷键 Ctrl+J，复制图层，得到“图层 9 拷贝”图层，复制图层后在图像窗口中可以看到图像颜色变得更深。

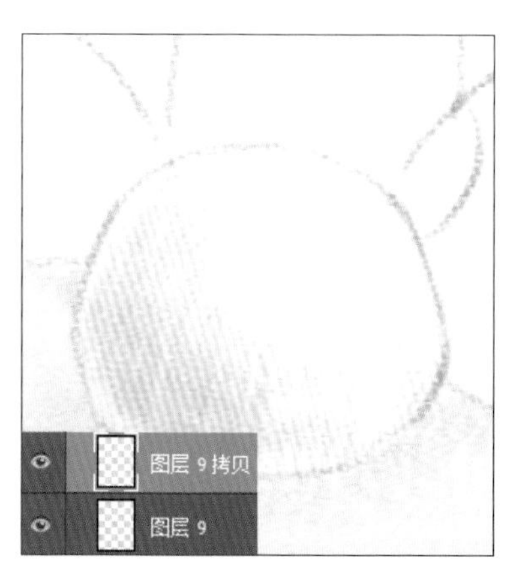

18 打开“颜色”面板，在面板中设置前景色为 R253、G236、B80，新建“图层 10”图层，用画笔在圆球高光部位涂抹，叠加颜色，使亮部与暗部区域形成较自然的颜色过渡效果。

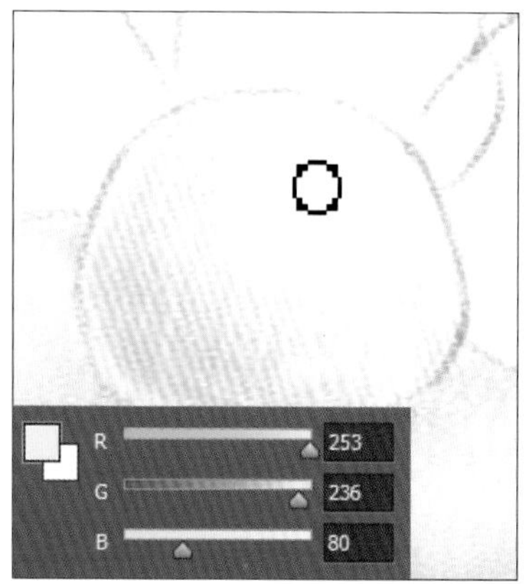

19 打开“颜色”面板，在面板中将颜色更改为浅一些的黄色，具体参数值为 **R253、G243、B145**，新建“图层 11”图层，继续使用画笔在圆球边缘位置涂抹，叠加较淡的颜色。

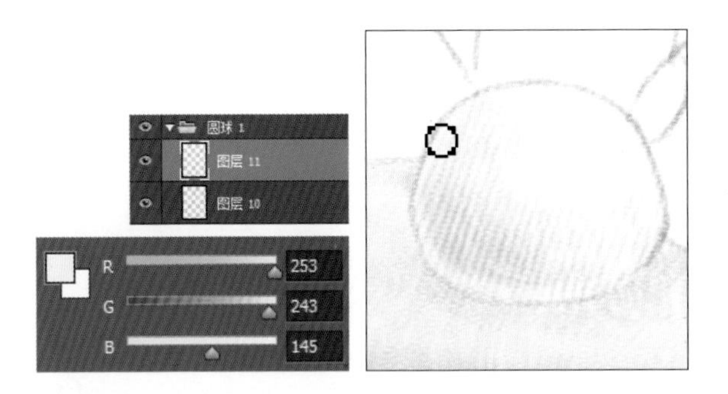

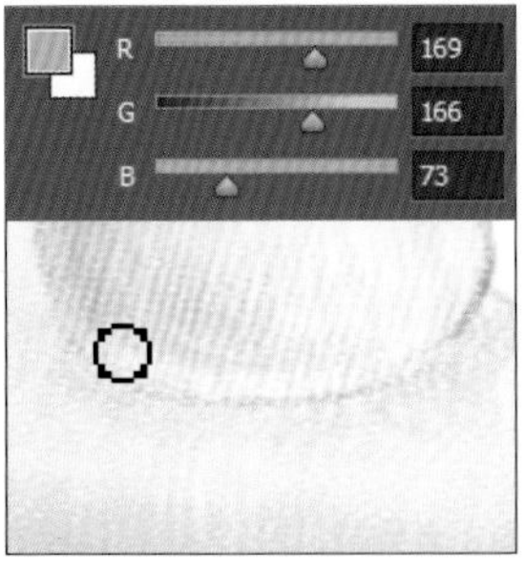

20 打开“颜色”面板，在面板中设置颜色值为 **R169、G166、B73**，新建“图层 12”图层，由于受到自然光线的照射，在圆球上会出现部分反光，所以在靠近草坪的地方涂抹，叠加黄绿色。

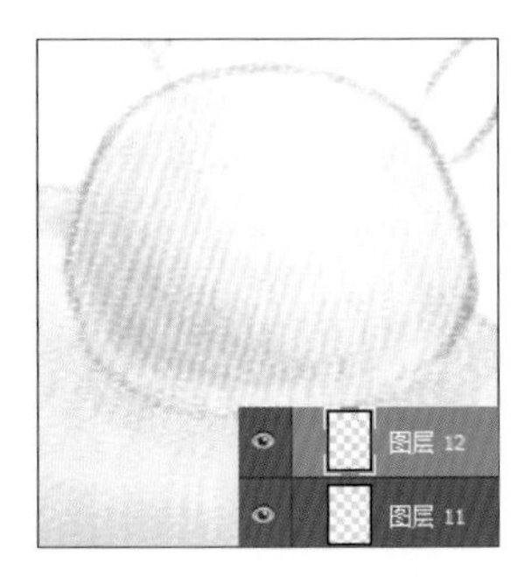

21 选中“图层 12”图层，打开“颜色”面板，在面板中设置颜色值为 **R57、G80、B39**，为了表现立体效果，下面可以加强投影，将画笔移至圆球下方的草坪位置，涂抹绘制加深颜色。

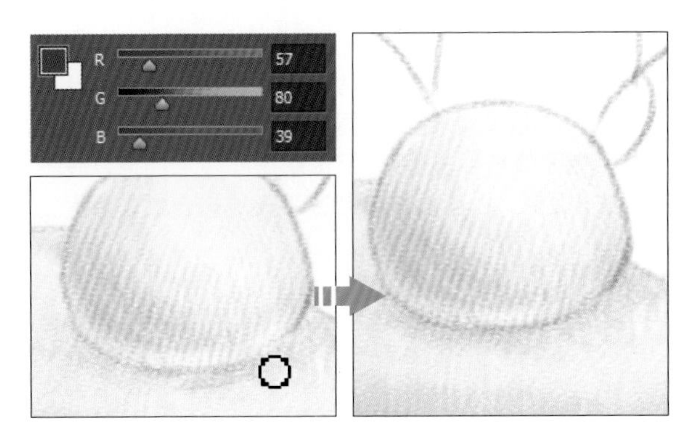

22 创建“圆球 2”图层组，在图层组中新建“图层 13”图层。打开“颜色”面板，在面板中设置颜色值为 **R112、G189、B73**，将画笔移至需要上色的圆球上方，通过绘制将其涂抹为草绿色。

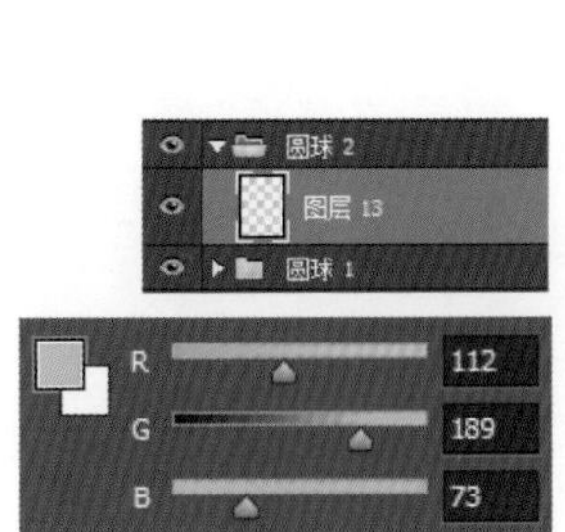

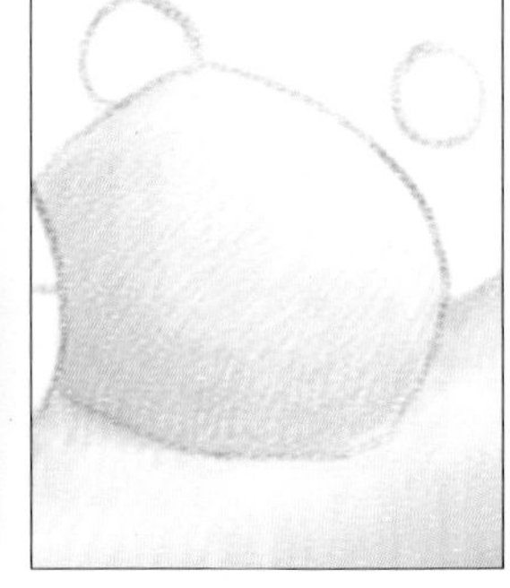

23 在“图层”面板中选择上一步创建的图层，按下快捷键 **Ctrl+J**，复制图层，得到“图层 13 拷贝”图层，复制图层后可以看到圆球颜色变得更深。

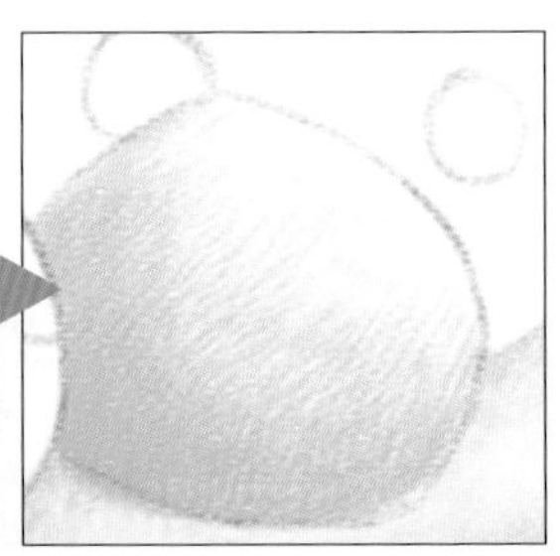

24 打开“颜色”面板，在面板中将前景色设置为 R212、G233、B190，新建“图层 14”图层，在“画笔”面板中选择“柔角 30”画笔，在选项栏中设置画笔“不透明度”为 15%，适当调整画笔大小，在留白的高光位置涂抹，叠加颜色，形成更为柔和的颜色过渡效果。

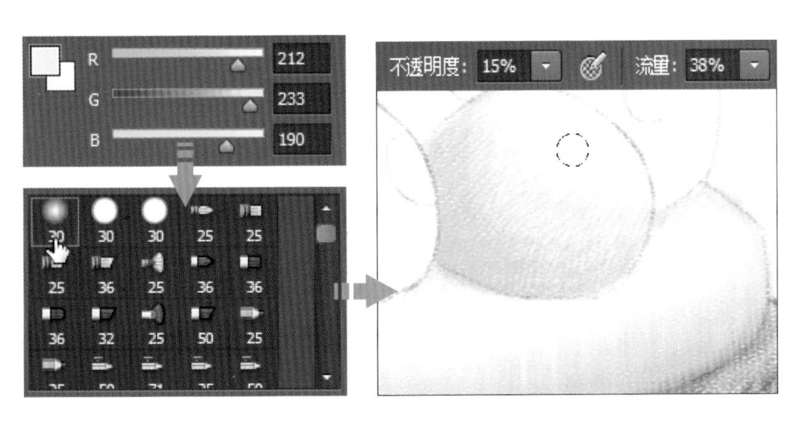

25 新建“图层 15”图层，打开“颜色”面板，在面板中将前景色设置为 R87、G110、B56，在“画笔工具”选项栏中把“不透明度”设置为 35%，选择“侵蚀点”画笔，将画笔移至圆球底部，反复涂抹，叠加暗部，使颜色更为厚重。

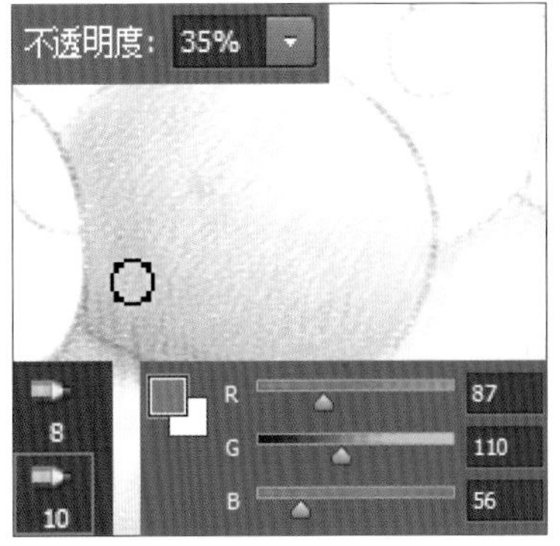

26 继续使用相同的方法，创建“圆球 3”图层组，为其他几个圆球上色。在上色时，有两个带波点的地方需要做留白处理。

27 选中“圆球 3”图层组，按下快捷键 Ctrl+J，复制图层组，得到“圆球 3 拷贝”图层组，通过复制图层组加深颜色。

28 将前景色设置为 R61、G40、B26，创建“树”图层组，在图层组中创建新图层，运用画笔在树干部分涂抹上色。

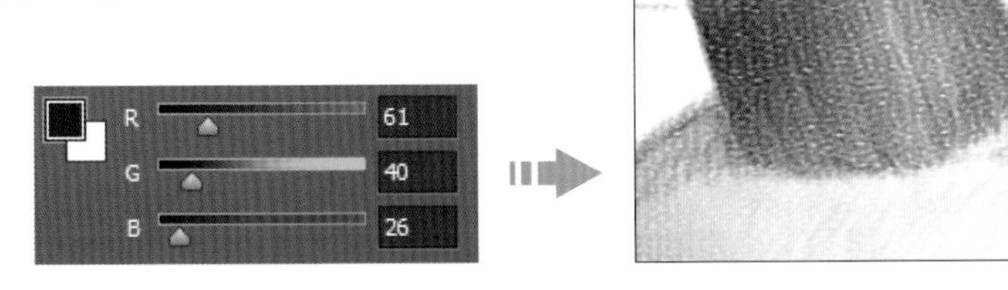

29 选中“图层 21”图层，按下快捷键 Ctrl+J，复制图层，得到“图层 21 拷贝”图层，再使用画笔在树干上适当涂抹，加深颜色。

30 打开“颜色”面板，设置前景色 R1、G31、B5，新建“图层 22”图层，打开“画笔”面板，单击面板中的“锐化笔尖”按钮，锐化铅笔笔尖，设置“不透明度”为 20%，然后运用画笔在树的周围绘制，叠加颜色并勾勒出树的轮廓。

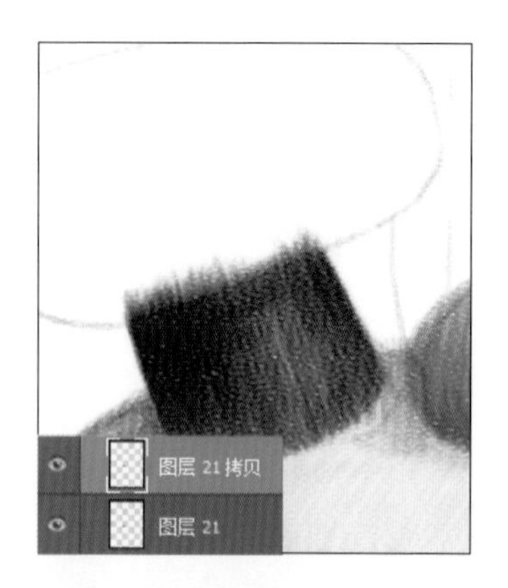

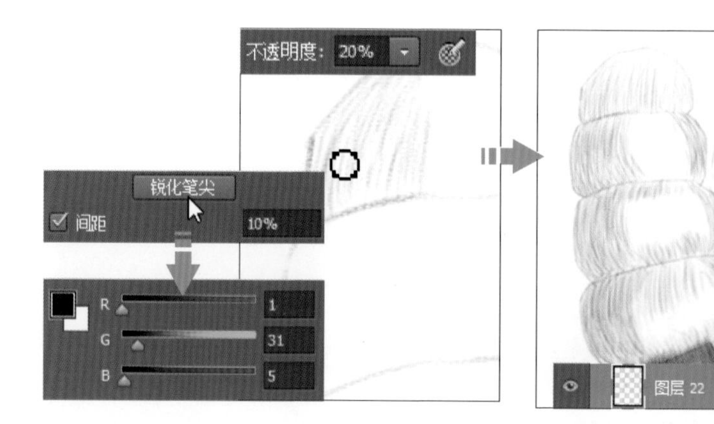

31 打开“颜色”面板，分别设置前景色为 R64、G138 和 B97，R8、G69、B31，创建新图层，设置画笔“不透明度”为 75%，继续用画笔在树的中间位置绘制，叠加颜色。

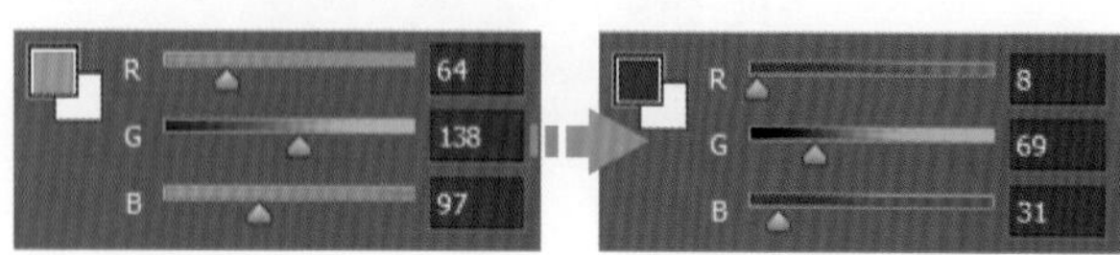

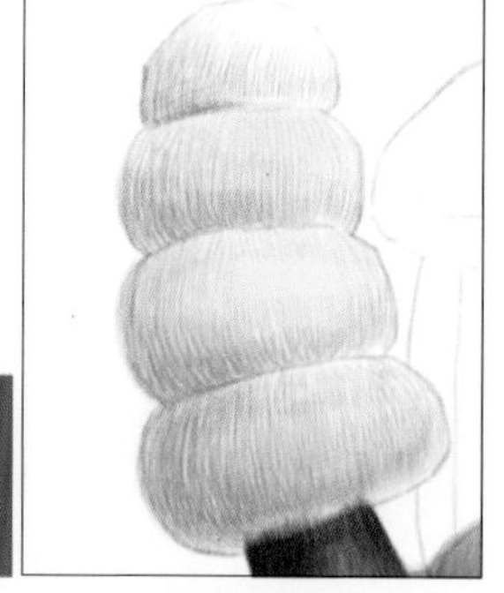

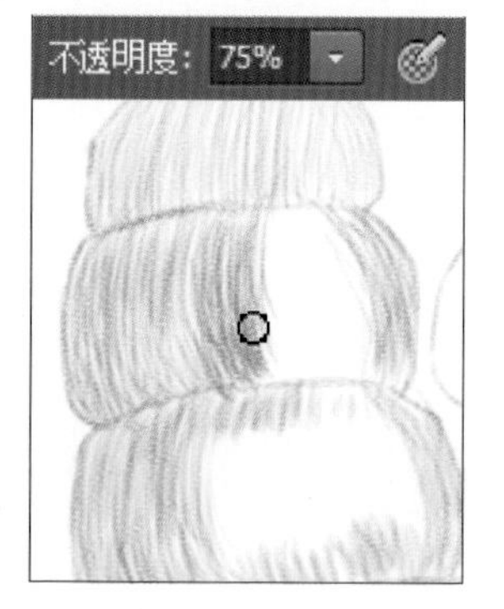

32 为加深树的颜色，在“图层”面板中选中“图层 22”图层，按下快捷键 Ctrl+J，复制图层，得到“图层 22 拷贝”图层，在图像窗口中查看通过复制图层加深颜色后的效果。

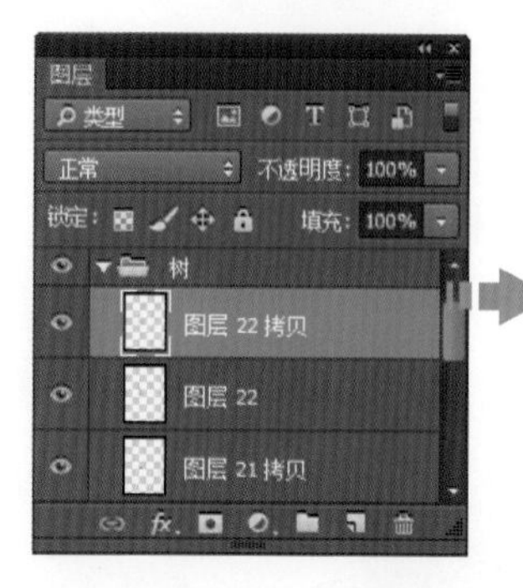

33 打开“颜色”面板，在面板中设置颜色为R81、G105、B55，新建“图层23”图层，在“画笔工具”选项栏中设置“不透明度”为40%，继续在树的中间部分绘制，叠加颜色。

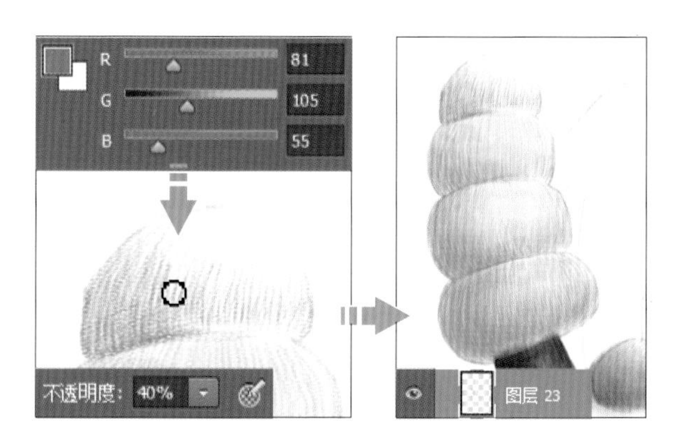

34 在“图层”面板中选中“图层23”图层，执行“图层 > 复制图层”菜单命令，复制图层，得到“图层23拷贝”图层。

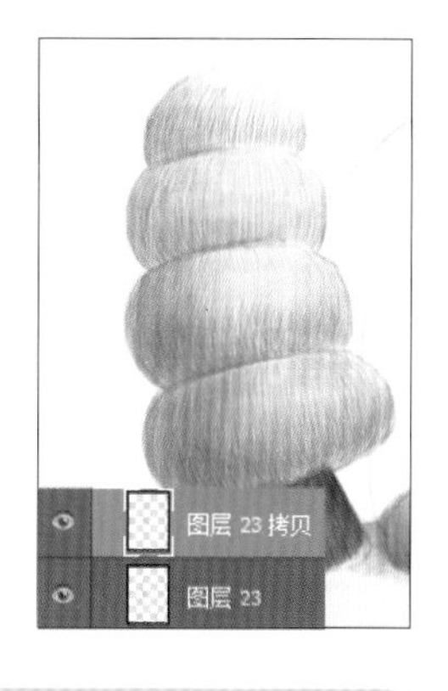

技巧提示 复制图层

Photoshop中复制图层，除了执行菜单命令，也可以选中图层后按下快捷键Ctrl+J来复制。

35 在图层组中新建“图层24”图层，打开“颜色”面板，在面板中拖曳颜色滑块，分别设置前景色为R89、G177、B87，R125、G157、B74，运用画笔描绘树的中间部分，叠加更多颜色。

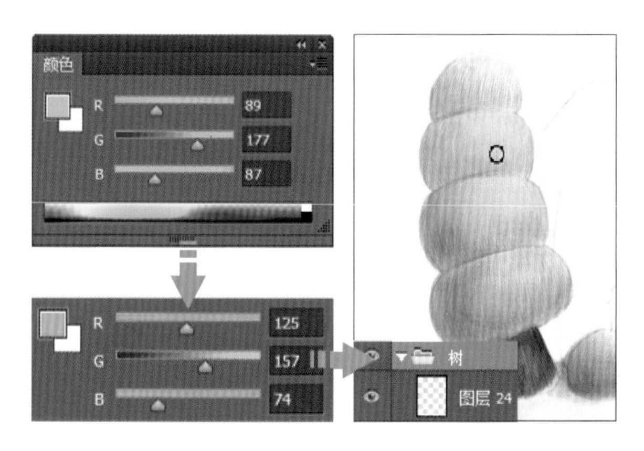

36 新建“咖啡屋”图层组，在图层组中创建“图层25”图层，打开“颜色”面板，在面板中设置前景色为R149、G137、B123，运用画笔为咖啡屋墙面上色。

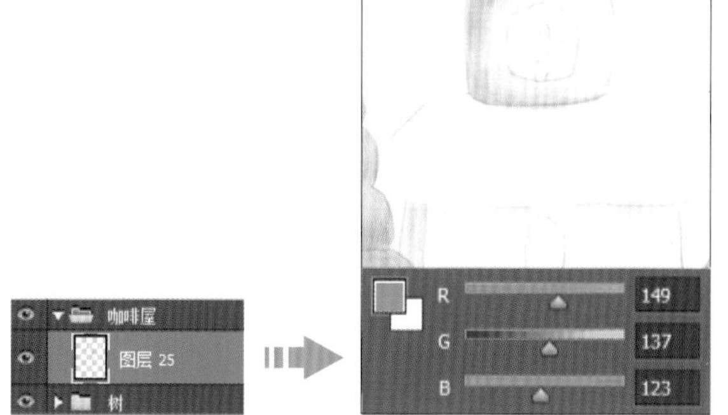

37 打开“颜色”面板，在面板中设置颜色值为R100、G89、B69，新建“图层26”图层，继续在暗部、屋檐下、靠门窗处绘制，叠加颜色。

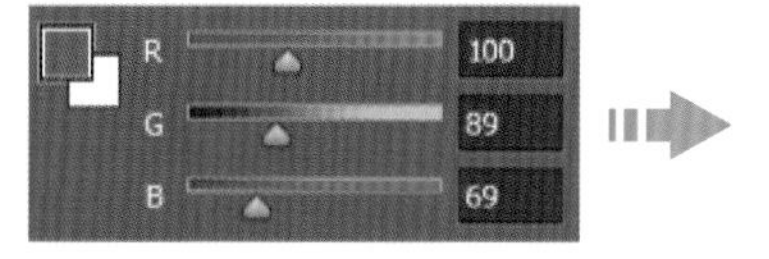

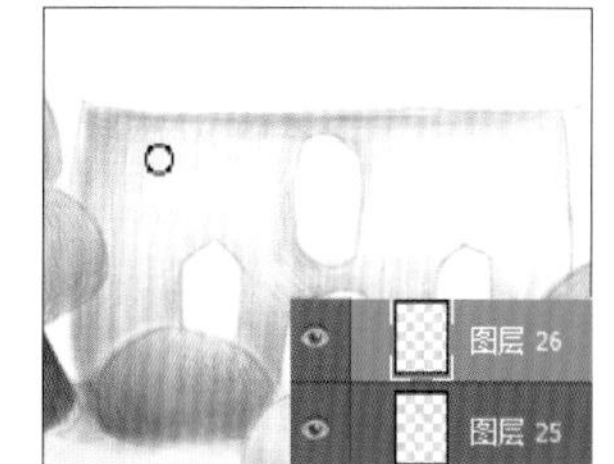

38 新建“图层27”图层，打开“颜色”面板，在面板中设置颜色值为R147、G178、B100，在靠近屋前绿色草地的地方绘制，叠加颜色，表现环境色。

39 新建“图层28”图层，在打开的“颜色”面板中设置颜色值为R69、G45、B32，运用画笔在小屋门窗位置绘制，为门窗部分上色。

40 因为是手作，这部分是粘或者缝在上面的，所以为了表现一定的体积感，选中“图层28”图层，复制图层并命名为“图层29”，加强颜色。

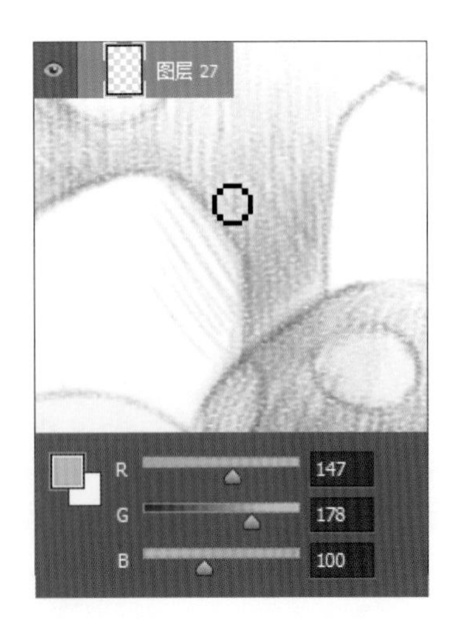

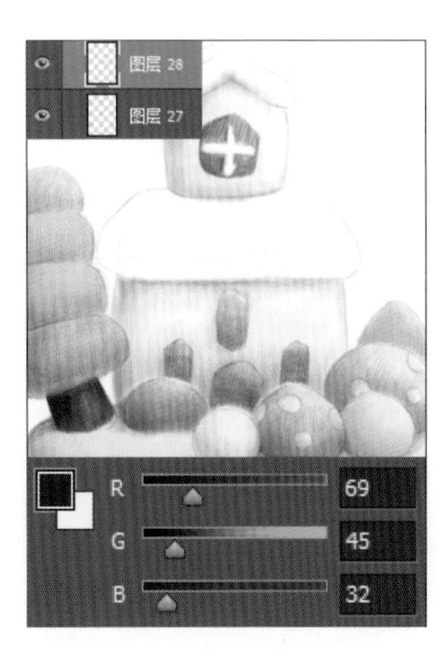

41 接下来要为屋顶上色。打开“颜色”面板，在面板中将前景色设置为R100、G63、B44，单击“创建新图层”按钮，新建“图层30”图层，运用画笔描绘屋顶部分，为屋顶上色，在上色时屋檐部分的颜色稍微深一些。

42 打开“颜色”面板，在面板中设置颜色值为R116、G53、B44。选中“图层30”图层，将画笔移至中间一层屋顶位置，运用画笔描绘，为其上色。

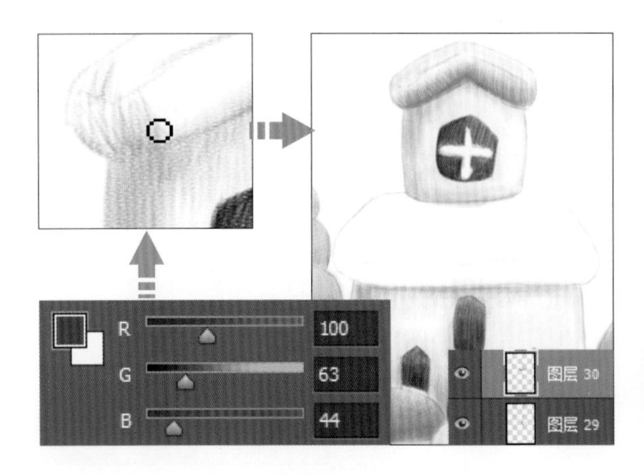

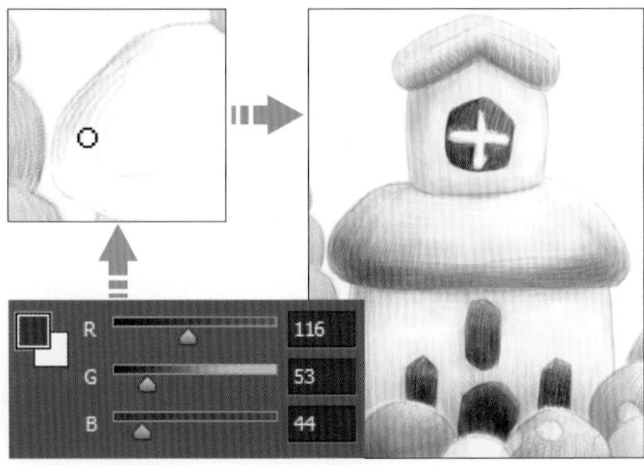

43 新建“图层 31”图层，打开“颜色”面板，分别设置前景色为 R135、G80、B61 和 R168、G69、B40，在咖啡屋顶层屋顶和中间一层屋顶位置绘制，叠加颜色，增强屋子体积感。

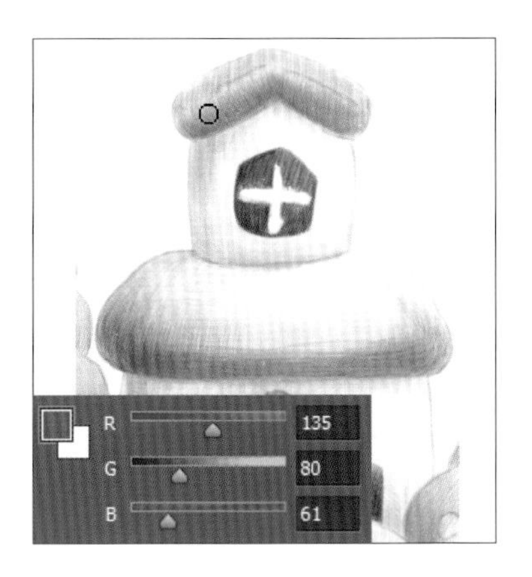

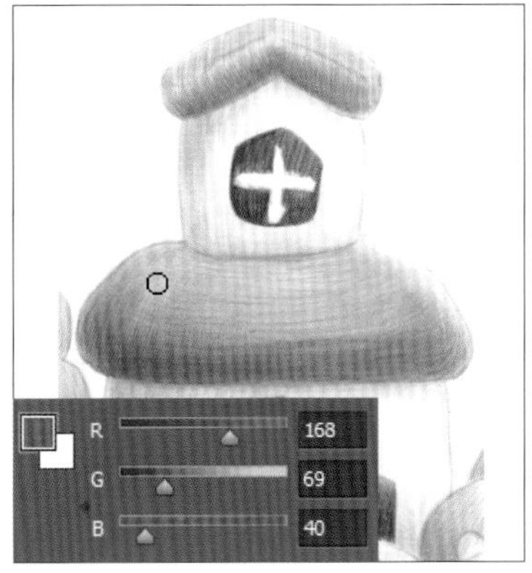

44 创建新图层，打开“颜色”面板，设置前景色为 R158、G151、B133，在窗口留白处涂抹，叠加颜色。

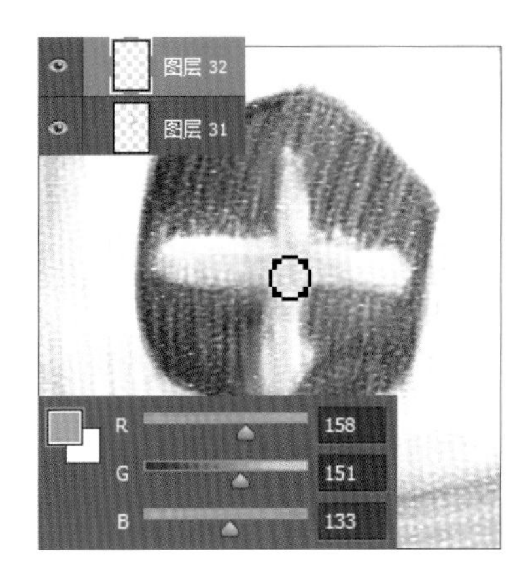

45 为增强颜色，在“图层”面板中选中“咖啡屋”图层组，按下快捷键 Ctrl+J，复制图层组，得到“咖啡屋 拷贝”图层组，复制图层组以后咖啡屋颜色变得更深。

46 展开“咖啡屋 拷贝”图层组，删除图层组中的“图层 32”图层，并单击“图层 29”图层前的“指示图层可见性”图标，将“图层 29”图层隐藏，使图像颜色更柔和，最后把“线稿”图层的“不透明度”降低，设置为 69%，完成本实例的绘制。

第4章 味蕾触碰——美食

世界各地的气候、物产、风俗习惯都存在着差异，由此也产生了各具特色的美食。美食不仅仅是简单的味觉感受，更是一种视觉享受，使人心情愉悦。本章将详细讲解四种不同食物的绘制过程。

如何表现食物的立体感

绘画本身是一件奇妙的事情，可以用平面二维的纸张展现立体的三维空间。在绘制美食类作品时，要让绘制的食物显得更加美味可口，就需要通过一定的方式将食物的立体感表现出来。

1. 借助明暗表现立体感

在自然界中，光线至关重要，有了光，人们才能看到全世界。而对于绘画来讲，光线是让物体在画纸上呈现立体感的一个重要因素。在绘制食物时，应当根据其不同的质感，多注意在绘画中区分当光面、背光面和投影三者的关系，以绘制出不同的高光及反光等，体现食物的立体感。下面以绘制杯中的果实为例，确定光线从右上角照射进来，所以果子左上角就为当光面，而右下角变为背光面，在绘制的过程中，可以用较浅一些的颜色来表现当光面，即高光部分，而用较深的颜色表现背光面，即阴影部分，这样就能创建更有立体感的画面效果。

2. 利用投影使对象更有立体感

投影是光在直线传播过程中遇到不透明物体时，在物体后方形成的暗区。受到光线强弱的影响，投影也有不同的深浅变化。在绘画的过程中，如果需要让对象呈现立体的视觉效果，投影的运用必不可少。可以根据光源和物体的形状、大小等来确定投影产生的位置和形状等，塑造更有空间感的画面效果。以右侧绘制的薄荷青柠派为例，为突出其立体感，不但为青柠片、薄荷叶绘制了投影，还为派的底座也绘制了不同深度的投影。

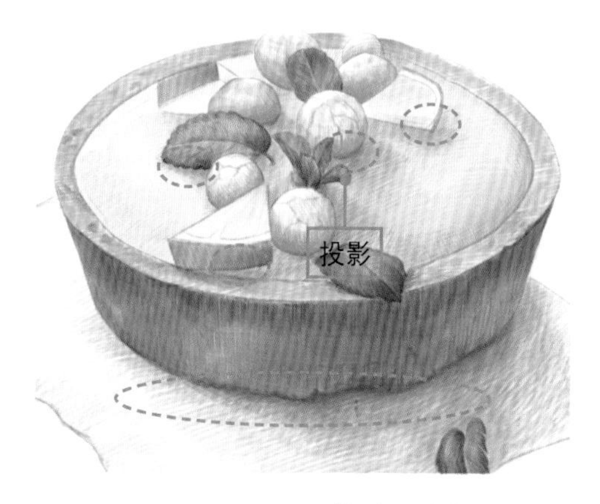

4.2 杯中的果实

果实与人类的生活关系极为密切。果实不但美味可口，而且含有葡萄糖、维生素、膳食纤维等丰富的营养物质，是平衡膳食的重要组成部分。

绘画要点

绘制杯中的果实时，需要通过叠涂来表现出果实的光滑质感，其中暗部区域需要通过反复描绘使其变得更暗，颜色更深；而亮部区域则可运用浅色绘制，并且可以适当地留白。

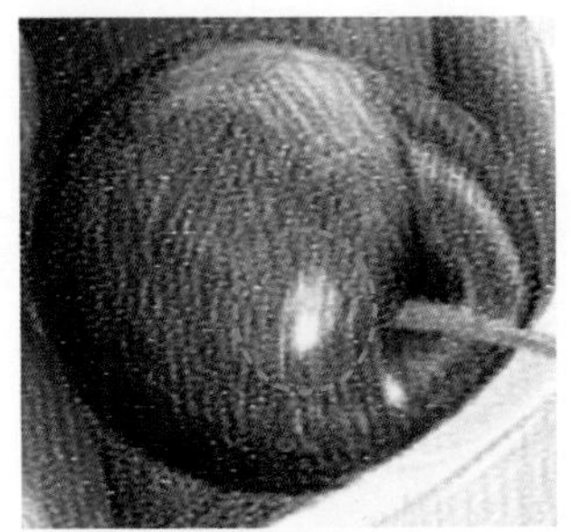

源文件 随书资源\源文件\04\杯中的果实.psd

色彩搭配

图像以成熟的果粒为表现对象，采用暖色系的红色和褐色构建画面的主色调，更能表现成熟果实的美味。

01 执行“文件 > 新建”菜单命令，打开“新建”对话框，在“名称”文本框中输入“杯中的果实”，单击“文件类型”下拉按钮，在展开的下拉列表中选择“国际标准纸张”，颜色模式选择为“RGB 颜色”，设置后单击“确定”按钮，新建文件。

02 单击工具箱中的“画笔工具”按钮，选中“画笔工具”，单击工具选项栏中的“点按可打开‘工具预设’选取器”按钮，在打开的“工具预设”选取器下方单击选中“2B 铅笔”画笔预设。

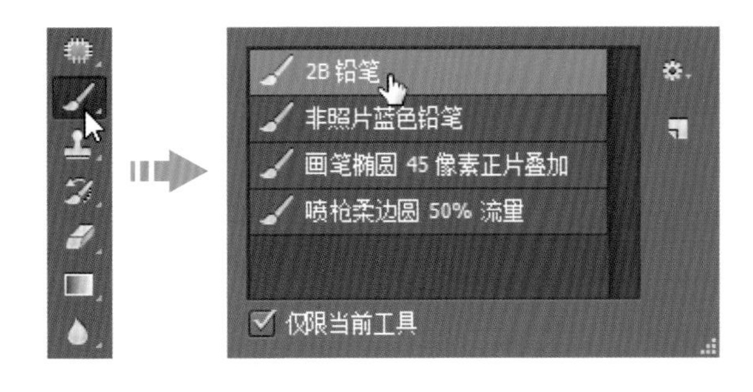

03 单击“图层”面板中的“创建新图层”按钮，新建“线稿 1”图层，在画面中用选择的 2B 铅笔勾画线稿，然后在“图层”面板中选中“线稿 1”图层，将“不透明度”降为 54%。

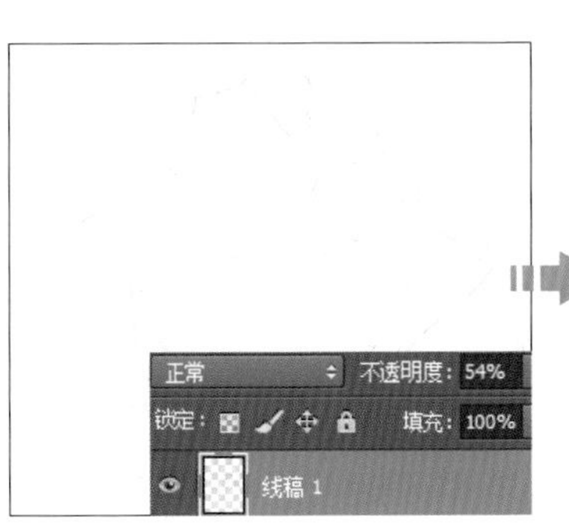

04 新建“线稿 2”图层，设置“不透明度”为 34%，将画笔“不透明度”降为 80%，运用画笔再绘制细节，通过观察光对这组静物的影响，再用笔轻绘出明暗交界线，便于后面上色。

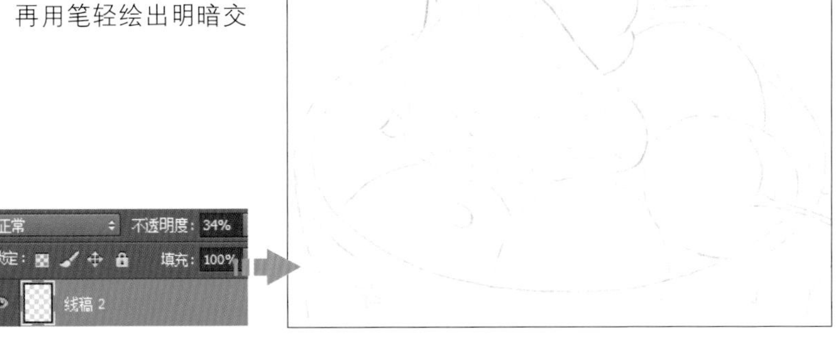

05 绘制线稿后，接下来为线稿上色，首先从靠近光源的最右边的这个果子开始上色。打开“颜色”面板，设置前景色为 R155、G89、B75，将画笔“不透明度”降为 54%，然后创建“果实 1”图层组，并在图层组中创建新图层，从暗部跟随果子的弧度涂抹，为果实上色。

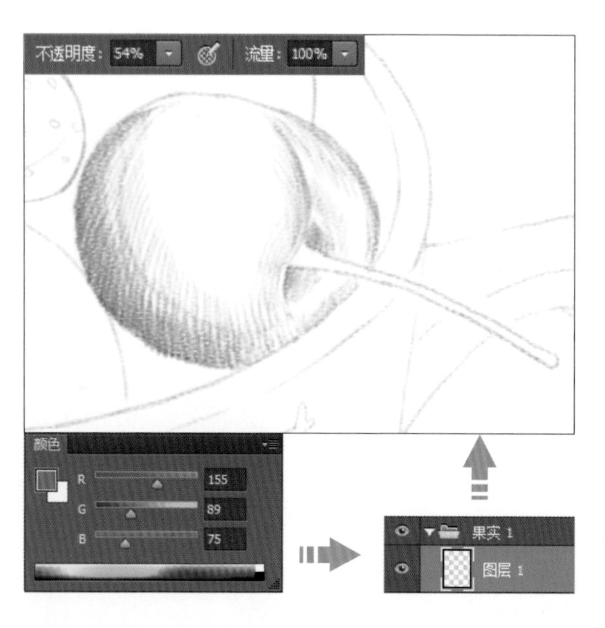

06 创建新图层，打开“颜色”面板，设置前景色为 R147、G44、B35，用设置的颜色继续从暗部往亮部涂抹，叠加颜色。绘制时，明暗交界线附近可能会有线条的重叠，这些区域用色较浅，可适当降低画笔的不透明度。

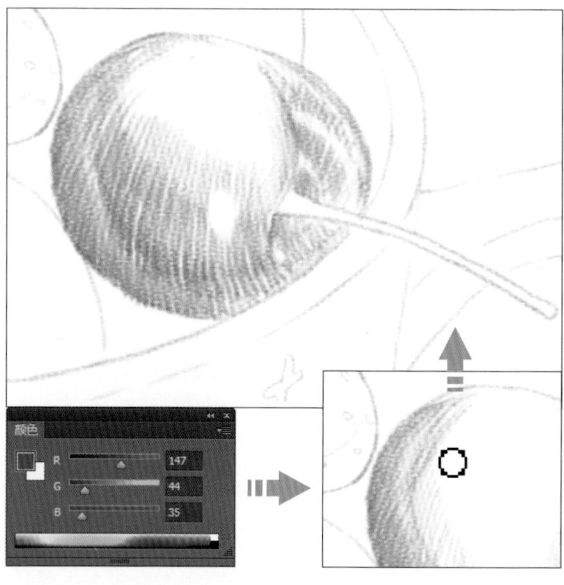

07 创建新图层，打开“颜色”面板，设置前景色为 R203、G66、B82，用设置的前景色描绘中间部分，注意留出高光区域。

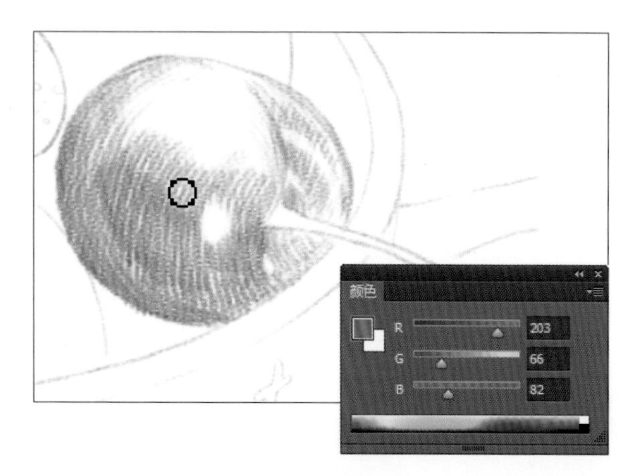

08 创建新图层，打开“颜色”面板，设置前景色为深褐色，具体颜色值为 R51、G31、B35，叠涂果子的暗部，拉开明暗对比。

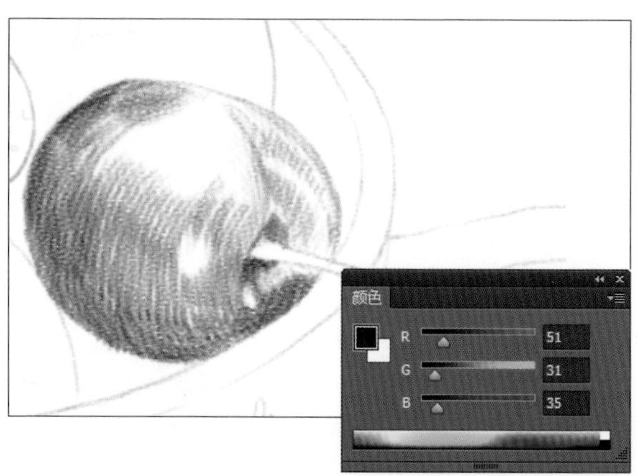

09 打开“颜色”面板，设置颜色值为 R197、G61、B63，创建新图层，在果子中间的过渡区域描绘，叠加颜色，使果子部分的颜色更丰富。

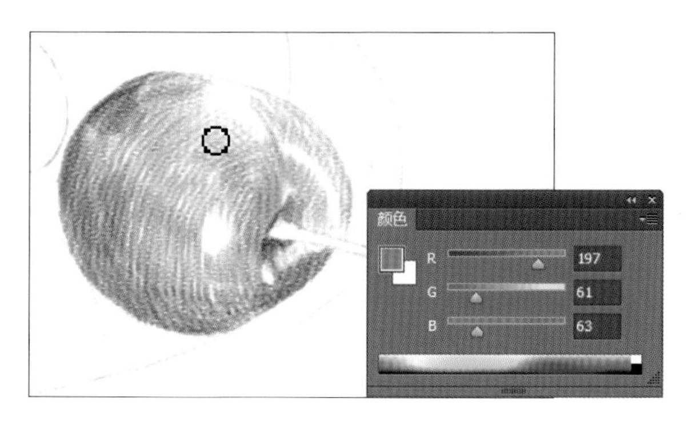

10 打开“颜色”面板，设置前景色为 R89、G80、B85，在“画笔工具”选项栏中设置“不透明度”为 40%，将画笔移至果子中间位置，叠涂中间区域，涂抹时需要注意与其他颜色交界处的颜色过渡。

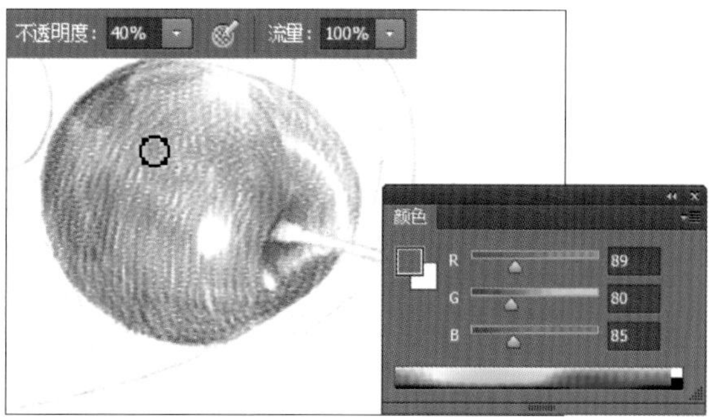

11 创建“图层 6”图层，打开“颜色”面板，设置前景色为 R56、G11、B19，在果实左侧叠涂暗部，进一步加强明暗对比。

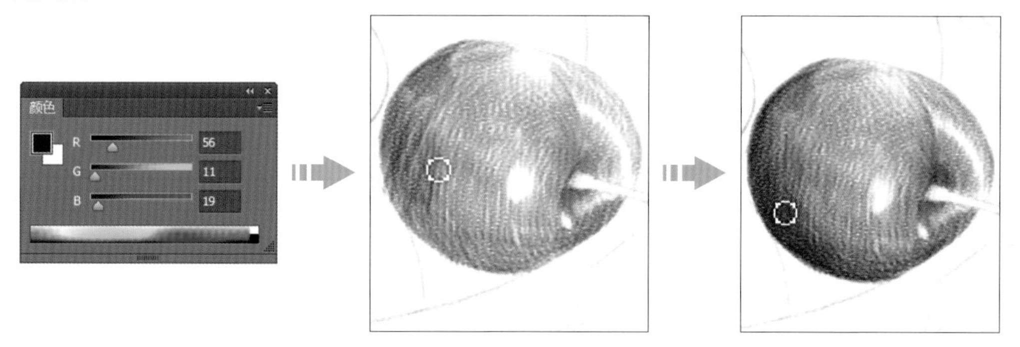

12 为进一步增强对比效果，选中“图层 6”图层，执行“图层 > 复制图层”菜单命令或者按下快捷键 Ctrl+J，得到“图层 6 拷贝”图层，此时可以看到在图像窗口中果实暗部区域变得更暗了。

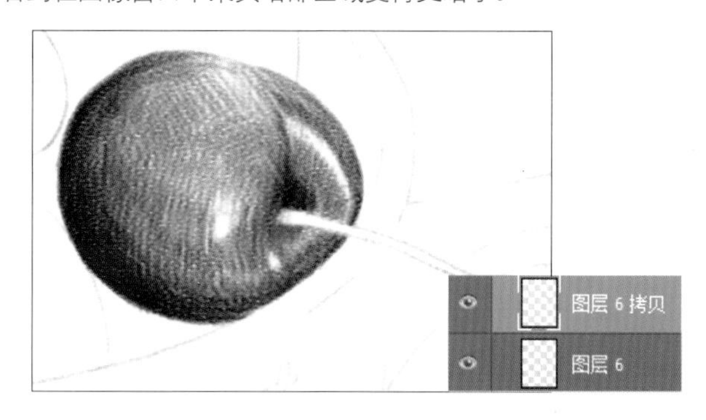

13 创建“图层7”图层，打开“颜色”面板，设置前景色为蓝灰色，具体颜色值为 R174、G193、B189，设置后运用画笔在反光处涂抹，注意边缘过渡要自然。

14 创建新图层，打开“颜色”面板，设置前景色为暗红色，具体值为 R94、G4、B14，在果子中间位置叠涂颜色，使果子看起来更加立体。由于果子质地光滑，高光反光明显，所以在涂抹时要将高光区域留白。

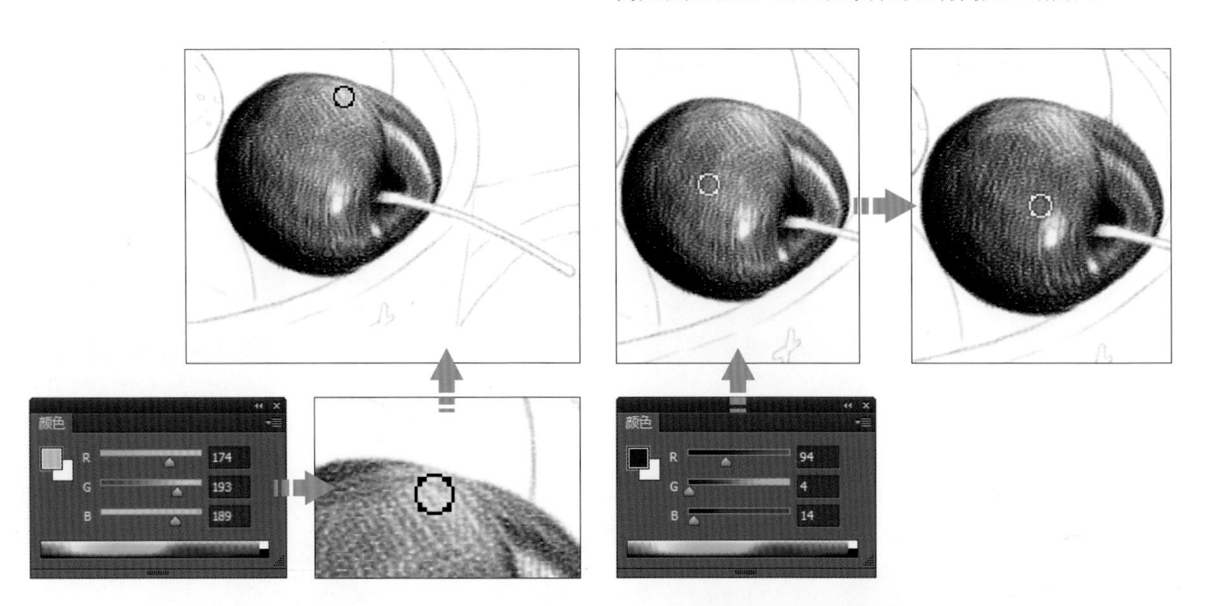

15 打开“颜色”面板，设置前景色为 R70、G96、B51，在“画笔工具”选项栏中设置画笔“不透明度”为 25%，运用画笔在果梗涂抹，为其上色，由于果梗部分比较细，所以可以将画笔笔尖设置得小一些。

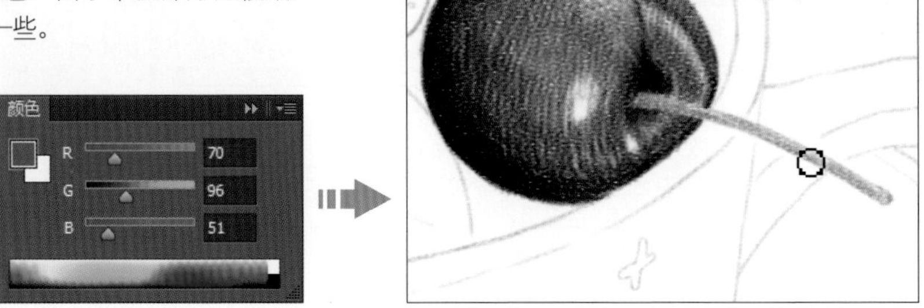

技巧提示 结合“色板”设置颜色

除了可以在“颜色”面板中拖曳颜色滑块或输入数值来更改前景色或背景颜色，也可以运用“色板”面板更改颜色。运用鼠标在“色板”面板中的色块上单击，就可以将单击的颜色设置为前景色，若按下 Ctrl 键单击，则会将单击的颜色设置为背景颜色。

16 创建“果实 2”图层组，在图层组中创建新图层，打开“颜色”面板，设置前景色为 R227、G62、B56，运用画笔在草莓上涂抹，为草莓整体铺色，对于暗部区域可以反复涂抹，加深颜色，注意涂抹时要把草莓籽区域留出来。

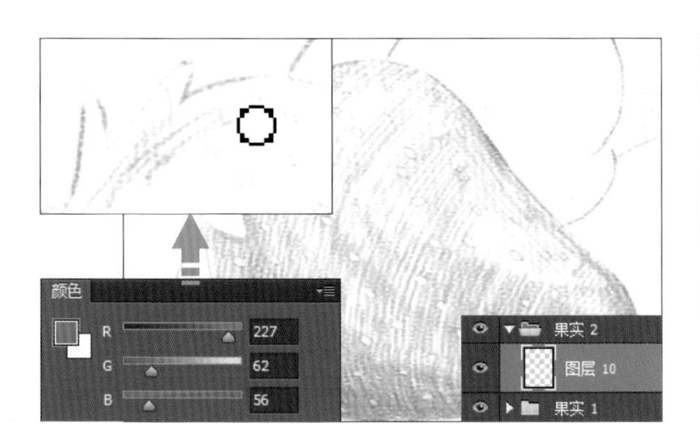

17 经过涂抹绘制后，草莓颜色显得较浅，因此按下快捷键 Ctrl+J，复制图层，得到“图层 10 拷贝”图层，加深草莓颜色，使其变得更鲜艳。

18 创建新图层，打开“颜色”面板，设置前景色为更深一些的红色，具体参数值为 R149、G30、B35，用深红色在草莓籽凹陷的背光区域涂抹上色。由于细节较小，所以可以适当将画笔还原至最小值，然后再进行绘制。

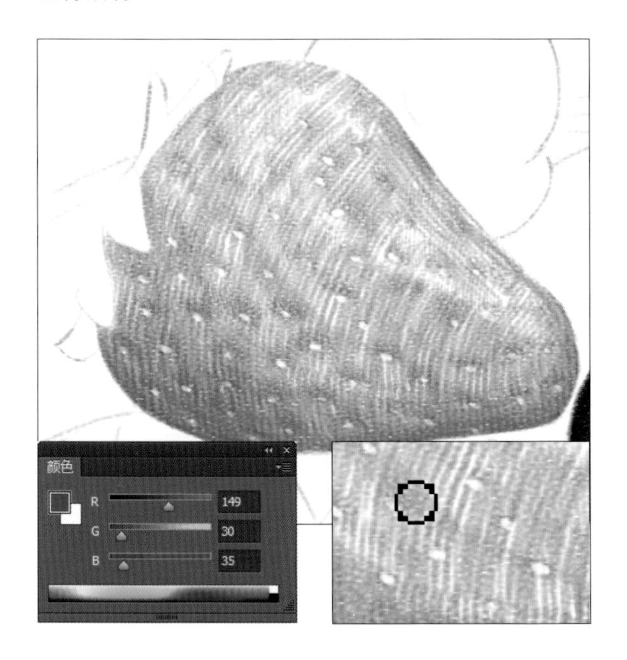

19 为了让背光的草莓籽凹陷区域颜色更深、层次感更强，按下快捷键 Ctrl+J，复制图层，得到“图层 11 拷贝”图层，再选中复制的图层，继续运用画笔在草莓上涂抹，加深颜色。

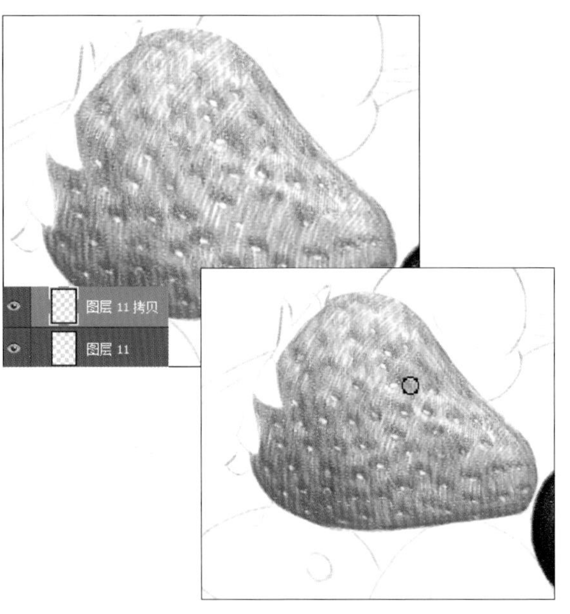

20 创建新图层，打开“颜色”面板，设置前景色为朱红色，具体参数值为 **R229**、**G56**、**B23**，运用画笔在草莓上整体叠涂，增强草莓颜色，在受光的区域涂抹时，可以适当降低画笔不透明度，使颜色更浅一些。

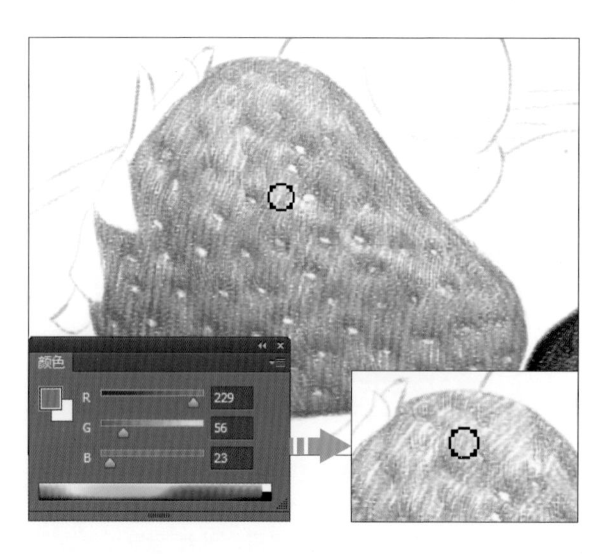

21 选中上一步创建的“图层 **12**”，按下快捷键 **Ctrl+J**，复制图层，得到“图层 **12** 拷贝”图层，加深颜色效果。

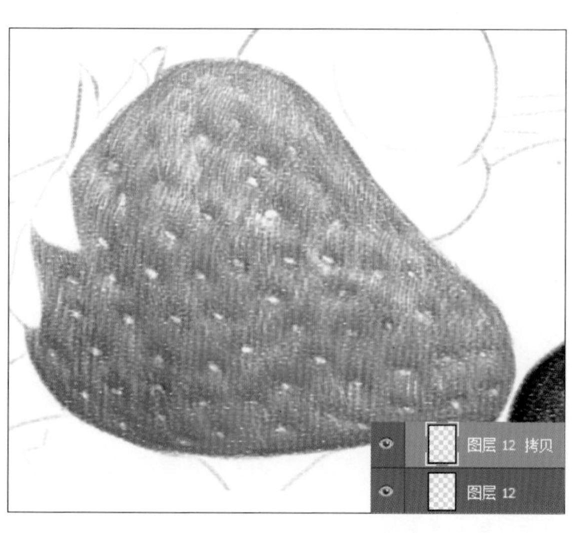

22 创建新图层，打开“颜色”面板，设置前景色为深褐色，具体参数值为 **R99**、**G9**、**B11**，运用画笔在草莓的暗部涂抹，加强明暗对比。

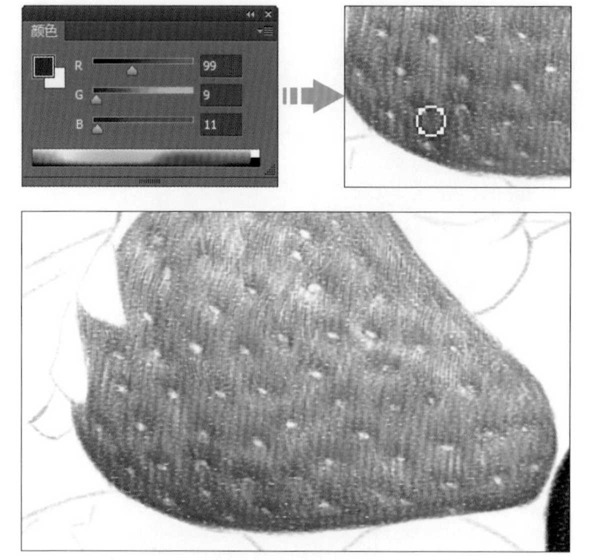

23 选中上一步创建的图层，按下快捷键 **Ctrl+J**，复制图层，得到“图层 **13** 拷贝”图层，加强对比。

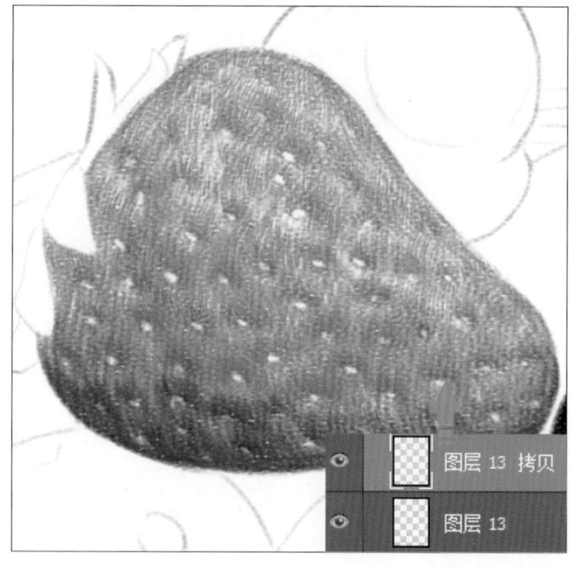

24 接下来再为草莓整体上色，由于上色区域较宽，所以在“画笔”面板中设置画笔“大小”为60像素、“柔和度”为43%。再打开“颜色”面板，设置前景色为R234、G61、B19，在“画笔工具”选项栏中调整“不透明度”为5%，运用画笔在草莓上涂抹上色，在涂抹时可以在暗部区域反复绘制，加深颜色，并且注意留白草莓籽区域。

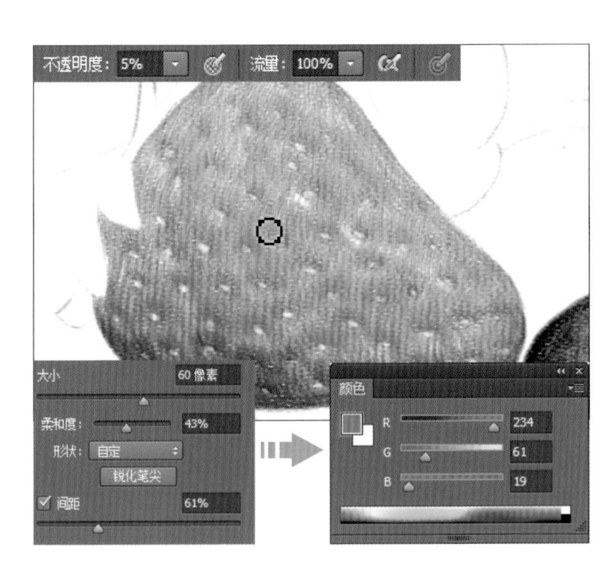

25 下面要为草莓籽和草莓蒂上色，由于草莓籽较小，所以为了让上色更自然，选择“画笔工具”，在选项栏中单击“工具预设”右侧的倒三角形按钮，在展开的“工具预设”选取器中选择“2B铅笔”，将笔触恢复为默认的大小，再打开“颜色”面板，根据草莓籽和草莓蒂颜色，设置前景色为R136、G193、B80。

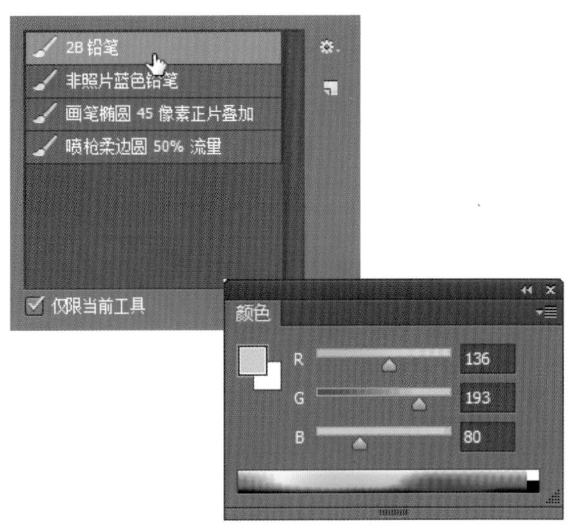

26 创建新图层，在“画笔工具”选项栏中设置“不透明度”为10%，用设置的颜色在靠近草莓蒂的部分叠涂上色。

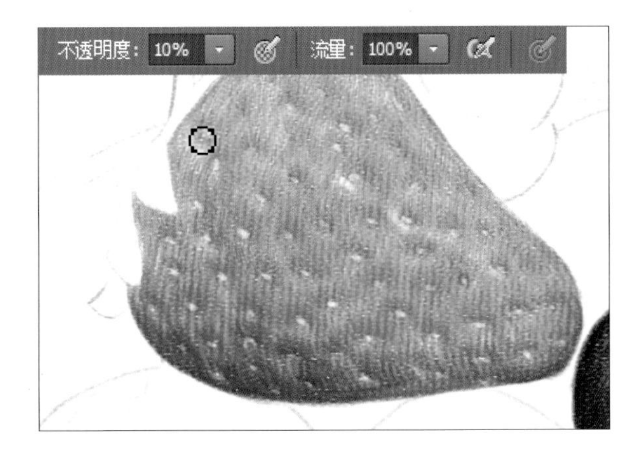

27 单击“创建新图层”按钮，在“图层”面板中创建新图层，继续使用画笔在草莓籽上涂抹，为每个草莓籽上色，在涂抹时可以通过颜色的深浅表现其明暗变化。

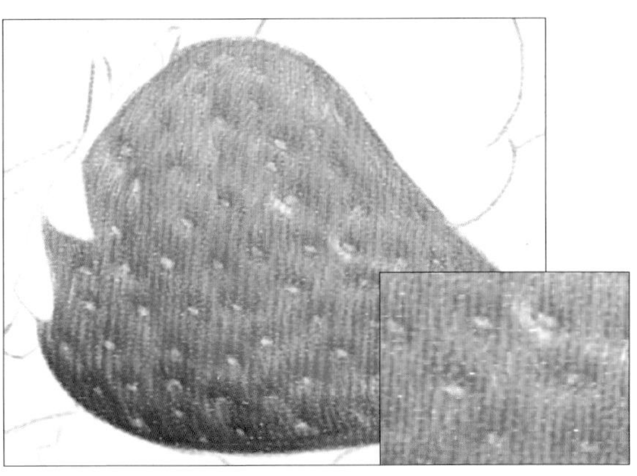

28 因为草莓表面凹凸不平，高光部分比较小而分散，所以为了表现凹凸不平的颗粒感，可以用橡皮稍微擦拭，在工具箱中单击“橡皮擦工具”按钮，然后在“画笔”面板中选择喷枪画笔，在草莓上单击或涂抹操作。

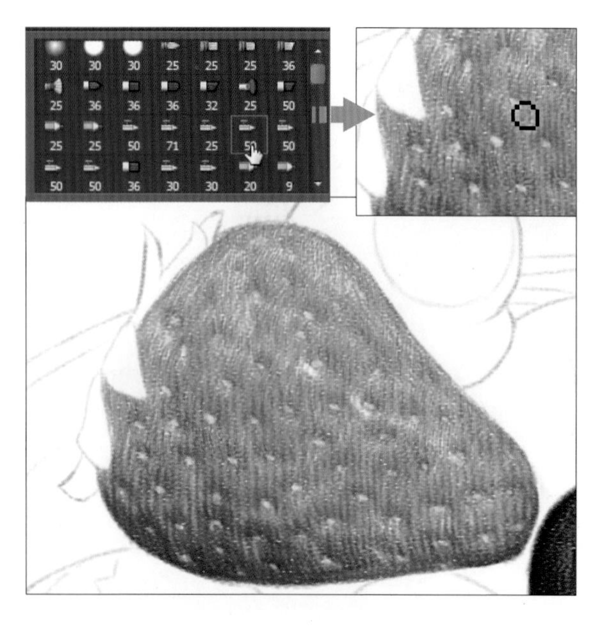

29 新建图层，打开“颜色”面板，设置前景色为R77、G101、B49，在“画笔工具”选项栏中将画笔“不透明度”设置为30%，使用画笔在草莓蒂位置涂抹，为草莓蒂着色。

30 为呈现更立体的视觉效果，可以适当加深边缘色彩。创建新图层，在“颜色”面板中设置前景色为R211、G32、B34，运用画笔在草莓边缘位置涂抹，叠加颜色，使涂抹部分的颜色变得更红一些。

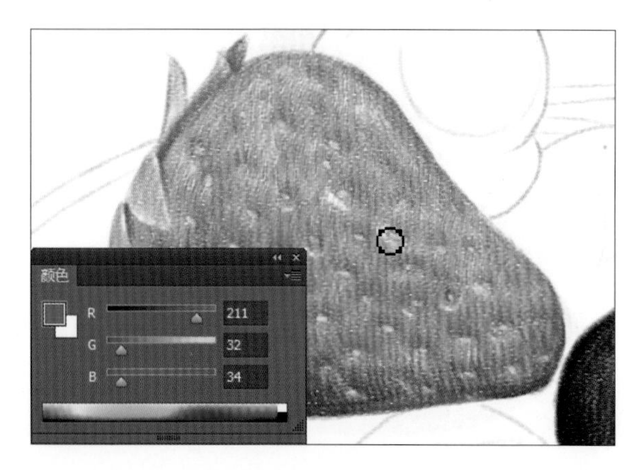

31 最后是草莓高光部分的绘制，创建新图层，在工具箱中单击“默认前景色和背景色”按钮，再单击“切换前景色和背景色”按钮，设置前景色为白色，背景色为黑色，运用画笔在草莓籽旁边的高光部分涂抹，突出白色的高光效果。

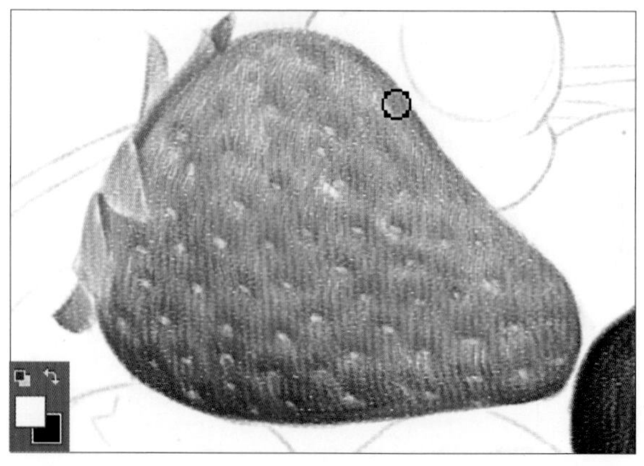

32 完成其中一部分果实的绘制后，继续用相同的方法，创建更多的图层组，然后分别在各图层组中为不同的果实上色，完成所有果实的绘制。

33 在“图层”面板中创建“杯子内壁”图层组，在图层组中创建新图层。打开“颜色”面板，设置前景色为 R71、G32、B33，运用画笔在杯子内壁涂抹上色，涂抹时根据光线的递减，越靠杯底的部分越暗，颜色越深。

34 创建“图层 36”图层，打开“颜色”面板，设置前景色为 R46、G7、B12，将画笔移至果子中间位置，在需要加深的阴影位置反复涂抹，加深阴影，突出果实的立体感。

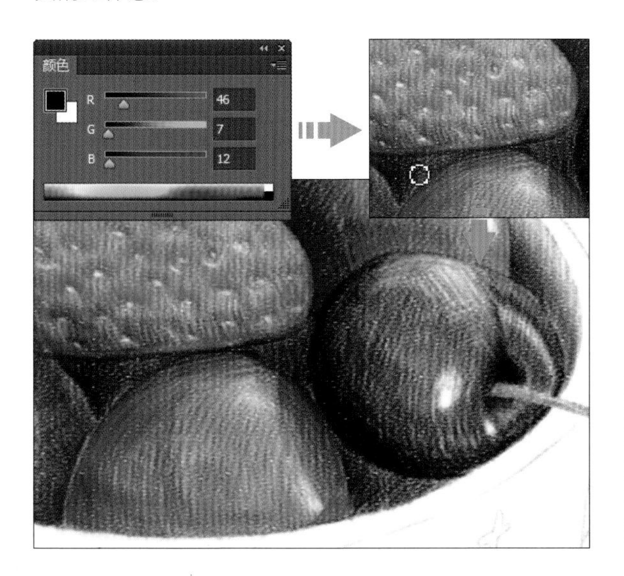

35 创建“杯子外部”图层组，在图层组中创建新图层，打开“颜色”面板，设置前景色为 R140、G154、B155，运用画笔在杯子和盘子上涂抹，为其铺色。

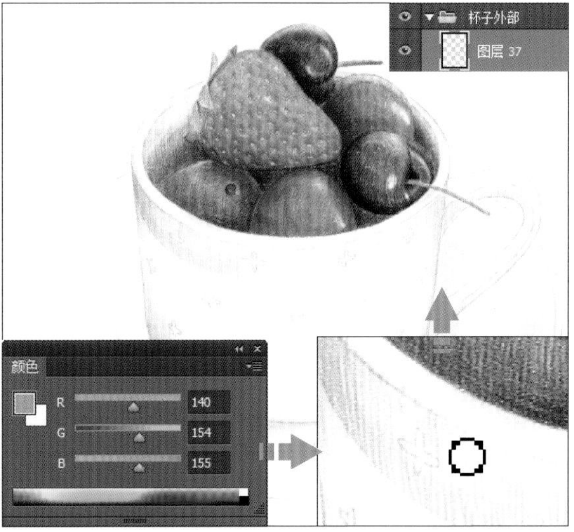

36 创建“图层 38”，打开“颜色”面板，设置颜色值为 R176、G197、B192，运用画笔在杯子及盘子上涂抹，加深其体积感。

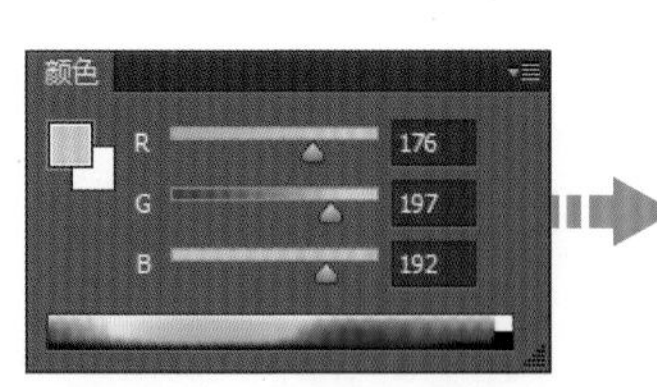

37 创建新图层，打开“颜色”面板，设置颜色值为 R173、G222、B219，用设置的画笔在盘子上叠涂投影，增强立体感。在涂抹时，为快速完成较宽区域的上色，可以打开“颜色”面板，适当加大画笔“大小”、柔和度以及不透明度等，涂抹出更自然的色彩。

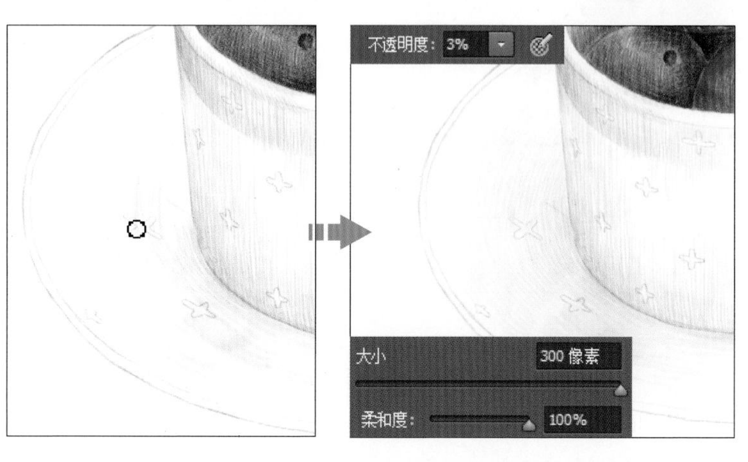

38 重新选择“2B 铅笔”预设，打开“颜色”面板，设置前景色为 R126、G170、B219，创建新图层，在杯子和盘子上涂抹，加深阴影效果。

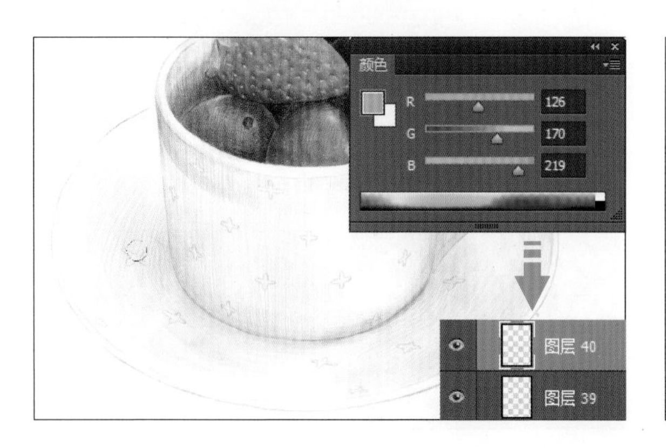

39 创建新图层，打开“颜色”面板，设置前景色为 R152、G149、B142，因为杯子固有色为白色，加强体积感就要利用投影，所以用画笔在杯子下方涂抹，加强投影效果。

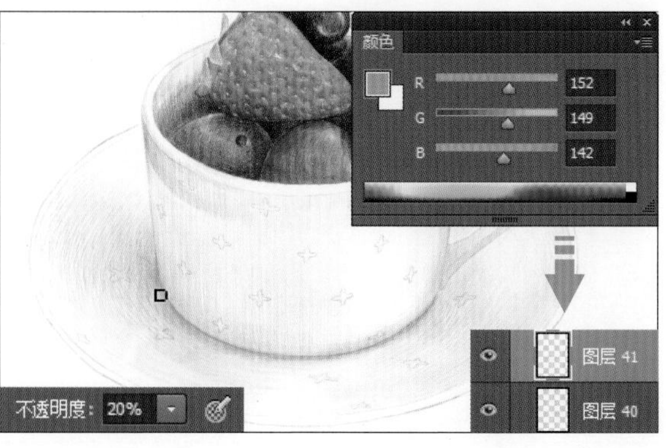

40 在“图层”面板中选中“图层40”和“图层41”图层，将其拖曳至“创建新图层”按钮，释放鼠标，复制图层，得到“图层40拷贝”和“图层41拷贝”图层，加强阴影效果。

41 创建新图层，打开“颜色”面板，设置前景色为R95、G99、B118，运用画笔在杯子的把手上涂抹，加强其立体感。

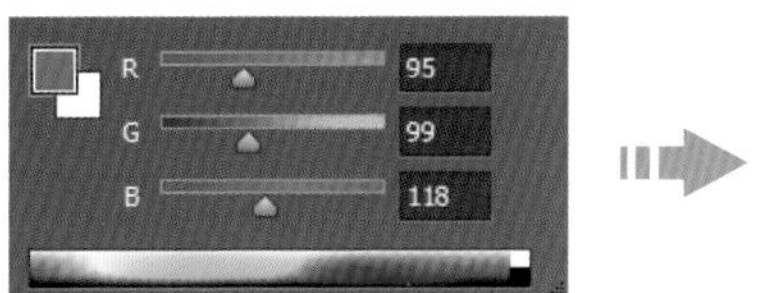

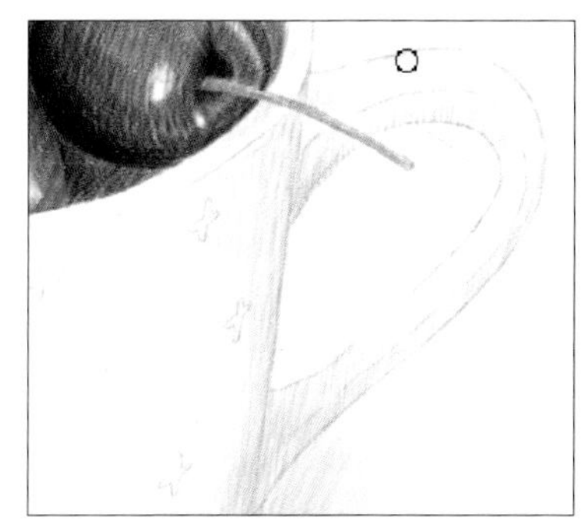

技巧提示 吸取图像中的颜色

在Photoshop中，如果要使用图像中已有的颜色进行图像的绘制操作，可以单击工具箱中的“吸管工具”按钮，然后在需要提取的颜色位置单击，单击后该位置的颜色会被设置为前景色，并在工具箱中显示设置的前景颜色。

42 创建“投影”图层组，在图层组中创建新图层，打开“颜色”面板，设置前景色为R77、G74、B69，在盘子旁边涂抹，加强盘底的投影。

43 创建新图层，在“颜色”面板中设置前景色为R33、G53、B99，继续运用画笔在上一步所绘制的投影上方叠涂，增强投影颜色，使投影的层次更突出。

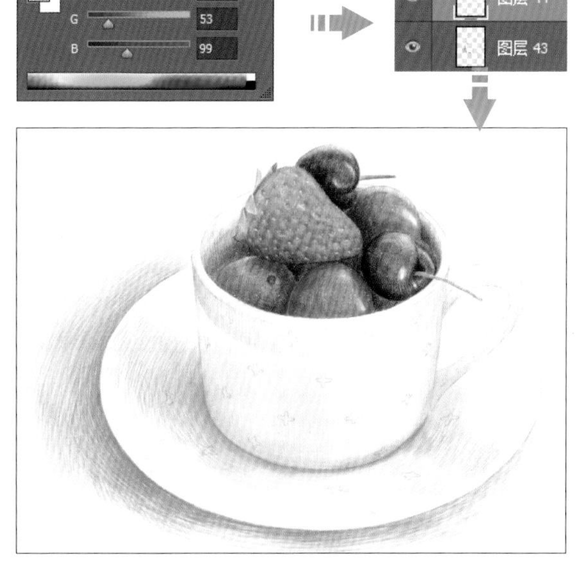

44 创建新图层，打开“颜色”面板，设置前景色为 R13、G91、B163，运用画笔在杯子左下角和右下角位置涂抹，加深杯子的投影效果。

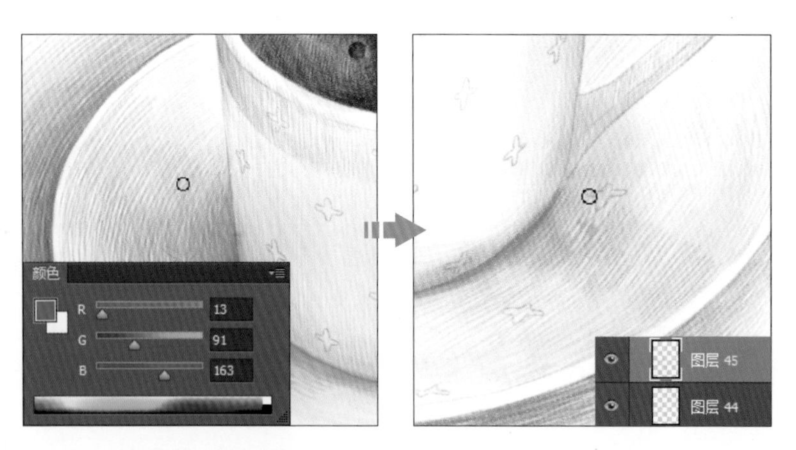

45 选中“图层 45”图层，打开“颜色”面板，设置前景色为 R95、G99、B118，运用画笔在杯子左上角位置涂抹，为其添加较淡一些的投影效果。

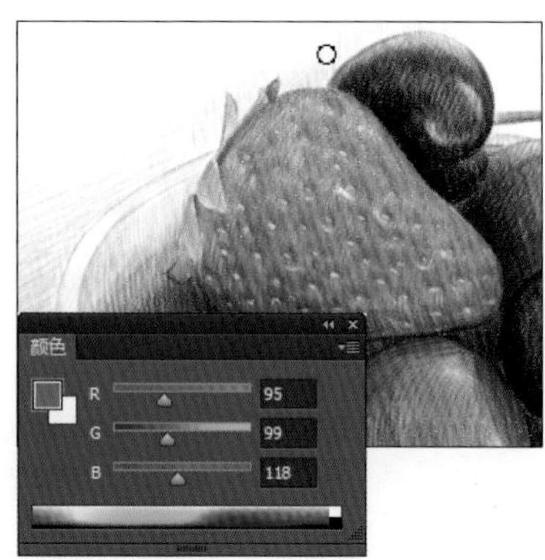

技巧提示 切换前景色和背景色

使用“颜色”面板设置前景色以后，若要将前景色与背景色互换，可以单击工具箱中的“切换前景色和背景色”按钮。

46 最后绘制杯子和杯碟上的花纹。打开“颜色”面板，根据花纹的颜色，设置前景色为 R32、G51、B68，创建新图层，将鼠标指针移至十字形的花纹位置连续涂抹，绘制出完整的花纹，至此已完成本实例的制作。

4.3 纸杯蛋糕

纸杯蛋糕是一种盛装在防油纸纸杯中的花色小蛋糕，以油脂蛋糕作为糕坯，顶部还可用奶油裱花、翻糖等进行装饰，通常用来作为下午茶点心。

绘画要点

蛋糕顶部的翻糖玫瑰花是绘制的重点。花瓣的排列要有一定的规律，要从中心顺时针方向螺旋式展开绘制，并且每片花瓣都是依次下压的关系。在上色的时候，通过颜色的叠加将翻糖花瓣的厚度勾勒出来。此外，奶油部分的绘制也需利用色彩的浓淡变化增强体积感。

色彩搭配

将黄色与红色这两种颜色组合在一起，通过降低两者的纯度和明度，使整体配色呈现出更加舒畅与协调的效果。

源文件　随书资源 \ 源文件 \04\ 纸杯蛋糕 .psd

01 执行“文件 > 新建”菜单命令，打开“新建”对话框，在“名称”文本框中输入“纸杯蛋糕”，并对文档类型、分辨率及颜色模式进行设置，单击“确定”按钮，新建文件。

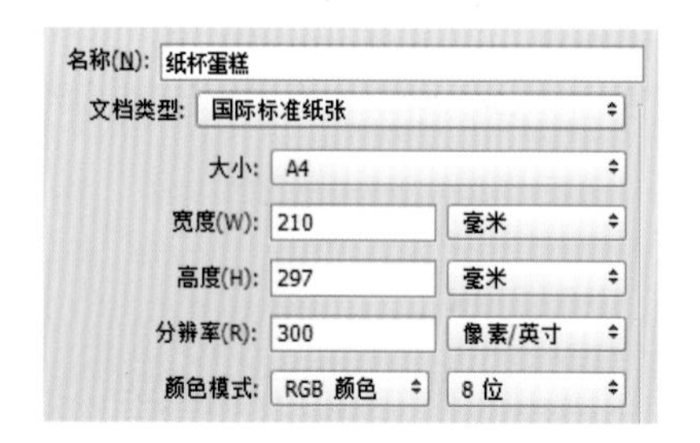

02 单击工具箱中的“画笔工具”按钮，选中“画笔工具”，单击工具选项栏中的“点按可打开‘工具预设’选取器”按钮，在打开的“工具预设”选取器下方单击选中“2B 铅笔”画笔预设。

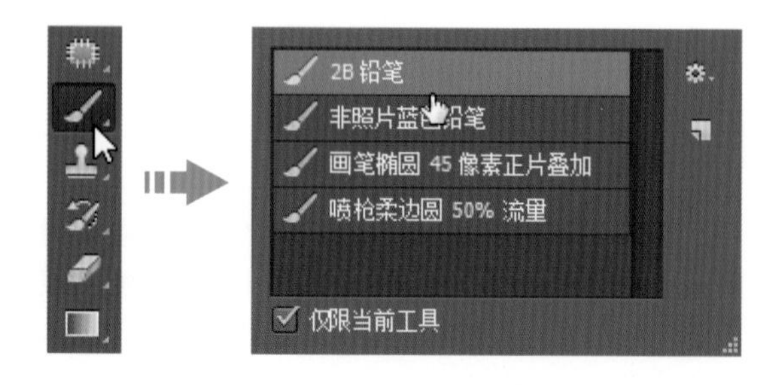

03 单击“图层”面板中的“创建新图层”按钮，新建“线稿”图层，用选择的 2B 铅笔勾画线稿，然后在“图层”面板中选中“线稿”图层，将“不透明度”降为 36%。

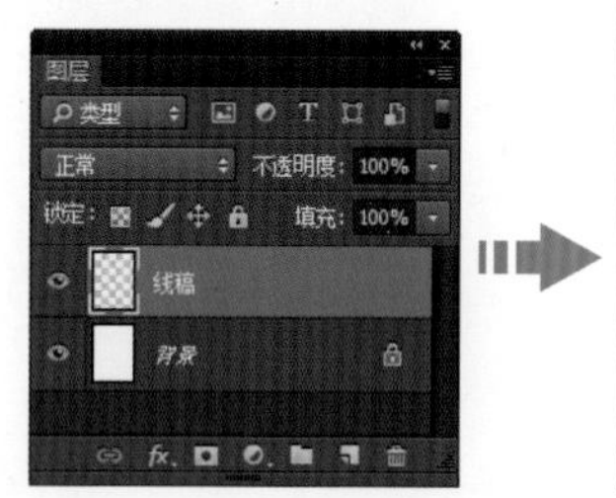

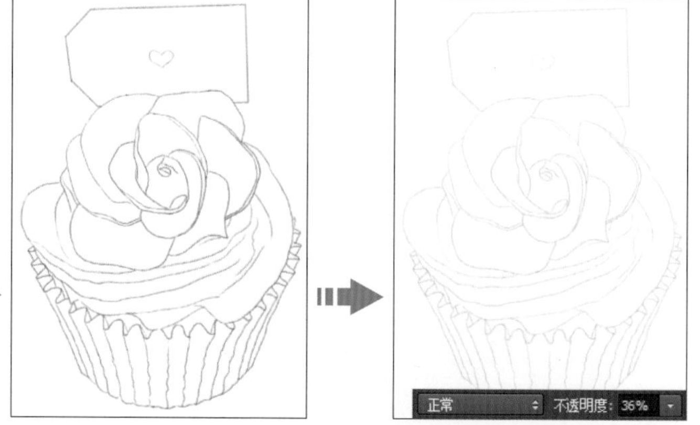

04 新建“花形”图层组，在图层组中创建“图层 1”图层。打开“颜色”面板，设置前景色为玫红色，具体颜色值为 R223、G74、B74，将画笔“不透明度”降为 70%，运用画笔从花心的部分开始描绘，描绘时，越靠下的部分颜色越深。

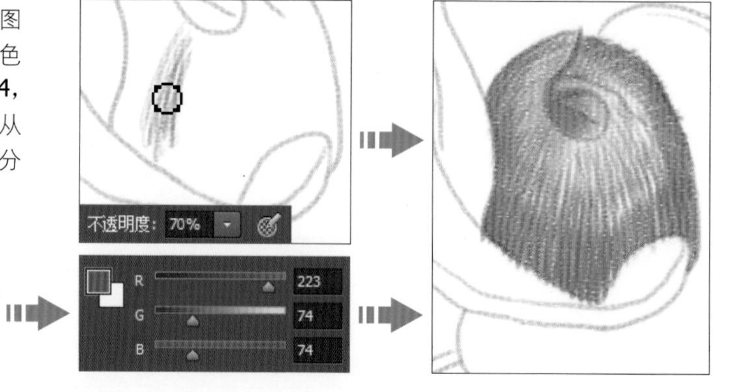

05 打开“颜色”面板，设置前景色为R161、G64、B71，选中“图层1”图层，运用画笔涂抹花心位置，叠加颜色。

06 单击“图层”面板中的“创建新图层”按钮，新建“图层2”图层，打开“颜色”面板，设置前景色为R226、G71、B65，将画笔移至右侧的花瓣位置，根据花瓣走向描绘上色。

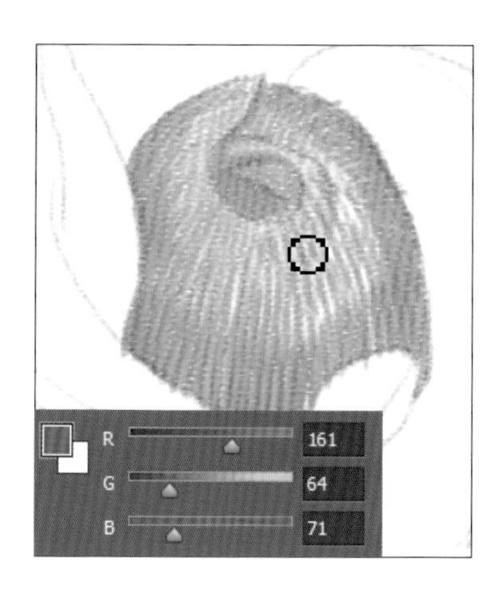

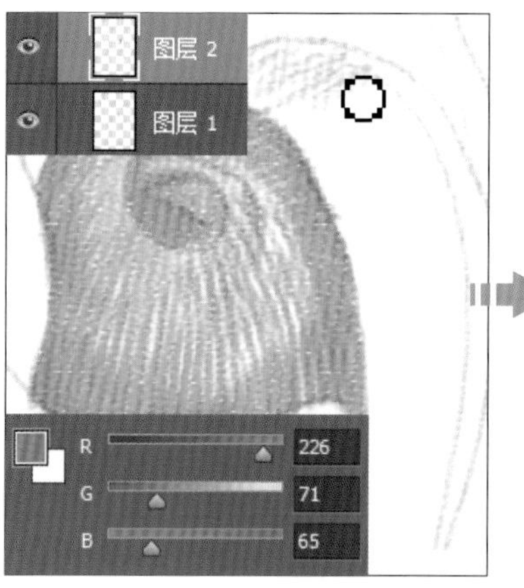

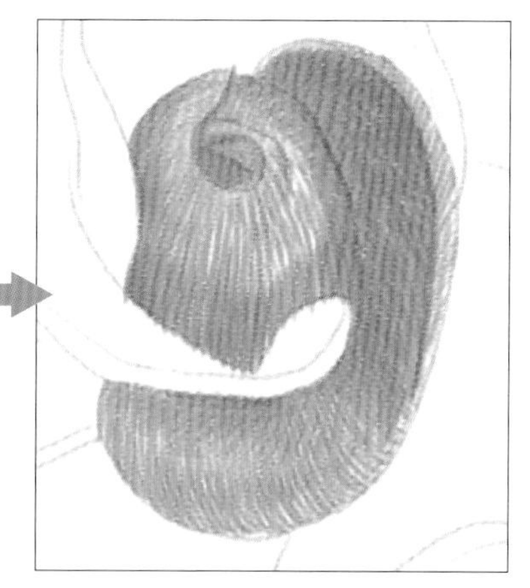

07 单击“创建新图层”按钮，新建“图层3”图层，打开“颜色”面板，设置前景色为R223、G74、B74，用画笔继续围绕螺旋型为其他花瓣上色。

08 为了让花朵图像的颜色更协调，分别在“花形”图层组中创建更多的图层，然后使用相同的方法，根据每一片花瓣的走势和卷曲度进行描绘上色，得到更加灵动的花朵形状。

09 选中“花形”图层，执行“图层 > 复制组”菜单命令，或按下快捷键Ctrl+J，复制图层组，得到“花形拷贝”图层组，加深花朵颜色。

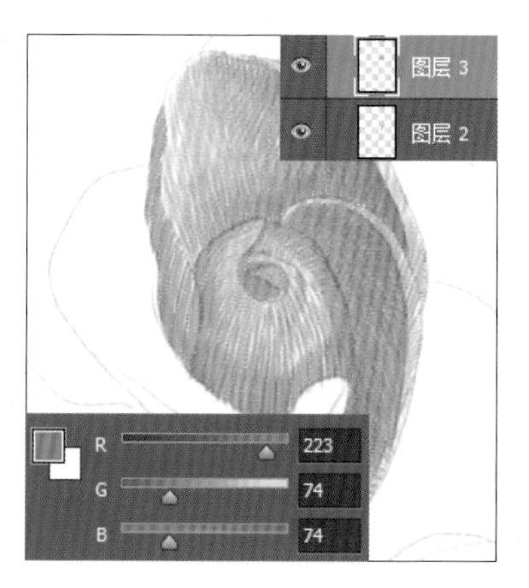

10 单击“花形拷贝”图层组前的倒三角形按钮，展开图层组，由于复制图层组后，花朵部分颜色太深，所以将展开的图层组中的一部分图层隐藏。

11 单击“创建新图层”按钮，新建“图层 11”图层。打开“颜色”面板，设置前景色为 R229、G71、B63，运用画笔叠涂暗部，增强花瓣的层次感。

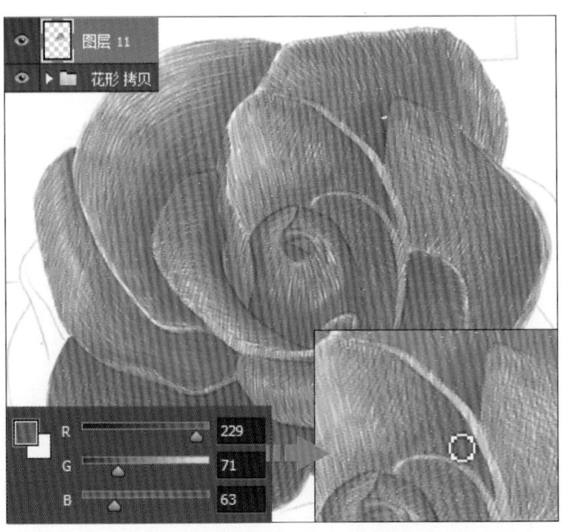

12 选中“图层 11”图层，按下快捷键 Ctrl+J，复制图层，得到“图层 11 拷贝”图层，设置图层的“不透明度”为 75%。

13 为进一步增强花瓣的层次感，创建“图层 12”图层，打开“颜色”面板，设置前景色为深红色，具体颜色值为 R119、G40、B23，运用画笔在一些卷曲的花瓣暗部描绘，叠加颜色，使花瓣的层次更分明。

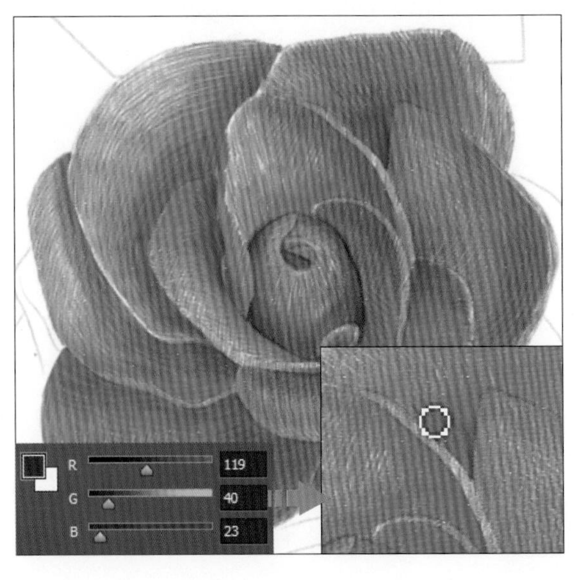

14 完成花朵的上色后，接下来要为奶油部分上色。新建“奶油”图层组，在图层组中创建新图层，打开“颜色”面板，设置前景色为 R253、G249、B175，运用画笔在奶油位置描绘，将其涂抹为淡黄色。

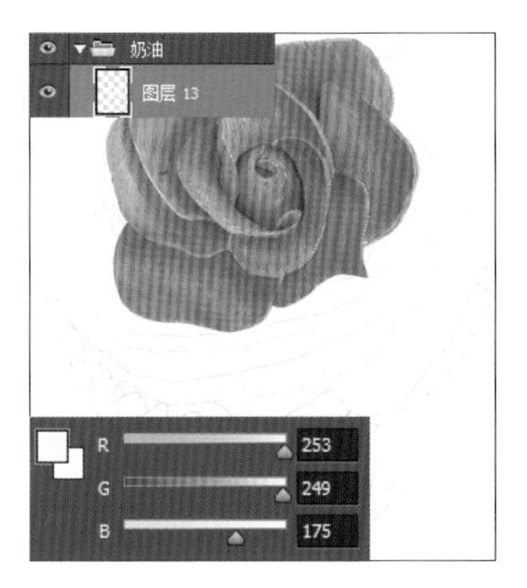

15 打开“图层”面板，在面板中选中“图层 13”图层，执行“图层 > 复制图层”菜单命令，复制图层，得到“图层 13 拷贝”图层，加深颜色。

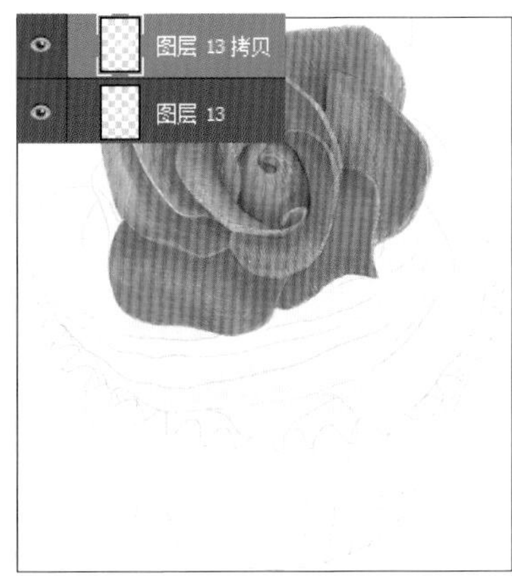

16 打开“颜色”面板，更改前景色为 R224、G185、B123，创建“图层 14”图层，在果子中间位置涂抹颜色，用画笔在奶油右侧的暗部描绘，加深颜色。

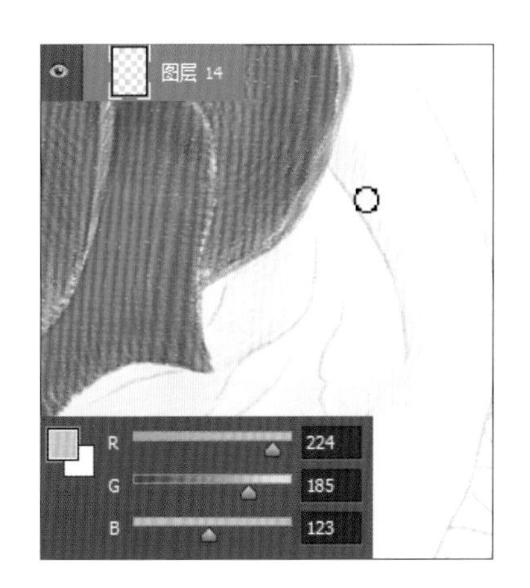

17 打开“颜色”面板，设置前景色为 R201、G129、B90，创建“图层 15”图层，将画笔移至奶油暗部区域，反复描绘，叠加颜色，加深层次。

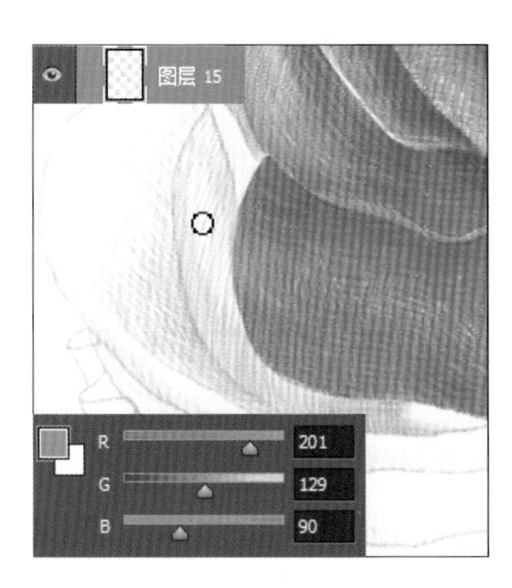

18 选中“图层 15”图层，打开“颜色”面板，设置前景色为 R229、G190、B128，然后用画笔在暗部描绘，加深颜色。在绘制的过程中需要注意局部颜色的渐变，通过颜色的浓淡变化表现层次分明的奶油色泽。

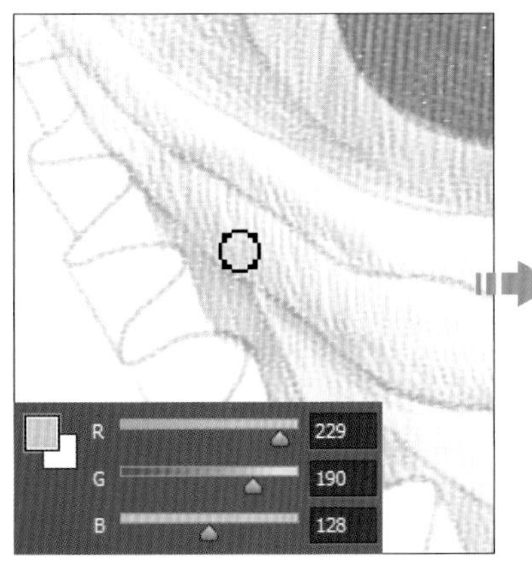

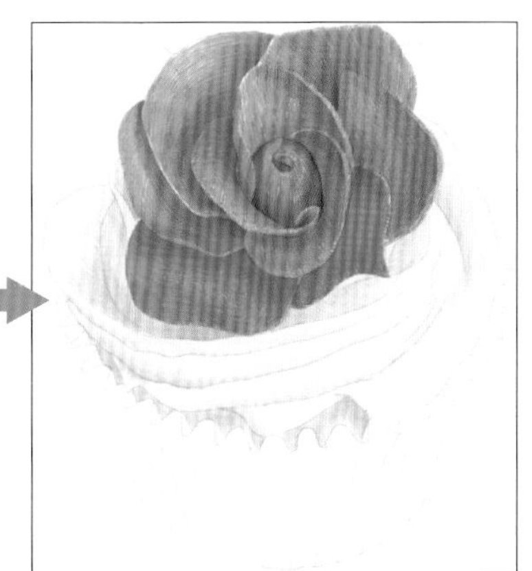

19 打开“颜色”面板，将前景色设置为 R229、G123、B66，创建“图层 16”图层，用画笔描绘奶油暗部区域，叠加颜色，加深层次。

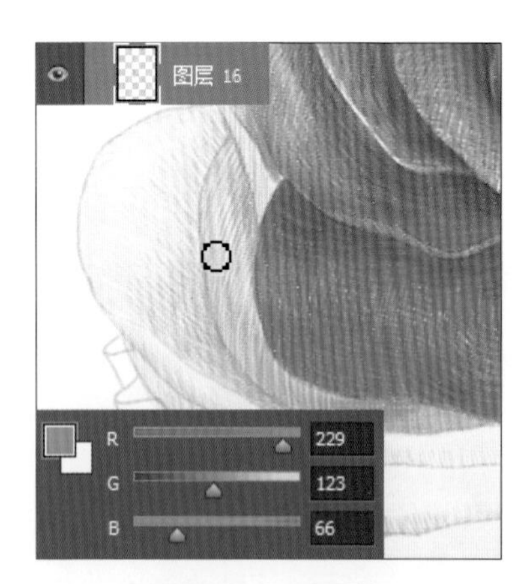

20 选中“图层 16”图层，打开“颜色”面板，更改前景色为 R247、G190、B99，然后用画笔在暗部以及轮廓线边缘描绘，加深颜色，增强奶油部分的立体感。

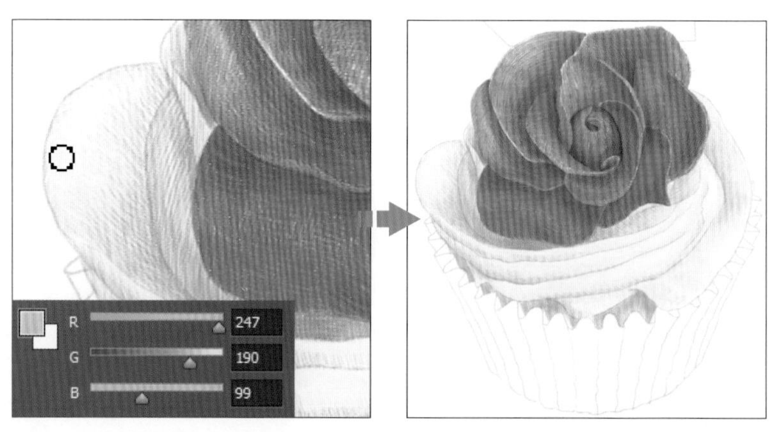

21 创建“图层 17”图层，打开“颜色”面板，设置前景色为 R133、G97、B61，运用画笔继续绘制奶油暗部，加深颜色。

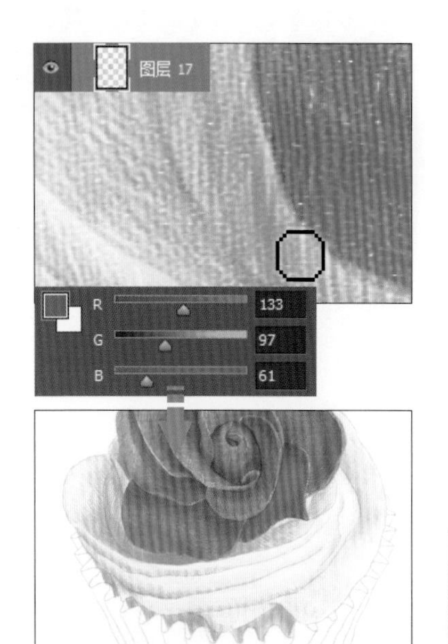

22 创建“图层 18”图层，打开“颜色”面板，分别设置前景色为 R201、G129、B90 和 R224、G185、B123，运用画笔涂抹奶油暗部及边缘部分，叠加更丰富的颜色。

23 下面为纸杯和卡片部分上色。创建“纸杯和卡片”图层组，在图层组中创建新图层，打开“颜色”面板，设置前景色为 R55、G27、B18，创建新图层，在“画笔工具”选项栏中设置“不透明度”为 55%，运用画笔描绘，为纸杯的瓦楞边缘上色。

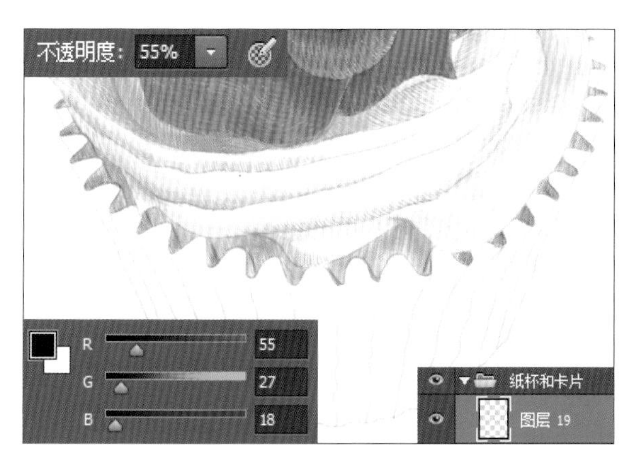

24 单击“创建新图层”按钮，创建新图层，打开“颜色”面板，设置前景色为 R143、G110、B78，在“画笔工具”选项栏中设置“不透明度”为 40%，运用画笔为纸杯铺色。绘制时注意其中暗部颜色较深，亮部颜色较浅。

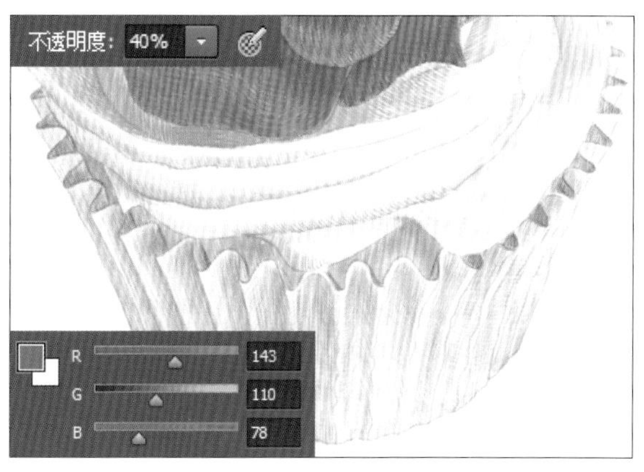

25 创建“图层 21”图层，打开“颜色”面板，分别设置前景色为 R113、G82、B53 和 R123、G58、B26，运用画笔在纸杯的暗部绘制，叠加颜色，突出更清晰的褶皱纹理。

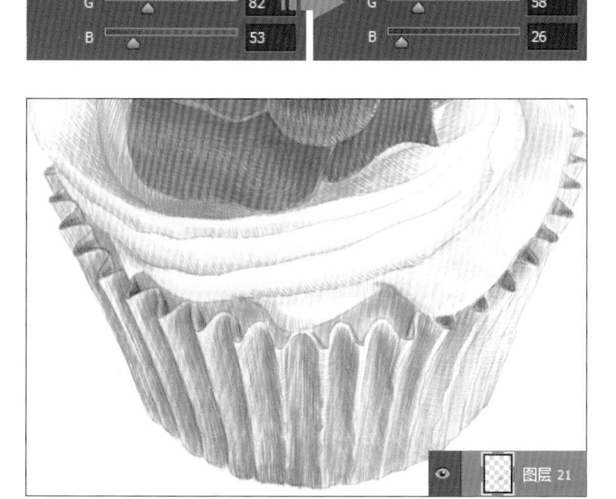

26 创建“图层 22”图层，打开“颜色”面板，设置前景色为玫红色，具体参数值为 R227、G64、B59，运用画笔为牛皮纸卡片上的桃心上色。

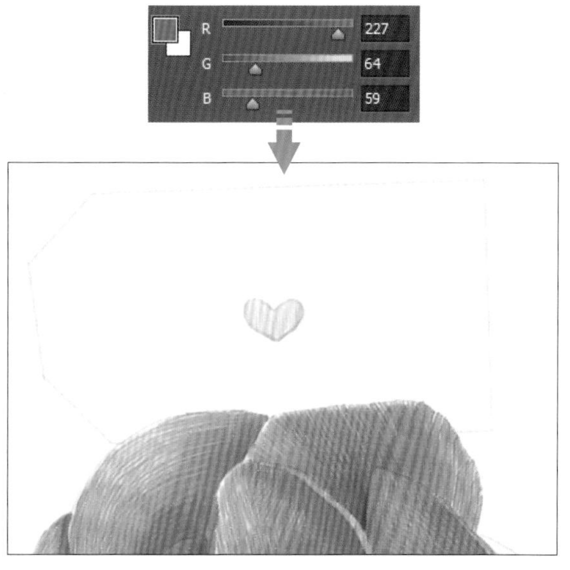

27 选中“图层 22”图层，执行“图层 > 复制图层”菜单命令，复制图层，得到“图层 22 拷贝”图层，加深颜色。

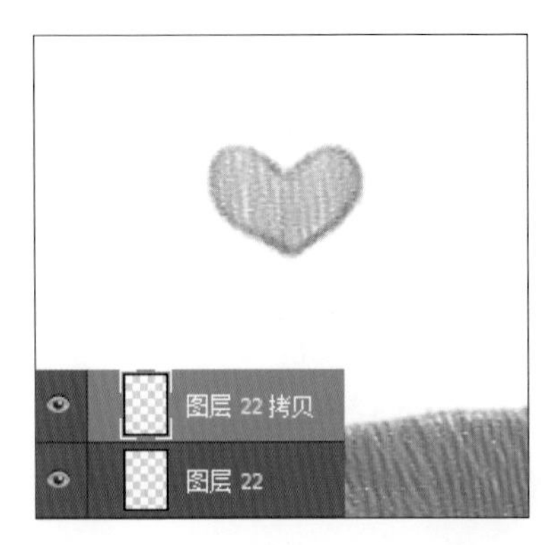

28 创建“图层 23”图层，打开“颜色”面板，设置前景色为大红色，具体参数值为 R199、G28、B17，运用画笔继续涂抹桃心，叠加颜色。

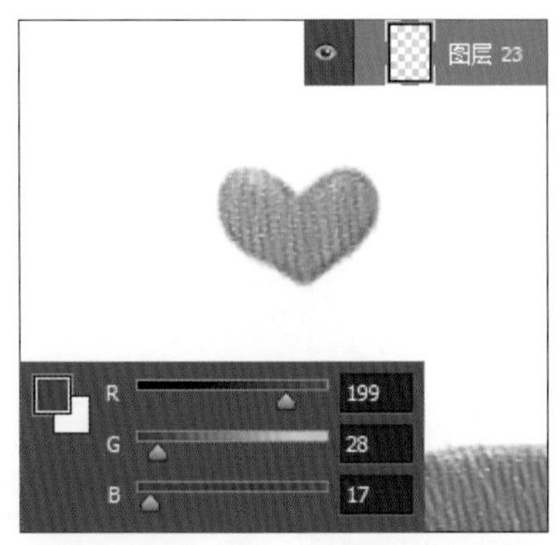

29 创建“图层 24”图层，打开“颜色”面板，设置颜色值为 R163、G112、B74，在纸张位置绘制，为牛皮纸铺色。

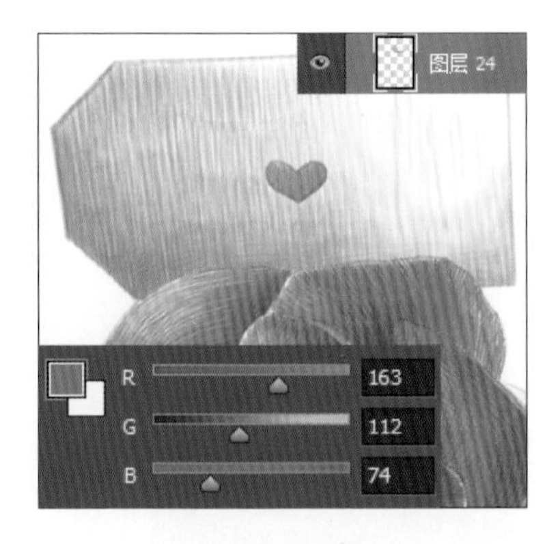

30 选中“图层 24”图层，打开“颜色”面板，设置前景色为 R231、G192、B164，运用画笔描绘卡片右上角的高光部分，叠加颜色。

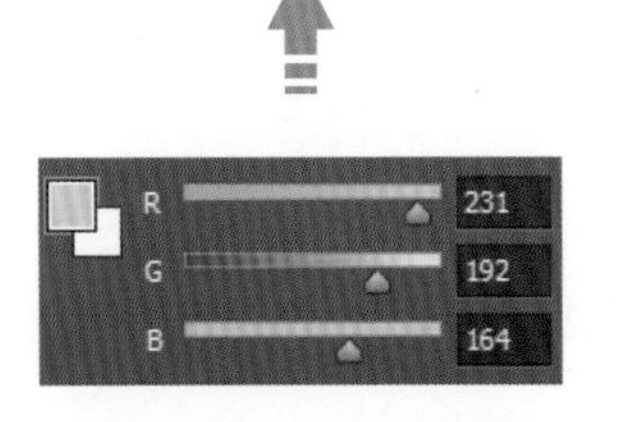

31 新建“图层 25”图层，打开“颜色”面板，设置前景色为 R158、G108、B72，运用画笔绘制卡片暗部，增强色彩。

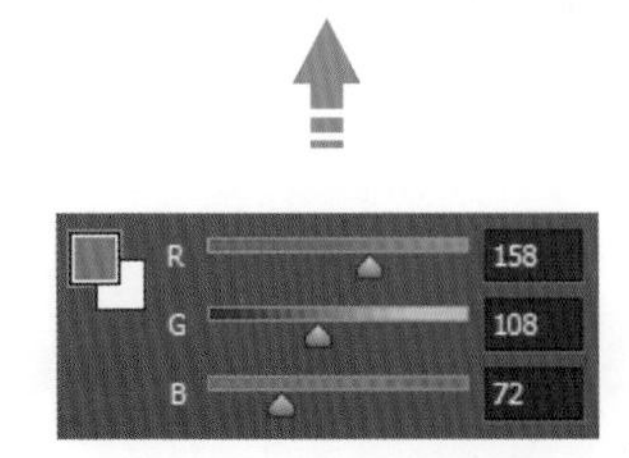

32 为表现做旧的纸张质感，新建“图层 26”图层，打开“颜色”面板，设置前景色为 R117、G56、B42，在纸片的边缘绘制，加深颜色。至此，已完成本实例的绘制。

4.4 薄荷青柠派

派是由派馅和派皮两部分组合后烤制而成的一种甜点。一个上好的派需要有可口的派馅和酥脆的派皮。薄荷青柠派的派馅中加入了薄荷叶和青柠，具有酸酸甜甜的独特口感。

绘画要点

薄荷青柠派的主要表现对象为派中间的薄荷叶和青柠片。绘制薄荷叶和青柠时需要通过颜色的变化赋予叶子和青柠片的层次感，其中受光区域颜色要浅一些，而背光区域颜色会深一些。由于糖果上面有糖霜，所以绘制时需要着重勾勒有裂纹的地方。

色彩搭配

图像以黄色为主色，给人单纯、统一的感受，与绿色的叶子搭配起来，增加了画面的亮度，使单一的画面变得生动。

源文件　随书资源 \ 源文件 \04\ 薄荷青柠派 .psd

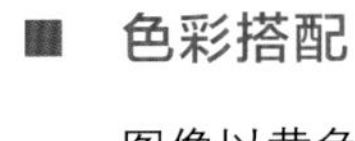

01 执行“文件 > 新建”菜单命令，创建一个名为“薄荷青柠派”的文件。单击“图层”面板中的“创建新图层”按钮，新建“图层 1”图层，双击“图层 1”图层名，将图层重新命名为“线稿”图层。

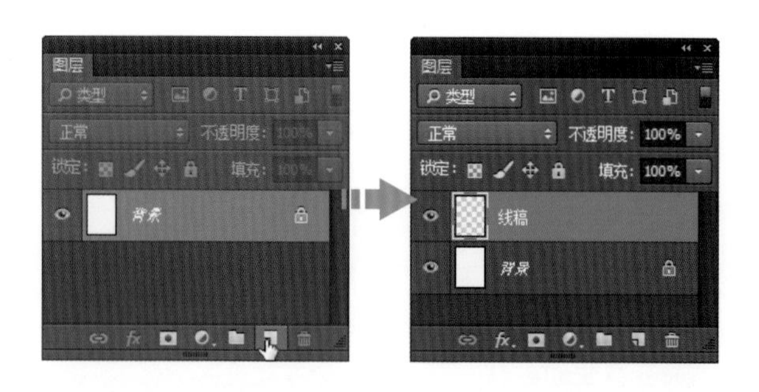

02 单击工具箱中的“画笔工具”按钮，选中“画笔工具”，单击工具选项栏中的“点按可打开‘工具预设’选取器”按钮，在打开的“工具预设”选取器下方单击选中“2B 铅笔”画笔预设，选择后工具箱中会自动根据选择画笔更改画笔笔尖颜色。

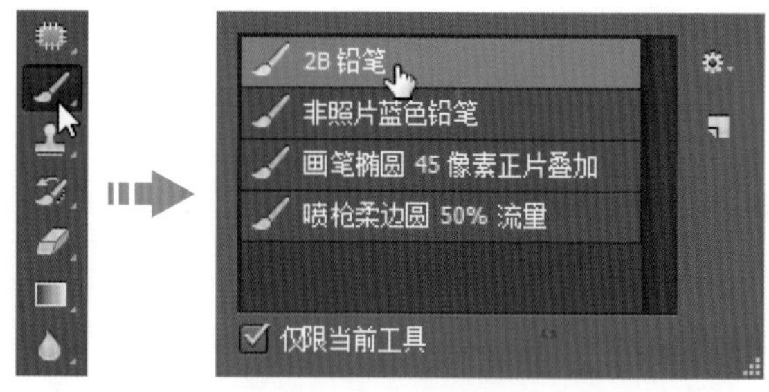

03 确保“线稿”图层为选中状态，通过对物体的观察，确立光源后，用选择的“2B 铅笔”画笔勾画出线稿。

技巧提示

创建图层组

在 Photoshop 中可以单击“创建新组”按钮，快速创建图层组，也可以执行“图层 > 新建 > 组”菜单命令，打开“新建组”对话框，在对话框中设置选项，新建图层组。

04 创建“底座”图层组，在图层组中创建一个新图层，在“画笔工具”选项栏中调整“不透明度”为 30%，降低不透明效果。打开“颜色”面板，设置前景色为橙黄色，具体参数值为 R244、G157、B62，运用画笔为派的底座顶面上色。

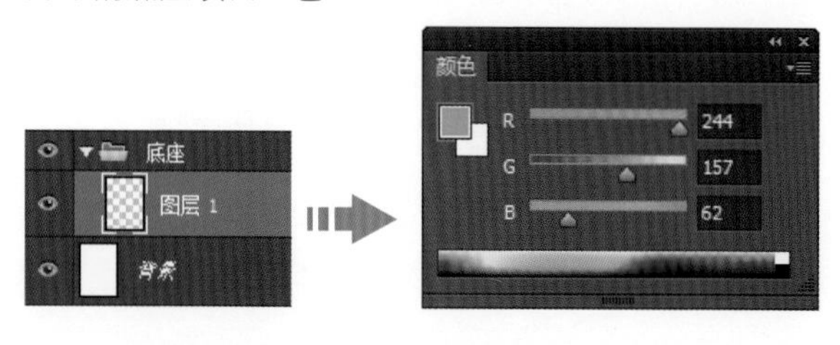

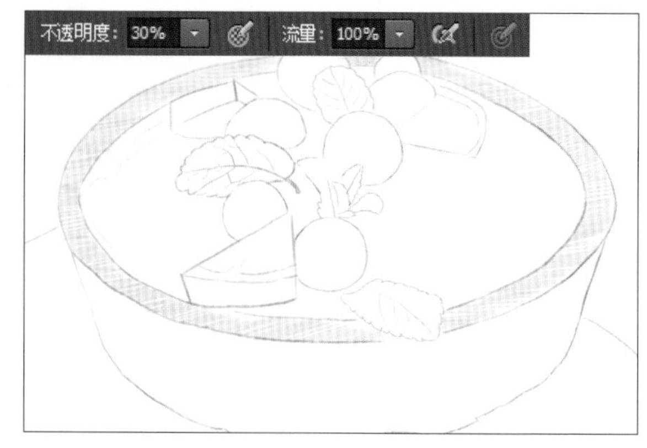

05 创建新图层，继续使用画笔为派的底座侧面上色。在上色的过程中，需要注意顶面和侧面的区别，确定不同的笔画走向来将其分别表现出来。

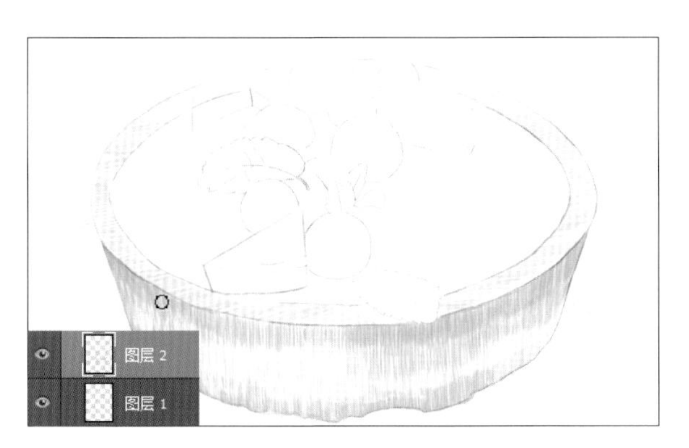

06 创建新图层，打开“颜色”面板，在面板中设置更深一些的颜色，具体参数值为 R254、G157、B62，运用画笔在底座的顶面涂抹，表现不光滑的表面效果。

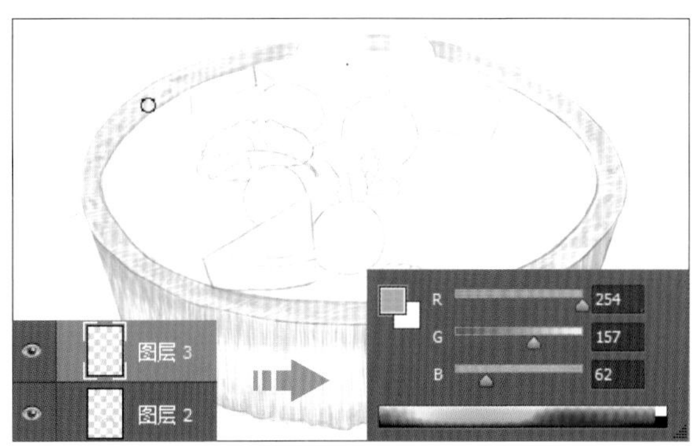

07 单击“图层”面板中的“创建新图层”按钮，创建新图层，打开“颜色”面板，设置前景色为 R191、G140、B61，使用画笔在底座的侧面叠涂，加强侧面的颜色，在涂抹时用笔方向要与步骤 5 的方向一致。

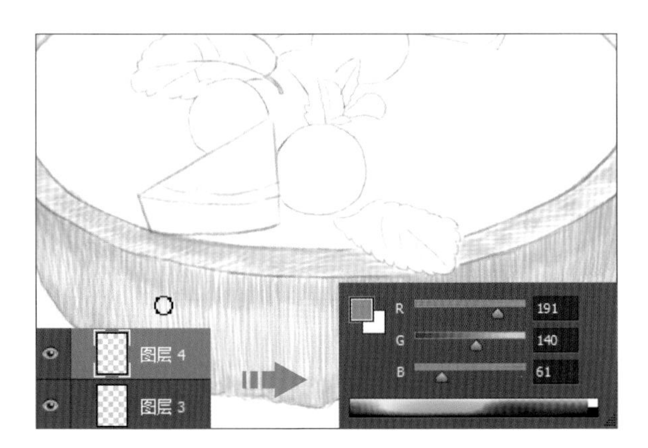

08 创建图层，打开“颜色”面板，设置前景色为 R113、G28、B26，在底座的侧面叠涂，进一步加强底座侧面部分的颜色。

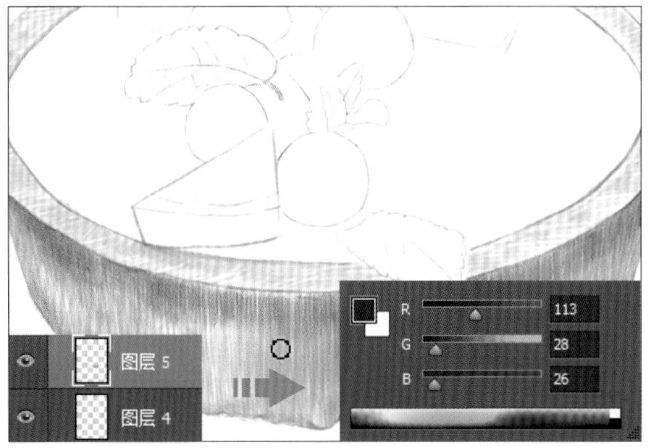

09 在加深颜色后，发现侧面部分的颜色还是较浅，所以为加强色彩，选中上一步创建的“图层 5”图层，按下快捷键 Ctrl+J，复制图层，得到“图层 5 拷贝”图层，复制后在图像窗口中看到更深的颜色效果。

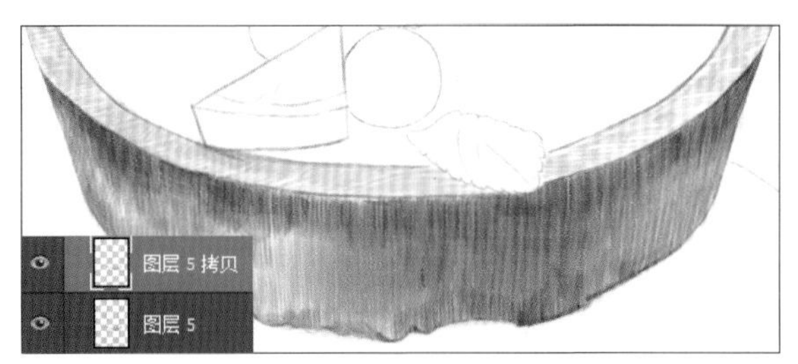

10 选中“图层5拷贝”图层，打开“颜色”面板，设置前景色为红褐色，具体值为R66、G7、B1，运用画笔在侧面叠涂加深颜色。

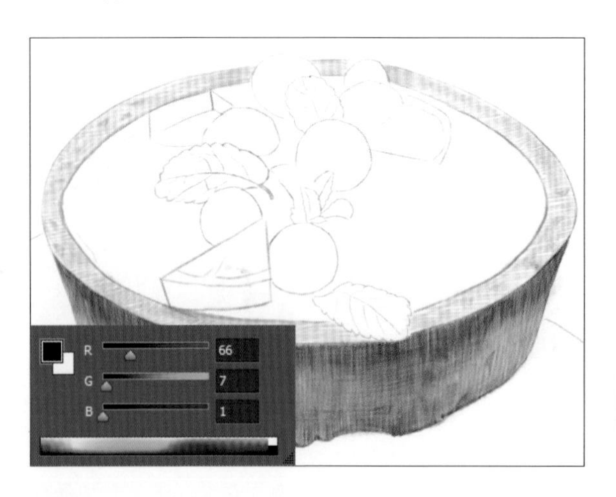

11 创建新图层，打开“颜色”面板，设置前景色为黄褐色，具体颜色值为R167、G86、B17，运用画笔在底座左侧位置描绘，叠加颜色。

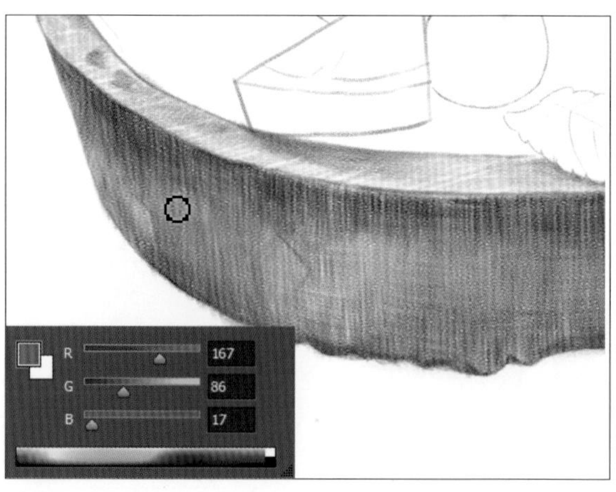

12 为加强底座颜色，在“图层”面板中选中“底座”图层组，按下快捷键Ctrl+J，复制图层组，得到“底座 拷贝”图层组，复制后展开“底座 拷贝”图层组，单击“图层5拷贝”图层前的“指示图层可见性”按钮，隐藏“图层5拷贝”图层，在图像窗口中查看复制图层组后的图像效果。

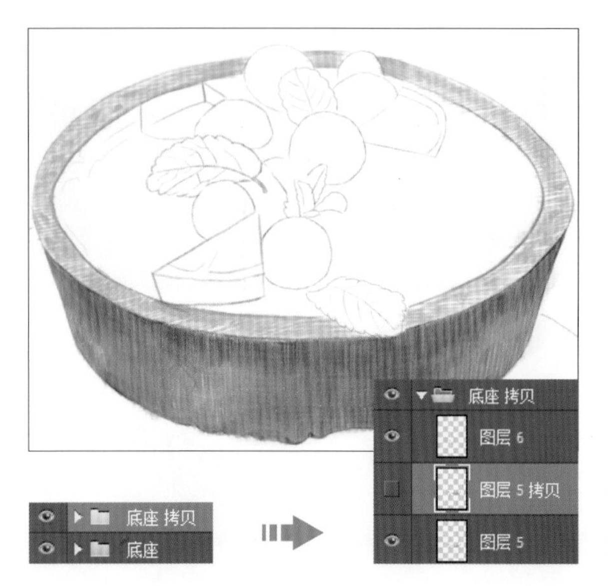

13 创建新图层，打开“颜色”面板，设置前景色为朱红色，具体颜色值为R145、G59、B24。使用画笔在底座顶部边缘涂抹，加强顶部边缘一些投影的区域。

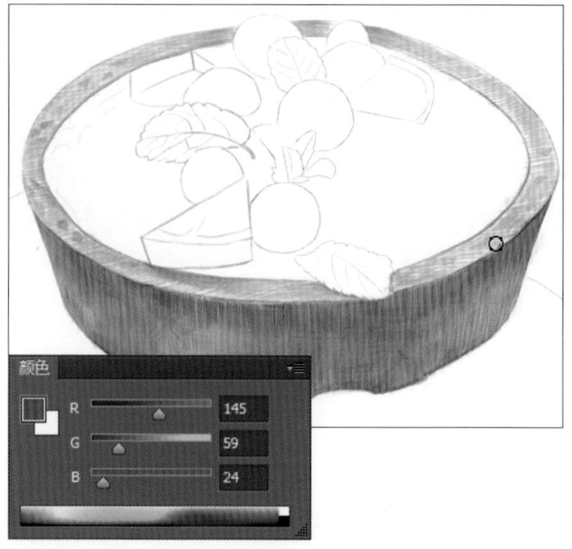

14 完成派底座的绘制后，接下来是内馅儿部分的绘制。新建“内馅儿”图层组，在图层组中新建“图层 8”，打开“颜色”面板，设置前景色为浅黄色，具体值为 R245、B246、B141，运用画笔把派的内馅儿部分涂抹为浅黄色，并留出高光的部分，表现其光泽感。

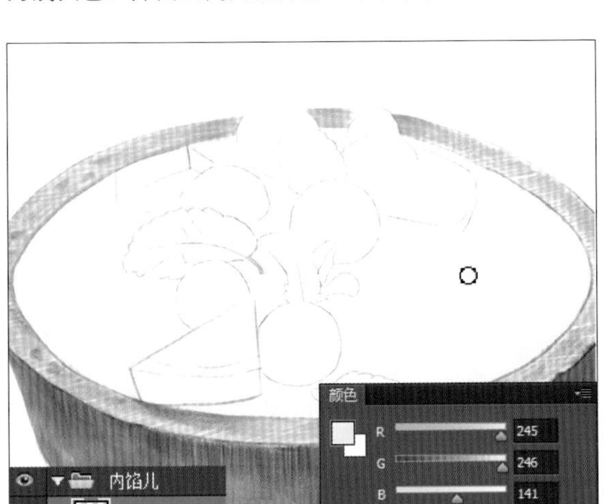

15 选中“图层 8”图层，按下快捷键 Ctrl+J，复制图层，得到“图层 8 拷贝”图层。在“颜色”面板中设置前景色为 R211、G191、B105，由于质地光滑而颜色较深，所以在边缘和投影的部分涂抹，加深颜色。

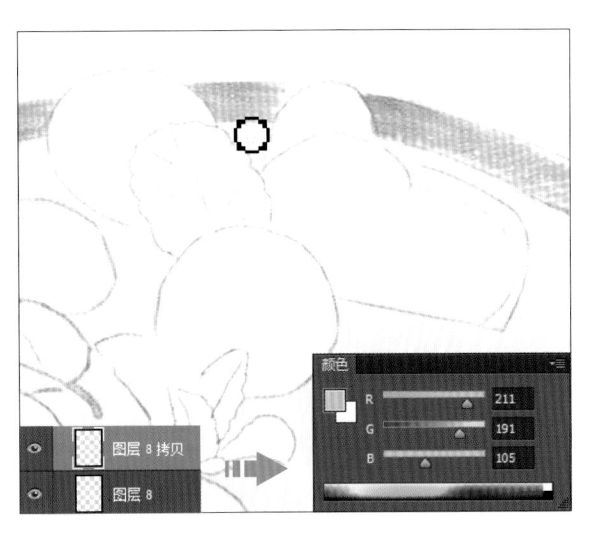

16 单击“创建新图层”按钮，新建“图层 9”图层。在“颜色”面板中更改前景色为 R226、G213、B132，在“画笔工具”选项栏中设置画笔“不透明度”为 10%，在内馅儿右侧的高光部位涂抹，为其叠加淡淡的颜色。

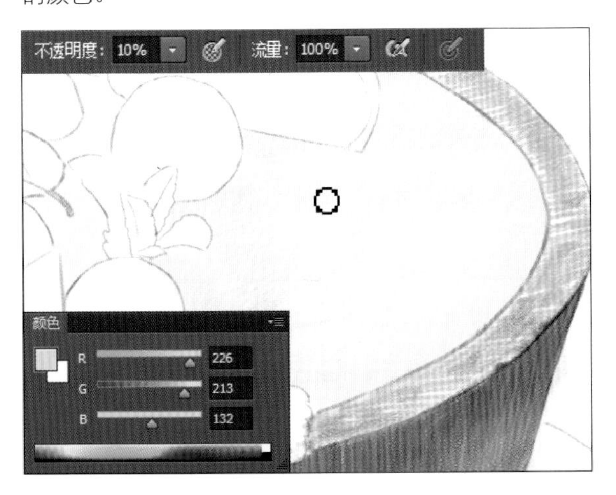

17 单击“创建新图层”按钮，新建“图层 10”图层，分别设置前景色为 R214、G195、B126 和 R154、G134、B54，然后在食物上面涂抹，加深投影部分的颜色，增强体积感。

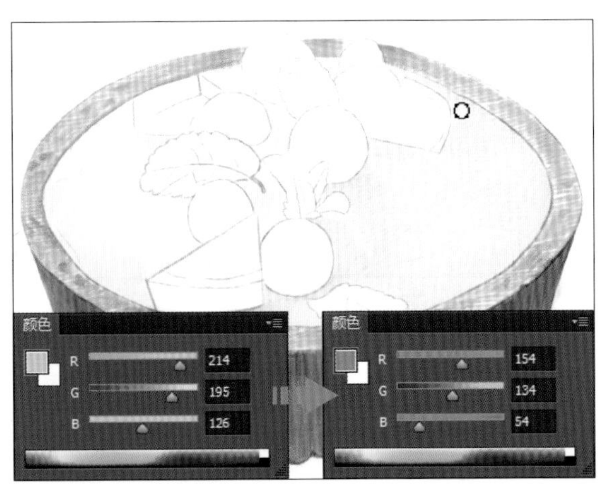

18 在“图层”面板中选中“内馅儿”图层组，按下快捷键 Ctrl+J，复制图层组，得到“内馅儿拷贝”图层组，通过复制图层组使内馅儿部分的颜色变得更鲜艳。

19 创建“青柠皮和薄荷”图层组，在图层组中创建“图层 11”图层。打开“颜色”面板，更改前景色为绿色，具体参数值为 R81、G86、B40。用画笔涂抹，为青柠皮和薄荷铺色，反复绘制后画笔笔尖变粗，此时可以重新选择“2B 铅笔”预设，将笔尖恢复为较纤细的状态，再将颜色设置为相同的参数值，勾画图像，突出其外形轮廓。

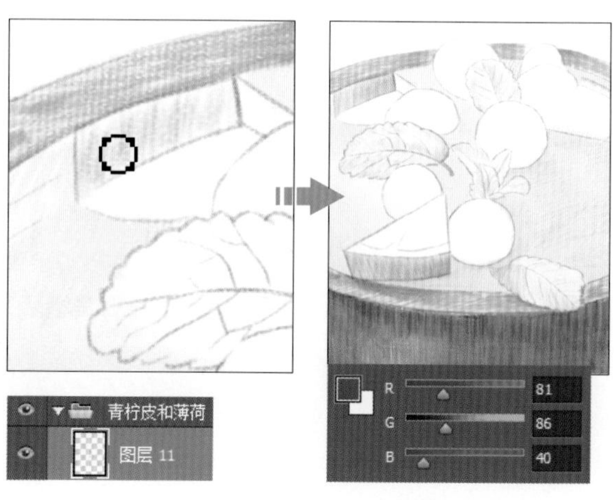

20 选中“图层 11”图层，按下快捷键 Ctrl+J，复制图层，得到“图层 11 拷贝”图层。在“颜色”面板中更改前景色为 R160、G161、B94，更改画笔走向，在青柠皮上涂抹，叠加颜色。

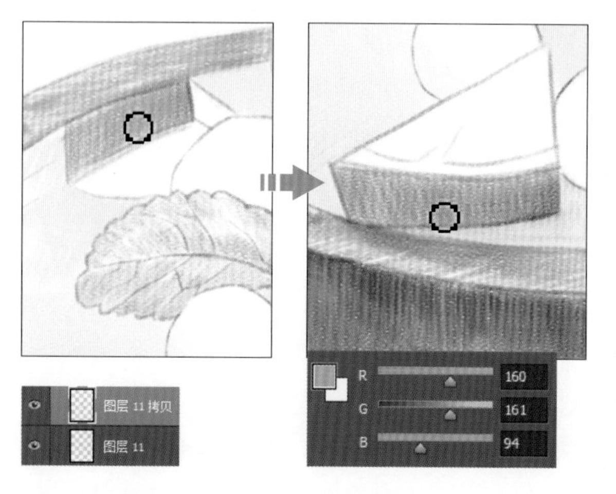

21 选中“图层 11”图层，按下快捷键 Ctrl+J，复制图层，得到“图层 11 拷贝 2”图层，将复制的“图层 11 拷贝 2”图层移至最上层。打开“颜色”面板，设置前景色为 R45、G61、B11，运用纤细的画笔描绘薄荷叶子上的一些纹路。

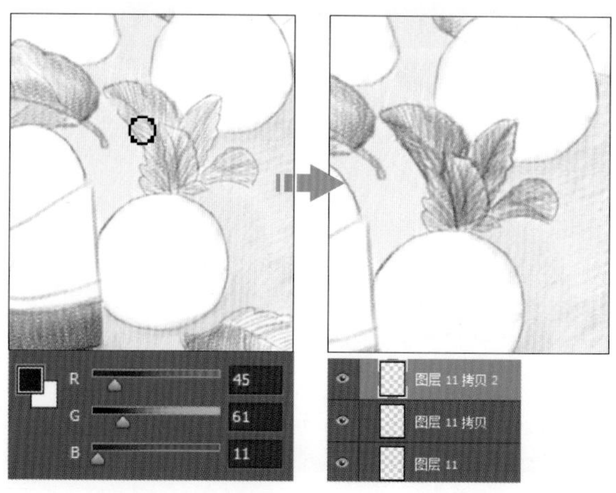

22 打开“颜色”面板，设置前景色为 **R8**、**G78**、**B45**，设置后创建新图层，用画笔勾画出叶片的起伏和明暗，注意要沿叶脉的方向进行绘制。

23 打开“颜色”面板，设置前景色为 **R77**、**G117**、**B38**，继续运用画笔涂抹薄荷叶子上一些受光的区域，使受光区域的颜色变得更绿。

24 打开“颜色”面板，设置前景色为 **R50**、**G49**、**B3**，运用画笔在中间的一簇薄荷叶子边缘涂抹，增强颜色，突出层次和立体感。

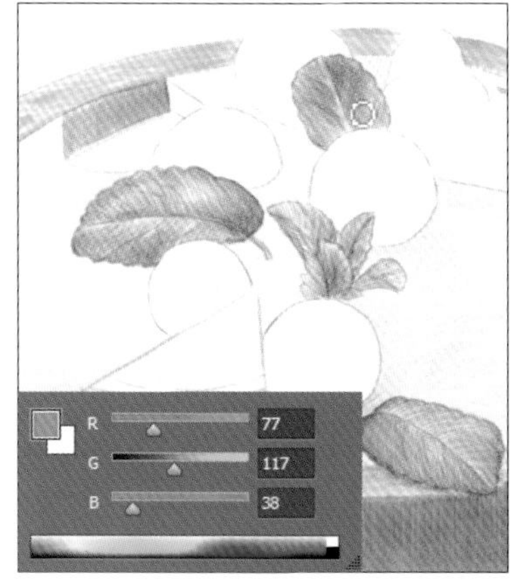

25 按下快捷键 **Ctrl+J**，复制图层，得到“图层 12 拷贝”图层，设置图层“不透明度”为 **47%**，选择“橡皮擦工具”，在“画笔预设”选取器中选择“柔边圆”画笔，降低不透明度，在最上方的一片薄荷叶上涂抹，擦除图像，减淡色彩。

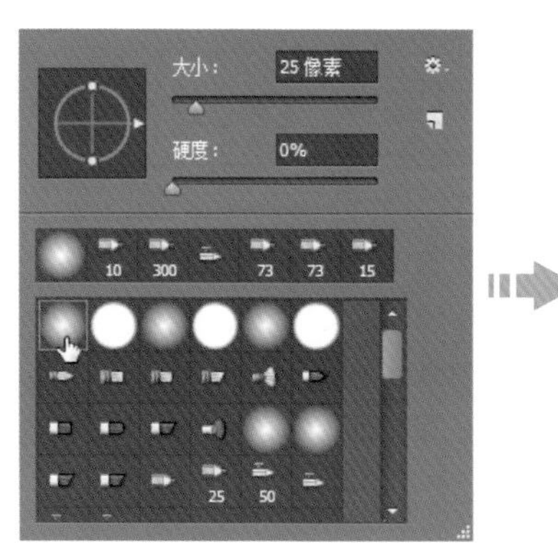

26 选择“**2B** 铅笔”画笔，打开“颜色”面板，设置前景色为 **R74**、**G179**、**B88**，创建“图层 **13**”，运用画笔再次涂抹薄荷叶子上的受光区域。

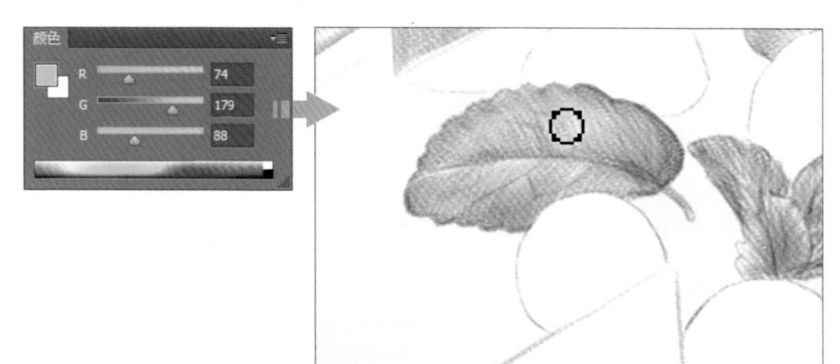

27 在“颜色”面板中设置前景色为 **R43**、**G60**、**B12**，用画笔在最上方的一片薄荷叶子边缘部分涂抹，加深颜色。

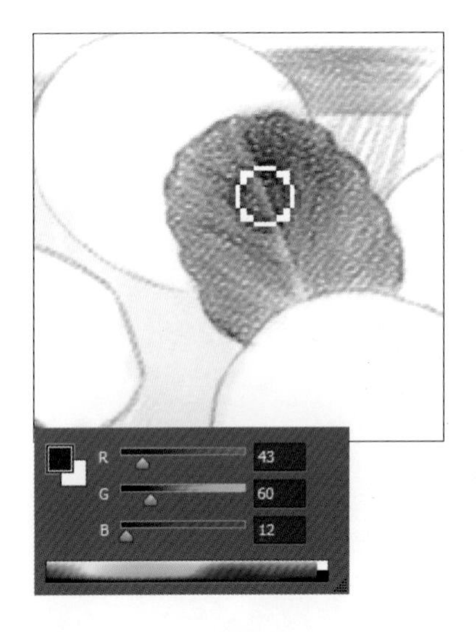

28 在“颜色”面板中设置前景色为 **R16**、**G28**、**B8**，调整画笔“不透明度”为 **15%**，在右下角的薄荷叶子上涂抹，加深颜色。

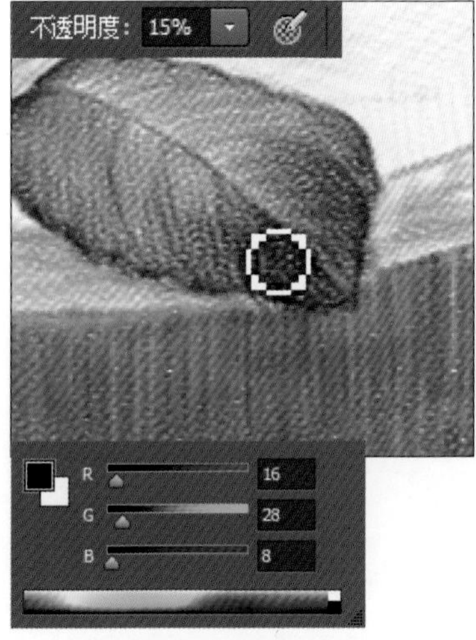

29 创建“图层 **14**”图层，在“颜色”面板中设置前景色为 **R121**、**G138**、**B47**，运用画笔在左侧的一片薄荷叶子上涂抹，增强叶子纹理。

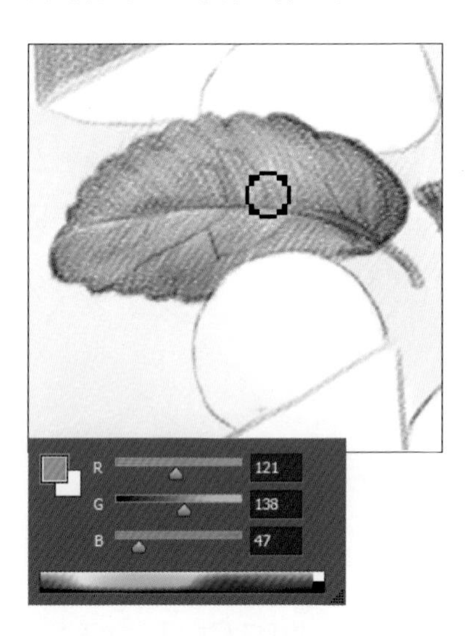

30 打开“颜色”面板，设置颜色值为 **R64**、**G106**、**B67**，用画笔描绘中间的一簇薄荷叶子，使叶子颜色更有层次感。

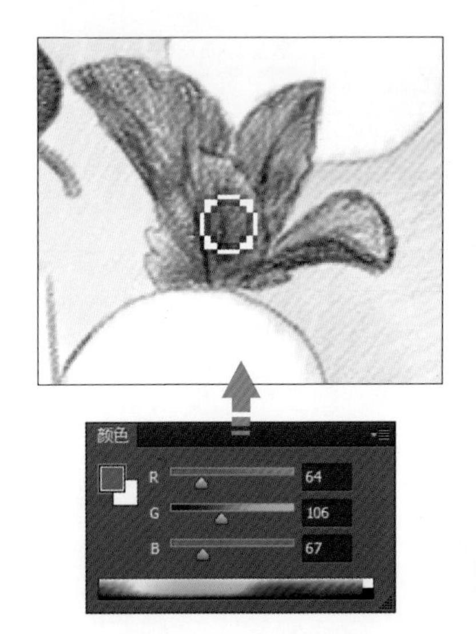

31 创建“图层 **15**”图层，打开“颜色”面板，在面板中用鼠标拖曳颜色滑块，设置颜色值为 **R206**、**G172**、**B77**，运用画笔将青柠片的果肉部分涂抹为黄褐色效果。

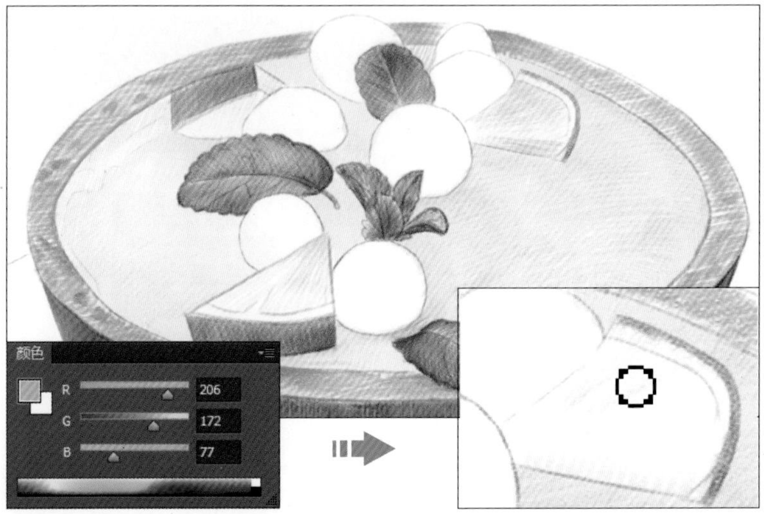

32 为了让果肉颜色更丰富，打开“颜色”面板，设置前景色为柠檬黄色，具体颜色值为 R254、G242、B96。创建“图层 16”图层，运用画笔继续在青柠的果肉部分涂抹，叠加颜色。

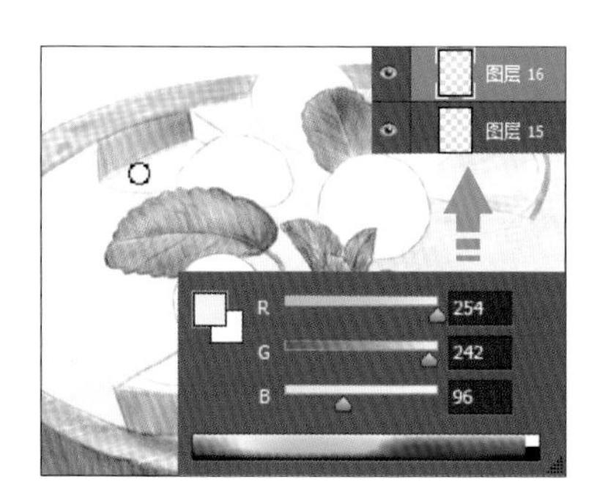

33 完成薄荷叶和青柠的上色后，接下来是糖果部分的上色。新建“圆形软糖”图层组，在图层组中创建“图层 17”图层。打开“颜色”面板，设置前景色为 R205、G131、B10，在圆形软糖上涂抹上色，因为糖果上面有糖霜，所以需要将有裂纹的地方勾勒出来，并且将顶部做留白处理。

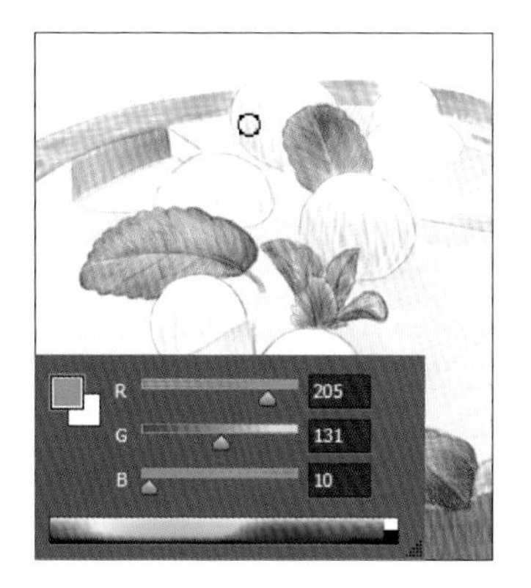

34 选中“图层 17”图层，按下快捷键 Ctrl+J，复制图层，得到“图层 17 拷贝”图层，加深颜色，再选择“橡皮擦工具”，将“不透明度”降为 30%，用“柔边圆”画笔适当涂抹图像，将一部分图像擦除，增强糖果明暗层次。

35 创建“图层 18”图层，打开“颜色”面板，设置前景色为 R208、G134、B13，运用画笔为青柠片、薄荷叶和糖果画出投影效果。

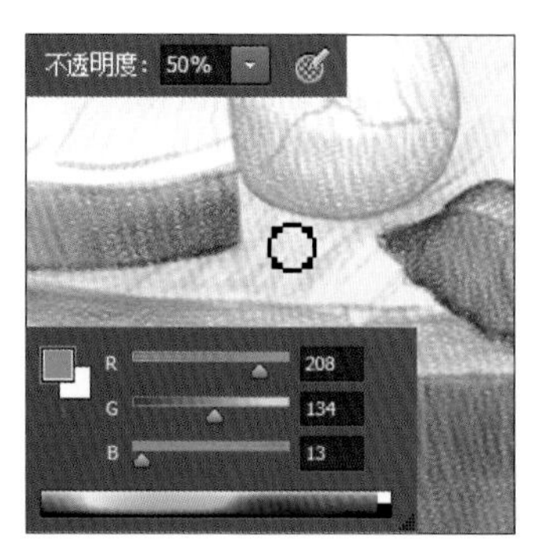

36 因为环境光的影响，叶子、果实这些东西在颜色上也会互相影响，所以可以适当对颜色加以叠加。打开“颜色”面板，设置前景色为 R144、G105、B38，创建“图层 19”图层，在绘制的投影上继续涂抹，叠加投影颜色。

37 打开“颜色”面板，在面板中设置前景色为 R175、G150、B37，在“图层”面板中选中“图层 19”图层，继续在投影和果实左侧涂抹，叠加颜色，让色彩变得更丰富。

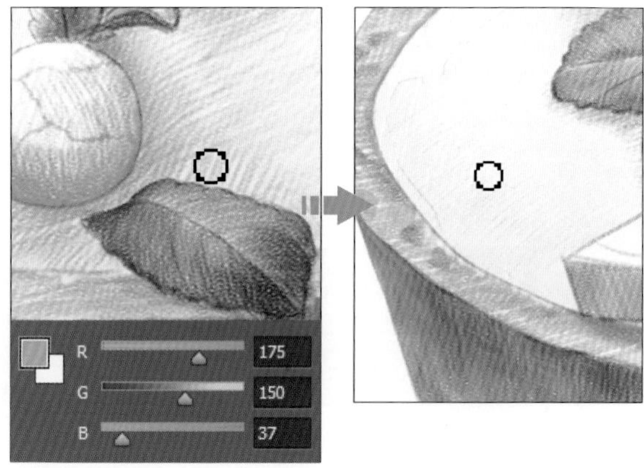

38 接下来要对内馅儿的左侧进行涂色，为了快速完成较大区域的上色，打开“画笔”面板，在面板中将画笔“大小”滑块向右拖曳，增大画笔，再调整“柔和度”，使画笔变得更柔和，然后在“画笔工具”选项栏中设置“不透明度”为 20%、“流量”为 8%，继续涂抹右侧区域。

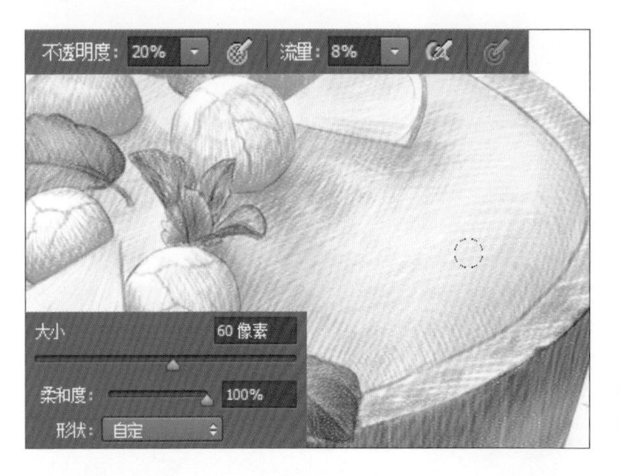

39 创建“图层 20”图层，选择“画笔工具”，在选项栏中单击“工具预设”右侧的倒三角形按钮，在展开的“工具预设”选取器中选择“2B 铅笔”，将笔触恢复为默认的大小，再打开“颜色”面板，设置前景色为 R94、G80、B35，运用画笔加强投影和边缘部分。

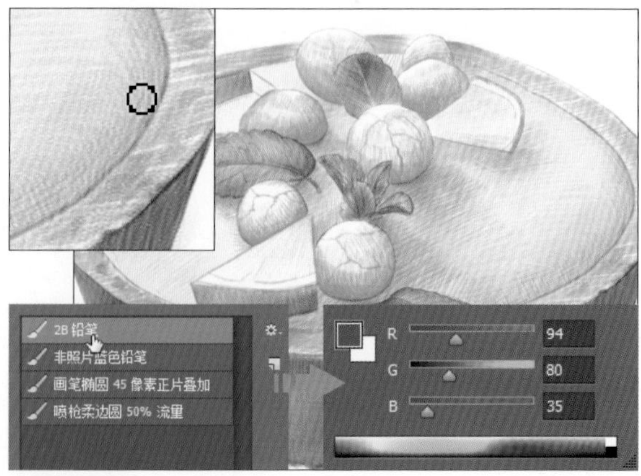

40 选中“图层20”图层，打开“颜色”面板，分别设置前景色为R97、G24、B2和R160、G95、B73。然后分别在最下方的叶子两侧涂抹，加强该叶子的投影。

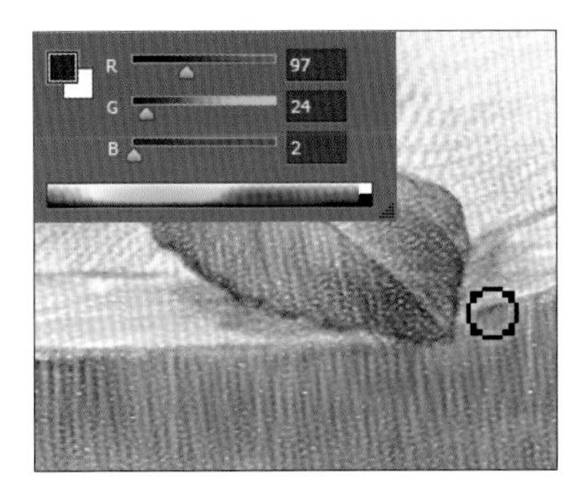

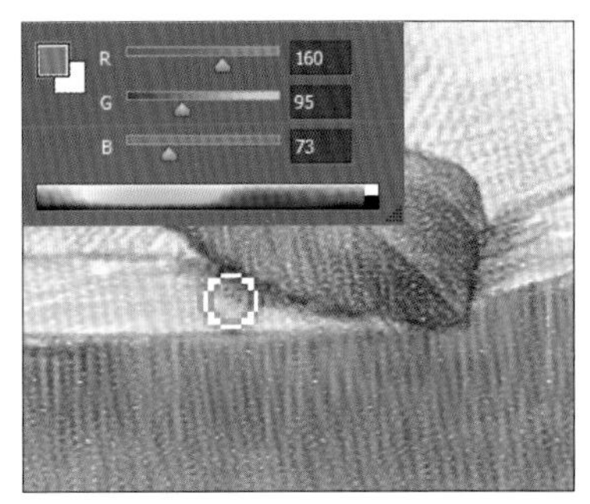

41 为强化叶片的前后关系，创建“图层21”图层，打开“颜色”面板，更改前景色为R51、G44、B5，用画笔勾画中间的薄荷叶片的边缘，加深颜色。

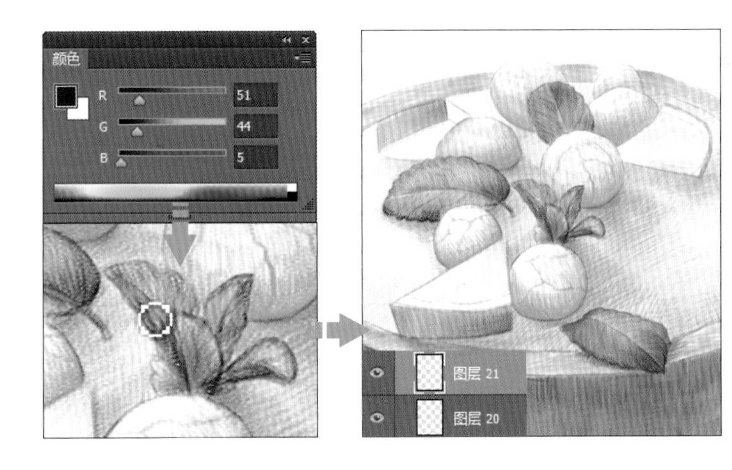

42 打开“颜色”面板，更改前景色为R118、G152、B47，选择“图层21”图层，用画笔在薄荷叶片中间描绘，添加亮色。

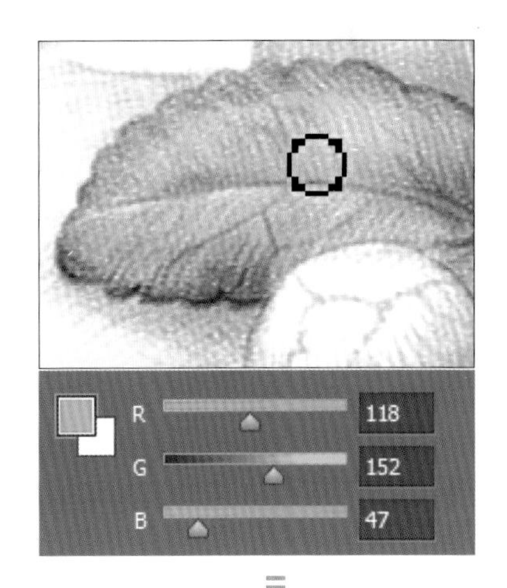

43 新建“纸”图层组，在图层组中创建“图层22”，打开“颜色”面板，设置前景色为R141、G130、B123，用画笔叠涂派的投影部分。在涂抹时需要注意光影的递减、颜色的深浅变化，离派越远的地方颜色越淡。

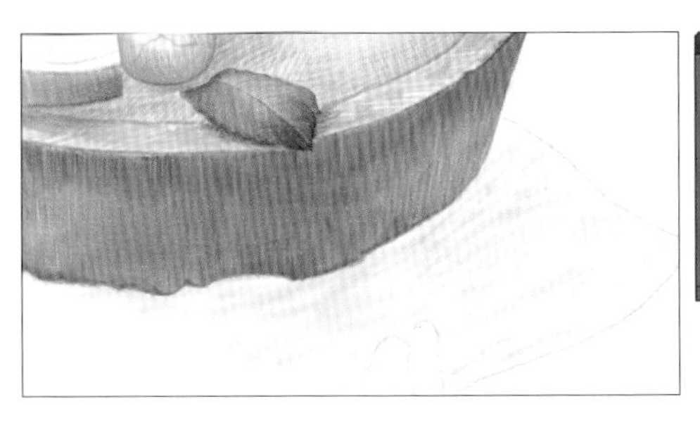

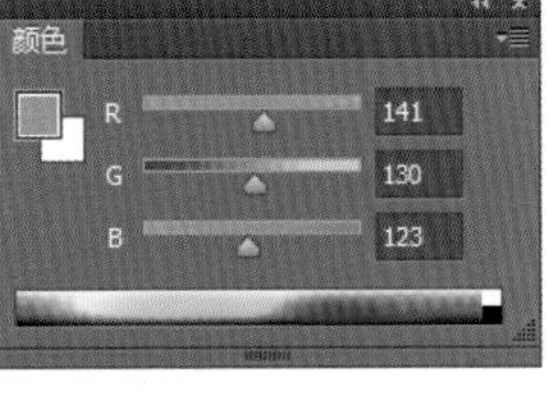

44 在“颜色”面板中设置前景色为 R92、G73、B51，继续使用画笔在纸张上涂抹，加深投影，增强纸张轮廓感。

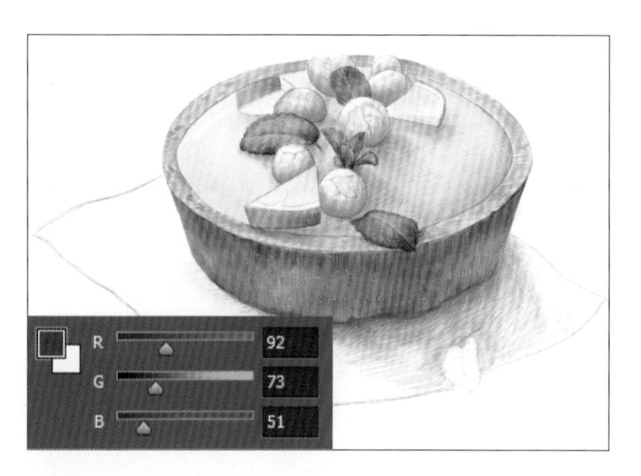

45 选中“图层 22”，按下快捷键 Ctrl+J，复制图层，得到“图层 22 拷贝”图层，降低图层的“不透明度”至 80%。

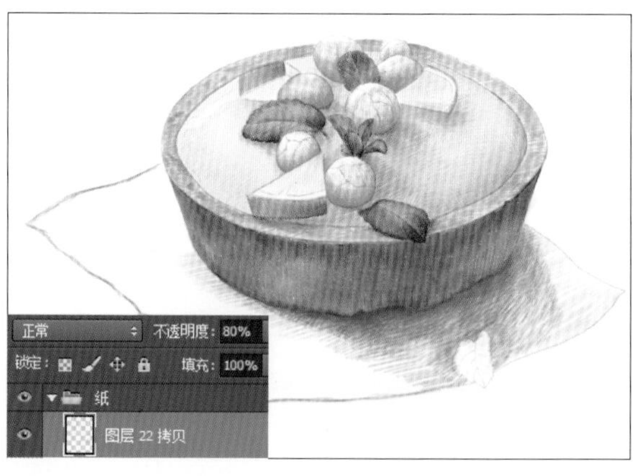

46 复制图层后发现投影的颜色太深，单击工具箱中的“橡皮擦工具”按钮，在选项栏中将“不透明度”设置为 50%，涂抹投影，减淡投影效果。

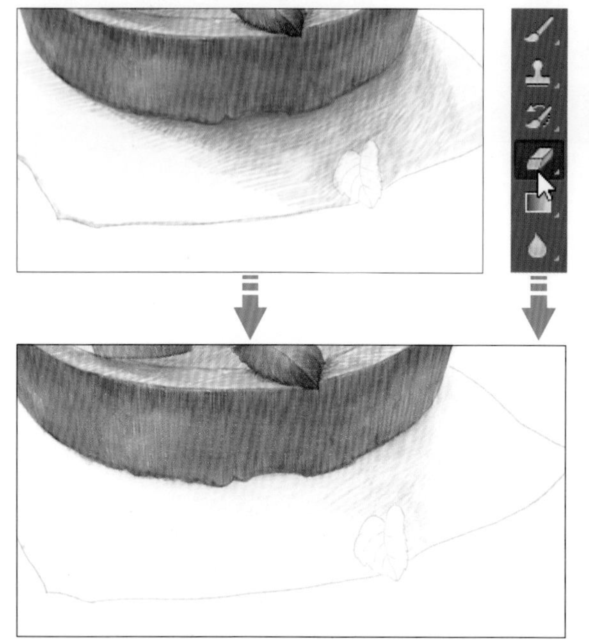

47 在“颜色”面板中设置前景色为 R220、G165、B75，选中“图层 22 拷贝”图层，运用画笔在纸张上的叶子位置涂抹，叠加颜色。

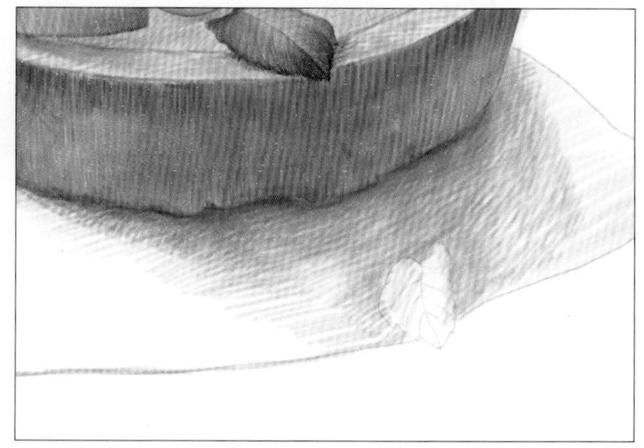

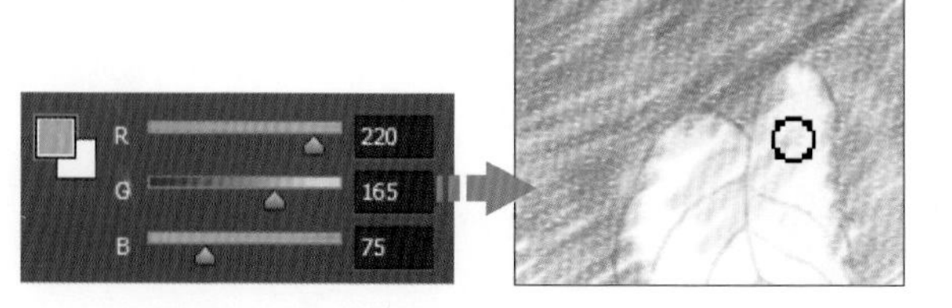

48 单击“图层”面板中的“创建新图层”按钮，创建“图层 23”图层，打开“颜色”面板，设置前景色为 R43、G82、B42，将画笔移到叶子上方，绘制图像为其上色。注意要根据叶脉走向进行描绘，并且留出叶子的茎脉部分。

49 选中“图层 23”图层，执行“图层 > 复制图层”菜单命令，得到“图层 23 拷贝”图层，设置此图层的“不透明度”为 73%，降低不透明度，增强叶子颜色。

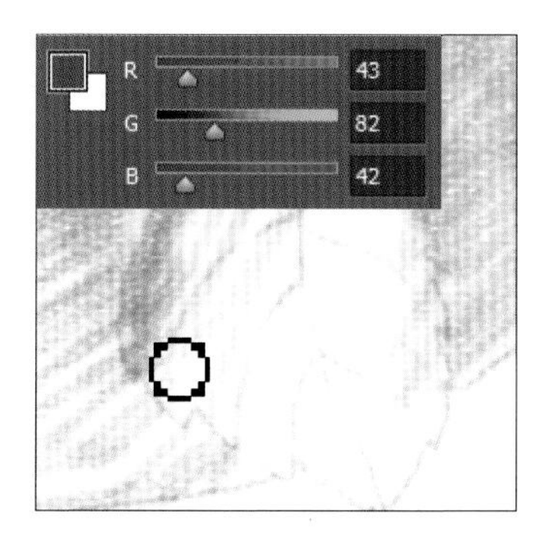

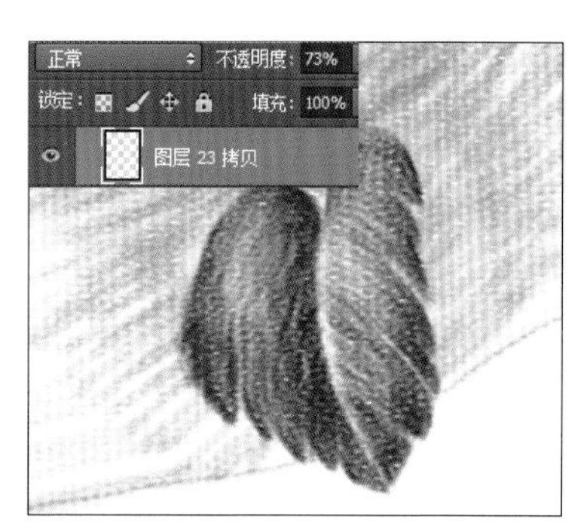

50 单击“图层”面板中的“创建新图层”按钮，创建“图层 24”图层。打开“颜色”面板，在面板中设置颜色为 R12、G152、B104，用画笔涂抹叶子受光区域，使涂抹区域的颜色变得更亮一些。

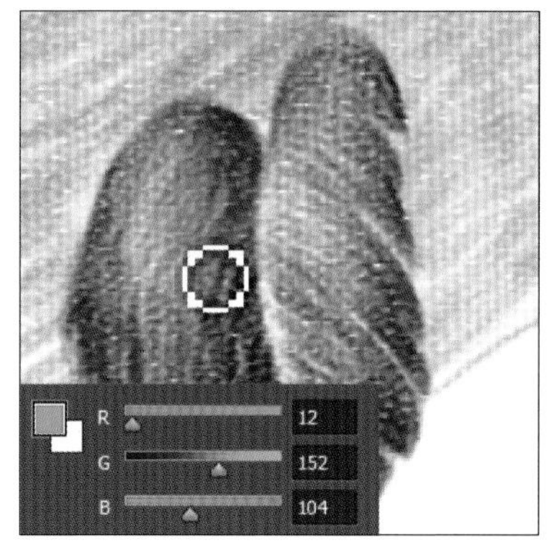

51 最后，为了让图像更完整，可以再对纸张进行上色。创建“图层 25”图层，打开“颜色”面板，设置前景色为 R154、G152、B21，在纸张上面涂抹上色，根据光线照射的角度，通过颜色的变化表现明暗层次。至此这幅作品就绘制完成了。

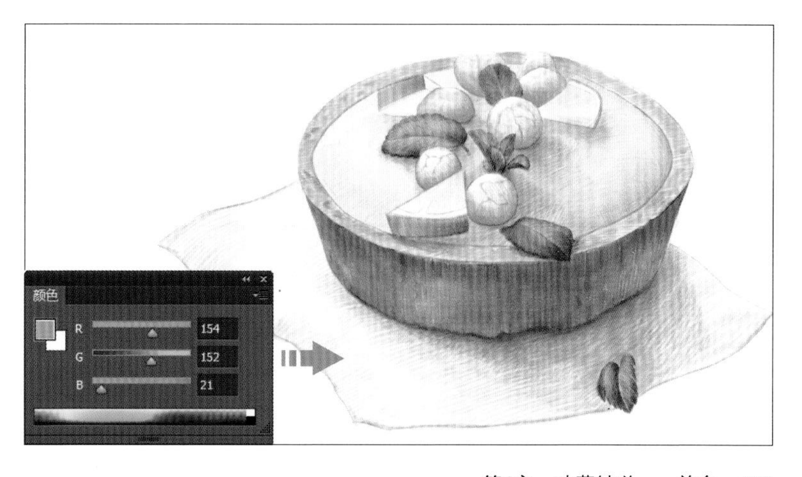

4.5 冰爽饮品

柠檬，味酸，富含维生素 C。在炎热的夏季，用晶莹剔透的玻璃杯盛上冰爽的柠檬水慢慢品饮，令人心旷神怡、暑气顿消。

绘画要点

由于玻璃具有透明、易反光等特点，所以它会根据周围环境色的不同而折射出不同的颜色，在绘制的时候需要着重表现这些特点。对于透明的玻璃杯，可以把高光部分通过留白的方式表现，并且在绘制的时候，要根据杯子和柠檬片的外形排线。

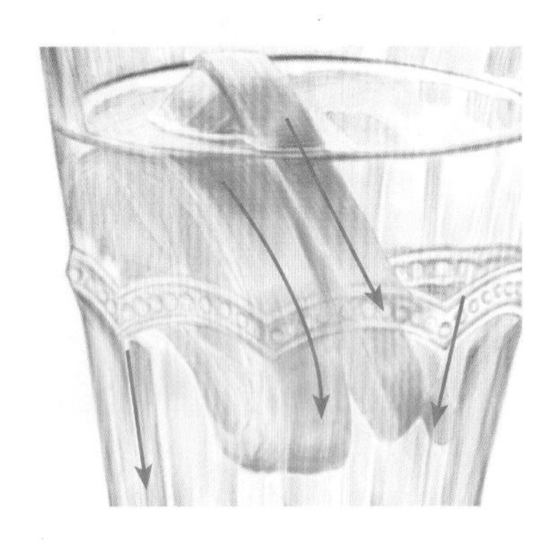

色彩搭配

图像以淡蓝色为主色，搭配黄色的柠檬片，形成鲜艳的色彩反差，给人以清凉、舒爽的感受。

源文件 随书资源 \ 源文件 \04\ 冰爽饮品 .psd

01 执行“文件 > 新建”菜单命令，打开“新建”对话框，在“名称”框中输入“冰爽饮品”，并对新建文件的大小进行设置，单击“确定”按钮，新建文件。

02 打开“图层”面板，单击面板底部的“创建新图层”按钮，创建新图层，双击新建图层，将图层重新命名为“线稿 1”图层。

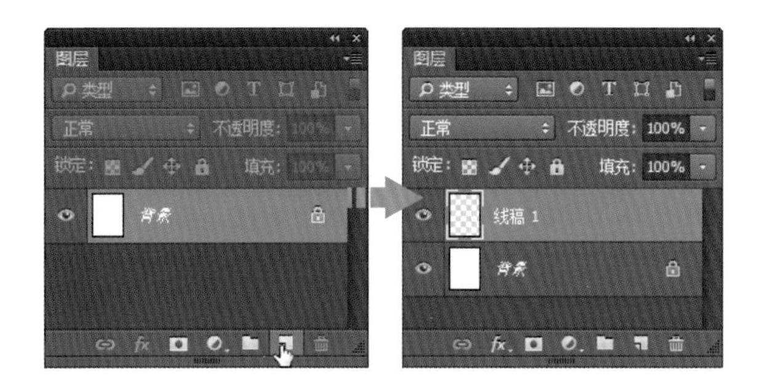

03 单击工具箱中的“画笔工具”按钮，选中“画笔工具”，单击工具选项栏中的“点按可打开‘工具预设’选取器”按钮，在打开的“工具预设”选取器下方单击选中“2B 铅笔”画笔预设，选择后工具箱中会自动根据所选画笔更改画笔笔尖颜色。

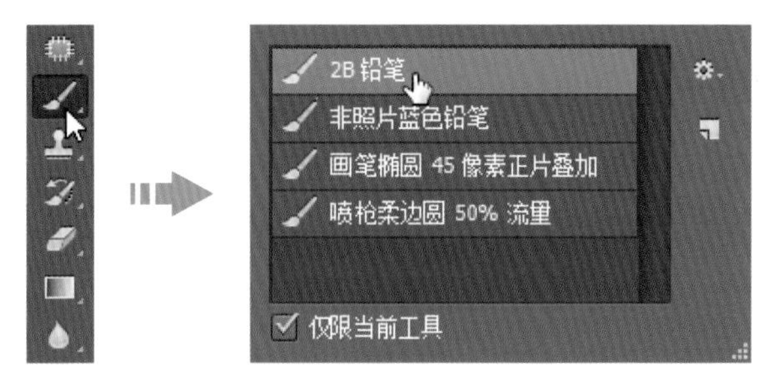

04 确保“线稿”图层为选中状态，通过对物体的观察，确立光源后，用选择的“2B 铅笔”画笔勾画玻璃杯轮廓以及玻璃杯的内外壁、杯身的花纹等。

05 透明的玻璃杯颜色略显单一，所以单击“创建新图层”按钮，新建“线稿 2”图层，再用画笔勾画出两片柠檬的线稿部分。

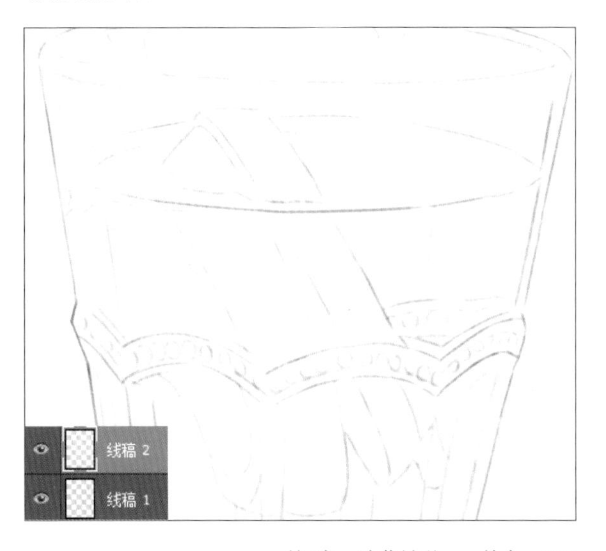

06 杯座的颜色相对单一，所以从杯座部分开始对图像上色。新建“杯子”图层组，在图层组中创建新图层，打开“颜色”面板，设置前景色为 **R55**、**G74**、**B72**，在“画笔工具”选项栏中设置画笔的“不透明度”为 **20%**，运用画笔沿杯座外缘和体现厚度的地方上色。

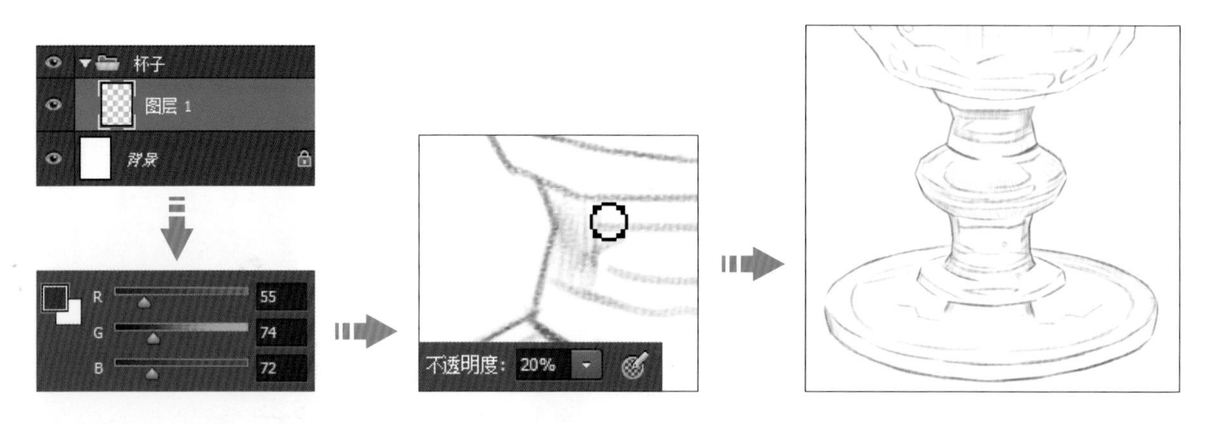

07 新建“图层 2”图层，打开“颜色”面板，设置前景色为 **R12**、**G68**、**B151**，运用画笔绘制杯座部分，加强杯座的体积感。绘制时根据光影特点，暗部可以反复涂抹，加深颜色。

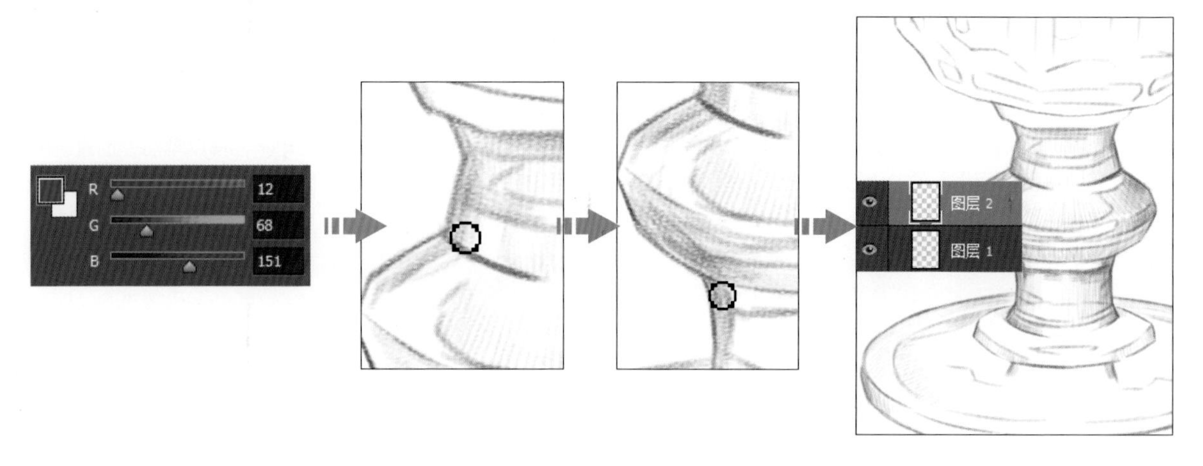

08 创建“图层 3”图层，打开“颜色”面板，设置前景色为 **R178**、**G188**、**B186**，运用画笔在背光部分涂抹，增强其层次感。

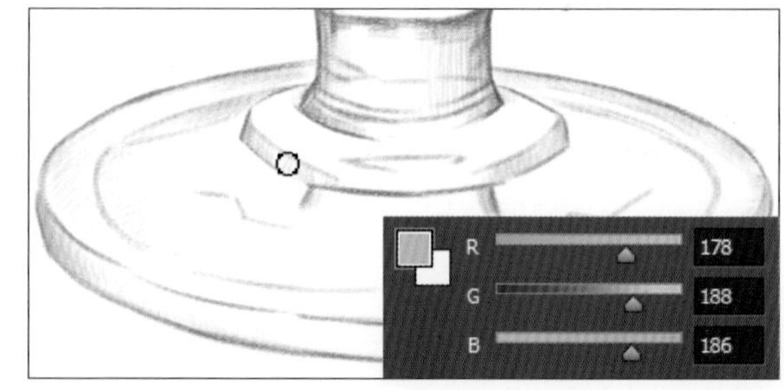

09 创建“图层 4”图层，打开“颜色”面板，设置前景色为 R122、G114、B91，选择“画笔工具”，设置画笔“不透明度”为 10%，在杯子上部涂抹上色。绘制时需要注意勾勒出杯子的厚度感和花纹。

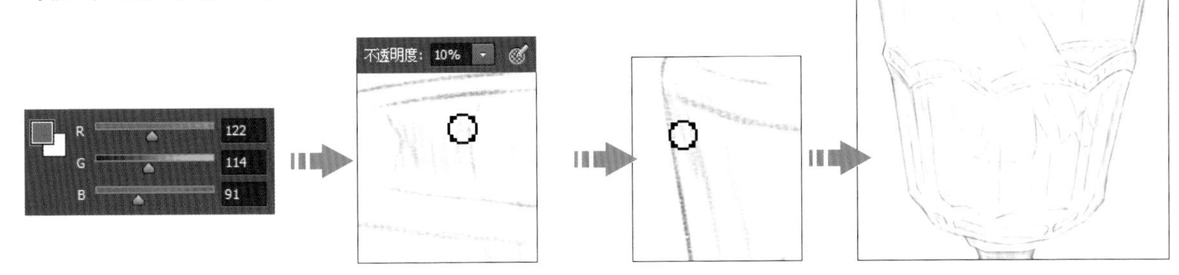

10 创建“图层 5”图层，打开“颜色”面板，设置前景色为 R29、G48、B76，调整画笔的“不透明度”为 50%。运用画笔再次绘制杯座的暗部，加深颜色，使杯座明暗层次更突出。

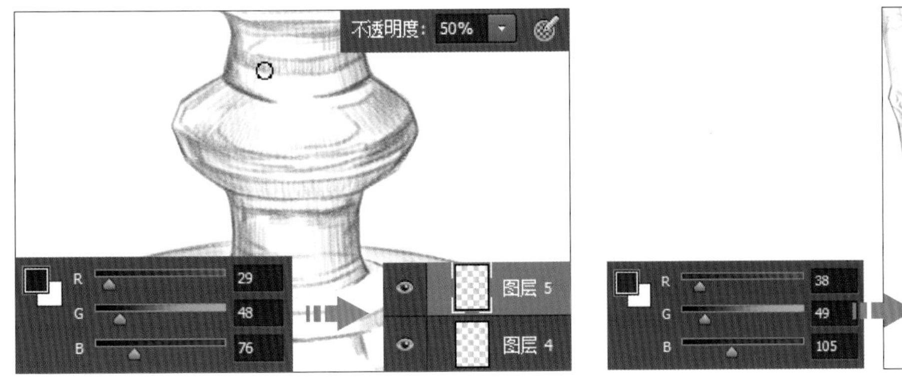

11 为了让图像色调更统一，杯身部分也辅助添加一些深蓝色。选择“图层 5”，打开“颜色”面板，设置前景色为 R38、G49、B105，运用画笔在杯身部分绘制上色。

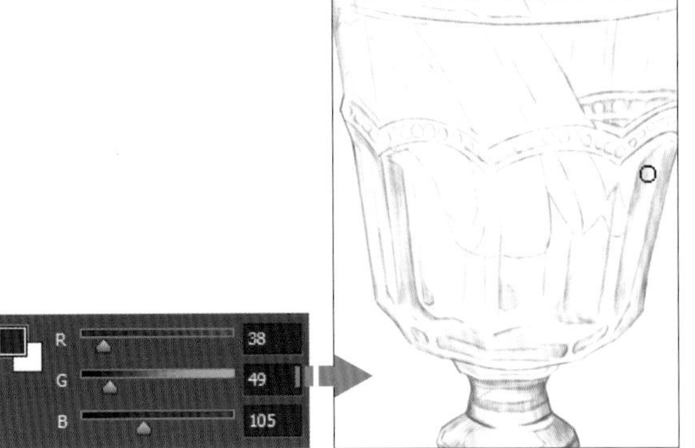

12 单击工具箱中的“设置前景色”按钮，在打开的“拾色器（前景色）”对话框中设置颜色值为 R134、G205、B245，创建“图层 6”，继续用画笔描绘杯座，叠加更丰富的颜色效果。

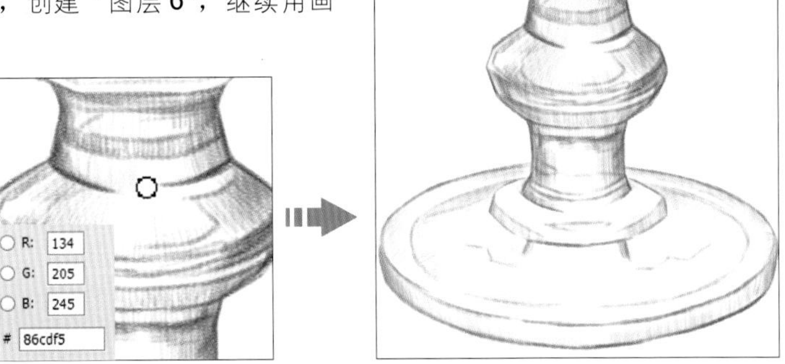

13 单击工具箱中的“设置前景色”按钮，在打开的“拾色器（前景色）”对话框中设置颜色值为 **R103**、**G194**、**B177**，降低画笔“不透明度”为 **20%**，创建“图层 **7**”，绘制杯身，强调杯身结构和线条。

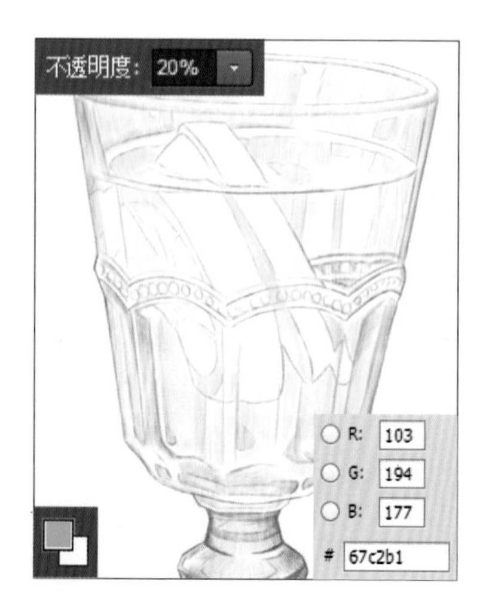

14 创建“图层 **8**”，单击工具箱中的“设置前景色”按钮，在打开的“拾色器（前景色）”对话框中设置颜色值为 **R104**、**G153**、**B209**，继续用画笔对杯身上色，强调其结构和明暗层次。

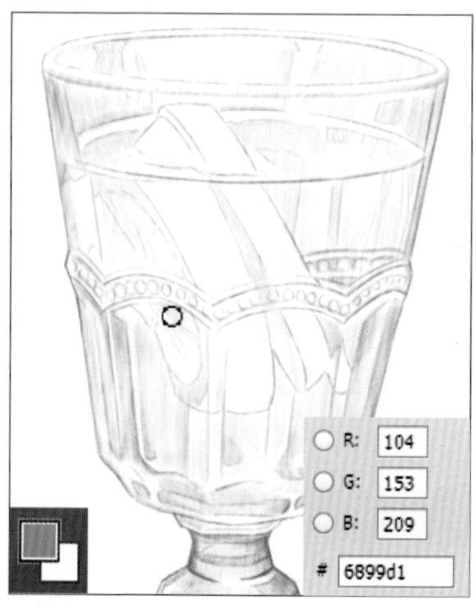

15 创建“图层 **9**”，单击工具箱中的“设置前景色”按钮，在打开的“拾色器（前景色）”对话框中设置颜色值为 **R46**、**G77**、**B157**，使用画笔在杯身左上方位置涂抹，增强立体感。

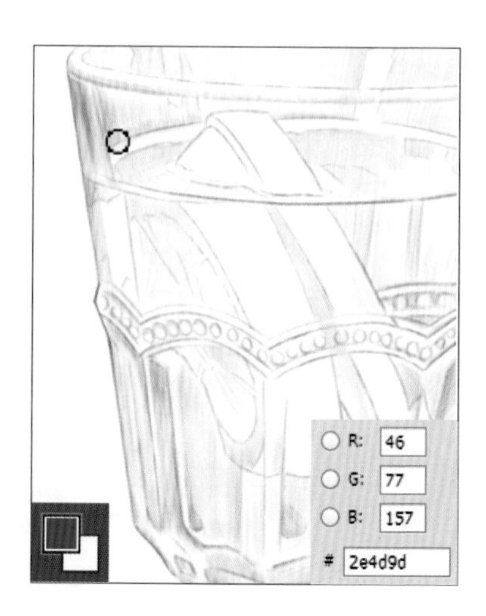

16 打开“颜色”面板，在面板中设置前景色为 **R55**、**G74**、**B72**，创建“图层 **10**”，使用画笔在杯身右上方位置涂抹，叠加更深的颜色。

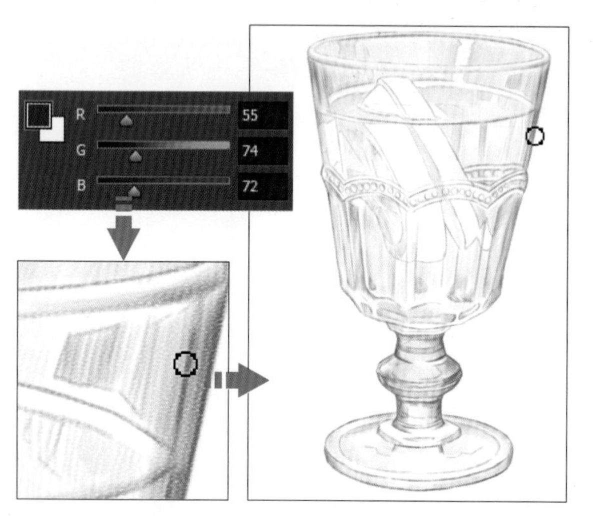

17 为强调杯身的轮廓，创建“图层 **11**”，打开“颜色”面板，设置前景色为 **R38**、**G48**、**B104**，运用画笔在杯身的一些转折棱角位置绘制，叠加颜色。

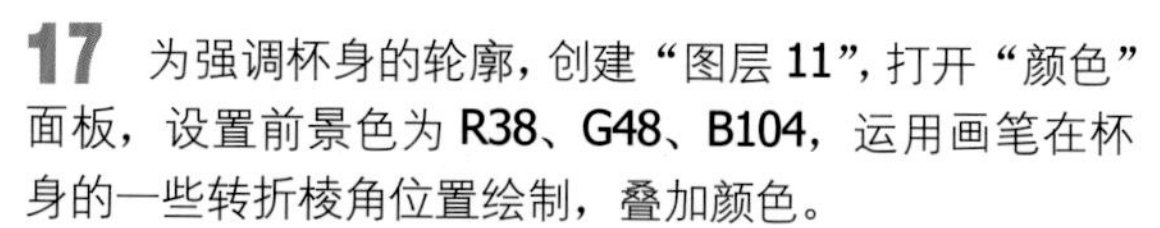

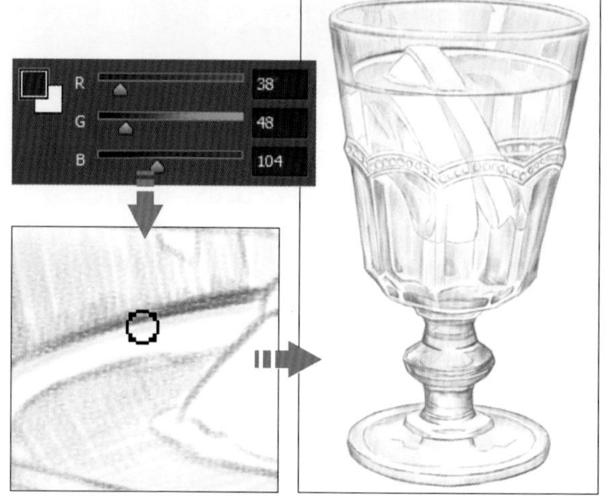

18 创建“图层 12”，打开“颜色”面板，设置前景色为 R53、G36、B20，将画笔移至杯座和杯身的连接位置，通过绘制叠加颜色。

19 选择“图层 12”，打开“颜色”面板，设置颜色值为 R44、G30、B54，设置画笔“不透明度”为 7%，用画笔描绘杯座的暗部，叠加颜色，使暗部颜色变得更深。

20 为了快速地为底座大面积上色，打开“画笔”面板，在“画笔选取器”中单击选择“柔边圆”画笔，继续在底座上涂抹，叠加更丰富的颜色。

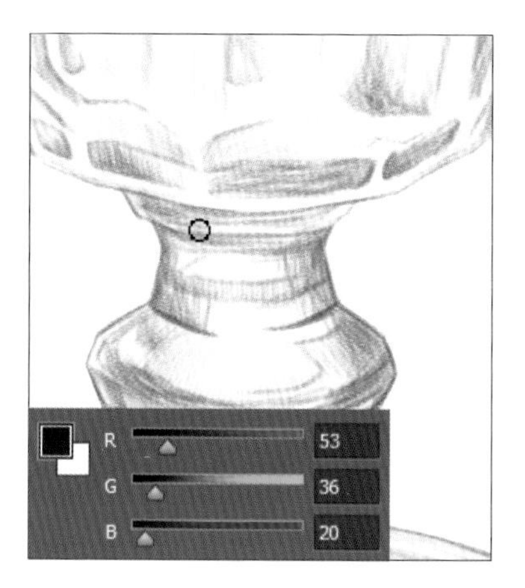

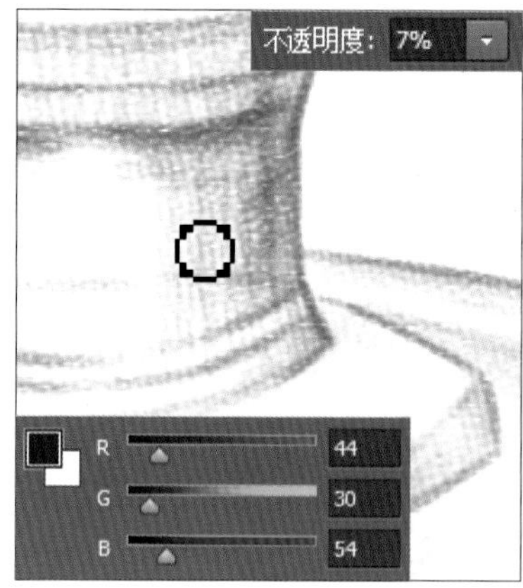

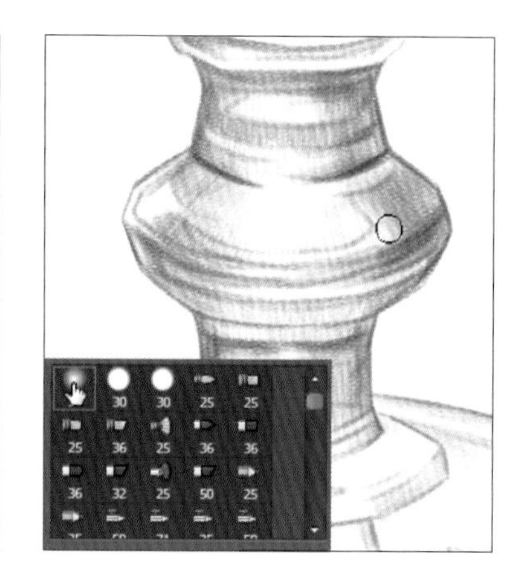

21 创建“图层 13”，选择“画笔工具”，重新在“工具预设”选取器中选择“2B 铅笔”画笔，打开“颜色”面板，设置前景色为 R126、G202、B241，调整画笔“不透明度”为 50%，用画笔绘制，为杯座叠加一些细节，使其更有立体感，更真实。

22 打开“颜色”面板，设置前景色为 R44、G47、B59，创建“图层 14”，选择“柔边圆”画笔，为杯子绘制自然的阴影。

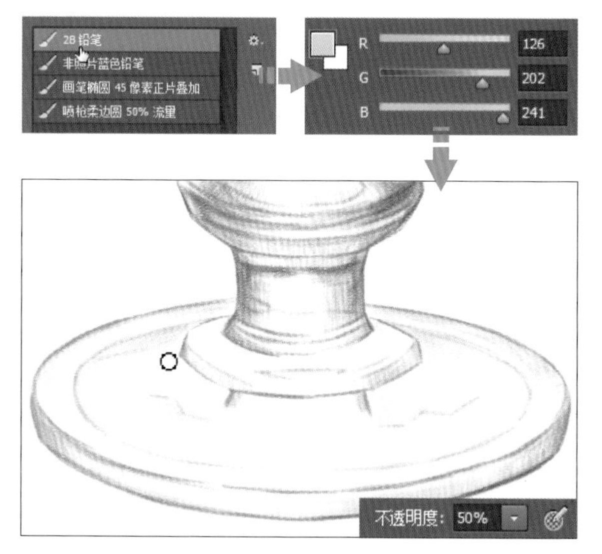

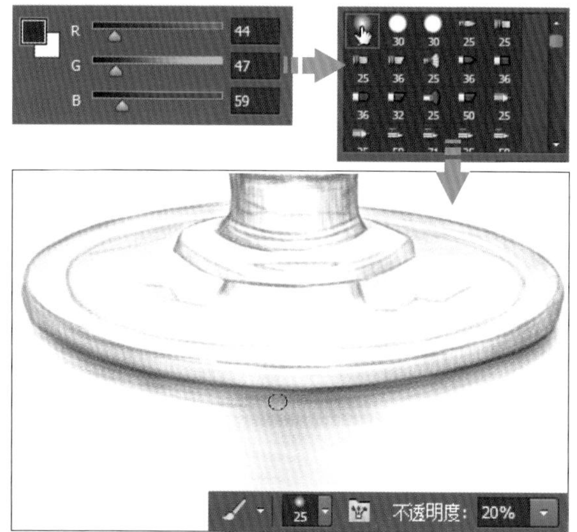

23 创建“图层 15”,打开“画笔”面板,在“画笔选取器”中选择“侵蚀点”画笔,调整画笔笔尖。打开“颜色”面板,设置前景色为 R41、G47、B121,在杯子底座位置涂抹,得到更自然的色彩过渡效果。

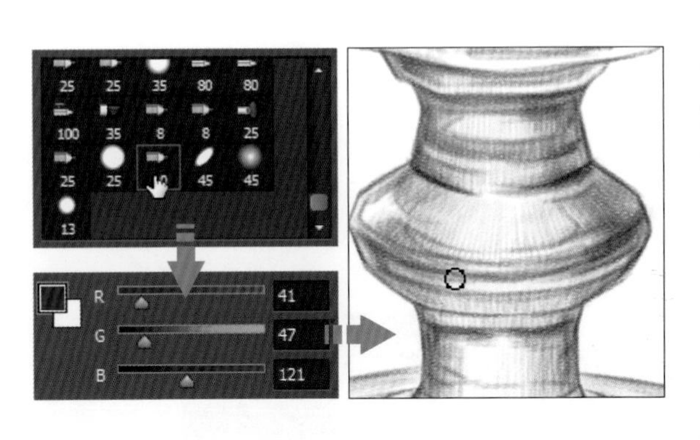

24 为强调玻璃杯硬朗的外形以及杯身上的花纹,可以适当加深部分颜色。选择“图层 15”,在“颜色”面板中设置前景色为 R102、G107、B138,运用画笔在转折棱角以及花纹旁边绘制,叠加颜色。

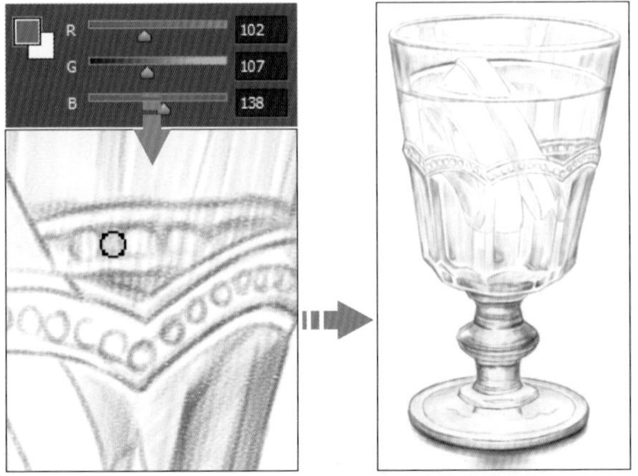

25 创建“柠檬”图层组,在图层组中创建新图层。打开“颜色”面板,设置前景色为 R250、G226、B56。在“画笔工具”选项栏中设置“不透明度”为 50%,在柠檬片上绘制上色,注意两片柠檬之间遮挡部分用色较深。

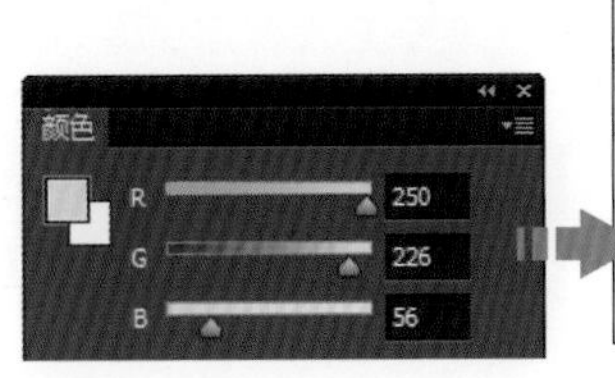

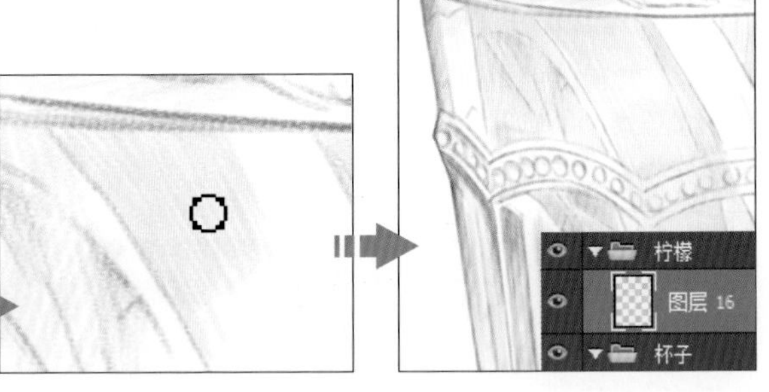

26 为增强柠檬的颜色,选中“图层 16”图层,按下快捷键 Ctrl+J,复制图层,得到“图层 16 拷贝”图层。

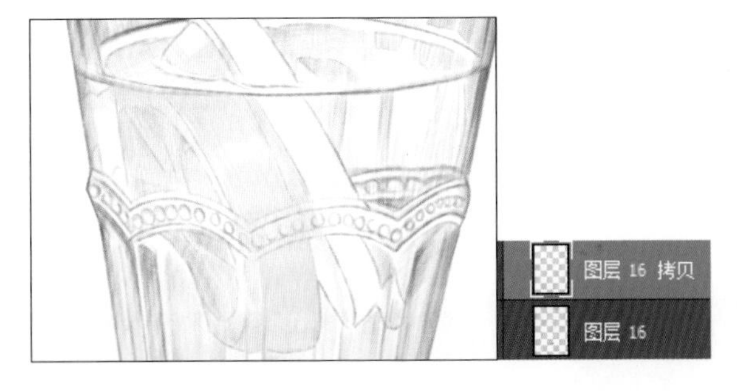

27 打开“颜色”面板,更改前景色为 R252、G230、B122,在柠檬片中间留白的高光位置涂抹,叠加颜色。

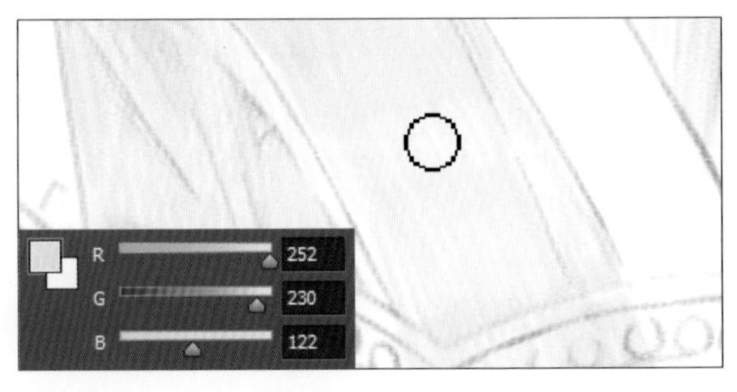

28 完成一片柠檬上色后，下面再为另一片柠檬上色。创建“图层 17”，打开“颜色”面板，设置前景色为 R250、G226、B56，将画笔移到右侧的柠檬片位置，运用画笔描绘上色，同时由于光的反射和折射，在靠近杯壁和上杯缘、杯底等地方也要绘制相似的颜色。

29 同样为了加深颜色，选中“图层 17”图层，按下快捷键 Ctrl+J，复制图层，得到“图层 17 拷贝”图层。

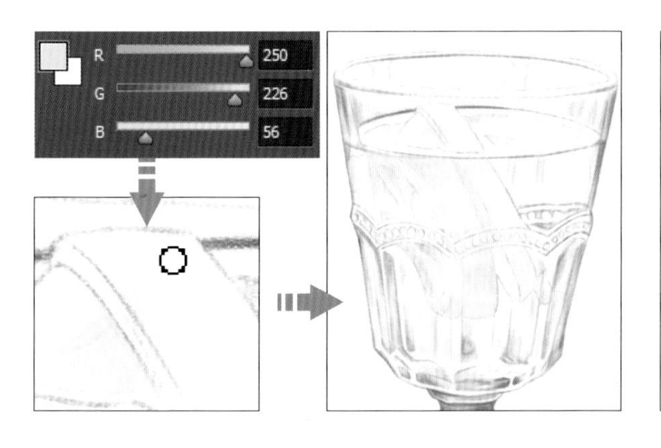

30 创建新图层，打开“颜色”面板，设置前景色为 R238、G113、B26。在“画笔工具”选项栏中设置“不透明度”为 20%，用画笔为柠檬上重色。

31 上色后发现颜色偏深，因此选中上一步创建的“图层 18”图层，降低此图层的“不透明度”为 70%。

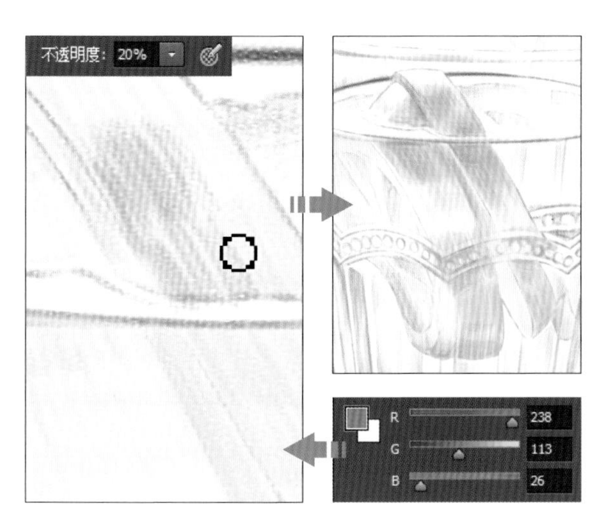

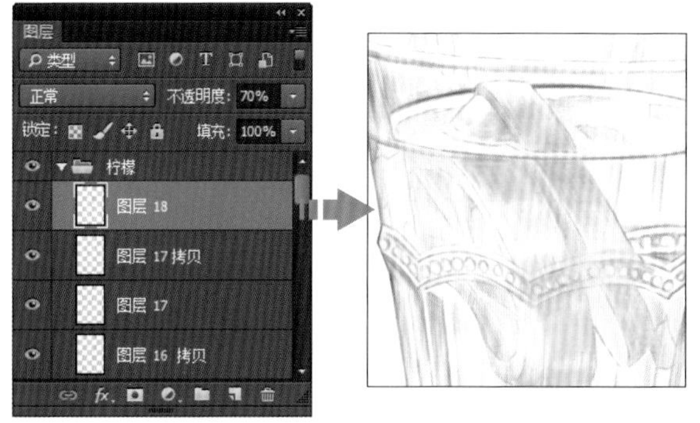

技巧提示　更改颜色深度

使用“画笔工具”绘画时，若绘制的图像颜色太深，除了可以降低图层“不透明度”以外，也可以先在“画笔工具”选项栏中降低画笔的不透明度后再进行绘制。

32 由于受到环境影响，杯身上会出现绿色。创建“图层 19”图层，打开“颜色”面板，设置前景色为 R109、G107、B52，运用画笔在杯身上涂抹，叠加一层淡淡的绿色。

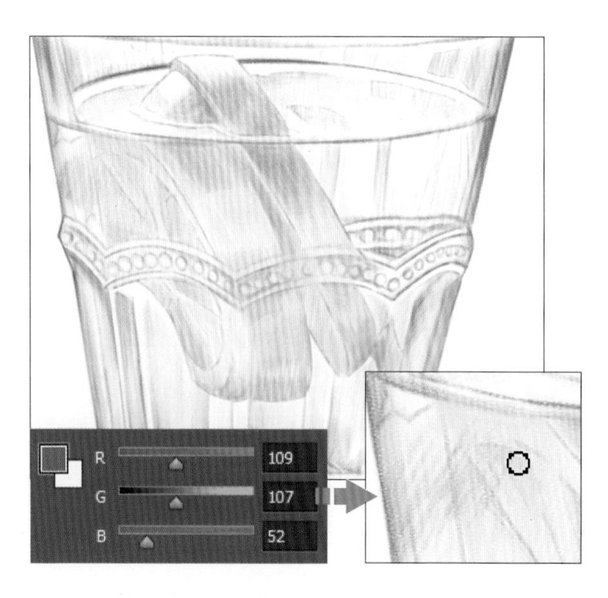

33 创建“图层 20”图层，打开“颜色”面板，设置前景色为 R162、G93、B35，设置画笔“不透明度”为 40%，在柠檬片与杯身相交的位置涂抹，叠加颜色。

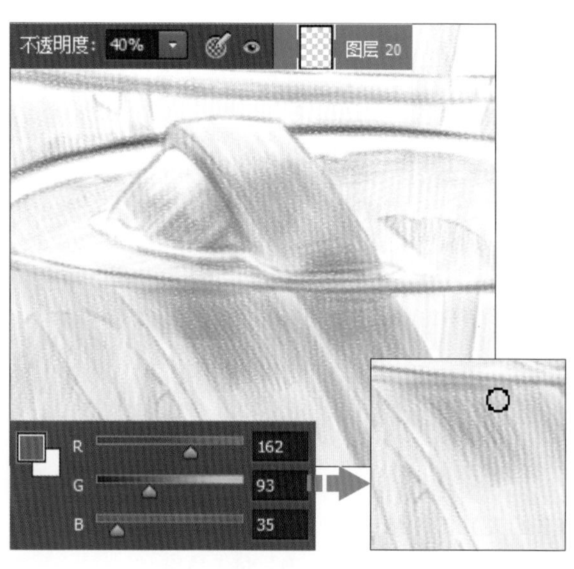

34 为突出杯中的饮品，打开“颜色”面板，设置前景色为 R176、G137、B79，再用画笔在杯中水的边缘处以及杯口边缘绘制，叠加淡淡的黄色。

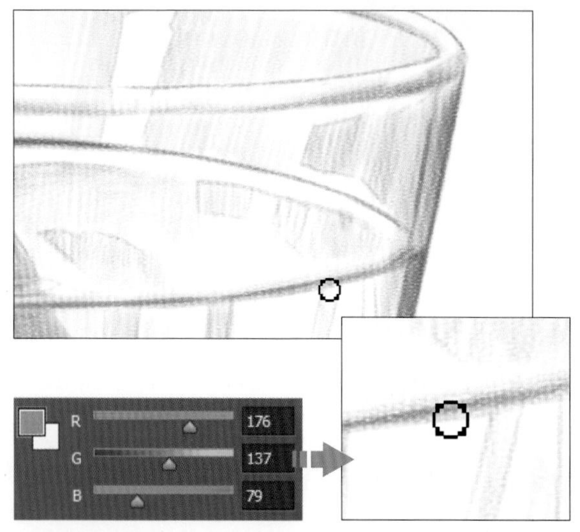

35 打开“颜色”面板，设置前景色为 R226、G153、B60，使用画笔在黄色的柠檬片下方描绘，叠加颜色，使柠檬片的颜色过渡更自然。

36 在“颜色”面板中设置前景色为R129、G100、B39，单击“图层”面板中的“创建新图层”按钮，新建“图层 21”图层，在靠近杯体处的柠檬片上涂抹，为柠檬片绘制更深的颜色。

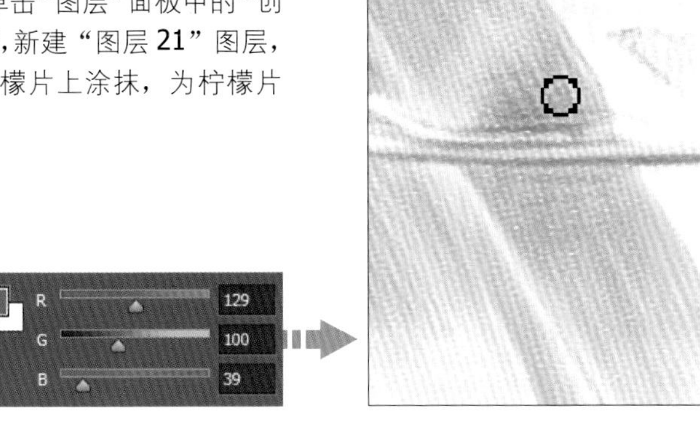

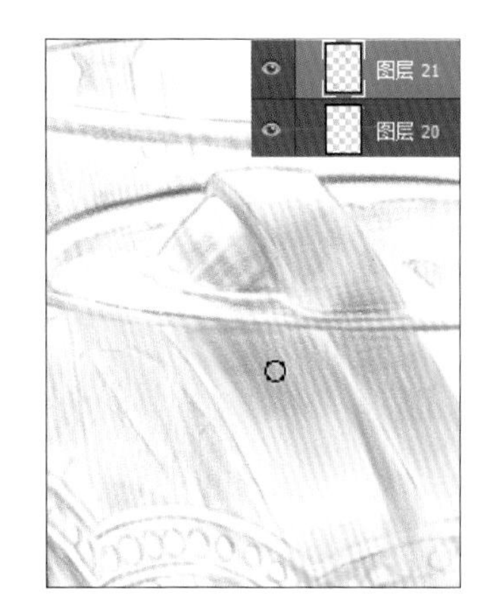

37 打开“颜色”面板，分别设置前景色为R158、G102、B36和R206、G154、B67。运用画笔继续在靠近杯体处的柠檬片以及杯身上描绘，叠加更多的颜色，使图像的颜色更加丰富。

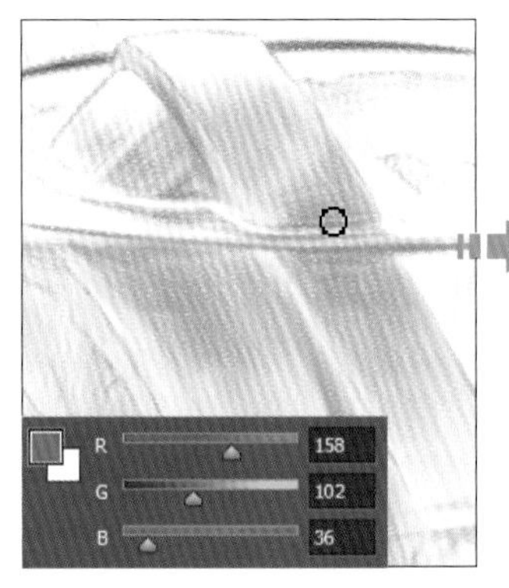

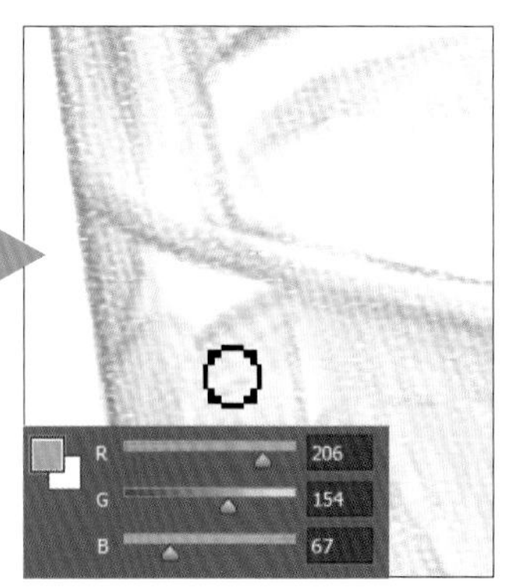

38 最后在“图层”面板中选中“线稿 2”图层，设置图层混合模式为“正片叠底”、“不透明度”为41%，再选择“线稿 1”图层，设置图层混合模式为“正片叠底”、“不透明度”为44%，设置后降低了图像中的线稿不透明度，至此，已完成本实例的绘制。

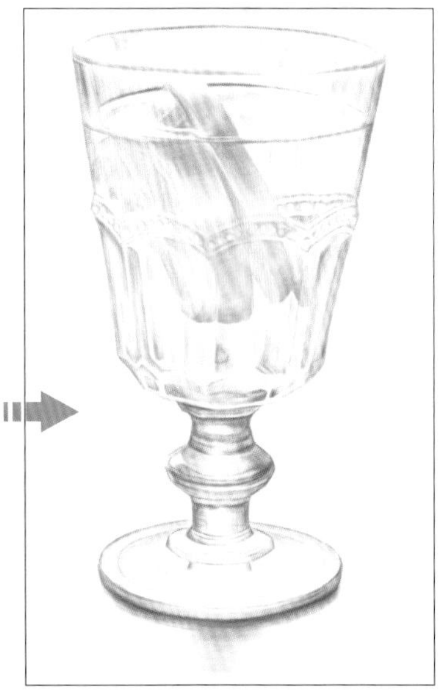

第5章 花之秘语——花卉

自然界中的各种花卉安静却充满活力，姿态万千，风姿绰约，是经久不衰的绘画题材，数码手绘也不例外。本章将详细讲解三种花卉的绘制方法。

5.1 花卉纹理的表现技法

大多数花卉最具观赏价值的部分是花朵和叶子，它们也是绘制的重点对象，需要通过不同的排线方式和色彩将花瓣和叶脉的纹理表现出来。

1. 根据花瓣走向绘制

在绘制花朵时，需要根据花瓣的外形特点来安排画笔的走向，并且需要根据其走向来排线。对于暗部区域，可以加重色彩，而亮部区域则可以减弱色彩，从而将花瓣上的肌理表现出来。下面的三幅图像均为本章所绘制的花朵，从图像上可以看出，花瓣的形状不同，其纹理走向也有极大的差别。

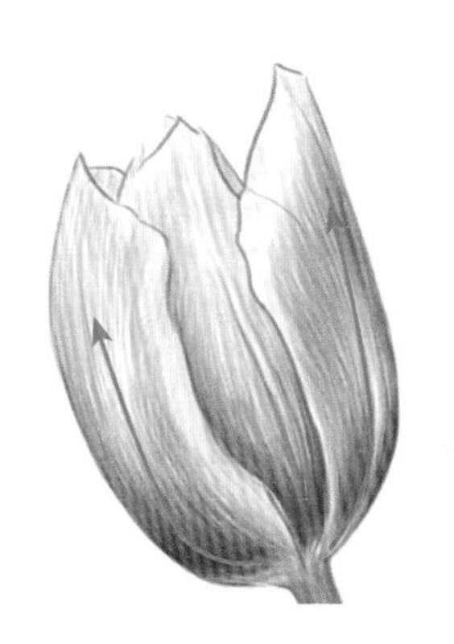

2. 根据叶子走向绘制

叶子部分的绘制同样需要根据叶片的走向来排线，使叶子的肌理更加突出。绘制叶子时要根据叶子的形状来确定绘制的线条的长短。以右侧的郁金香和玫瑰的叶子为例，由于郁金香的叶子较长，所以绘制时采用了较长一些的线条描绘，这样能使叶子上面的线条纹理更自然；玫瑰的叶子较短，不宜用长线条，而是要用较短的线条绘制，并且为了让叶片更逼真，还在叶片的边缘画出了锯齿。

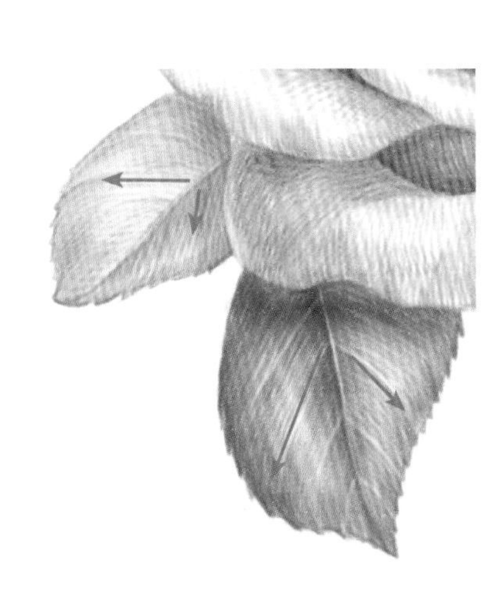

5.2 紫玉兰

紫玉兰又称木兰、辛夷，主要分布在湖北、四川、云南西北部。紫玉兰树形婀娜、花繁色艳、芳香淡雅，孤植或丛植都很美观，是优良的庭园、街道绿化植物。

绘画要点

源文件 随书资源 \ 源文件 \05\ 紫玉兰 .psd

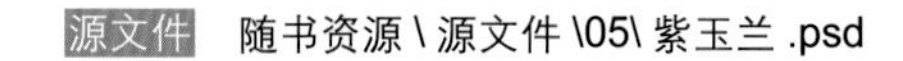

紫玉兰的花瓣较厚，且内外的颜色反差较大，通常朝花蕊方向的颜色较淡，所以在绘制时选择较淡的颜色来上色，而紫玉兰花瓣前端有一个大弧度，因为外鼓，所以在绘制时可以适当的留白，以表现其高光质感。

色彩搭配

大面积的粉红和紫色构成了画面的主色调，通过不同深度的色彩将花朵的层次、肌理表现出来，给人以和谐的印象。

01 执行“文件 > 新建”菜单命令，打开“新建”对话框，在“名称”文本框中输入“紫玉兰”，然后在下方设置新建文件的大小，设置后单击“确定”按钮，新建文件。

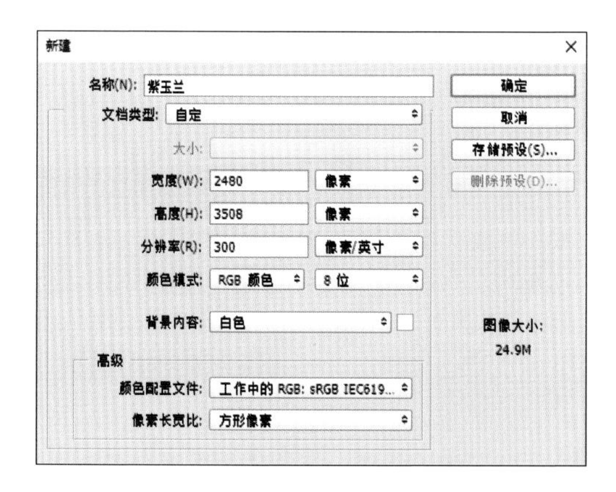

02 单击“图层”面板中的“创建新图层”按钮，新建“图层 1”图层，双击“图层 1”图层名，将图层重新命名为“线稿”。

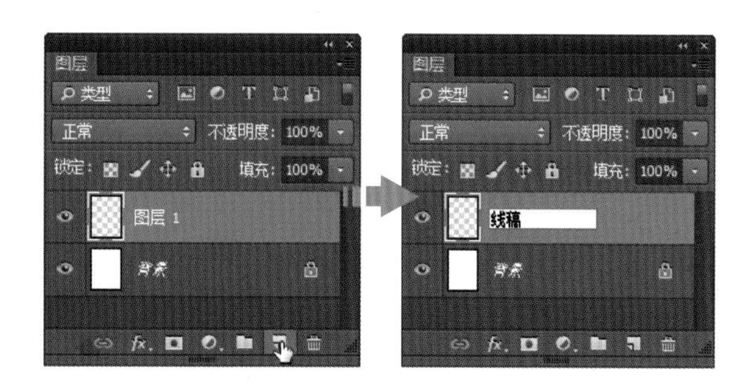

03 单击工具箱中的“画笔工具”按钮，选中“画笔工具”，单击工具选项栏中的“点按可打开‘工具预设’选取器”按钮，在打开的“工具预设”选取器下方单击选中“2B 铅笔”画笔预设。

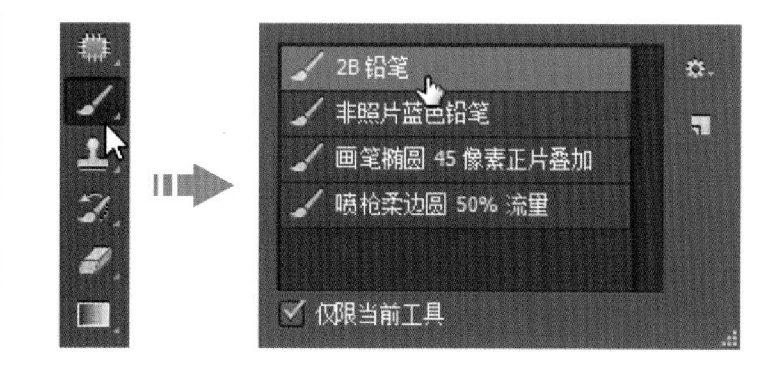

技巧提示　创建新图层

数码手绘中为方便修改，经常会需要创建新图层。可以单击“创建新图层”按钮创建，也可以执行“图层>新建>图层”菜单命令，打开“新建图层”对话框，在对话框中设置选项新建图层。

04 确保“线稿”图层为选中状态，在工具箱中可以看到画笔颜色为深灰色，将鼠标指针移至文件中间位置，绘制花朵外框线条，完成花朵线稿的绘制。

05 接下来是为花朵铺底色，单击“图层”面板底部的“创建新组”按钮▢，新建图层组，将创建的图层组命名为“花朵 1”，再单击“创建新图层”按钮，在“花朵 1”图层组下创建“图层 1”图层。

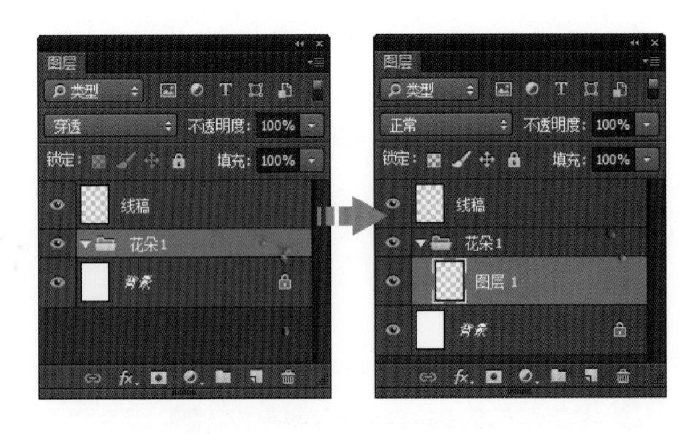

06 执行“窗口 > 颜色”面板，打开“颜色”面板，在面板中根据花朵颜色，将颜色值设置为 R178、G108、B156，在视觉中心的花朵的底部位置开始涂抹，进行图像的着色。

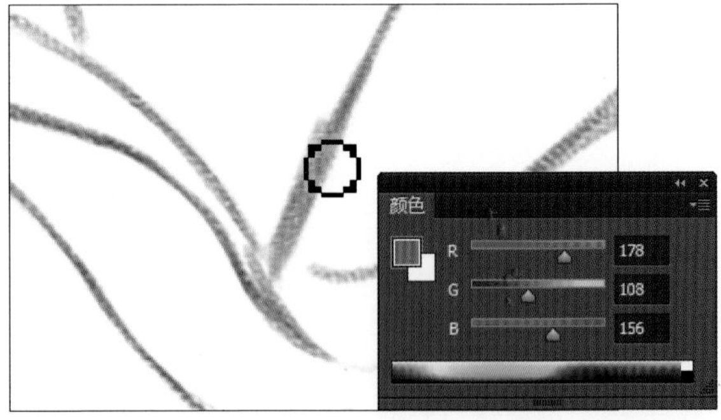

07 为了把花朵基本的体积感表现出来，在“画笔工具”选项栏中设置画笔的“不透明度”为 28%，继续在花瓣边缘位置涂抹，绘制颜色。

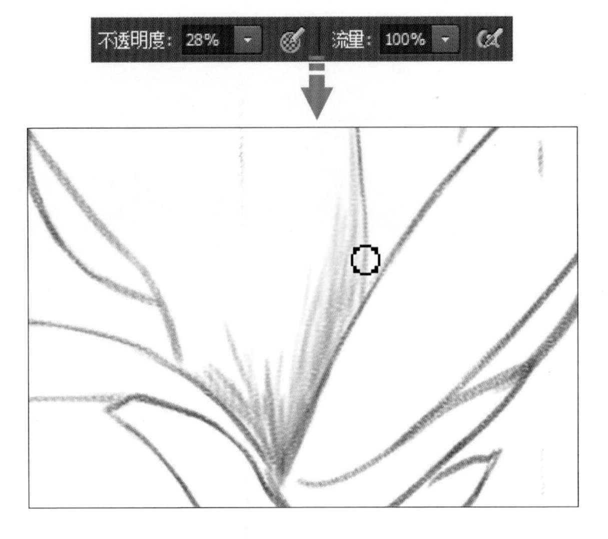

08 跟随花瓣的纹理，继续使用画笔在图像上涂抹，绘制出有起伏感的花瓣效果。

技巧提示

将图层移入图层组

如果在开始绘制图像时没有创建图层组，也可以在绘制完成后再创建图层组，然后选中图层，将图层分别拖入对应的图层组中。

09 为让花瓣更有层次感，下面对整朵花进行叠色。在“图层 1”图层上方新建“图层 2”图层，选择“画笔工具”，调整“不透明度”为 80%，在花瓣的底部位置涂抹。

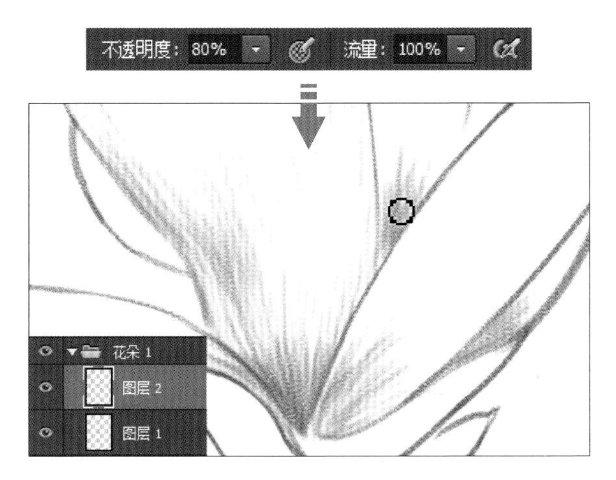

10 在“画笔工具”选项栏中设置画笔的“不透明度”为 15%，继续在花瓣位置进行绘制，叠加颜色。

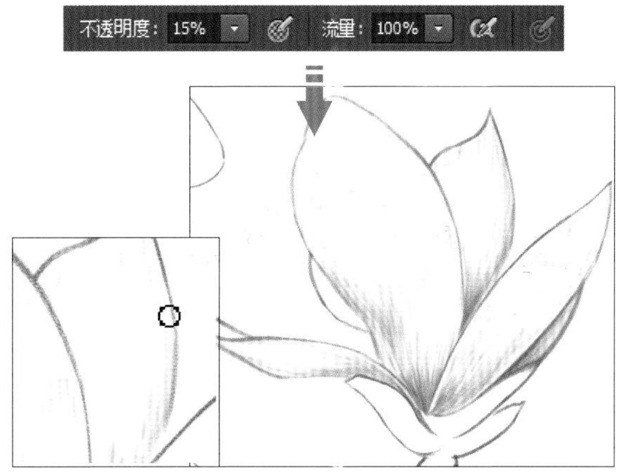

11 打开“颜色”面板，在面板中拖曳颜色滑块，设置前景色为 R228、G112、B160。

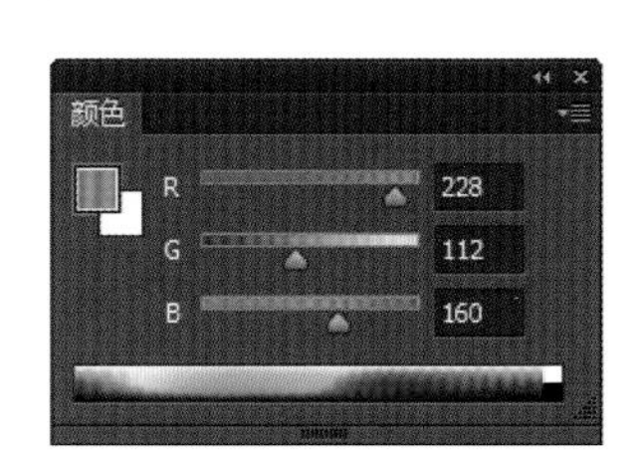

12 单击“图层”面板中的“创建新图层”按钮，新建“图层 3”图层，使用画笔涂抹花瓣暗部，叠加颜色。

13 单击“创建新图层”按钮，在“图层 3”图层上新建“图层 4”图层，继续使用画笔在花瓣边缘涂抹，突出花瓣的轮廓立体感。

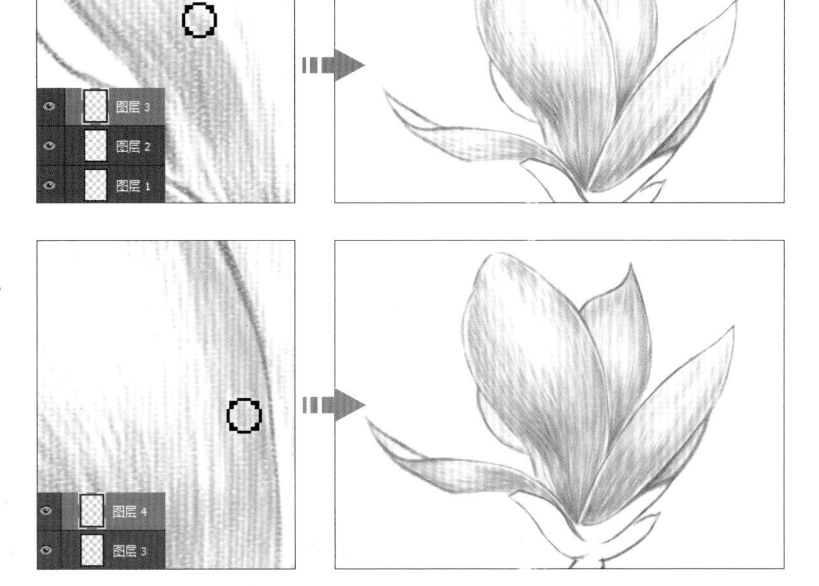

14 选中“图层4”图层，设置图层的“不透明度”为53%，使绘制的颜色与下层图像自然地融合。

15 创建“图层5”图层，打开“颜色”面板，拖曳颜色滑块，将颜色改为紫色，具体颜色值为R131、G87、B140，将画笔移到需要加重色彩的位置涂抹。

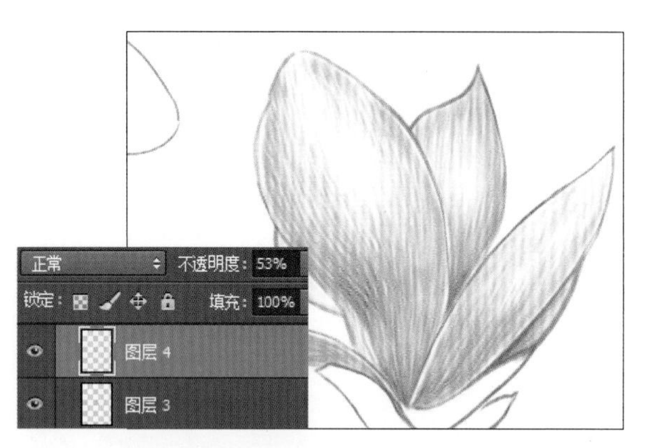

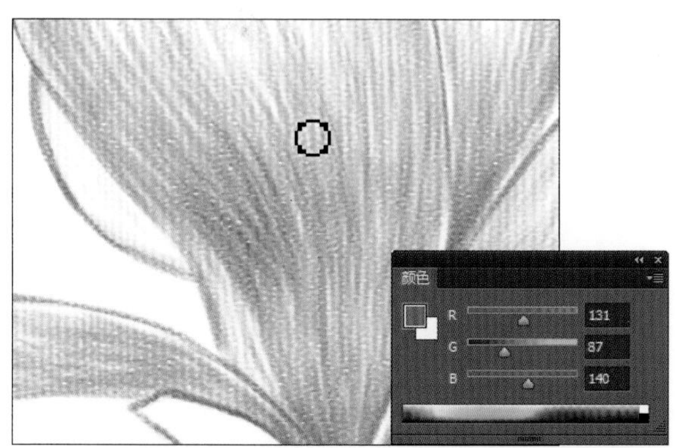

技巧提示 设置颜色

运用画笔绘画时，除了可以使用“颜色”面板中设置画笔笔触颜色外，也可以单击工具箱中的“设置前景色”按钮，打开“拾色器（前景色）”对话框，在对话框中单击或输入颜色值，设置画笔笔触颜色。

16 打开“颜色”面板，设置前景色为深红色，具体颜色值为R203、G103、B154，在“画笔工具”选项栏中设置画笔“不透明度”为80%，使用画笔在花瓣上涂抹，刻画纹理。

17 继续运用画笔在花瓣根部和要突出的纹理位置涂抹，叠加重色和阴影，绘制后降低“图层5”图层“不透明度”为89%。新建“图层6”图层，适当调整画笔颜色，在花瓣根部和边缘位置涂抹，加深颜色，使颜色过渡更自然。

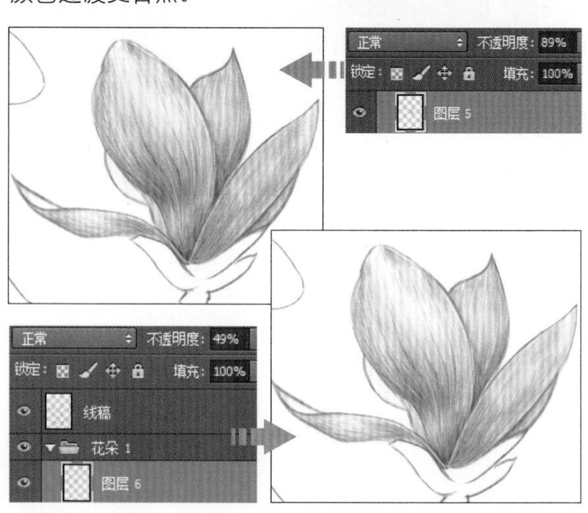

18 下面是花萼花托部分的绘制，新建“花朵 1 叶子”图层组，单击“创建新图层”按钮，在“花朵 1 叶子”图层组中创建“图层 7”图层。

19 单击工具箱中的“设置前景色”按钮，打开“拾色器（前景色）”对话框，在对话框中设置颜色为浅绿色，颜色值为 R129、G191、B82，设置后单击“确定”按钮，此时会看到工具箱中的前景色已变为新设置的颜色。

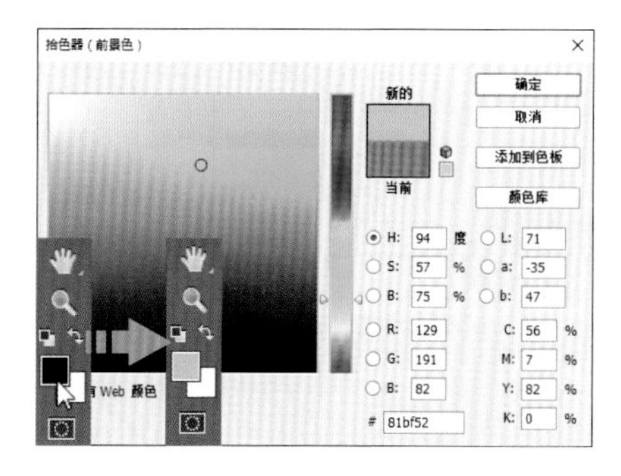

20 在“画笔工具”选项栏中设置“不透明度”为 80%，降低画笔不透明度，然后将画笔移至其中一片花萼位置，单击并涂抹，绘制图像。

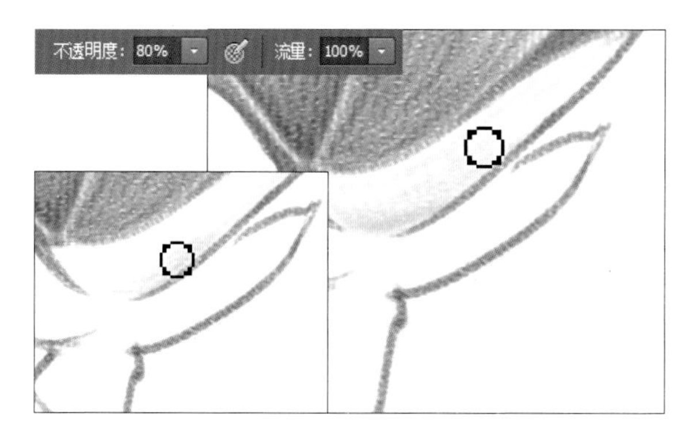

21 根据每片花萼的前后关系，继续使用画笔在另外几片花萼上涂抹，为其填充颜色。

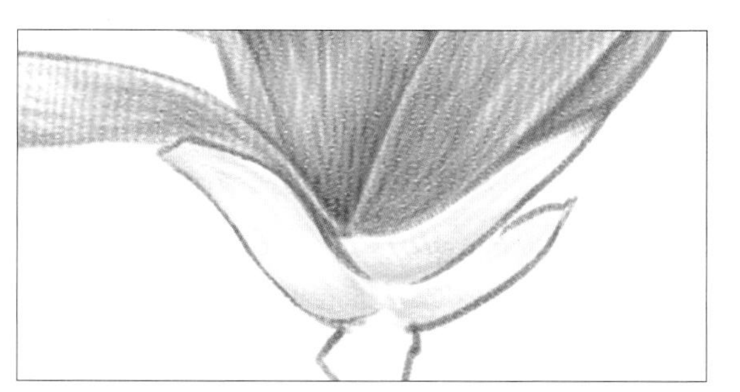

22 为了更好地表现花萼的层次，创建新图层，单击工具箱中的“设置前景色”按钮，打开“拾色器（前景色）”对话框，设置颜色为橄榄绿，具体颜色值为 R73、G95、B52，设置画笔“不透明度”为 60%，在花萼边缘位置涂抹，加深颜色，表现出花萼的厚度感。

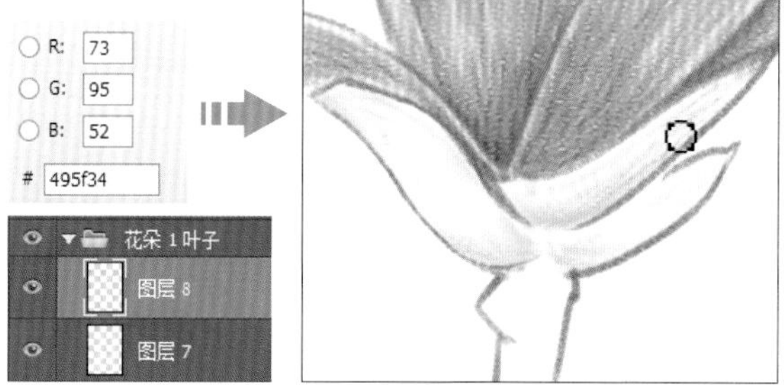

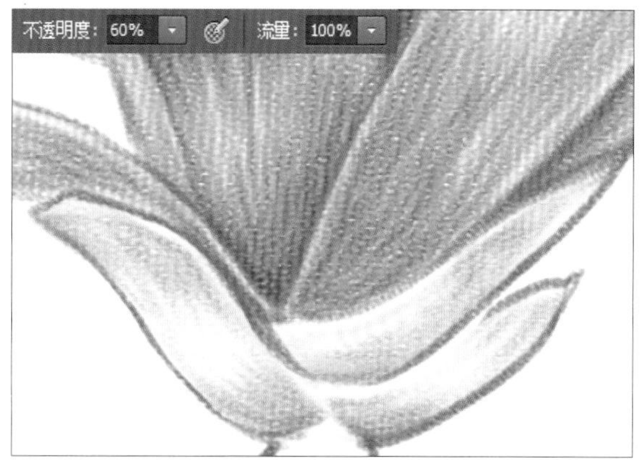

23 为了增强作品的真实感，在花萼边缘部分可以增加深褐色，以降低绿色的纯度。新建“图层 9”图层，单击工具箱中的“设置前景色”按钮，打开“拾色器（前景色）”对话框，将颜色值设置为 R51、G20、B14。在花萼部分涂抹。

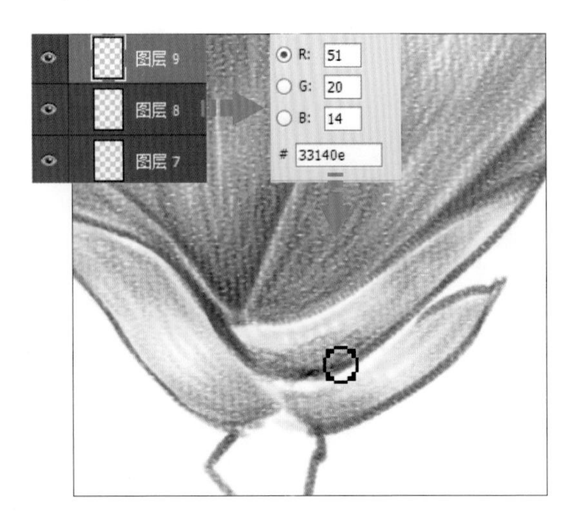

24 继续使用画笔在花朵下方的其他花萼位置涂抹，叠加深褐色，使花萼颜色显得更厚重。

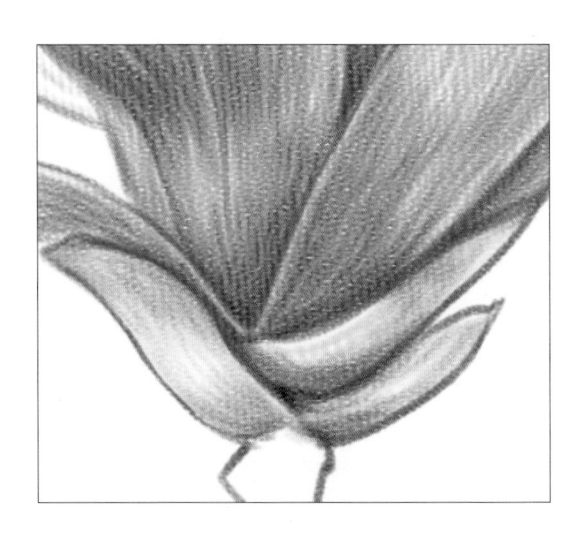

25 为了拉开花萼之间的空间关系，可以再加深花萼颜色。新建“图层 10”图层，打开“颜色”面板，设置前景色为 R150、G88、B73，运用画笔在花萼边角位置涂抹，绘制图像。至此便完成了一朵花的绘制。

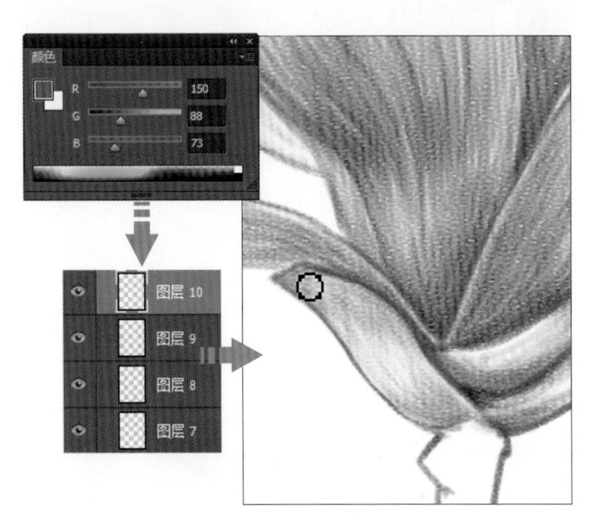

26 接下来绘制最远处的花朵。单击“图层”面板中的“创建新组”按钮，新建“花朵 2”图层组，并在“花朵 2”图层组中新建“图层 11”图层。

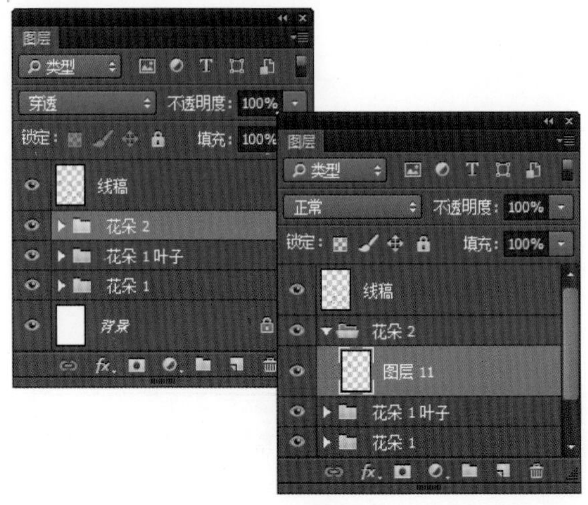

27 打开“颜色”面板，在面板中设置颜色值为R183、G49、B146，将画笔移至花瓣根部位置，向上涂抹，为花朵着色。

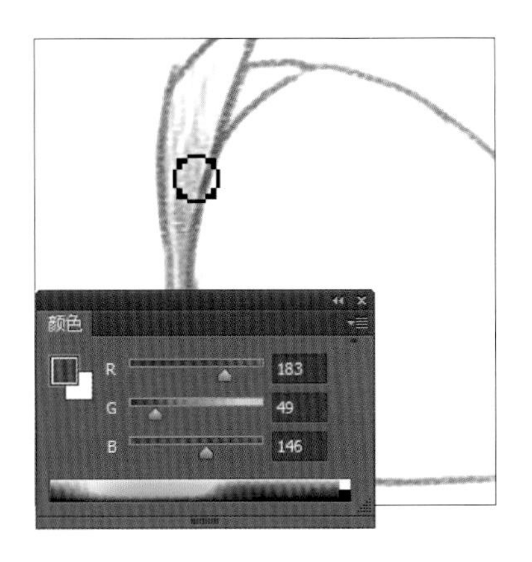

28 为了让花朵呈现自然的颜色变化，在“画笔工具”选项栏中设置画笔的“不透明度”为40%，继续沿花瓣走向在另一片花瓣底部进行绘制。

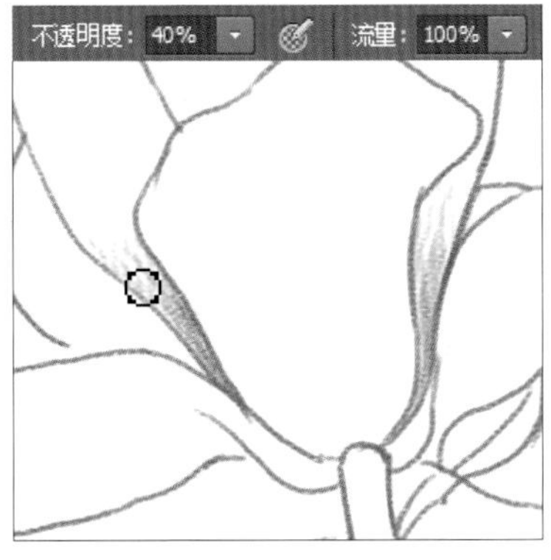

29 结合“步骤27”和“步骤28”的操作方法，运用画笔在花瓣上反复涂抹，绘制出整个花朵中花瓣部分的高光与重色。

30 观察绘制的花瓣部分，发现花瓣颜色略微偏深，在“图层”面板中选中“图层11”图层，设置此图层的“不透明度”为69%，降低不透明度效果。

31 为加深花瓣的层次肌理，再单击“图层”面板中的“创建新图层”按钮，新建“图层12”图层，将图层的“不透明度”设置为41%，继续使用画笔沿花瓣的走向进行图像的绘制，加深颜色。

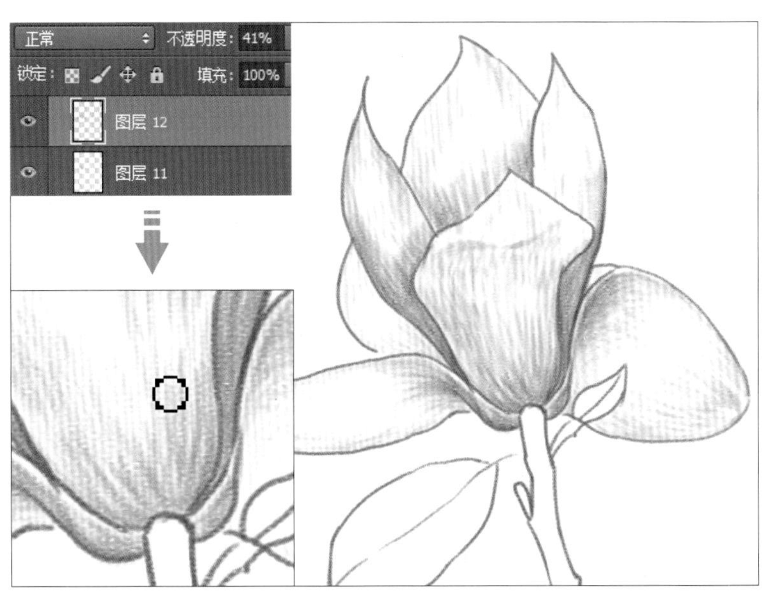

32 新建“图层 13”图层，打开“颜色”面板，设置前景色为 R229、G76、B137，使用画笔在花瓣上涂抹，为花瓣叠加颜色。

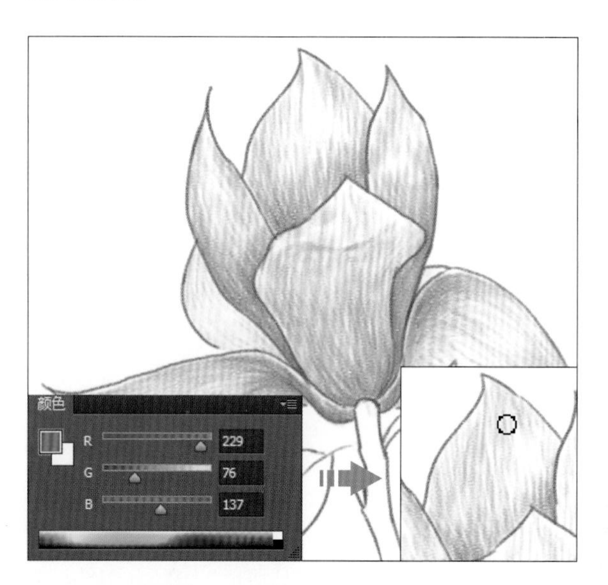

33 打开“颜色”面板，在面板中将前景色更改为红赭色，具体值为 R137、G63、B149，设置后用画笔在花瓣的根部位置涂抹，叠加颜色，使暗部区域更显厚重。

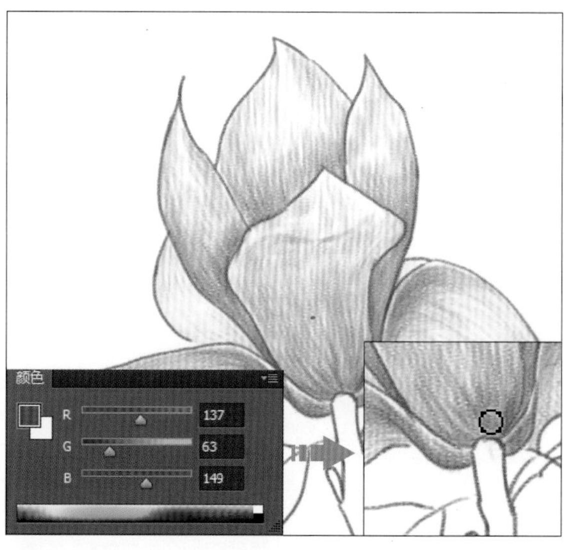

34 查看绘制的图像，发现图像颜色有些偏深，选中“图层 13”图层，设置此图层的“不透明度”为 82%，适当降低图像不透明度，使色彩融合得更自然。

35 新建“图层 14”图层，打开“颜色”面板，更改前景色为 R155、G73、B49，在“画笔工具”选项栏中设置画笔“不透明度”为 25%，继续使用画笔在花瓣根部涂抹，加强阴影颜色。

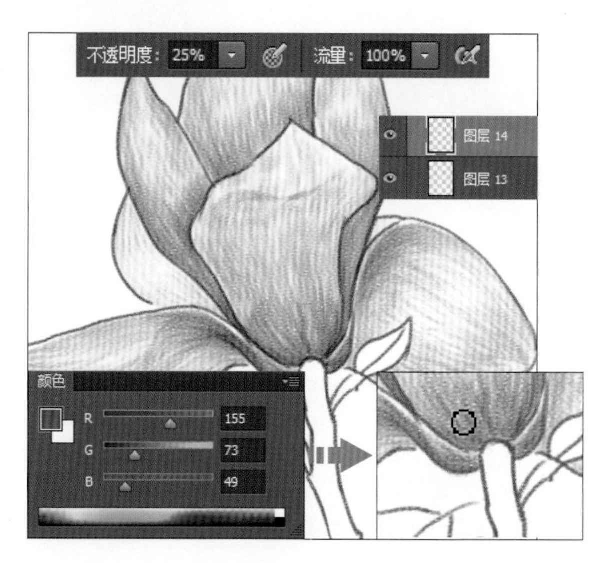

36 对花瓣进行着色后，接下来是叶子部分的绘制。新建“图层15”图层，由于花托周围的叶子较嫩，所以在“颜色”面板中将前景色设置为浅绿色，颜色值为R112、G191、B110，然后设置画笔“不透明度”为15%，运用画笔顺着叶脉方向涂抹，绘制鲜嫩的叶片效果。

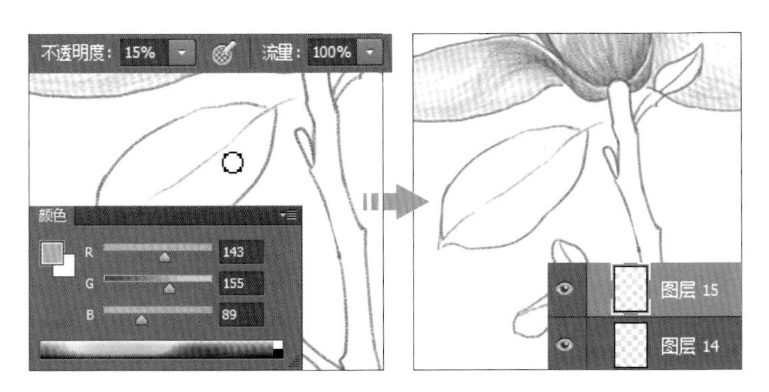

37 新建“图层16”图层，打开“颜色”面板，在面板中更改前景色为黄绿色，具体颜色值为R143、G155、B89，运用画笔工具在叶片边缘和根部位置涂抹，绘制图像。绘制时需要注意叶脉的走向和留白的处理。

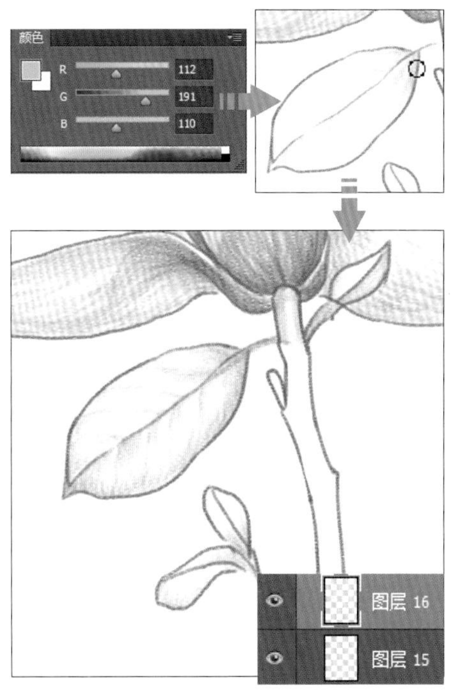

38 在“图层16”图层上方新建“图层17”图层，为加重颜色和阴影效果，打开“颜色”面板，更改前景色为深褐色，具体颜色值为R145、G73、B61，运用画笔在叶子根部和要突出轮廓阴影的位置涂抹，叠加颜色，直至完成整朵花的颜色处理。

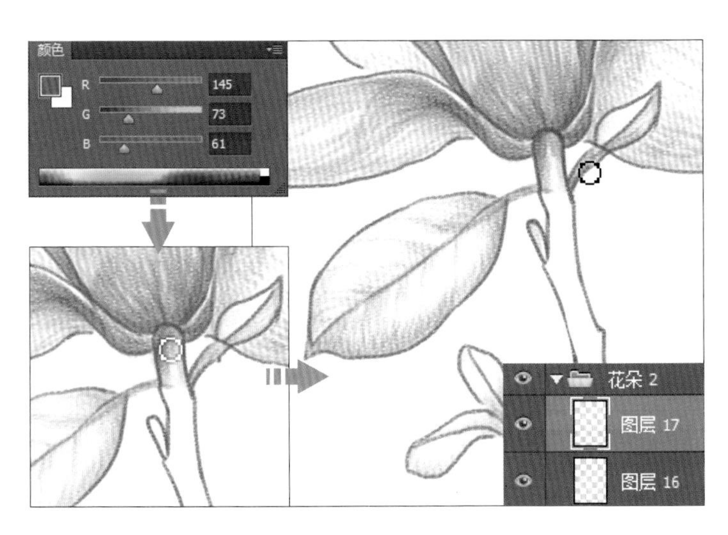

技巧提示

擦除多余图像

运用画笔描绘图像时，如果绘制的图像超出线稿，则可以单击工具箱中的“橡皮擦工具”按钮，选择“橡皮擦工具”，调整工具选项，在多余的图像位置涂抹，把这些涂抹区域的图像擦掉即可。

39 在完成其中两朵花朵的颜色绘制后，分别在“图层”面板中创建“花朵 3”和“花朵 4”图层组，使用画笔以同样的方法对另外两朵花进行绘制。

40 最后是树干部分的绘制，新建“枝干”图层组，在图层组中创建新图层，打开“颜色”面板，将前景色设置为 R152、G87、B74，运用画笔涂抹枝干部分。由于枝干部分较长，且转折较多，所以需要绘制较短的线条排列起来，而转折处可以反复涂抹，加重颜色。

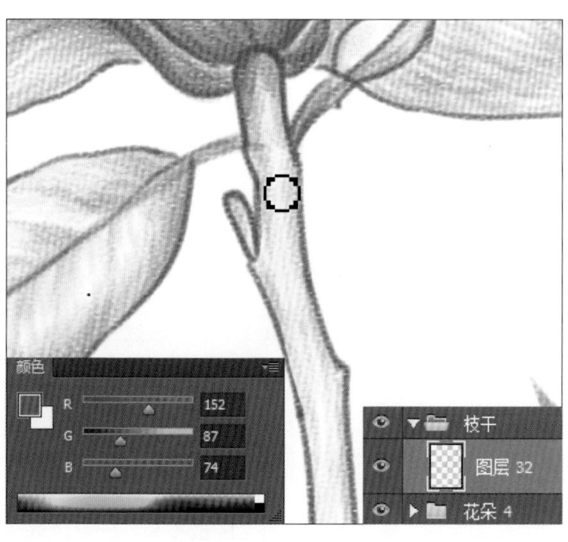

41 打开“颜色”面板，将前景色设置为 R148、G80、B67，创建新图层，使用与上一步相同的方法在枝干部分涂抹，绘制图像，叠加颜色。

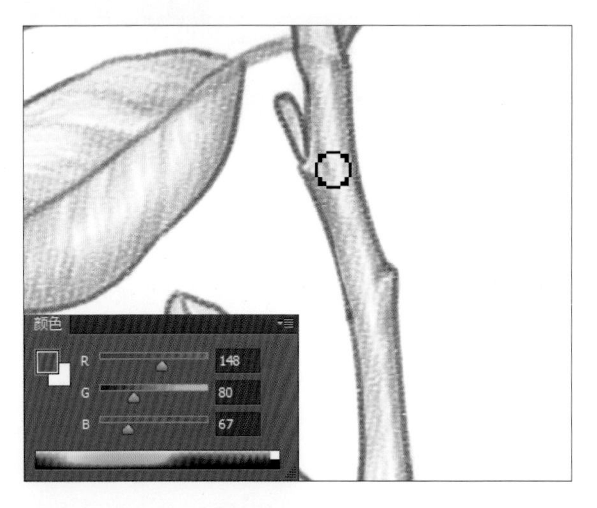

42 根据枝干的走向，继续使用画笔涂抹枝干部分，绘制图像时同样需要在转折处着重涂抹，以增强枝干的体积感。

43 创建新图层,打开“颜色”面板,设置颜色值为R85、G109、B51,调整画笔“不透明度”为50%,运用画笔沿枝干的走向涂抹,在深褐色的枝干部分叠加绿色,使枝干部分焕发生机。

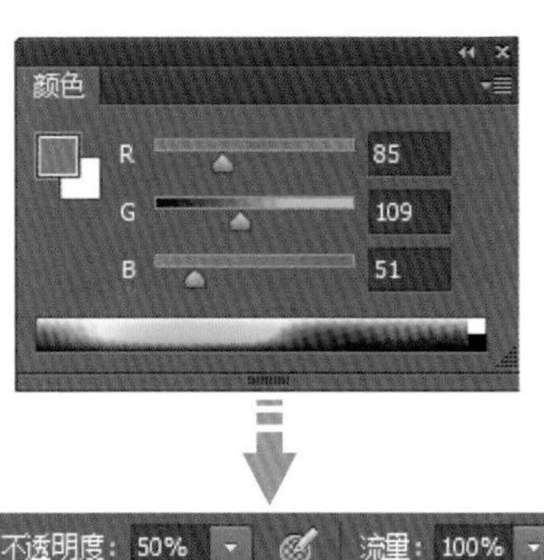

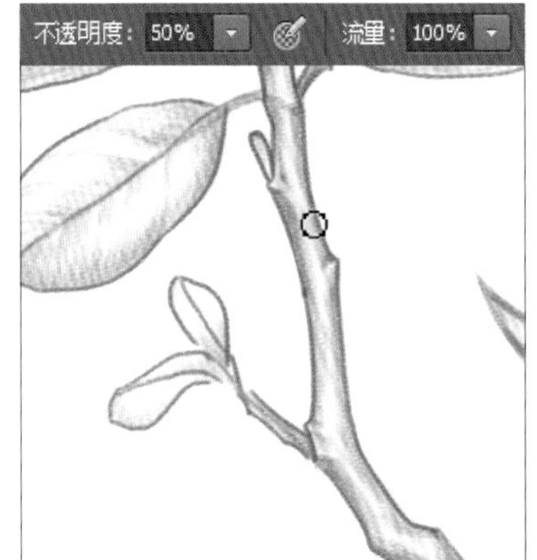

44 为了让枝干更有质感,可以再为其添加一些粗糙的纹理。创建新图层,打开“颜色”面板,设置前景色为R145、G111、B99,运用画笔在枝干上反复单击,绘制木纹颗粒。

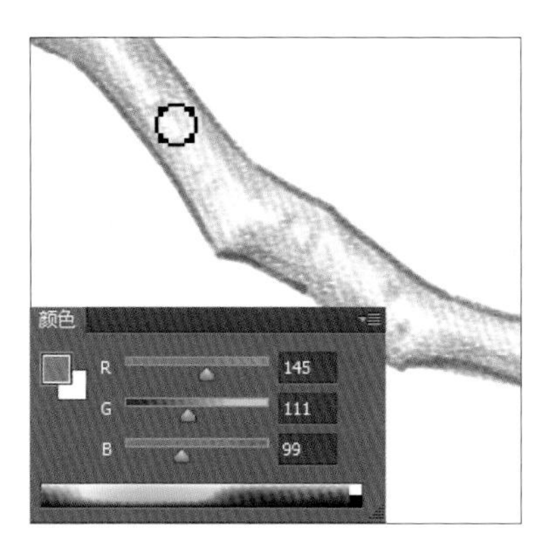

45 花为了让叶子色彩更为丰富,打开“颜色”面板,设置前景色为R205、G159、B37,运用画笔在叶子上面涂抹。描绘时同样要注意叶脉的走向。

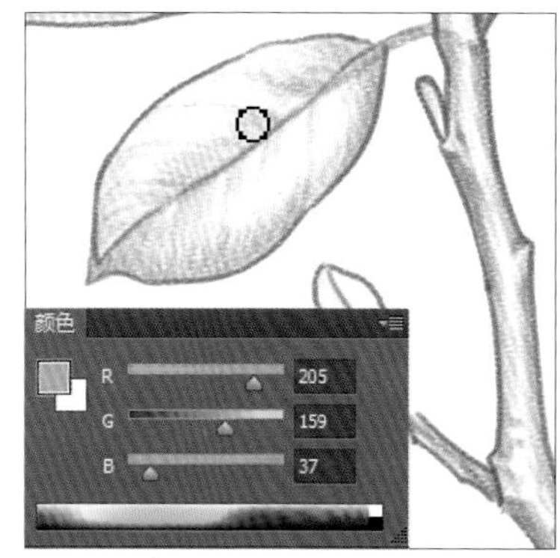

46 经过前面操作,完成所有花朵及枝干部分的描绘,为弱化图像的轮廓,使花朵更加柔美,选中“线稿”图层,设置图层混合模式为“正片叠底”、“不透明度”为16%。至此,已完成本实例的绘制。

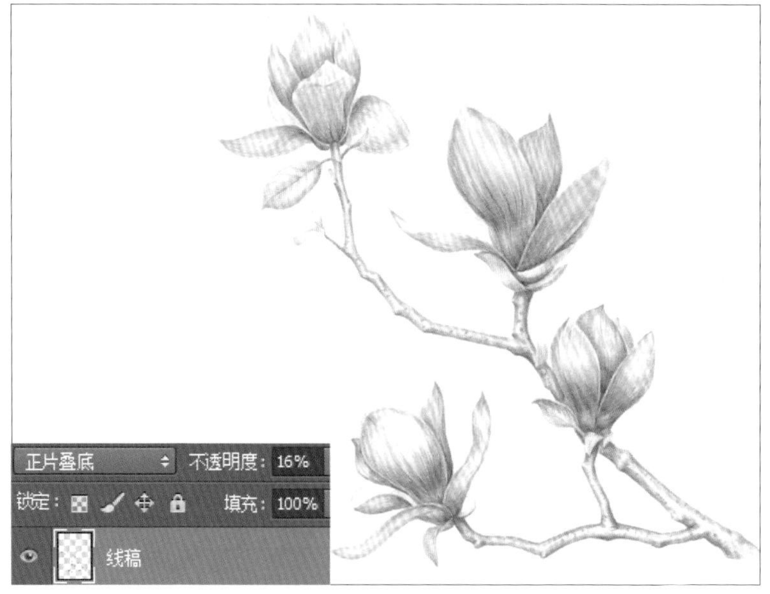

5.3 双色郁金香

郁金香是世界著名的球根花卉，花期一般为 3—5 月，花单朵顶生，大型而艳丽，花色繁多，常见的有白、粉红、洋红、紫、黄、橙等。

绘画要点

郁金香的花朵呈椭圆球状，其花瓣相互包裹，所以在绘制时，需要加深边缘部分的颜色，以体现其圆润饱满的感觉。同时，在茎和叶片处理上需要较长的线条来表现，让颜色的过渡更自然，画面整体更流畅。

色彩搭配

根据花朵颜色用粉红色和红色作为主色，在花瓣的边缘搭配浅黄色，展现更娇美的郁金香。

源文件　随书资源 \ 源文件 \05\ 双色郁金香 .psd

01 执行“文件 > 新建”菜单命令，打开“新建”对话框，在“名称”文本框中输入“双色郁金香”，然后在下方设置新建文件的大小，单击“确定”按钮，新建文件。

03 单击工具箱中的“画笔工具”按钮，选中“画笔工具”，单击工具选项栏中的“点按可打开‘工具预设’选取器”按钮，在打开的“工具预设”选取器下方单击选中“2B 铅笔”画笔预设，选择后工具箱中会自动根据所选画笔更改画笔笔尖颜色。

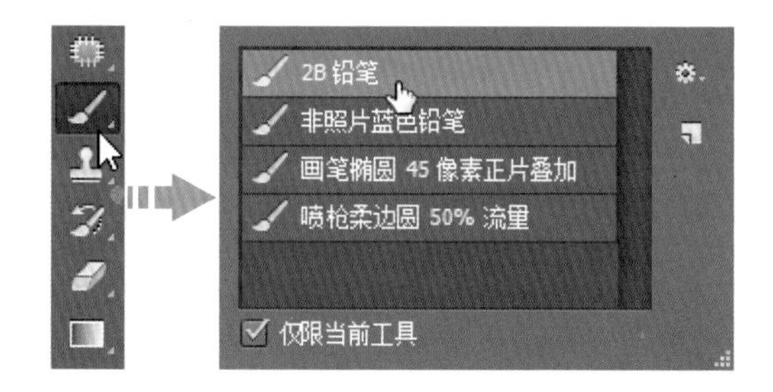

04 确保“线稿”图层为选中状态，将鼠标指针移至文件中间位置，根据郁金香的外形轮廓绘制花朵线稿。

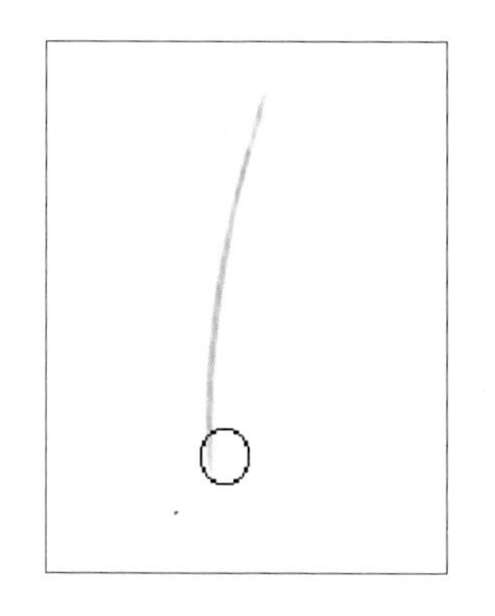

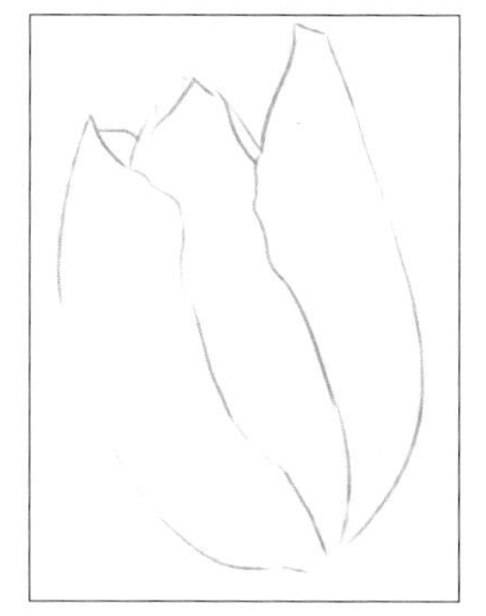

02 单击“图层”面板中的“创建新图层”按钮，新建“图层 1”图层，双击“图层 1”图层名，将图层重新命名为“线稿”。

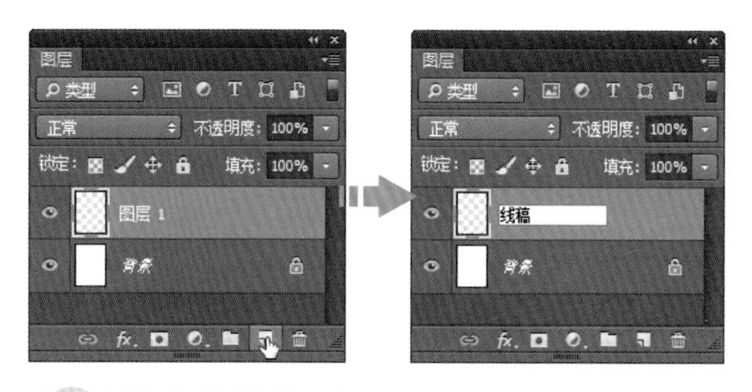

技巧提示 载入预设画笔

在“工具预设”选取器中单击右侧的扩展按钮，在弹出的菜单中执行“载入工具预设”命令，可以将下载或已存储的工具预设添加到“工具预设”选取器。

05 运用画笔在画面中绘制出初步的线稿效果。

06 绘制完郁金香外形后，接下来是细节的勾画。单击“图层”面板中的“创建新图层”按钮，新建图层，并重命名为“线稿 2”图层，在“画笔工具”选项栏中设置画笔的“不透明度”为 60%，降低画笔不透明度，然后根据花朵形状进行细节线条的绘制。

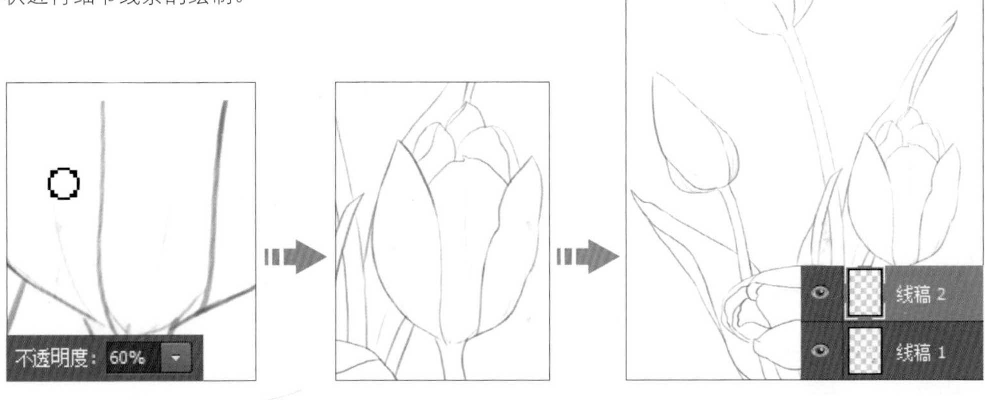

07 单击“创建新组”按钮，新建图层组，命名为“红色郁金香”，单击“图层”面板中的“创建新图层”按钮，在“红色郁金香”图层组中新建“图层 1”图层。

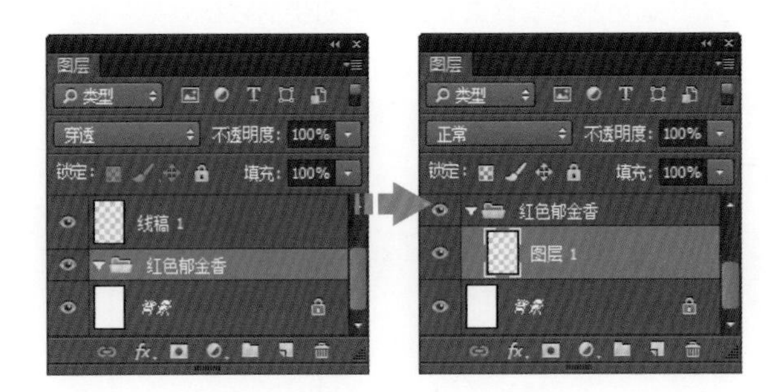

08 打开“颜色”面板，在面板中拖曳颜色滑块，设置前景色为 R255、G235、B44。

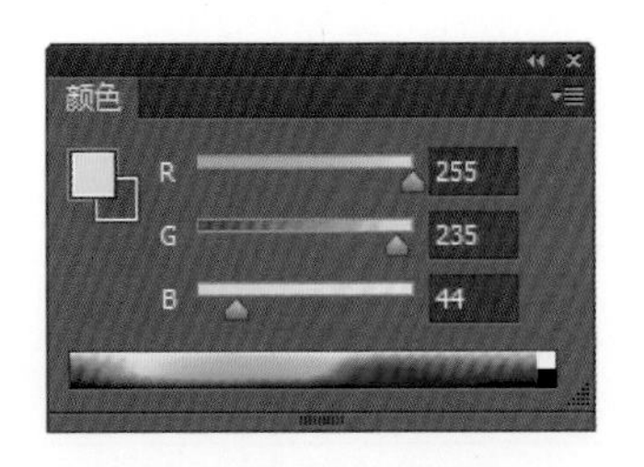

09 在“画笔工具”选项栏中调整画笔“不透明度”为 30%，进一步降低画笔的透明度。运用画笔在花瓣边缘描绘线条，在描绘时根据花瓣的走向由轻到重地排线，绘制出亮黄色的花朵边缘。

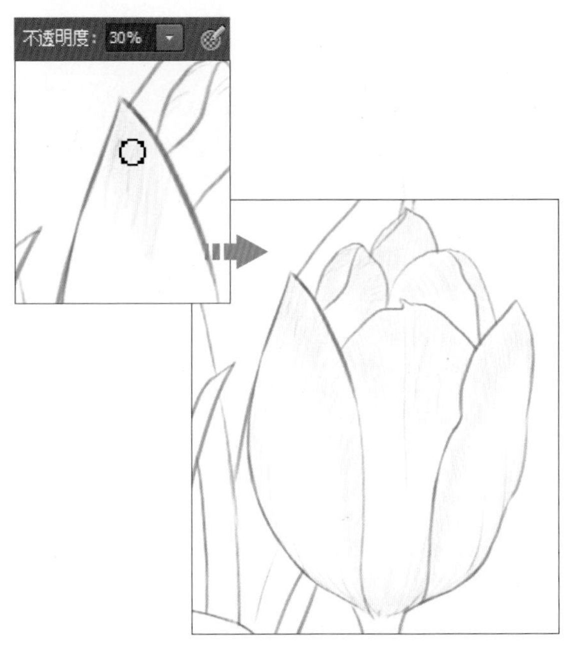

10 创建新图层，打开“颜色”面板，设置前景色为玫瑰红，颜色值为 R241、G90、B113，运用画笔在花瓣底部描绘图像。

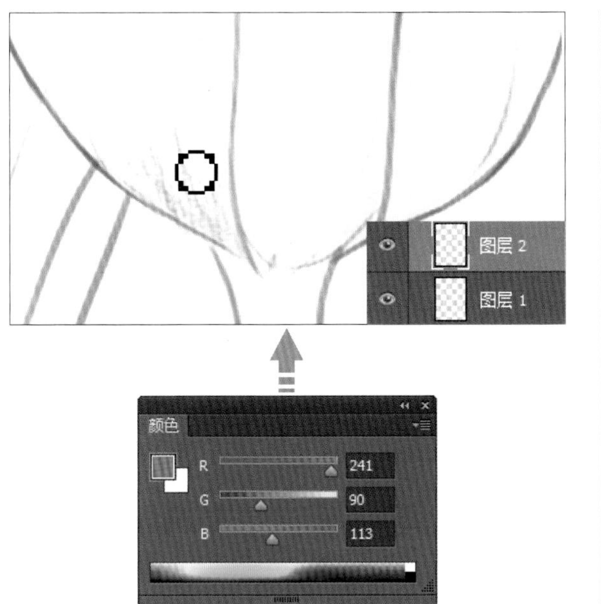

11 绘制郁金香时需要表现其花型的“球体”感，因此选中“图层 2”图层，反复描绘边缘部分，加重边缘。

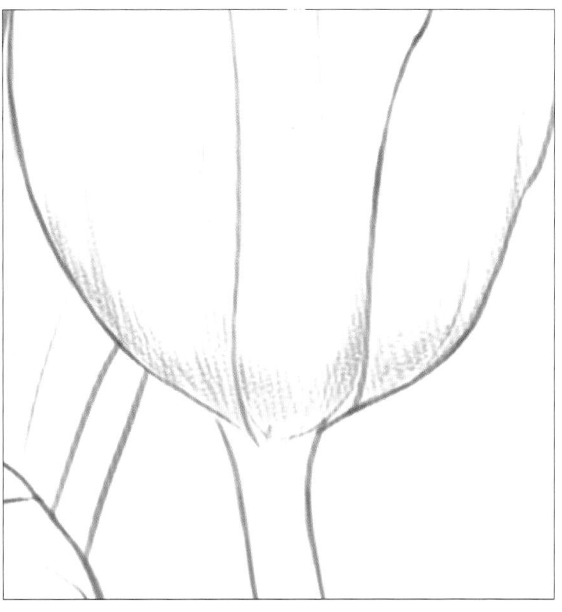

12 打开“颜色”面板，在面板中更改前景色为 R222、G72、B135，设置后创建新图层，用画笔描绘花瓣边缘部分，使其与黄色部分自然衔接起来。注意在描绘时线条的排列方向要与花瓣走向一致。

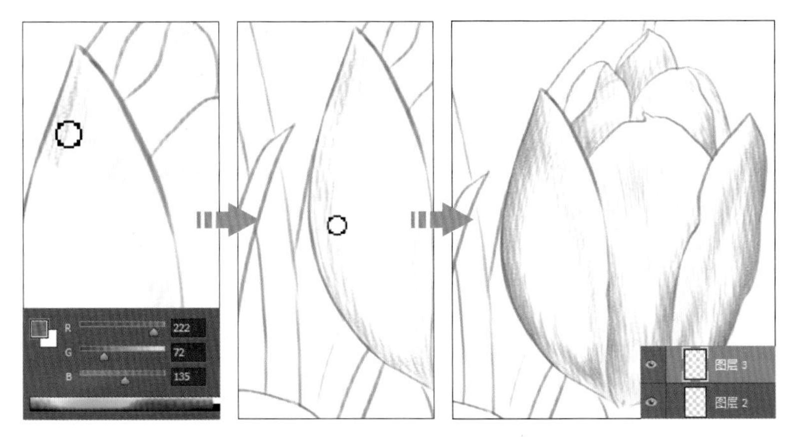

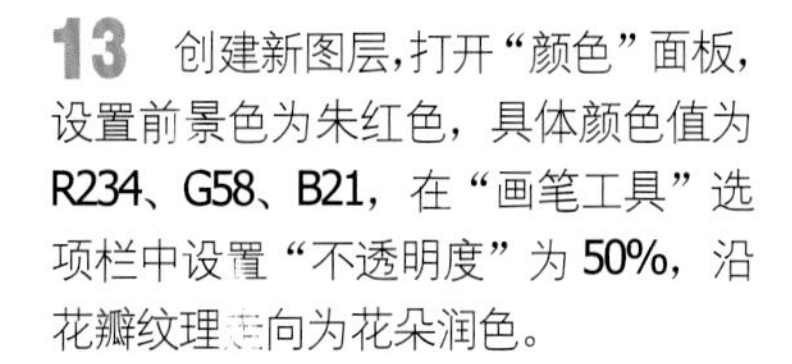

13 创建新图层，打开“颜色”面板，设置前景色为朱红色，具体颜色值为 R234、G58、B21，在“画笔工具”选项栏中设置“不透明度”为 50%，沿花瓣纹理走向为花朵润色。

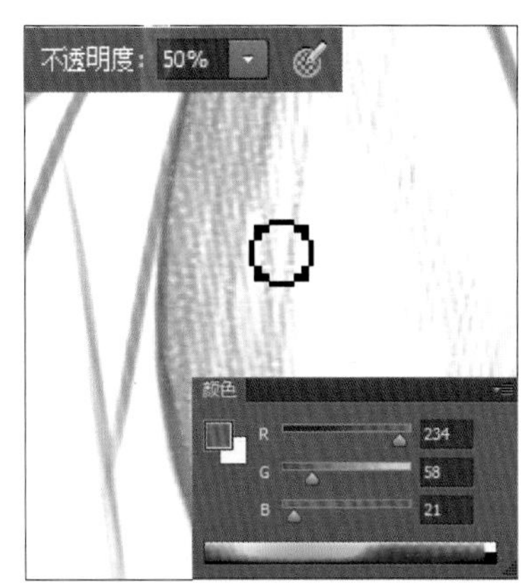

14 继续使用画笔描绘花瓣部分，经过反复的涂抹，加深颜色的同时，也让新描绘的色彩与黄色的花朵边缘衔接更紧密，呈现明亮的橘色效果。

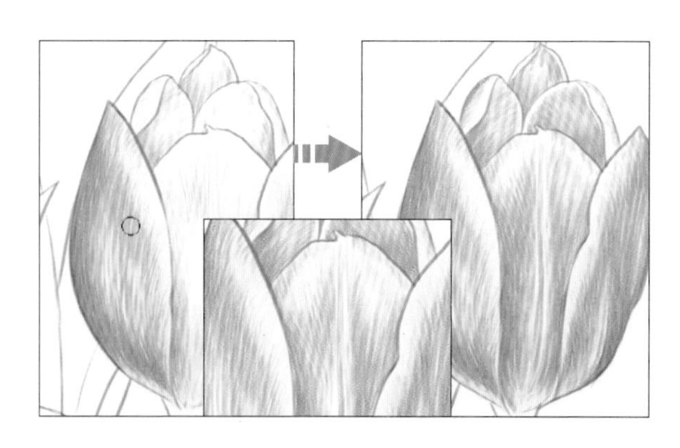

15 为了突出花瓣的纹路走向，可以加重部分区域，新建“图层 5”图层，在“画笔工具”选项栏中设置“不透明度”为 20%，继续在花瓣需要加重色彩的位置涂抹。

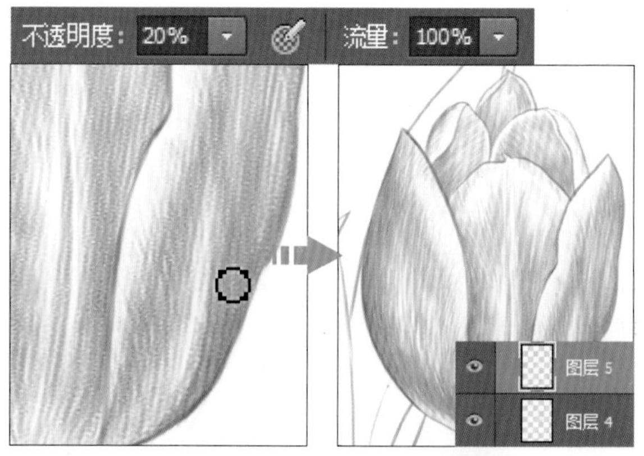

16 打开“颜色”面板，设置前景色为 R183、G52、B143。单击“创建新图层”按钮，新建“图层 6”图层。在靠近花朵轮廓的位置涂抹，加深颜色，使花瓣的层次更加突出。

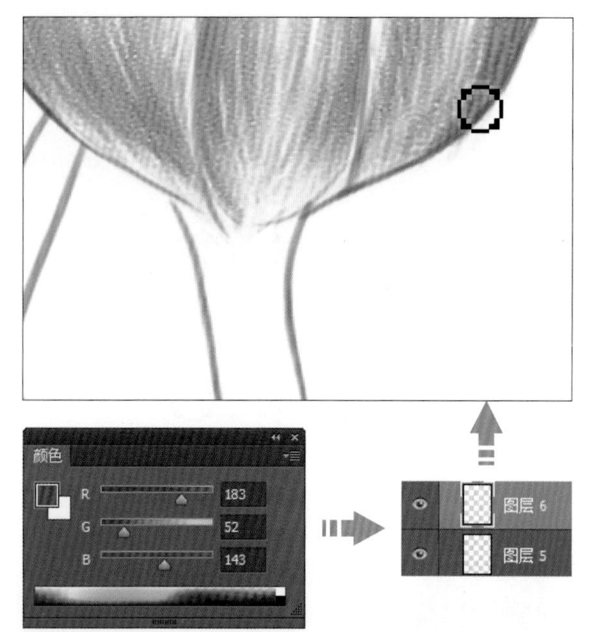

17 继续使用相同颜色的画笔在花瓣上描绘，在描绘时需要注意保留花瓣边缘部分的黄色，同时加深靠近花朵轮廓部分的颜色，表现不同轻重的色彩变化。

18 打开“颜色”面板，设置前景色为R202、G66、B67，确保“图层6”图层为选中状态，使用画笔在红色与黄色之间的位置绘制，让花瓣颜色衔接更自然。

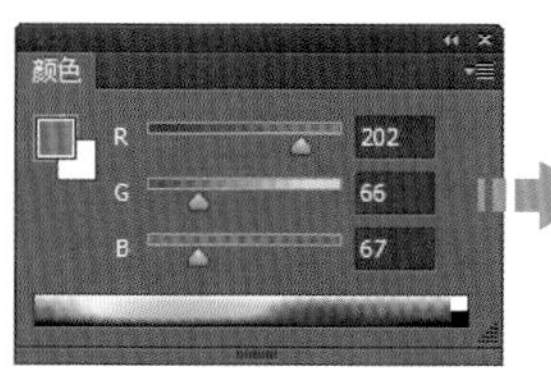

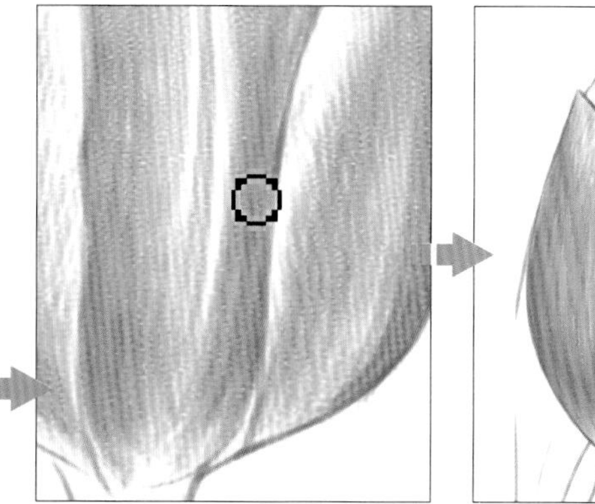

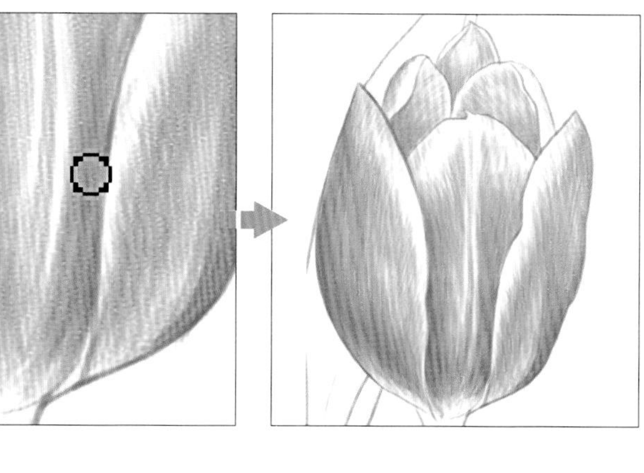

19 创建“图层7”图层，打开“颜色”面板，将前景色更改为橘色，具体参数值为R237、G111、B50，运用画笔在花瓣边缘涂抹，对其进行润色。

20 创建“图层8”图层，在“画笔工具”选项栏中设置“不透明度”为32%，降低画笔不透明度，继续沿花瓣中间部分的纹路走向绘制，增强颜色。

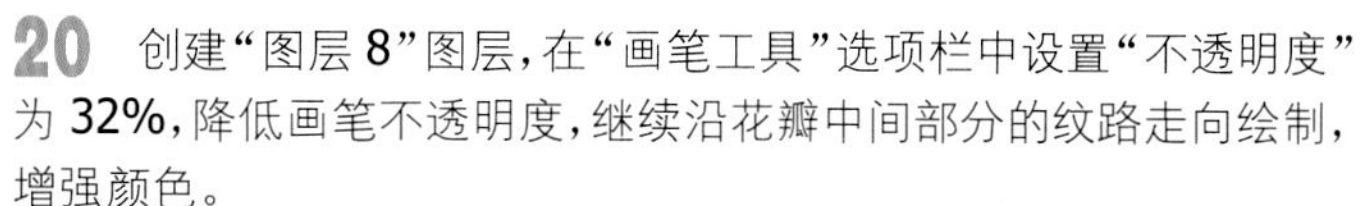

21 创建新图层，打开“颜色”面板，设置前景色为R245、G189、B24，运用画笔在黄色的花瓣旁边绘制，加深花瓣边缘色彩。在描绘时，为使花瓣边缘呈现自然的光泽感，可以适当地做留白处理。

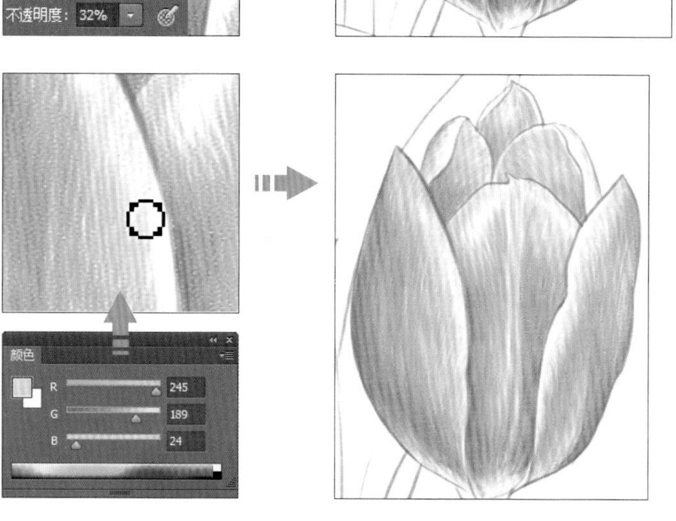

22 打开“颜色”面板，设置前景色为R121、G66、B16。将画笔移至花瓣底部边缘位置，通过涂抹描绘图像，使花瓣底部色彩变得更深一些。

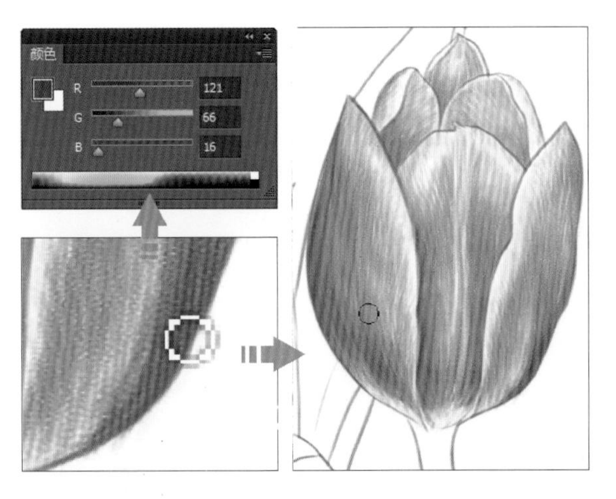

23 打开“颜色”面板，设置前景色为R175、G33、B134，继续运用画笔在花瓣内侧涂抹，绘制图像，叠加颜色，使花朵颜色层次更加丰富。

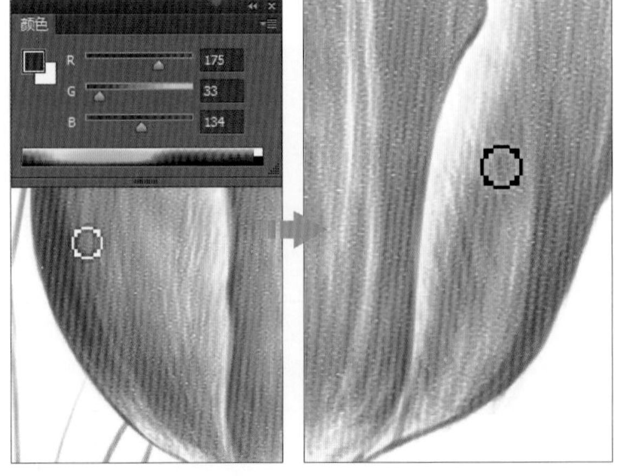

24 经过前面的操作，完成了一朵郁金香的绘制，接下来是茎部的描绘，打开“颜色”面板，将前景色设置为R136、G196、B85，新建“图层10”图层，在“画笔工具”选项栏中设置“不透明度”为40%、“流量”为56%，运用画笔在茎部涂抹。

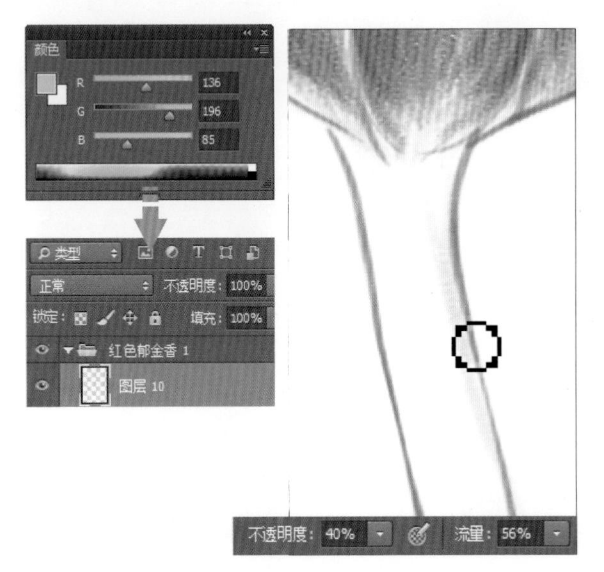

25 选中“图层10”图层，继续使用画笔在茎部涂抹，为花茎铺上底色。由于郁金香的茎比较长，所以可以用稍微长一些的线条进行描绘，绘制时需要注意衔接部分要过渡自然。

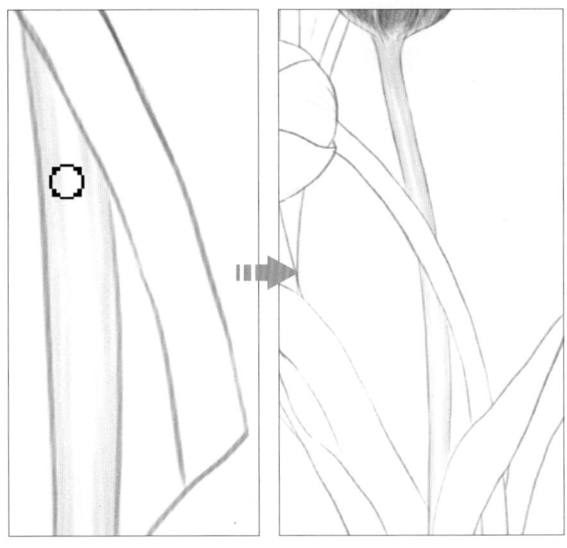

26 打开“颜色”面板，设置前景色为 R74、G98、B50，创建“图层 11”图层，将画笔移至花茎位置，根据茎脉走向描绘图像，加深茎部的体积感。

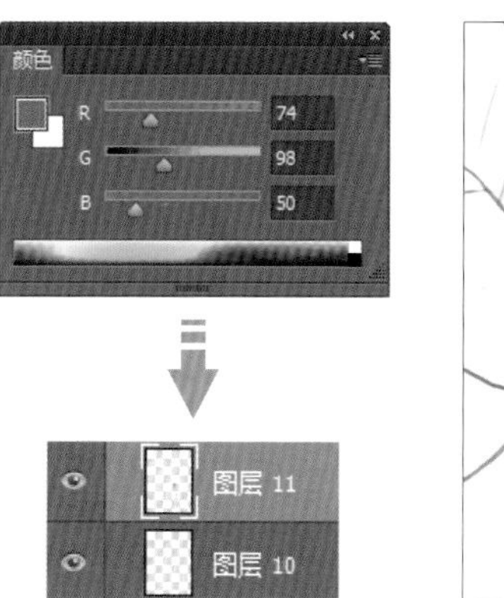

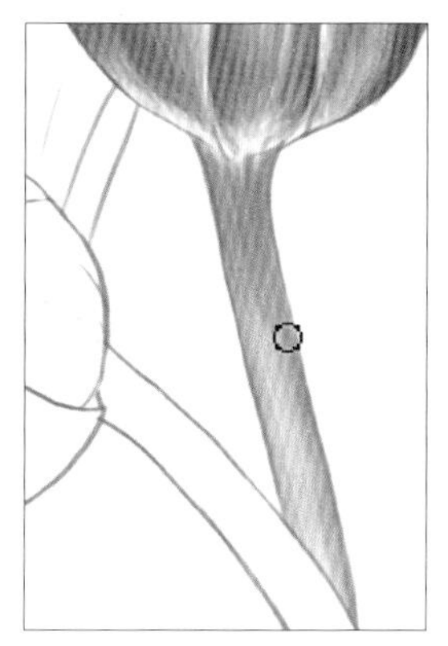

27 为了让茎部颜色更灰一些，创建新图层，打开“颜色”面板，设置前景色为 R155、G55、B43，在需要加深色彩的位置继续绘制，加重色彩，使花朵的茎部呈现不同的色彩变化。

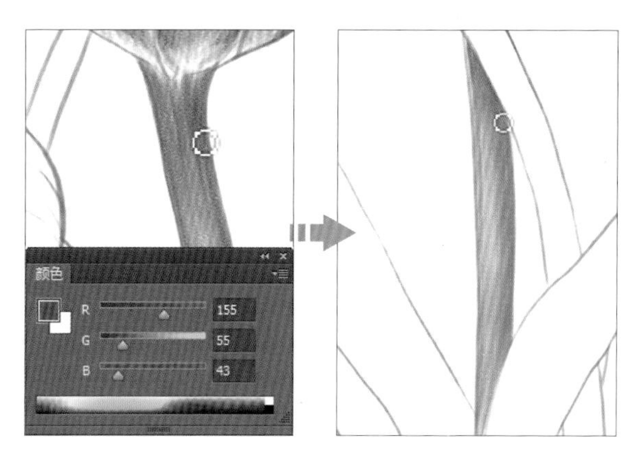

28 由于中间一朵郁金香的颜色与前面所绘制的一样，用色也高度类似，所以使用相同的方法处理，创建“红色郁金香 2”图层组，绘制图像，在绘制时同样需要注意颜色的过渡，让花瓣有丝般的质感，表现出花朵的包裹感和体积感。

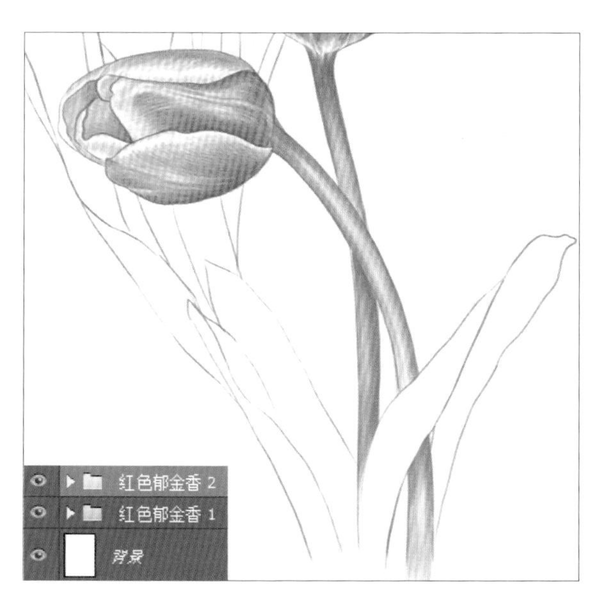

29 新建“粉色郁金香 1”图层组，在图层组中创建“图层 21”图层，打开“颜色”面板，设置前景色为 R255、G226、B25，在“画笔工具”选项栏中设置“不透明度”为 41%、“流量”为 30%，运用画笔涂抹花瓣边缘，对其进行上色，由于这朵花含苞待放，所以在描绘时可以将其看作一个圆锥体进行着色。

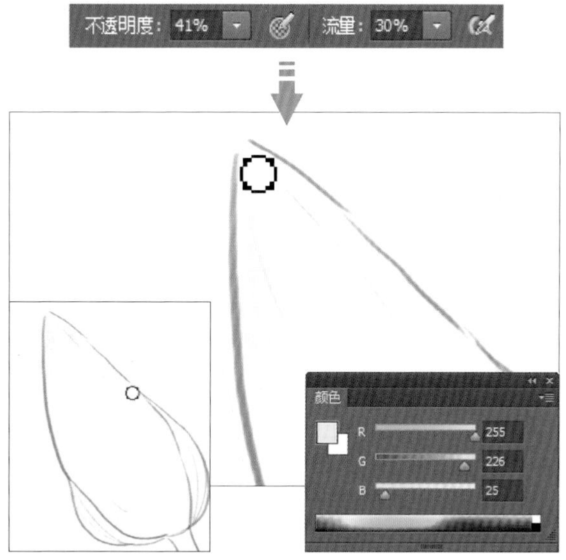

30 创建“图层22”图层，打开“颜色”面板，设置前景色为R233、G68、B25，运用画笔在根部位置涂抹。

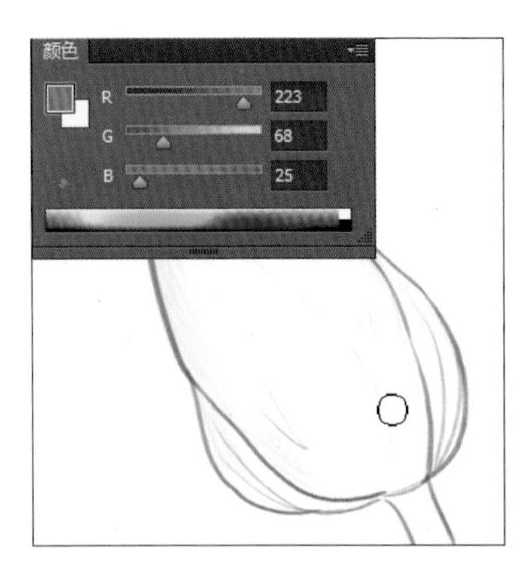

31 继续运用画笔在根部位置描绘，表现出花朵的体积感，在绘画时同样需要沿花瓣的走向绘制纹理。

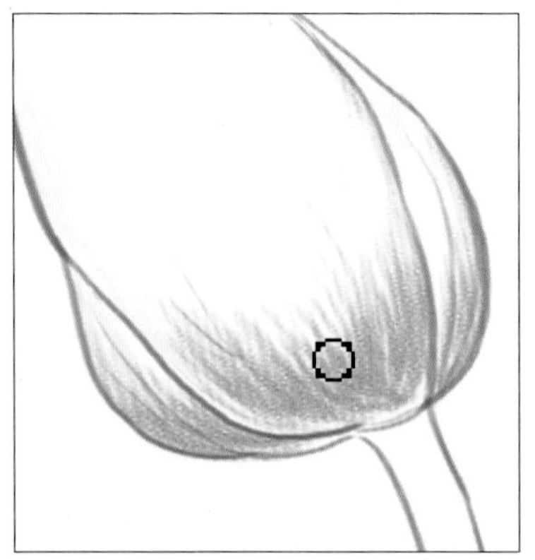

32 创建新图层，打开“颜色”面板，设置前景色为R226、G54、B120，在“画笔工具”选项栏中设置“不透明度”为51%，运用画笔描绘花朵，对花朵进行铺色。

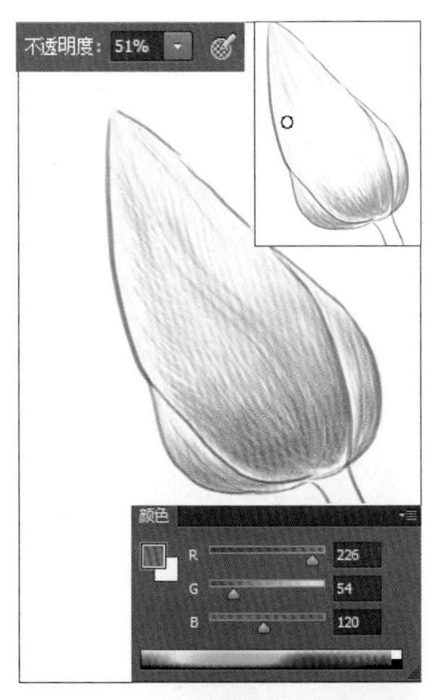

33 打开“颜色”面板，在面板中更改前景色为R230、G85、B129，把画笔移至花瓣底部位置，通过描绘加重色彩。

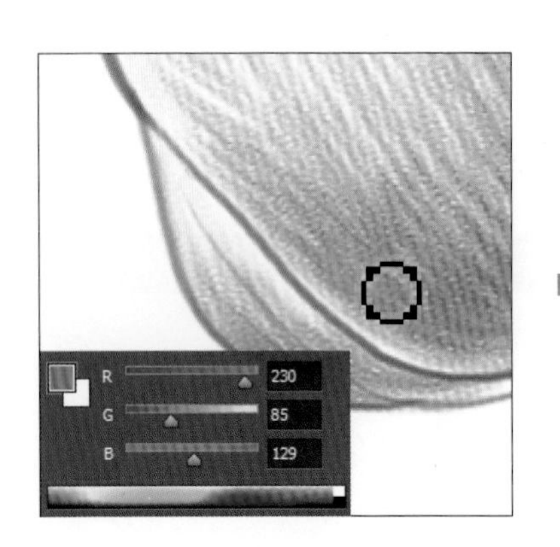

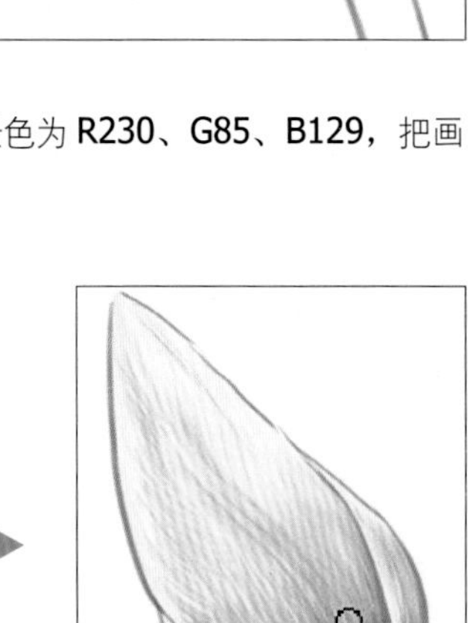

34 打开“颜色”面板，设置前景色为R203、G66、B82，单击“图层”面板中的“创建新图层”按钮，新建“图层24”图层，继续使用画笔沿花瓣的纹理走向描绘花瓣根部，加深根部色彩。

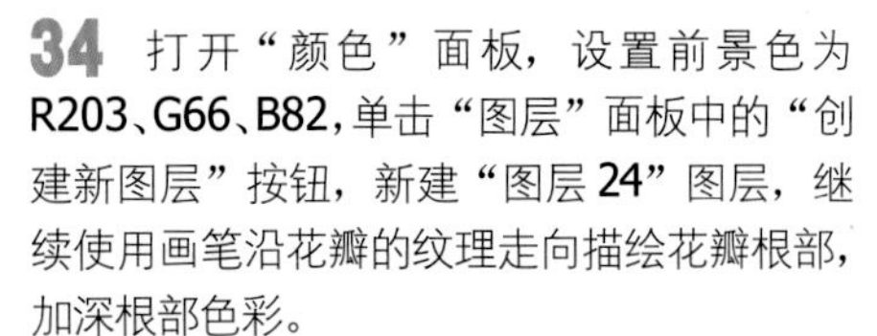

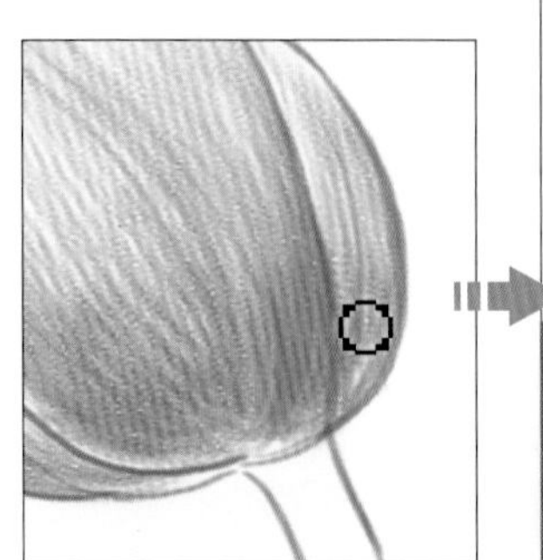

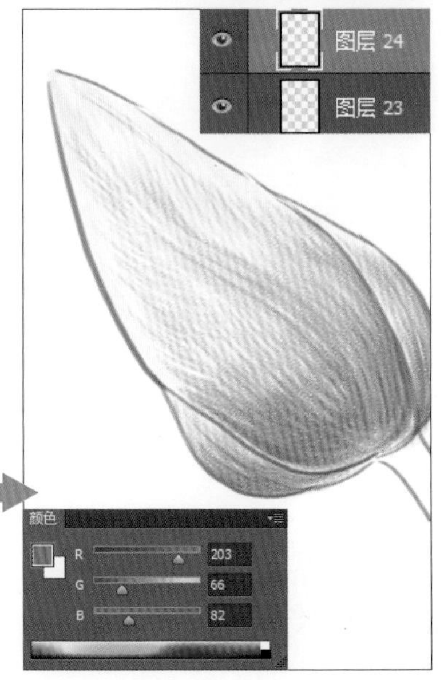

35 打开“颜色”面板，设置前景色为 R249、G205、B41，创建“图层25”图层，将画笔移至黄色的花瓣边缘处，继续运用画笔描绘图像，加深黄色，增强边缘的立体感。

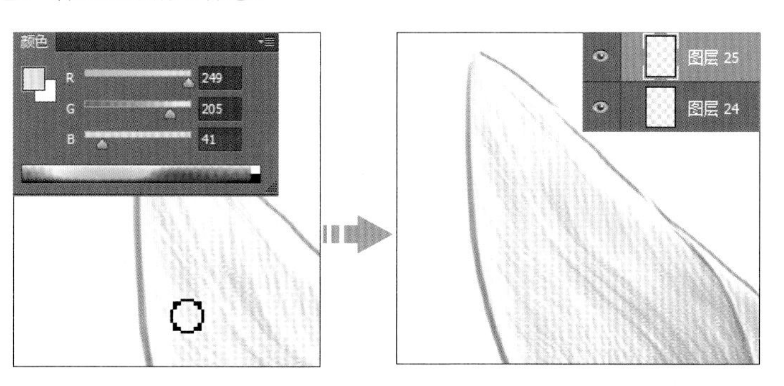

36 创建新图层，打开“颜色”面板，设置前景色为 R123、G44、B141，在“画笔工具”选项栏中设置“不透明度”为 20%，降低画笔不透明度，运用画笔在花瓣根部绘制，叠加紫色，突出花朵的轮廓。

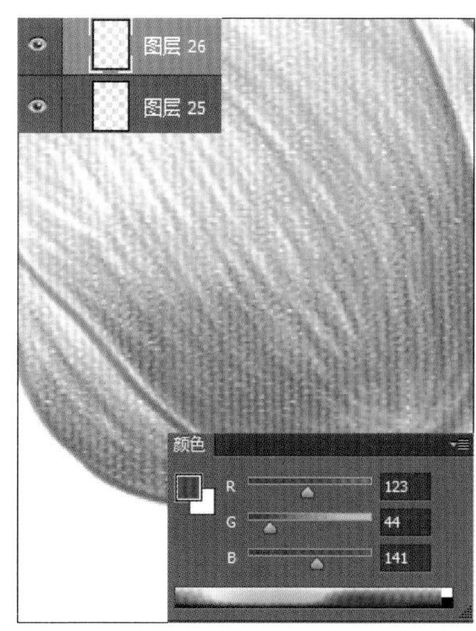

37 完成花朵的上色后，下面是花茎部分的上色。创建“图层 27”图层，打开“颜色”面板，根据茎部颜色，设置前景色为 R131、G194、B86，在茎部位置涂抹，绘制图像，同前面绘制的花朵茎部一样，这里也需要用稍微长一些的线条进行描绘。

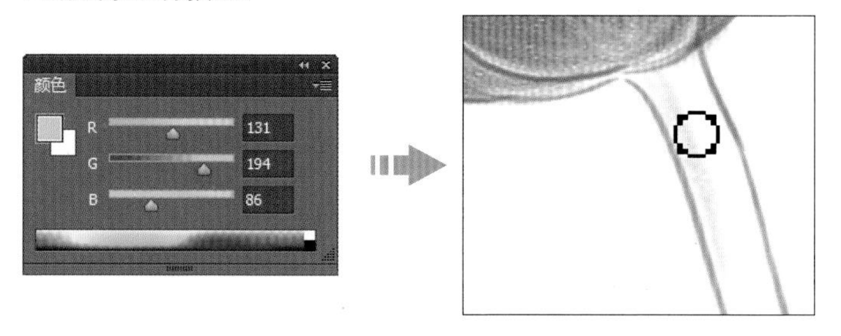

38 确保“图层 27”图层为选中状态，继续使用相同的颜色在茎部位置涂抹，对其进行着色，在绘制时需要注意线条之间的走向与衔接部分要与实际花朵茎部类似。

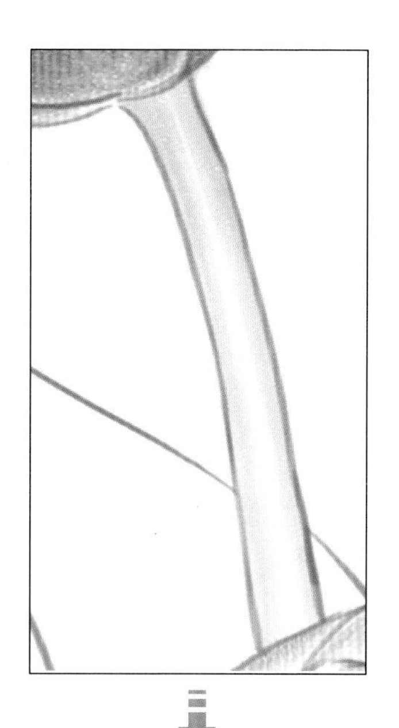

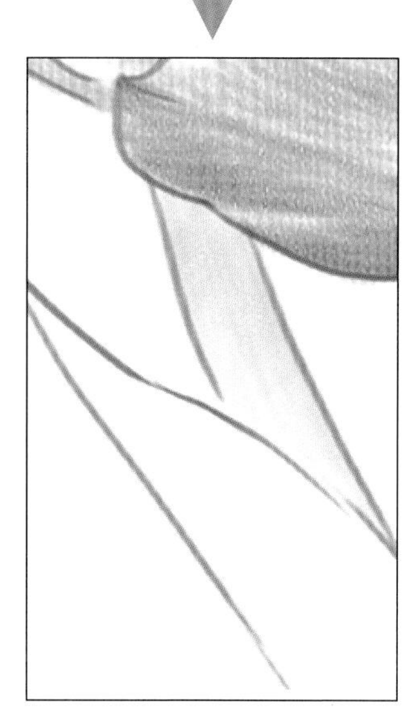

39 单击工具箱中的“橡皮擦工具”按钮，选择“橡皮擦工具”，在花瓣位置涂抹，将花瓣上多余的绿色线条擦掉，得到更干净的画面效果。

40 对于一束同类色花的表现，可以通过颜色的微妙变化来丰富画面效果。新建“图层 28”图层，打开“颜色”面板，设置前景色为 R90、G113、B57，继续运用画笔沿茎的走向涂抹，为其着色。

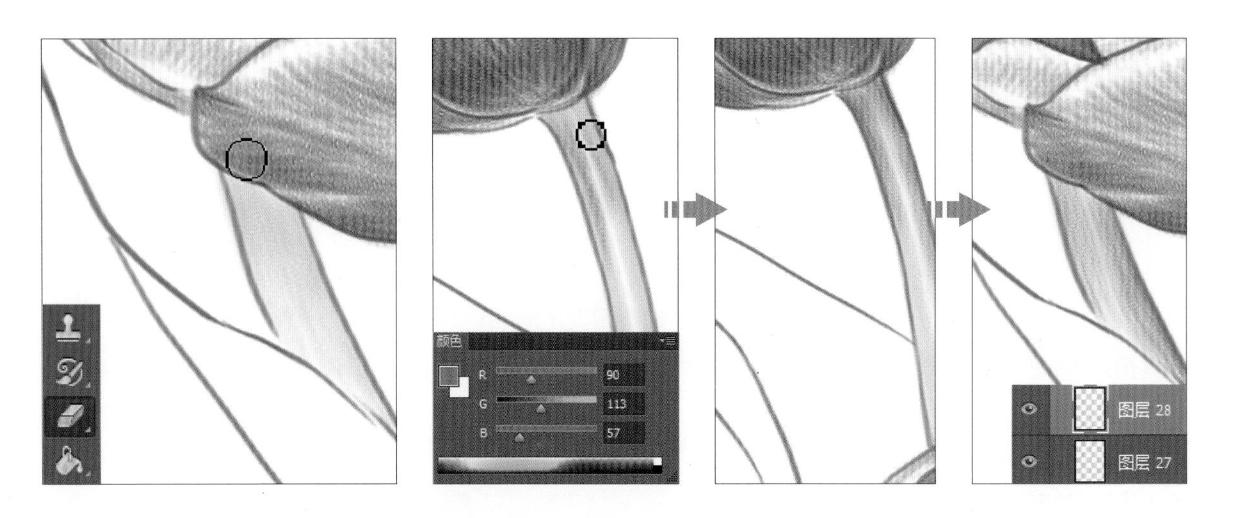

41 为让茎看起来更灰一些，可以在茎的部分稍微加些蓝色。打开“颜色”面板，设置前景色为 R32、G80、B154，创建“图层 29”图层，沿茎的走向在其边缘部分描绘，叠加颜色。

42 单击“图层”面板中的“创建新组”按钮，新建“粉色郁金香 2”图层组，使用“粉色郁金香 1”图层组中的绘制方法，在新图层组中绘制颜色相近的郁金香图像。

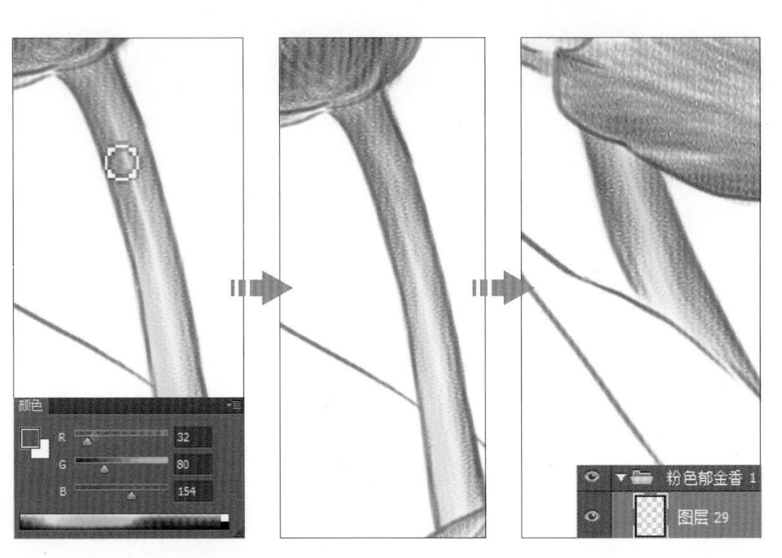

43 经过前面的操作，完成了所有花朵及枝干部分的绘制，最后是叶子部分的绘制。单击“图层”面板中的“创建新组”按钮，新建“郁金香叶子”图层组，在图层组中创建“图层 40”图层。打开“颜色”面板，设置前景色为 R134、G197、B83，运用画笔在叶片上涂抹，绘制图像。在绘制时用较长的线条表现，使叶子纹理更为流畅。

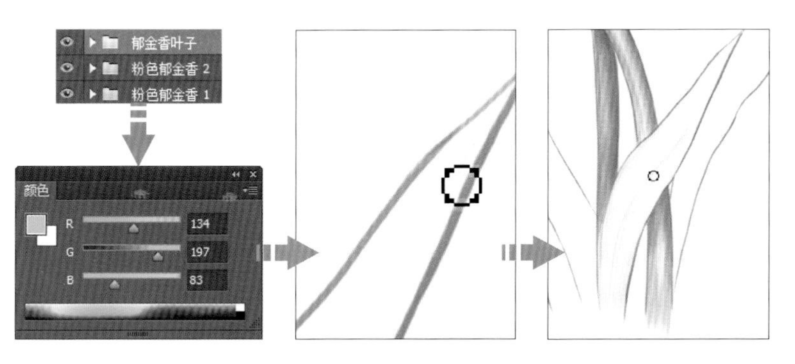

44 创建新图层，打开“颜色”面板，设置前景色为 R94、G113、B62，继续勾画叶子，为叶子铺色。在绘制时同样使用较长的线条表现，需要注意叶子的走向。

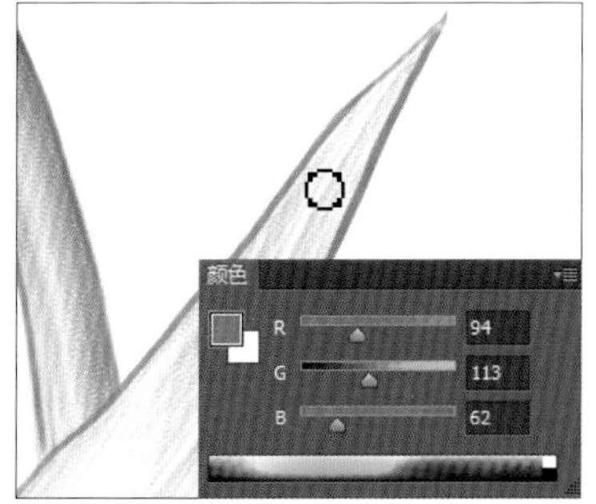

45 单击“图层”面板中的“创建新图层”按钮，创建新图层。打开“颜色”面板，调整颜色深度，设置前景色为 R89、G107、B61，将画笔移到叶子上方，继续涂抹，为叶子叠加深一些的颜色。

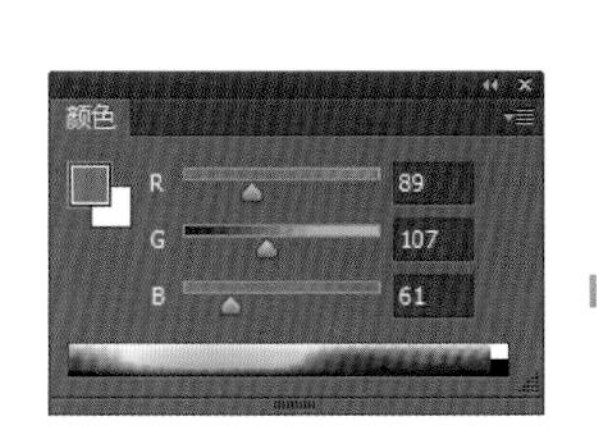

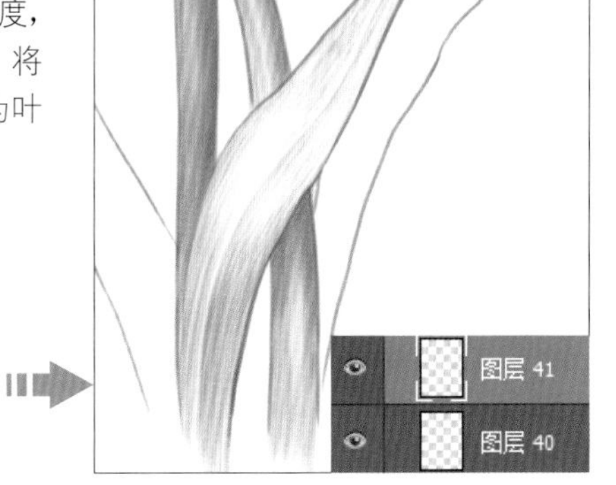

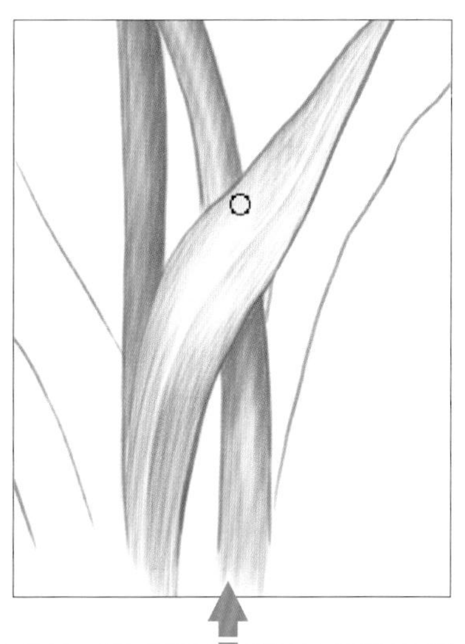

46 打开“颜色”面板，设置前景色为 R14、G111、B65，用画笔在叶片上绘制，对叶子中间部分上色，使叶脉更清晰。

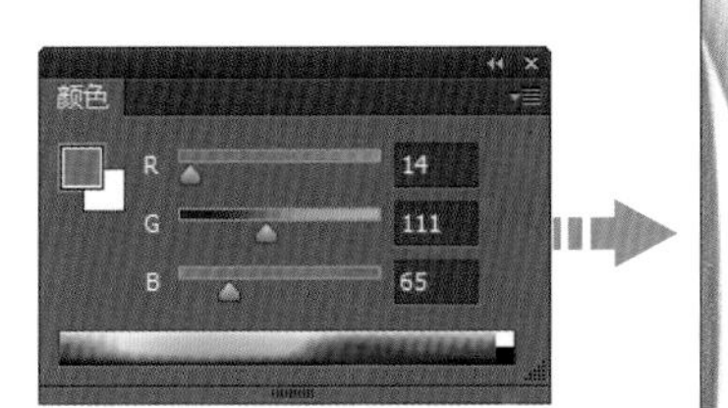

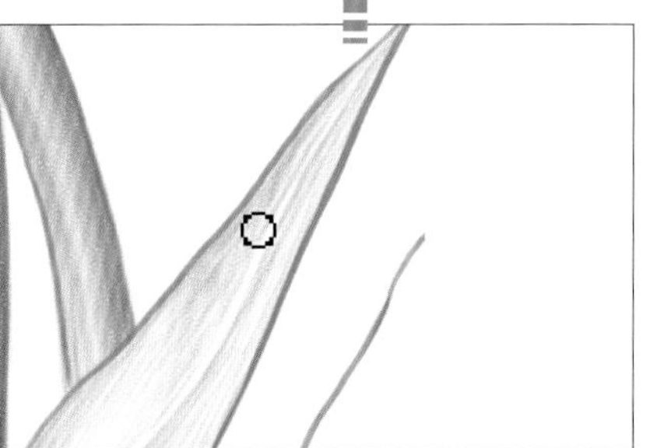

47 单击“图层”面板中的“创建新图层”按钮，创建“图层 43”图层，打开“颜色”面板，设置前景色为 R13、G106、B59，用画笔在其他叶子上涂抹，对其进行上色。

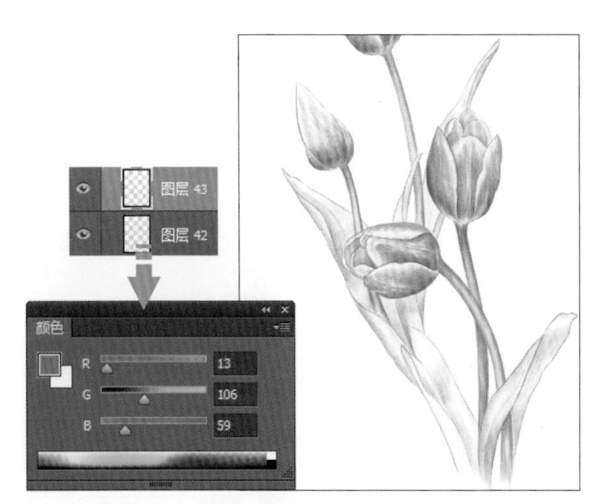

48 为表现叶子的层次关系，创建新图层，打开“颜色”面板，设置前景色为 R90、G113、B57，在叶子的弯曲处涂抹绘制图像，使叶子更有立体感、层次感。

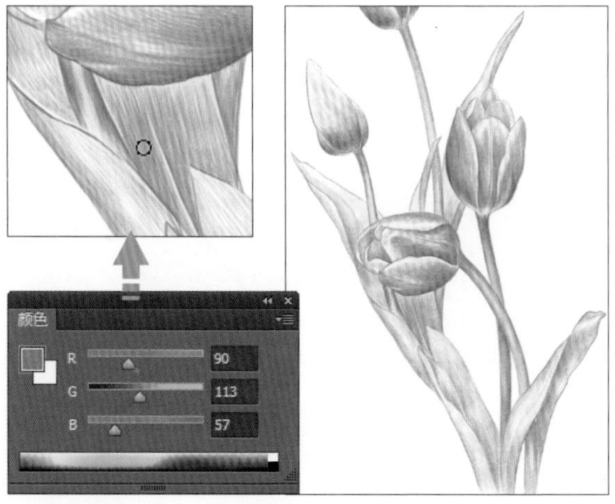

49 单击“图层”面板中的“创建新图层”按钮，创建“图层 45”图层，打开“颜色”面板，设置前景色为 R142、G80、B64，用画笔勾勒叶片的阴影部分，加深颜色，使叶子的明暗变化更加突出。

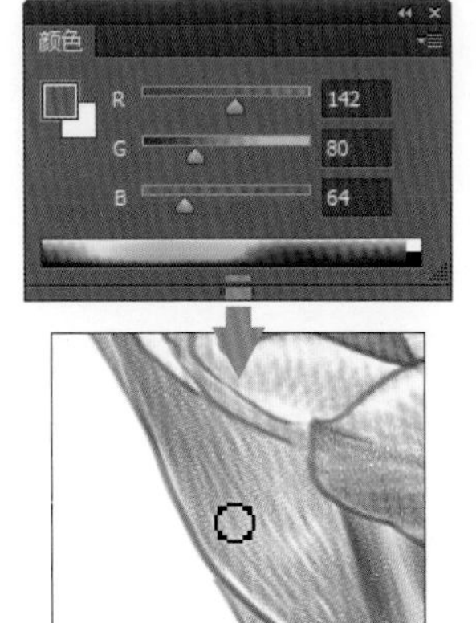

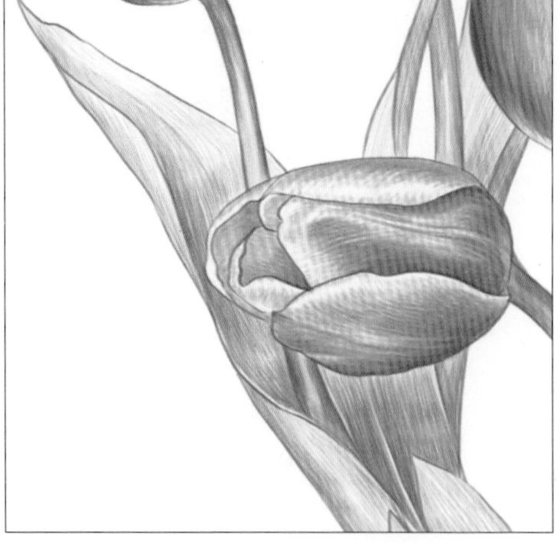

50 勾画图像后，发现绘制的颜色深了一些，所以在“图层”面板中选中“图层 45”图层，设置“不透明度”为 80%，降低图层不透明度，使颜色变淡，与相邻部分的颜色衔接更自然。

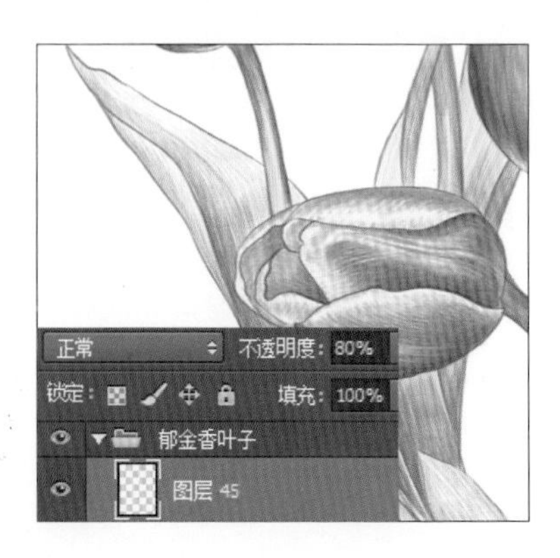

51 单击“图层”面板中的“创建新图层”按钮■，创建“图层 46”图层，打开“颜色”面板，设置前景色为 R65、G78、B53，用画笔在与叶子阴影相交的位置涂抹，绘制图像，叠加颜色，让颜色过渡更柔和。

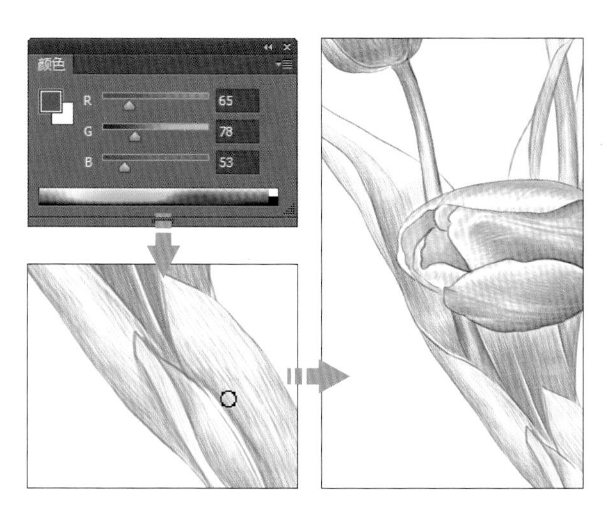

52 为了表现叶子的前后关系，可以在部分叶子上添加蓝色，打开“颜色”面板，设置前景色为 R166、G216、B215，将画笔移至下部分的叶子背面位置，根据叶脉走向绘制图像。

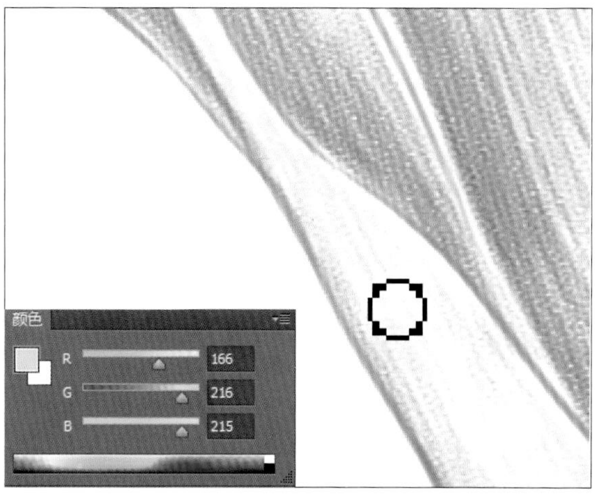

53 在“颜色”面板中，将前景色设置为深蓝色，具体颜色值为 R29、G71、B153，将画笔移至叶子正面位置，根据叶脉走向勾画图像，勾画后能够更清楚地表现叶子正面与背面效果。

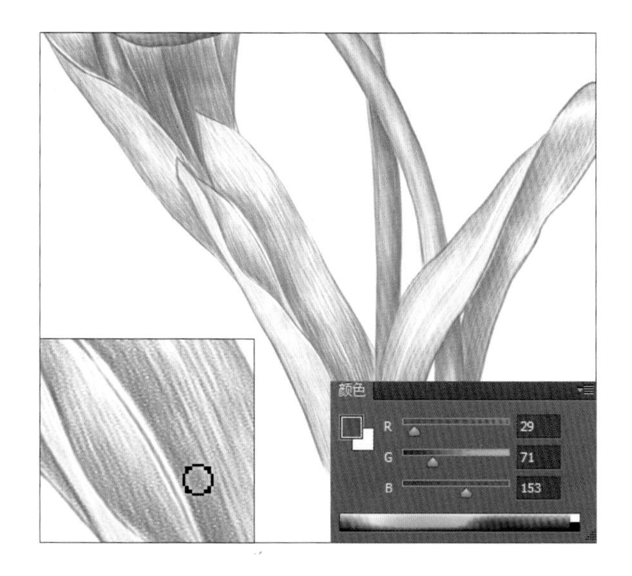

54 单击“线稿 2”图层前的“指示图层可见性”按钮，隐藏“线稿 2”图层，再选中“线稿 1”图层，设置图层混合模式为“正片叠底”、“不透明度”为 25%，至此，已完成本实例的绘制。

5.4 香槟玫瑰

玫瑰为蔷薇科落叶灌木，枝干多针刺，花朵香气宜人，象征浓烈而又甜蜜的爱情。玫瑰的花瓣倒卵形，重瓣至半重瓣，花朵多为紫红色，也有粉红及白色等。

绘画要点

源文件　随书资源 \ 源文件 \05\ 香槟玫瑰 .psd

绘制玫瑰时，如果花朵为盛开状态，那么在勾画时要着重表现出花瓣层层叠叠的感觉，通过丰富的层次让花朵更为逼真；如果花朵为未盛开的花骨朵状态，则不仅仅需要勾画出其轮廓，还要通过着色使花骨朵表现出含苞待放的“球”面感觉。

色彩搭配

以色相差异较小的粉红色和粉紫色搭配，使花朵颜色呈现协调的效果。在花朵中以青色的叶子点缀，在叶子的衬托下，花朵显得格外娇艳。

01 执行“文件 > 新建”菜单命令，打开“新建”对话框，在“名称”文本框中输入“香槟玫瑰”，然后在下方设置新建文件的大小，设置后单击“确定”按钮，新建文件。

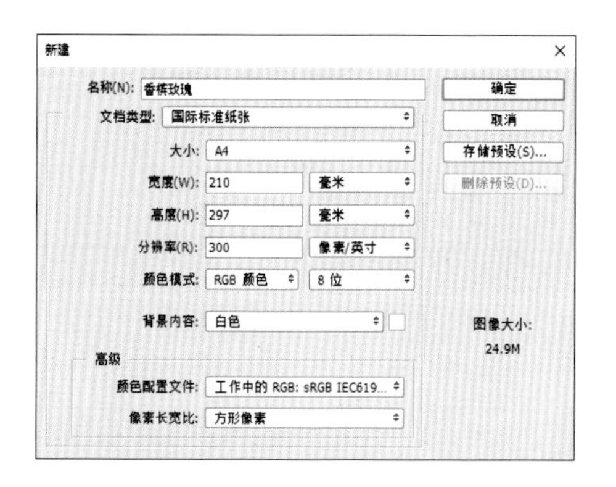

02 单击工具箱中的“画笔工具”按钮，选中“画笔工具”，单击工具选项栏中的“点按可打开‘工具预设’选取器”按钮，在打开的“工具预设”选取器下方单击选中“2B 铅笔”画笔预设，选择后工具箱中会自动根据所选画笔更改画笔笔尖颜色。

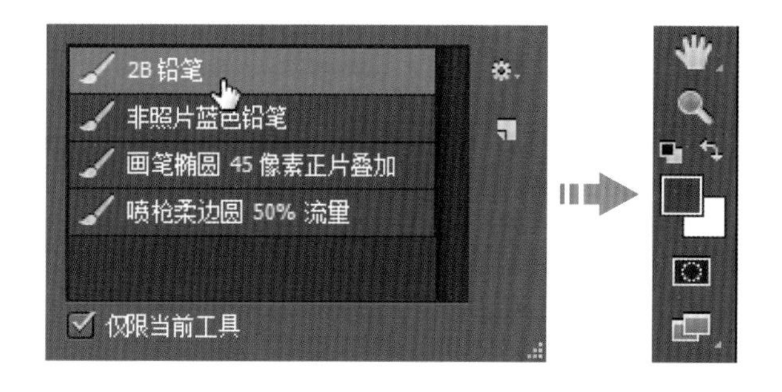

03 单击“图层”面板中的“创建新图层”按钮，新建“图层 1”图层，双击“图层 1”图层名，将图层重新命名为“线稿”图层，确保“线稿”图层为选中状态，将鼠标移至文件中间位置，用铅笔绘制线稿部分，在绘制时需要注意花瓣复瓣的勾勒，在绘制叶子时，可以适当对叶脉进行描绘，表现叶脉的走向。

图层
类型
正常 不透明度: 100%
锁定: 填充: 100%
线稿
背景

04 单击“图层”面板中的“创建新组”按钮，新建“花朵 1”图层组，再单击“图层”面板下的“创建新图层”按钮，新建图层。

05 打开“颜色”面板，设置前景色为 **R236、G143、B182**，用铅笔沿着花瓣包裹的中心上色。

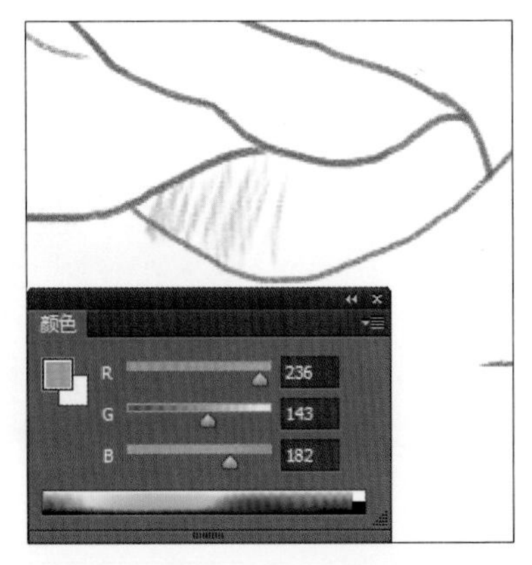

06 继续运用铅笔在花瓣位置绘制，为花瓣进行着色，在描绘时需要注意画笔由重到轻的色彩浓度的变化，使绘制的花瓣更有层次感。

07 在“画笔工具”选项栏中设置画笔“不透明度”为 **20%**，降低画笔不透明度，运用画笔继续根据花瓣的走向在另外的花瓣上进行绘制。

08 创建新图层，打开“颜色”面板，更改前景色为紫色，具体颜色值为 **R142、G89、B161**，运用画笔在粉色的花瓣上方绘制，使花朵颜色形成自然的过渡效果。

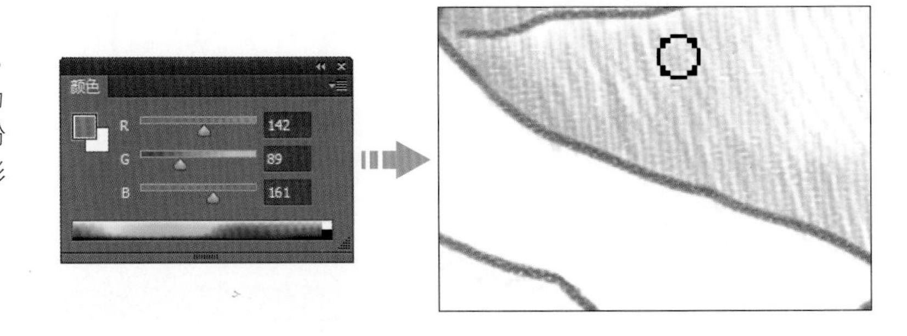

09 继续运用画笔在花瓣上涂抹，为花朵进行着色。在绘制时需要根据不同的花瓣走向调整画笔的走向。

10 由于香槟玫瑰的颜色较浅，所以在表现它的形体时，可以通过拉开颜色对比和深浅变化来表现。创建新图层，在“颜色”面板中将前景色设置为较深一些的红色，具体颜色值为 R231、G30、B76，运用画笔在需要加重色彩的花瓣根部绘制。

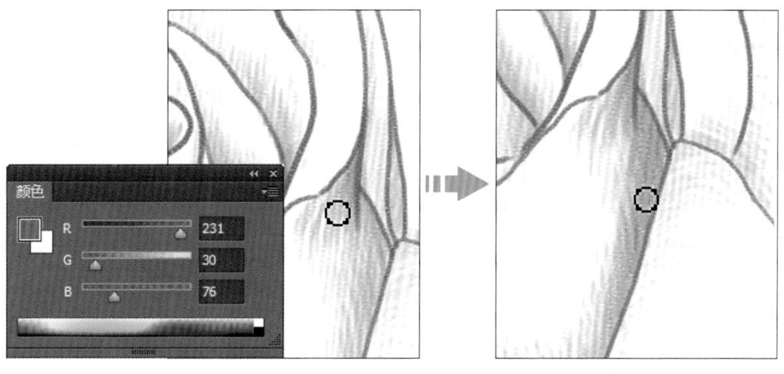

11 继续运用画笔在更多的花瓣根部涂抹，加重花朵中心部分，让花朵的立体感和层次感更强。

12 打开“颜色”面板，在面板中拖曳颜色滑块，设置前景色为 R143、G75、B66，创建“图层 4”图层，运用画笔继续在花瓣中心位置涂抹。

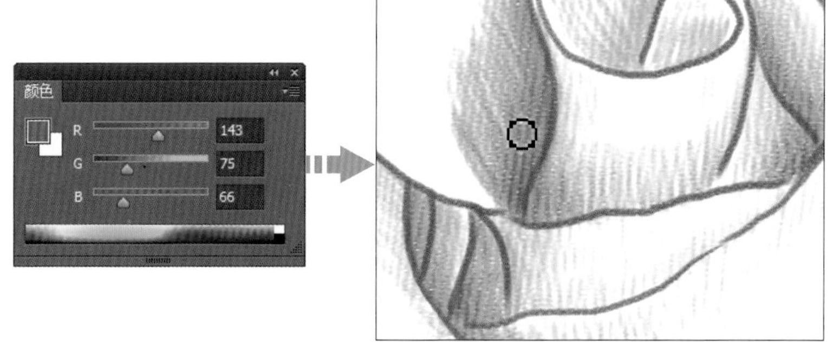

13 将画笔移至另外更多的花瓣上方，经过涂抹，画面中心位置的颜色变得更鲜艳。

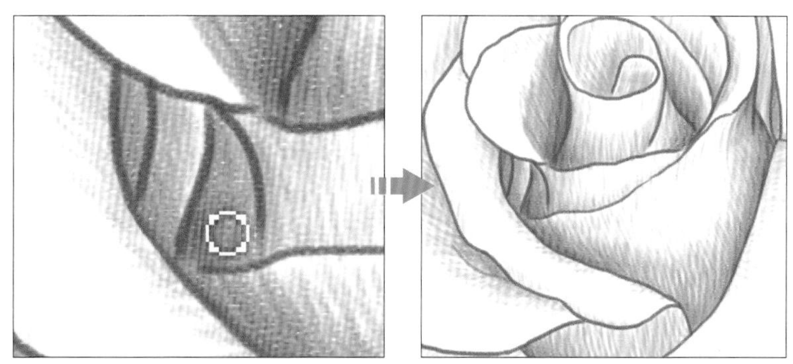

14 确保“图层 4”图层为选中状态，在“图层”面板中设置“不透明度”为 **70%**，降低图层不透明度，让色彩更自然地混合。

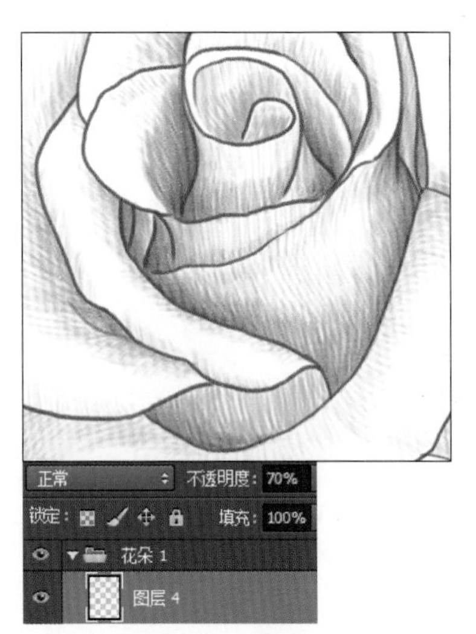

15 为了让花的颜色不只是单调的粉红，还可以为留白的花瓣部分着上一层淡淡的浅黄色。创建新图层，打开“颜色”面板，更改前景色为浅黄色，具体值为 **R250、G243、B143**，设置画笔“不透明度”为 **10%**，运用画笔在花瓣上绘制。

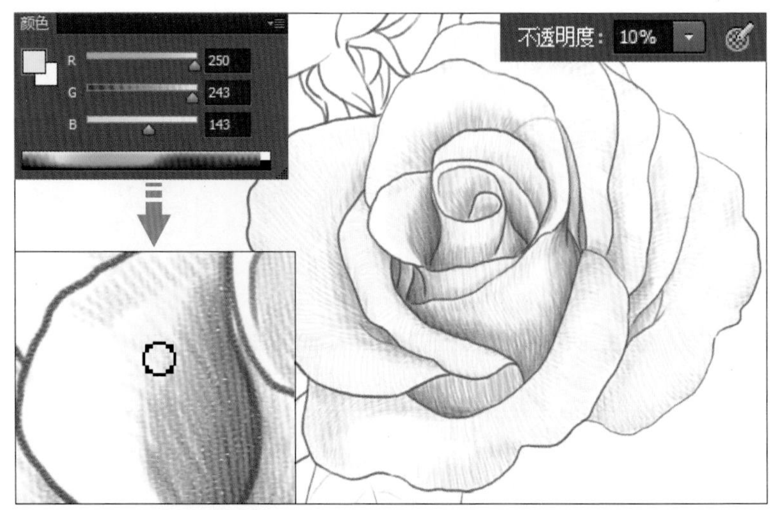

16 绘制完成后，感觉花瓣颜色偏深，再选中“图层 5”图层，设置此图层的“不透明度”为 **73%**，降低不透明度，使黄色变得更浅一些。

17 当花朵受到阳光的照射时，当光的地方颜色偏暖，而离光源远或背光的地方则颜色偏冷，所以在绘画时也要根据这一特点，通过不同颜色来表现花朵色彩的冷暖变化。打开“颜色”面板，设置前景色为 **R234、G45、B27**，新建“图层 6”图层，由于花心部分被光线直接照射，所以在靠近花心的位置涂抹，加深颜色，使图像给人更温暖的视觉感受。

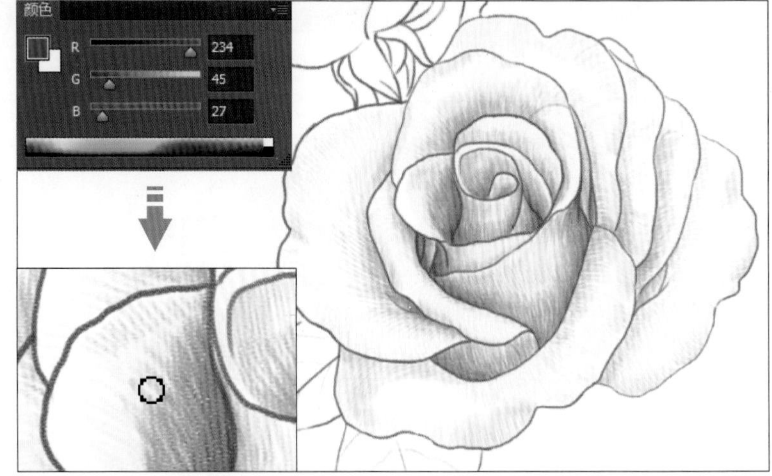

18 新建“图层 7”图层，打开“颜色”面板，在面板中将颜色更改为浅粉色，具体参数值为 R197、G102、B122，在花瓣的中间部分进行涂抹上色。

19 选择“图层 7”，打开“颜色”面板，将前景色更改为更浅一些的颜色，具体参数值为 R240、G154、B193，在花瓣的中间部分进行涂抹上色。

20 选中“图层 7”图层，打开“颜色”面板，设置前景色为 R248、G213、B219，在花瓣的中间部分进行涂抹上色，使花朵从玫瑰红过渡到粉红效果。

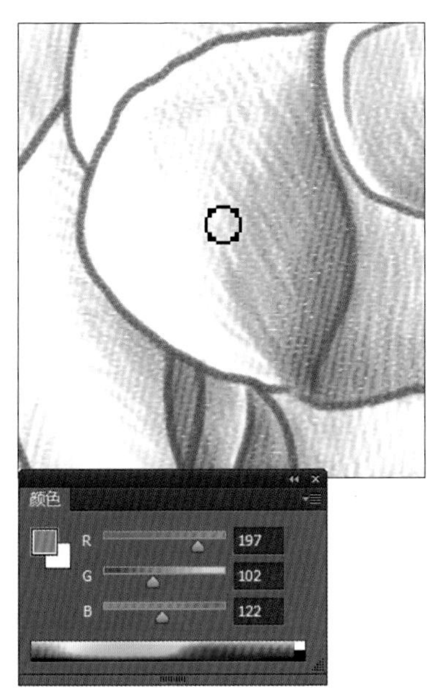

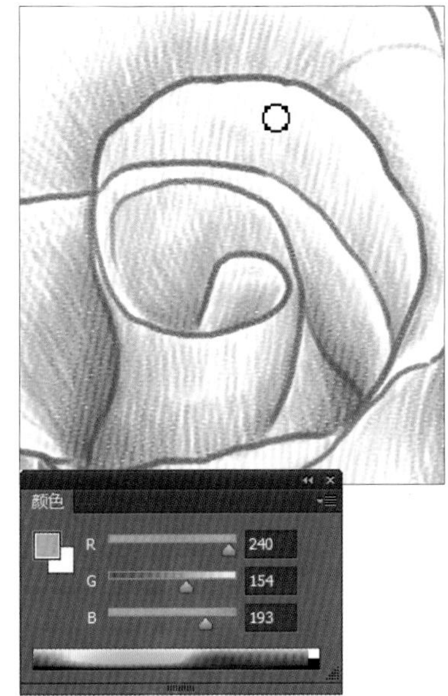

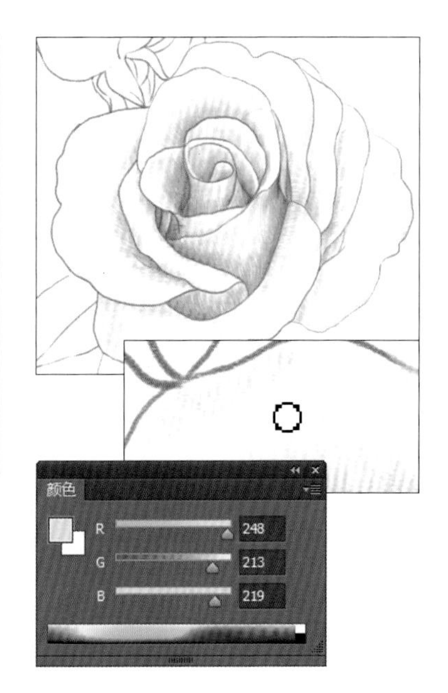

21 由于花瓣的左半部分离光源较远，所以颜色应该偏冷一些。打开“颜色”面板，设置前景色为 R133、G57、B143，新建“图层 8”，运用画笔在左半部分的花瓣位置涂抹，将花瓣颜色涂抹为偏冷的紫罗兰色。

22 执行“窗口 > 画笔”菜单命令，打开“画笔”面板，在面板中将画笔“大小”调整至 58 像素，其他参数不变，继续在左半部分花瓣上涂抹，描绘淡紫色花瓣效果。

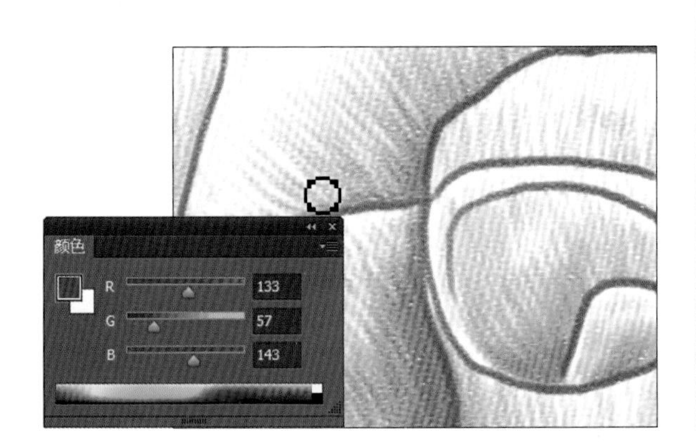

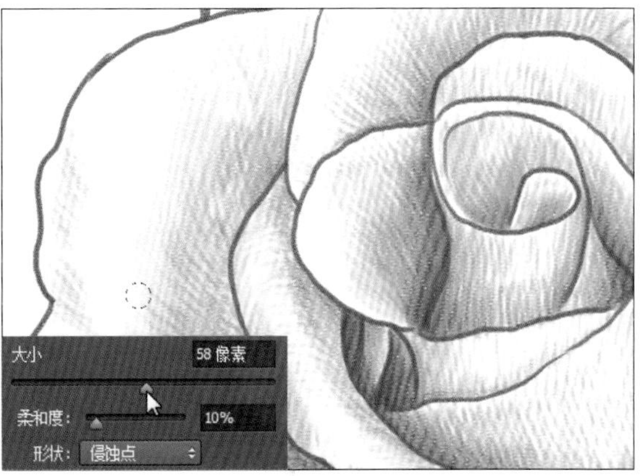

23 打开“颜色”面板，设置前景色为更冷一些的蓝色，具体颜色值为 R60、G60、B149，运用画笔在左半部分花瓣的中心位置涂抹，加重颜色，增强花朵的体积感。

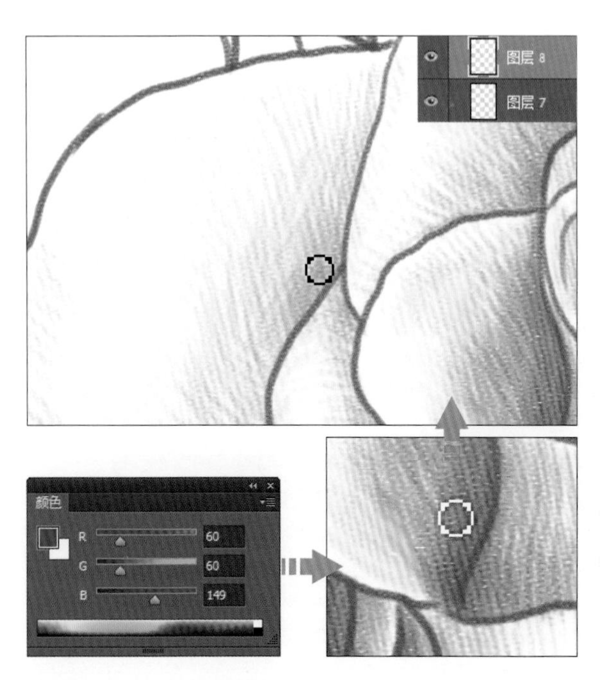

24 新建“图层 9”图层，打开“颜色”面板，在面板中设置前景色为 R198、G138、B188，将画笔移至深色花瓣下方位置，运用画笔涂抹绘制颜色。

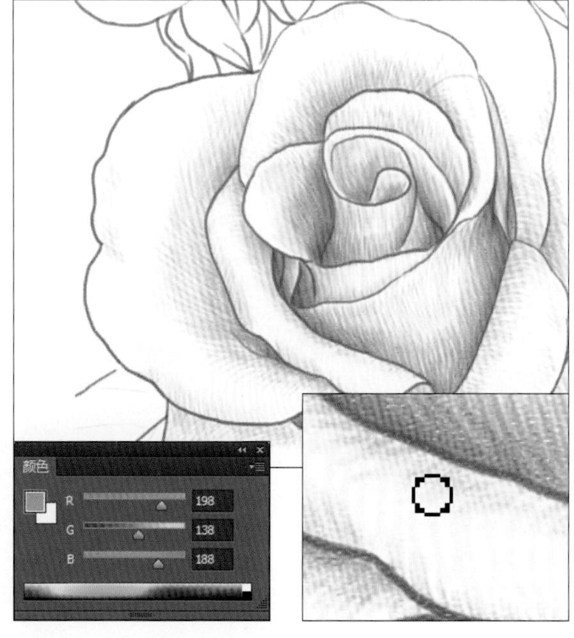

25 明确了色调冷暖，就可以为花朵润色了。打开“颜色”面板，在面板中设置颜色值为 R232、G52、B125，选中“图层 9”图层，将画笔移至中间部分花瓣位置，对花瓣边缘位置进行涂抹。

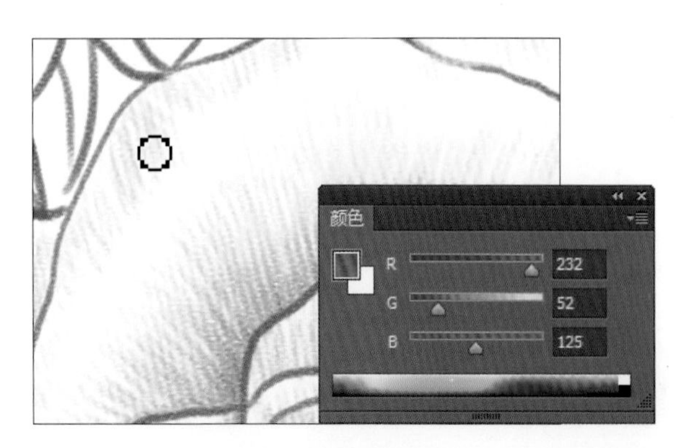

26 打开“画笔”面板，由于下面要对大面积区域进行着色，所以将画笔“大小”设置为 171 像素，增大画笔，再将“柔和度”设置为 100%，增加画笔柔和度，在“画笔工具”选项栏中设置“不透明度”为 5%，在花瓣上涂抹上色。

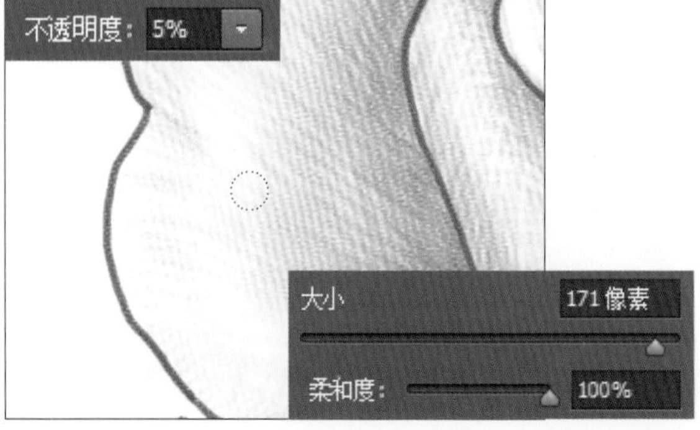

27 确保创建的“图层 9”图层为选中状态，继续使用画笔在中间和左半部分的花瓣上涂抹，为花瓣着上一层淡粉色。

28 创建“图层 10”图层。打开“画笔”面板，将画笔“大小”还原至 10 像素，“柔和度”为 10%。打开“颜色”面板，设置前景色为 R234、G69、B99，在“画笔工具”选项栏中将画笔“不透明度”降低为 20%，在右侧的其中一片花瓣上涂抹上色。

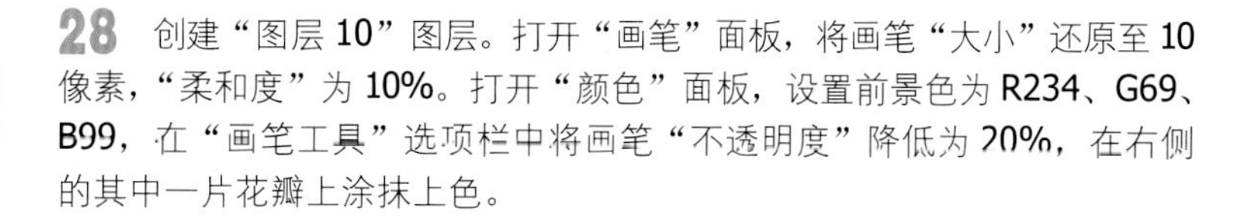

29 继续运用画笔在其他的花瓣上涂抹上色，在上色的过程中，需要根据花朵的角度加深颜色，让花朵呈现自然的浓淡变化。

30 选中“图层 10”图层，打开“颜色”面板，设置前景色为 R223、G60、B51，运用画笔在花朵右侧区域的花瓣上涂抹上色。

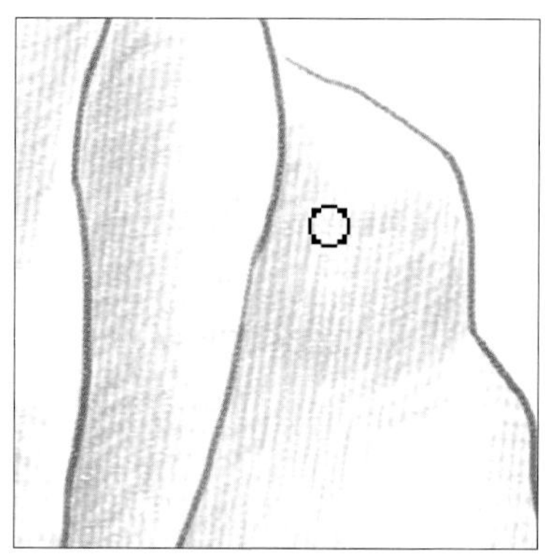

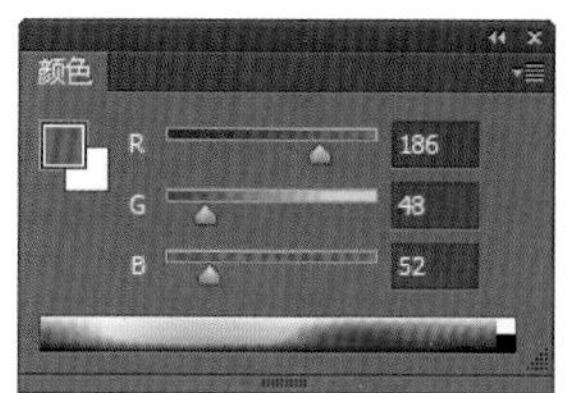

31 创建“图层 11”，打开“颜色”面板，设置前景色为 R186、G48、B52，用画笔在花瓣上涂抹。可以通过反复涂抹加重部分区域的颜色。

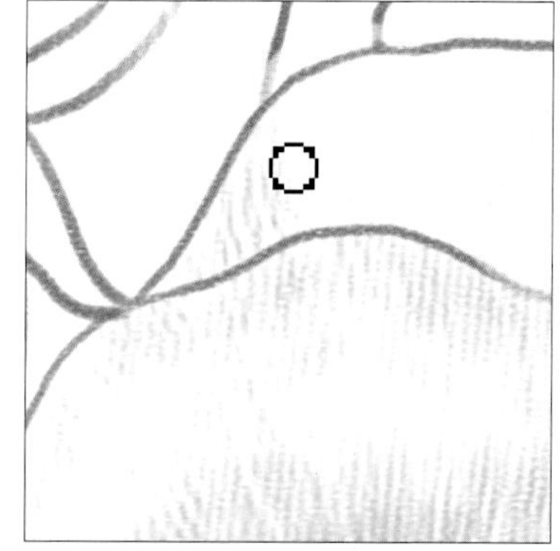

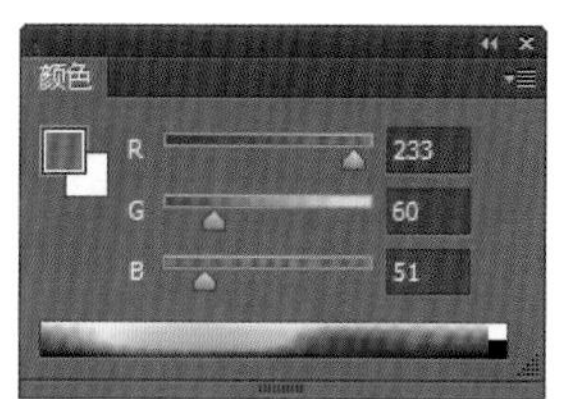

32 继续运用画笔为花瓣铺色。在绘制时需要注意花瓣的层次变化，可以通过颜色的深浅来加强花瓣边缘的起伏变化。

33 创建“图层 12”图层，在“画笔工具”选项栏中设置画笔“不透明度”为 30%，提高画笔的不透明度。打开“颜色”面板，设置前景色为 R184、G39、B140，运用画笔在花瓣上绘制，做一些主体花瓣边缘的部分强调。

34 经过前面的操作，已完成一朵花的上色，接下来需要对叶子部分上色。创建“叶子 1”图层组，在图层组中新建“图层 13”图层。打开“颜色”面板，设置前景色为 R71、G97、B52，在叶子上绘制，勾画出叶子的纹理走向。

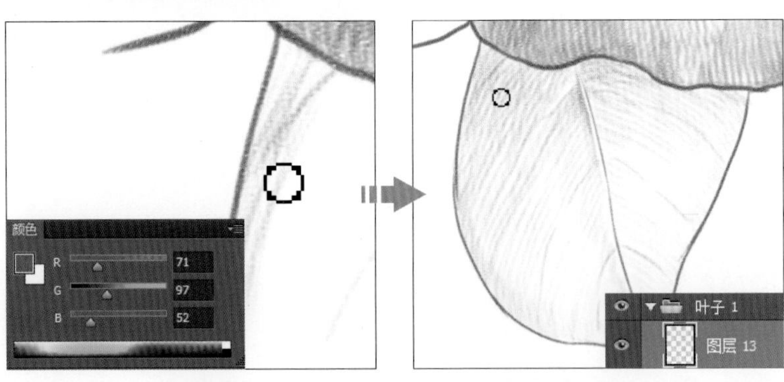

35 创建“图层 14”图层，打开“颜色”面板，更改前景色为 R46、G76、B42。继续在叶子边缘及中间部分涂抹，加强叶脉的走向。

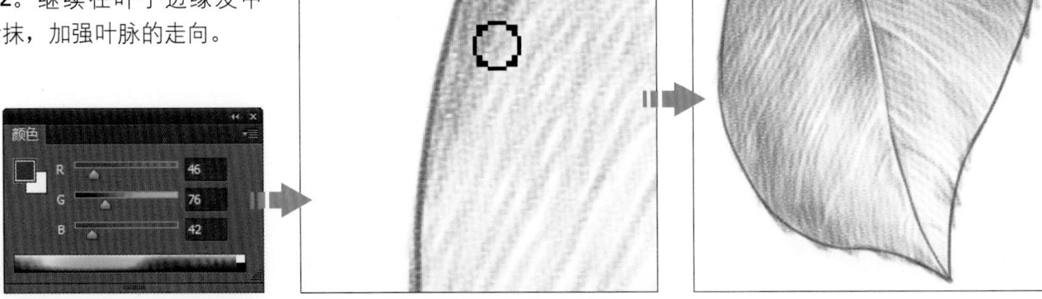

36 创建“图层15”图层，打开“颜色”面板，设置前景色为R71、G97、B52，继续在叶子部分涂抹，为其铺色。在对叶子边缘部分进行铺色时，为使叶子更加逼真，需要将其绘制为锯齿状边缘效果。

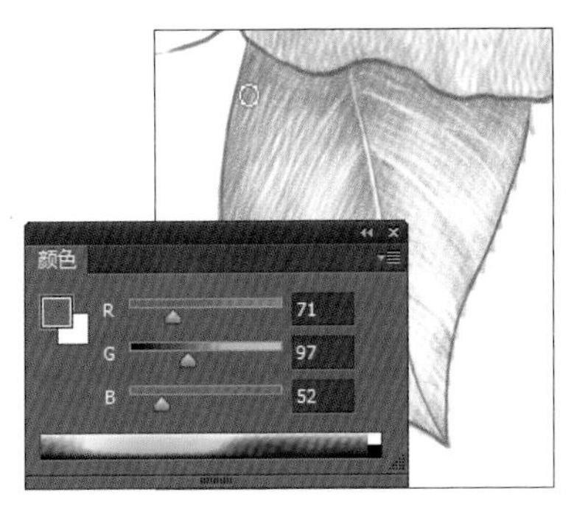

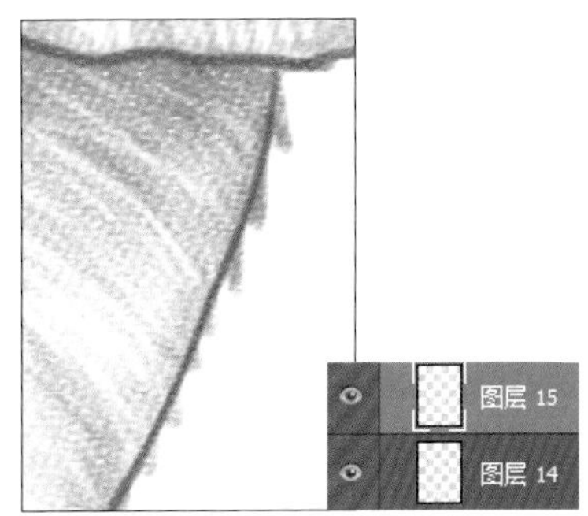

37 为使叶子颜色更粉嫩，可以再为其着上一层淡淡的黄色。创建“图层16”图层，打开“颜色”面板，设置前景色为R186、G164、B46，在“画笔工具”选项栏中设置“不透明度”为100%、“流量”为15%，运用画笔在叶子上绘制。

38 打开“颜色”面板，设置前景色为R48、G77、B31，在“画笔工具”选项栏中设置“不透明度”为31%、“流量”为100%，运用画笔在叶子上涂抹，加强叶子的层次感。

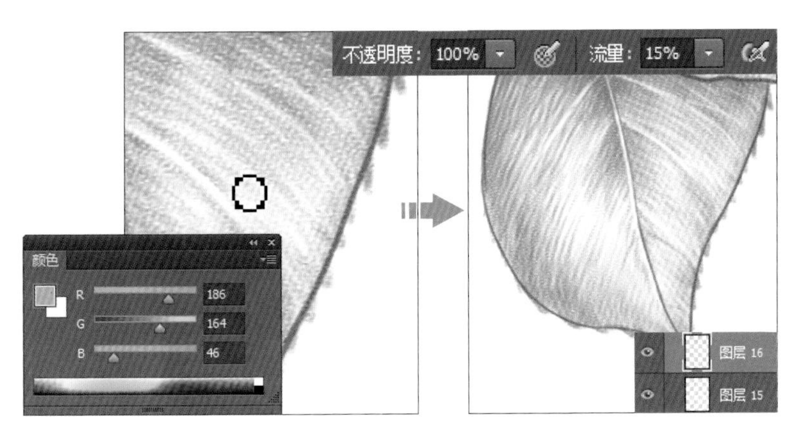

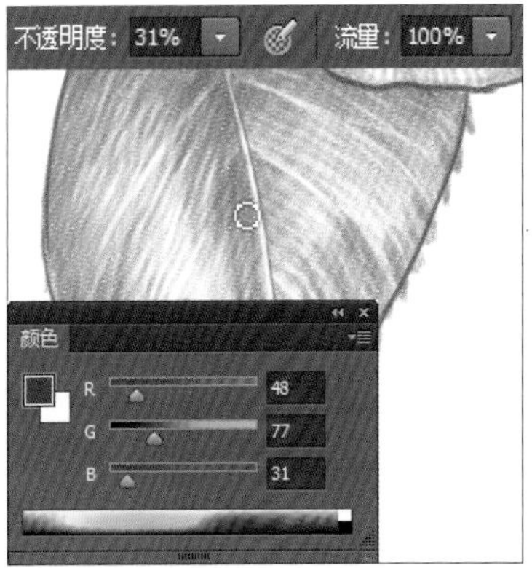

39 为让叶子颜色更有层次，可以在叶子的部分稍微加些青灰色。打开“颜色”面板，设置前景色为R120、G113、B85，创建新图层，沿叶片走向继续绘制，增加颜色。

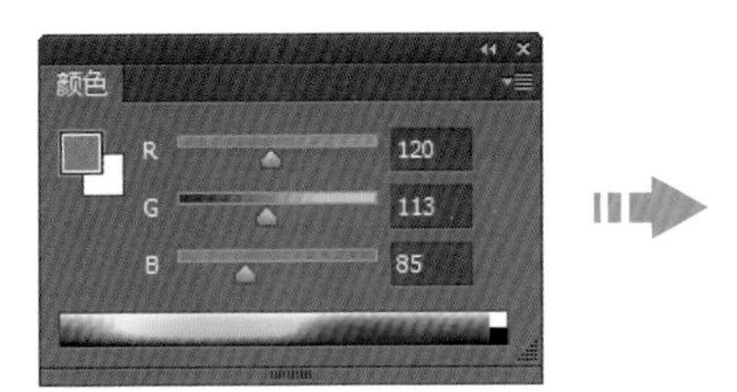

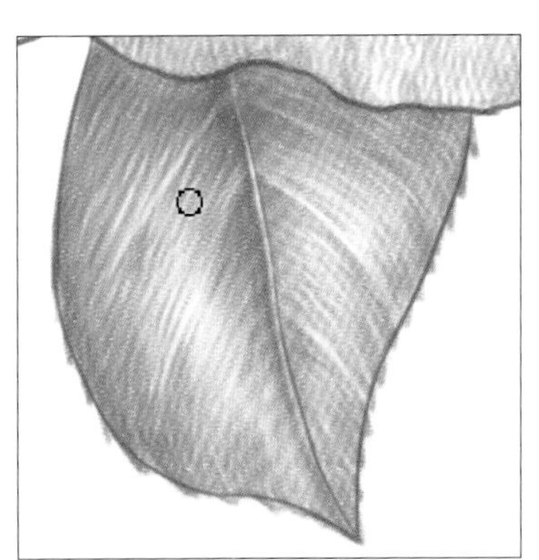

40 创建新图层，打开“颜色”面板，设置前景色为R27、G117、B70，为避免画笔颜色太深，在“画笔工具”选项栏中将“不透明度”降为10%，沿叶片走向绘制图像。

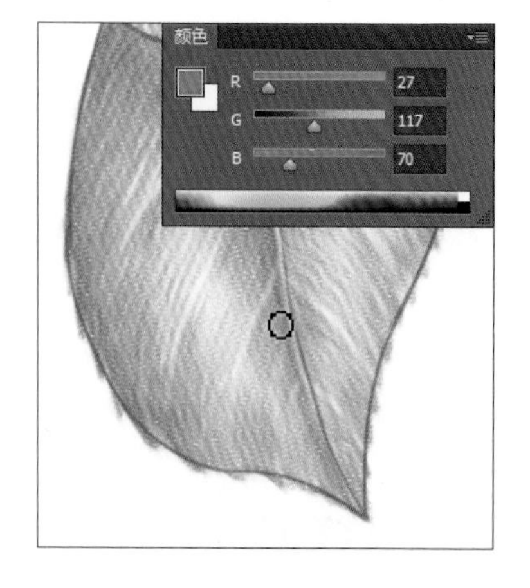

41 打开“颜色”面板，拖曳颜色滑块，设置前景色为R59、G86、B43，继续沿叶片走向绘制图像。

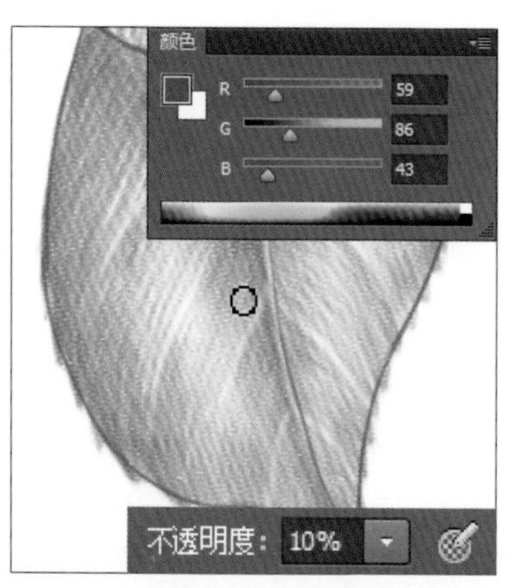

42 为加强叶片的体积感并丰富颜色，创建新图层，打开“颜色”面板，设置前景色为深褐色，颜色值为R54、G36、B24，用画笔在叶片与花瓣交界的位置绘制，叠加颜色。绘制过程同样需要根据叶片的走向进行绘制。

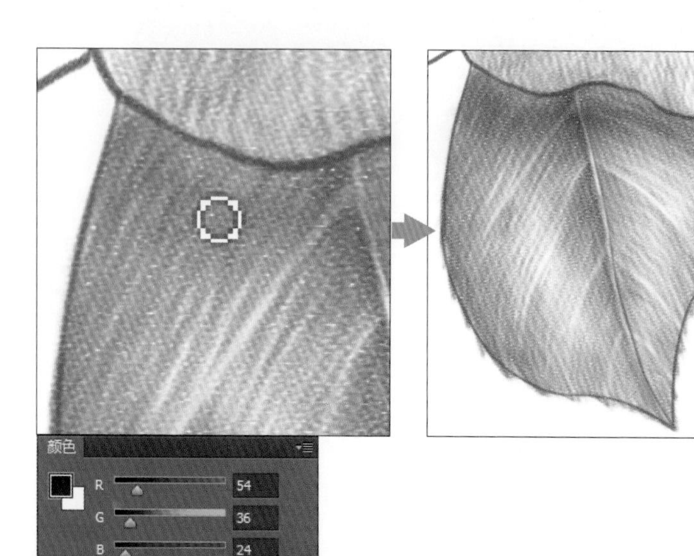

技巧提示 用手写笔控制颜色

使用手写笔绘制图像时，除了通过“画笔工具”选项栏中的“不透明度”调整画笔笔尖颜色的浓度，也可以通过压感笔用笔力度的轻重来控制颜色。

43 创建“叶子2”图层组，为另外一片叶子上色。在对叶子进行上色时，要想让叶子表现出更嫩一些，可以选择较绿的颜色，使画面变得更生动。

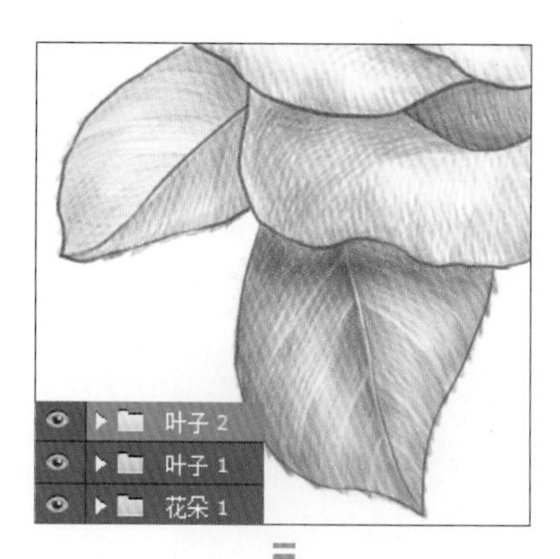

44 完成盛开花朵及叶子的上色工作后，接下来进行花骨朵的上色。花骨朵在用色上更为丰富，在绘制时需要注意表现它的“球体”感。创建“花朵 2”图层组，在图层组中创建新图层，打开“颜色”面板，设置前景色为 R228、G53、B122，从颜色最深的花瓣边缘位置开始涂抹上色，越靠近边缘的部分颜色越深，然后慢慢往下过渡。

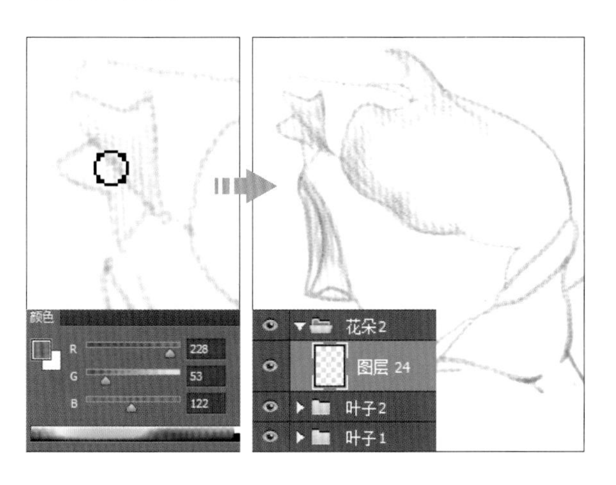

45 创建新图层，打开“颜色”面板，设置前景色为 R236、G16、B121，在“画笔工具”选项栏中设置“不透明度”为 32%，继续从颜色最深的花瓣边缘位置开始涂抹上色，越靠近边缘的部分颜色越深，然后慢慢往下过渡。

46 创建新图层，打开“颜色”面板，设置前景色为 R242、G156、B193，从花瓣中间部分开始涂抹，然后慢慢向下过渡，使颜色呈现不同的深浅变化。

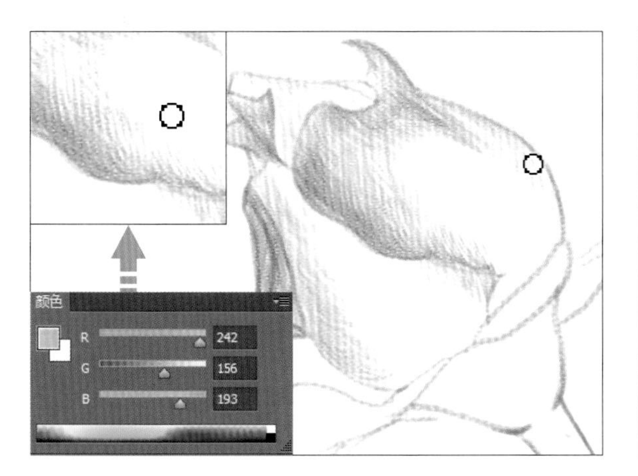

47 打开“画笔”面板，在面板中将“大小”设置为 125 像素；为使画笔边缘更柔和，将“柔和度”滑块向右拖曳至最大值 100%。由于这里需要为花瓣叠加较淡的粉色，所以在“画笔工具”选项栏中将“不透明度”降为 5%，然后在花瓣上绘制。

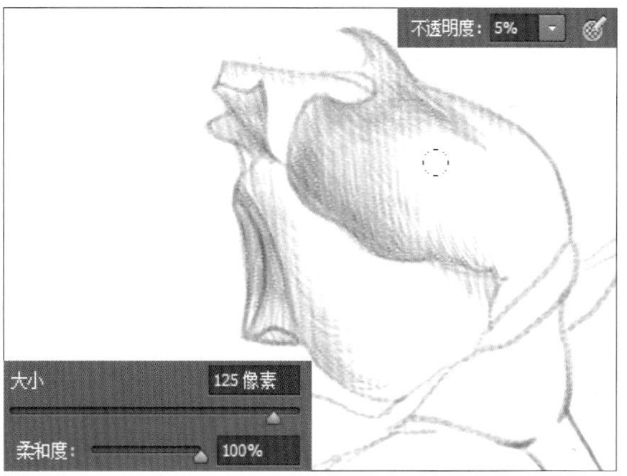

48 确保“画笔工具”为选中状态，单击“工具预设”选取器右侧的倒三角形按钮，在展开的面板中单击选择“2B 铅笔”预设，此时在“画笔”面板中将画笔“大小”还原为 10 像素，“柔和度”还原为 10%。

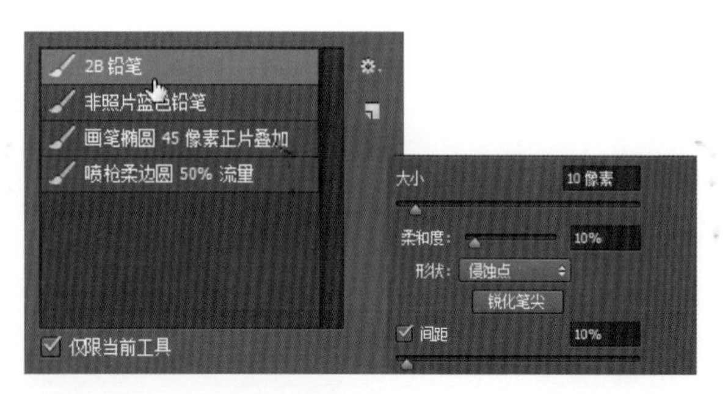

49 单击“图层”面板中的“创建新图层”按钮，创建新图层。打开“颜色”面板，在面板中设置前景色为黄绿色，颜色值为 R175、G178、B57，在“画笔工具”选项栏中设置“不透明度”为 77%、“流量”为 28%，用画笔从靠近花萼部分开始涂抹黄绿色，从下往上慢慢过渡。

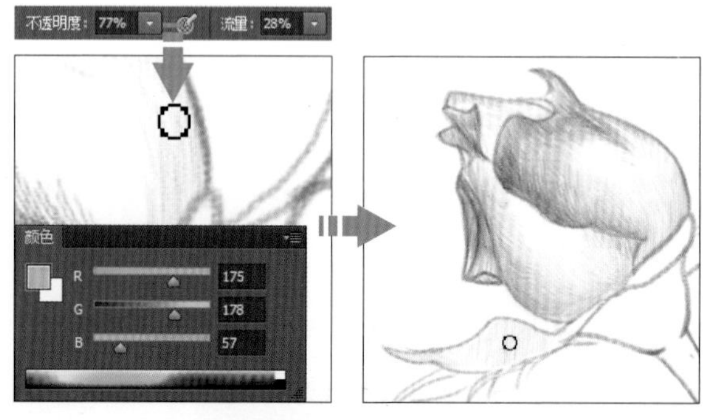

50 创建“图层 28”图层，打开“颜色”面板，设置前景色为 R246、G196、B28，从花骨朵的下部开始向上涂抹，形成从黄绿色慢慢过渡到浅黄色的自然渐变效果。

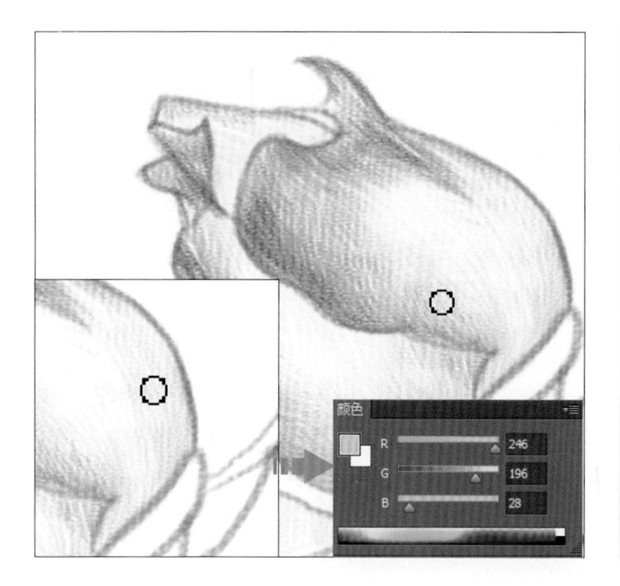

51 接下来对花托和花茎进行上色。创建新图层，打开“颜色”面板，设置前景色为 R83、G110、B60，用画笔在花托和花茎位置涂抹上色。绘制时需要使用较长的线条沿花托和花茎的走向排线，使其显得更加流畅。

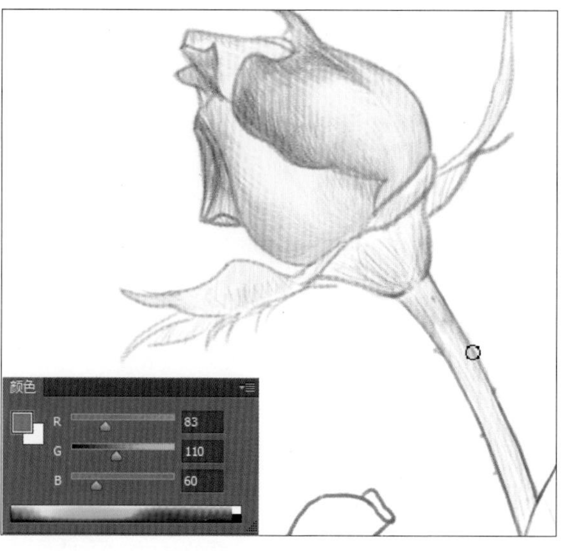

52 为让花托和花茎更具立体感，打开“颜色”面板，设置前景色为R72、G85、B65，用画笔在花托和花茎边缘位置涂抹上色，加重暗部效果。

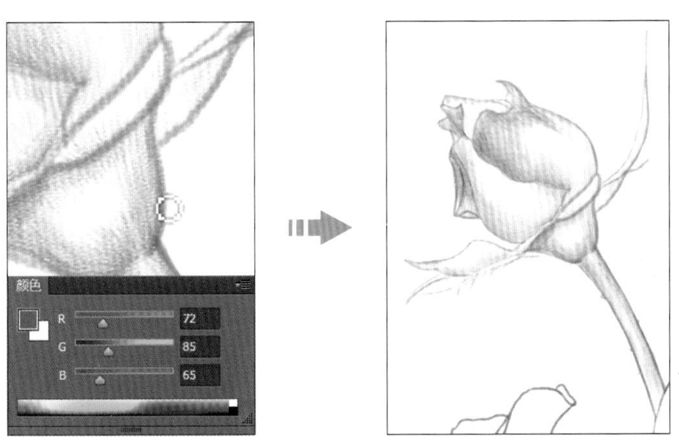

53 为让花托和花茎的颜色更丰富，创建新图层，打开“颜色”面板，设置前景色为更鲜艳的颜色，颜色值为R15、G102、B57，用画笔在花托和花茎继续涂抹，叠加颜色。

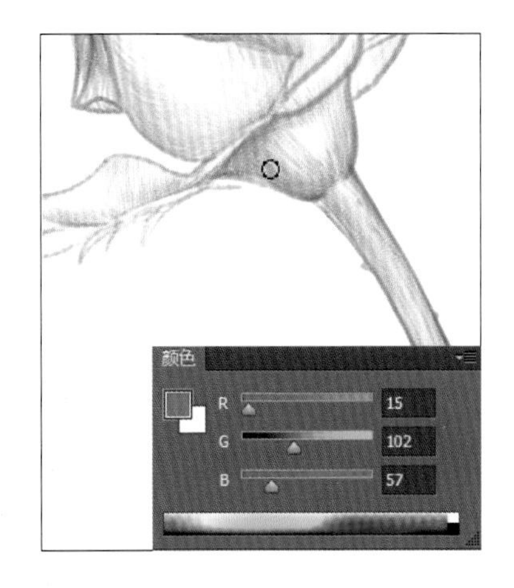

54 新建图层，打开“颜色”面板，设置前景色为R203、G80、B85，运用画笔在花萼部分涂抹，叠加红色。

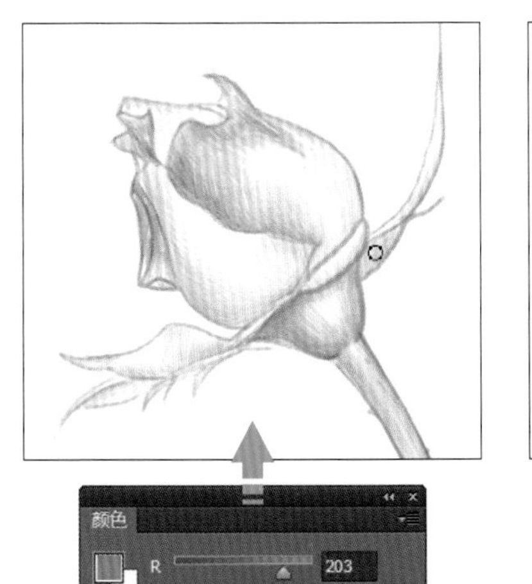

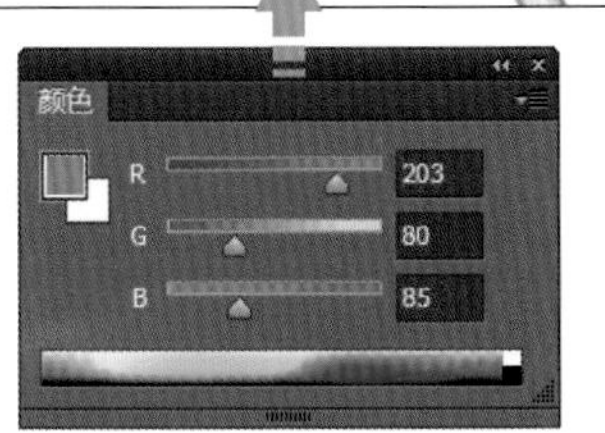

55 创建“图层32”图层，打开“颜色”面板，设置前景色为R213、G151、B22，运用画笔在花茎部分涂抹，表现其高光部分。

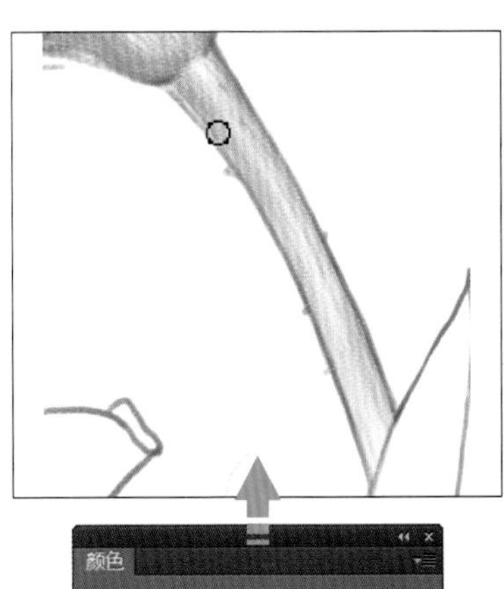

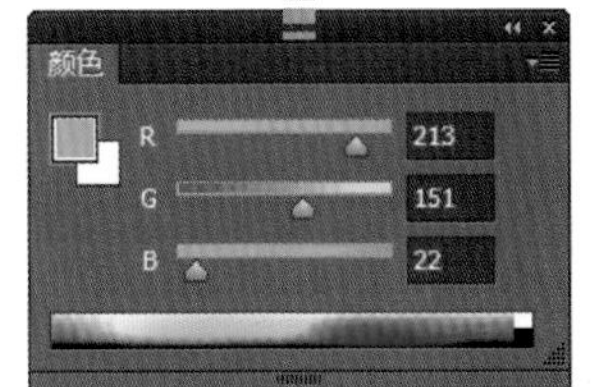

56 运用同样的方法，根据花朵与叶子的前后关系，对另外一个花骨朵及叶子部分上色，可以对叶脉做适当留白处理。最后将“线稿”图层的“不透明度”降为17%，至此，已完成本实例的绘制

第6章 翼翼归鸟——鸟类

鸟儿流线型的身体让它们能更加自由在天空中翱翔，色彩斑斓的羽毛几乎覆盖了全身，就像是它们的花衣裳。本章将详细讲解三种鸟儿的绘制过程。

6.1 羽毛层次绘画技巧

从古至今，鸟类一直是绘画的重要题材。绘制鸟儿时，色彩缤纷的羽毛是表现的重点。

1. 根据羽毛的生长走势绘制

不同类型的鸟儿骨骼的结构和羽毛的生长规律存在一定的差别，因此在绘制之前要熟悉它的各种结构关系，才能根据其羽毛的生长走势绘制不同的羽毛，使羽毛表现出层次感。不按羽毛生长规则、走势就随意绘制的羽毛会显得凌乱，缺乏真实感。如下面的三幅图像为例，左图为根据鸟儿外形轮廓绘制的线稿图，中图为上色的效果，右图则为根据羽毛的生长走势绘制的羽毛效果，这张上色效果图中可以看到绘制的羽毛纹理非常自然，层级感比中间一幅图像好很多。

2. 根据羽毛的分布部位绘制

在绘制羽毛时，除了要根据羽毛的生长走势来绘制以外，不同区域羽毛的绘制也有一定的差别，例如，鸟儿头部的羽毛大多较细、较密集，通常给人毛茸茸的感觉，绘制时，需要用短而细的线条来表现。而鸟儿尾部、翅膀等区域的羽毛大多长而硬，密而不乱，所以绘制时就需要用长而粗的线条来表现硬朗感。这样通过不同长短、粗细的细条，不但能够表现鸟儿身体各部分的羽毛，同时也能起到加强羽毛层次的作用。

6.2 冠翠鸟

冠翠鸟是非洲最常见的翠鸟之一，多数生活在水滨附近的树枝上，因头上的羽毛可以竖起成冠状而得名。顶冠的羽毛呈黑色和淡蓝色或蓝绿色，杂有白点。

绘画要点

源文件　随书资源 \ 源文件 \06\ 冠翠鸟 .psd

在绘制线稿时，鸟儿身体上的羽毛要顺着生长走势用短线条来排线。同时，在绘制时可以通过画笔轻重的变化来增强颜色的浓度变化，从根部向毛尖方向绘制，塑造更逼真的图像。

色彩搭配

根据冠翠鸟的毛色特征，在背部用大面积的蓝色表现，与胸部黄褐色的羽毛形成鲜明的对比，呈现出更生动、逼真的冠翠鸟形象。

01 执行“文件＞新建”菜单命令，打开“新建”对话框，在“名称”文本框中输入“冠翠鸟”。单击“文件类型”下拉按钮，在展开的下拉列表中选择“国际标准纸张”，设置后单击“确定”按钮，新建文件。

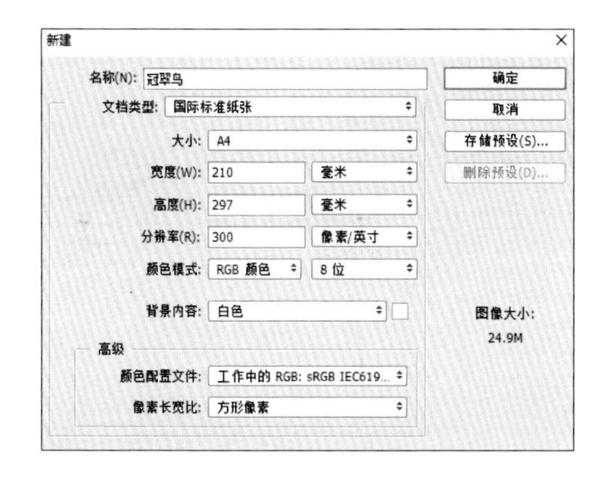

02 单击“图层”面板中的“创建新图层”按钮，新建“图层 1”图层，双击“图层 1”图层名，将图层重新命名为“线稿”图层。

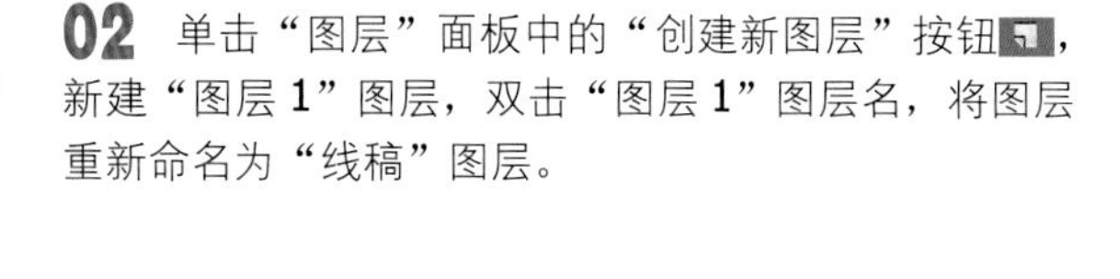

03 单击工具箱中的“画笔工具”按钮，选中“画笔工具”，单击工具选项栏中的“点按可打开‘工具预设’选取器”按钮，在打开的“工具预设”选取器下方单击选中“2B 铅笔”画笔预设。

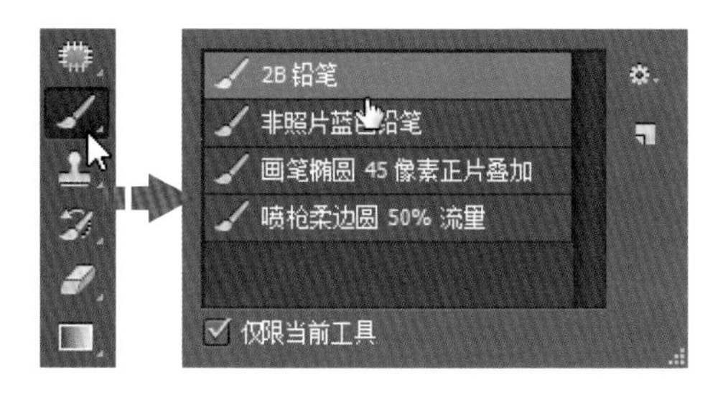

04 确保“线稿”图层为选中状态，在“画笔工具”选项栏中设置“不透明度”为 50%，然后用铅笔顺着羽毛的生长走势绘制出冠翠鸟的外形轮廓。

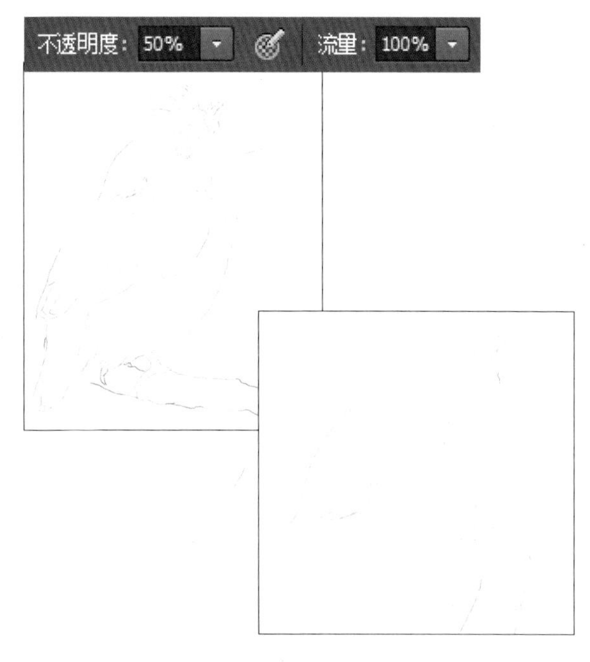

技巧提示 使用预设快速创建文件

Photoshop“新建”对话框中的“文档类型”下拉列表中提供了多种不同类型的文档大小，只需要单击右侧的下拉按钮，在展开的下拉列表中选择选项，就可以快速创建对应大小的文件。

05 单击“图层”面板底部的“创建新组”按钮，新建图层组，将创建的图层组命名为“基础上色”，再单击“创建新图层”按钮，在“基础上色”图层组中创建“图层 1”图层。

06 执行“窗口 > 颜色”命令，打开“颜色”面板，设置前景色为 R16、G46、B134，运用 2B 铅笔画笔涂抹眼睛位置，给眼睛上一层底色，描绘时需要沿着眼睛最边缘处向内绘制，加强颜色层次。

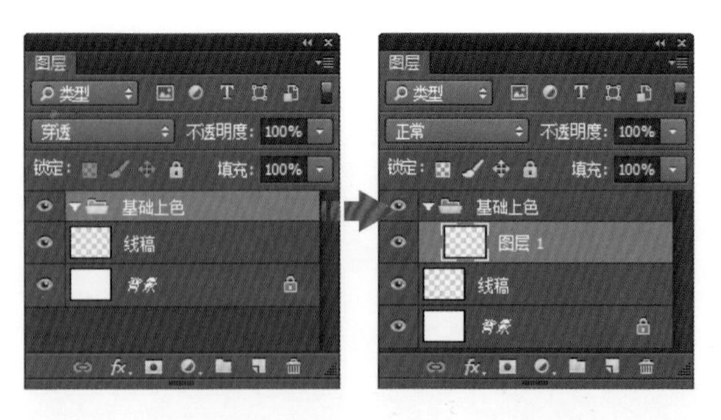

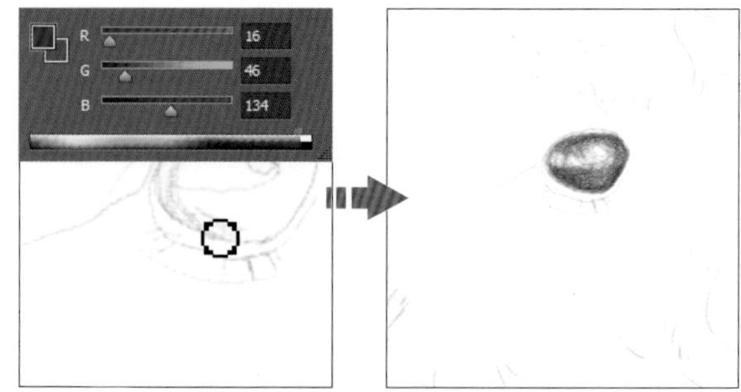

07 单击工具箱中的“默认前景色和背景色”按钮，将前景色恢复为默认的黑色，使用画笔描边眼睛，用黑色加深眼睛部分。

08 打开“颜色”面板，重新设置前景色为 R16、G46、B134，新建“图层 2”图层，根据羽毛走势，用画笔在鸟冠上方绘制蓝色的羽毛。

09 单击工具箱中的“默认前景色和背景色”按钮，将前景色恢复为默认的黑色，用黑色涂抹加深冠毛。

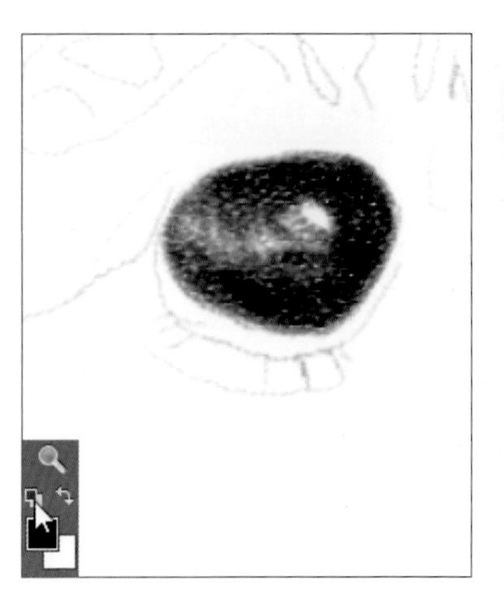

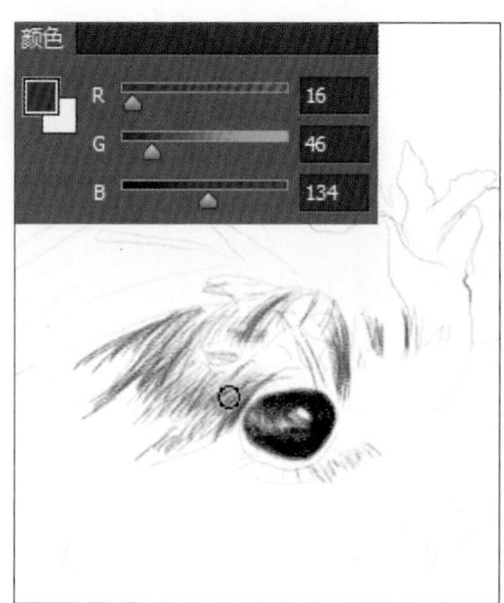

技巧提示 锐化画笔笔尖

2B 铅笔画笔在绘制的过程中会呈现自然程度的磨损，导致画笔笔尖会变粗，在绘制的过程中，如果要将画笔笔尖恢复到默认的大小，可以确定选择了“侵蚀点”笔触后，单击“画笔”面板中的“锐化笔尖”按钮，画笔笔尖就会变得纤细。

10 继续用蓝色和黑色的画笔在眼睛旁边的冠毛位置涂抹，加深颜色，让冠毛颜色更加鲜明。

11 单击工具箱中的“设置前景色”按钮，在打开的“拾色器（前景色）”对话框中设置前景色为**R16、G46、B134**，使用画笔在颈背处绘制出密集的较短一些的线条，表现毛茸茸的效果，在描绘时可以适当留白，表现更自然的羽毛效果。再设置前景色为黑色，在翅膀边缘位置涂抹，加深颜色。

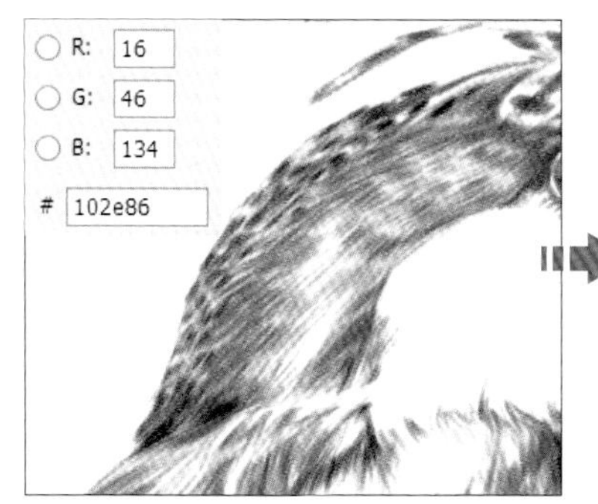

12 创建新图层，打开“颜色”面板，设置前景色为**R16、G46、B134**，用画笔描绘翅膀和尾巴位置，为其着色。

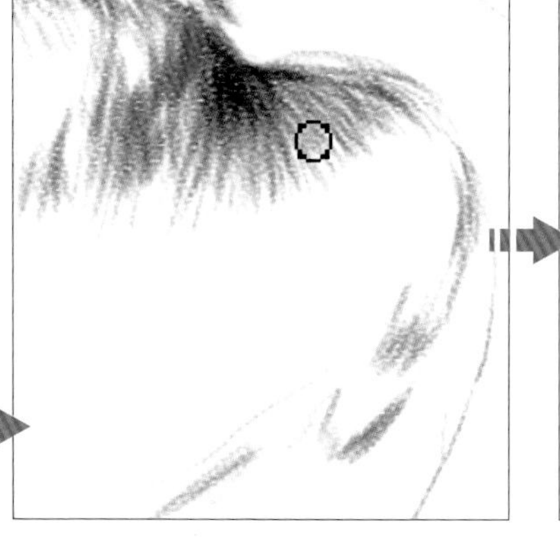

13 创建新图层，打开“颜色”面板，设置前景色为灰色，具体参数值为**R140、G131、B116**，用画笔在翅膀的留白处描绘，为羽毛上色。在上色时，需要注意和蓝色羽毛的衔接要自然。

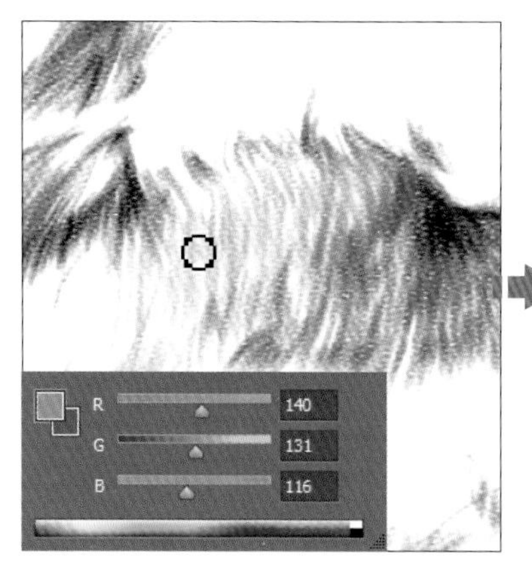

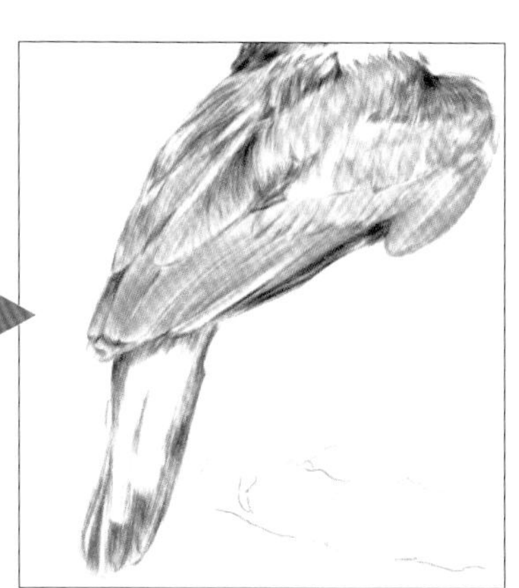

14 打开“颜色”面板，拖曳颜色滑块，设置前景色为 R16、G46、B134，创建新图层，用画笔在蓝色的羽毛上再次涂抹，加深颜色。

15 打开“颜色”面板，更改前景色为曙红色，具体颜色值为 R207、G77、B85。创建新图层，用画笔在鸟喙部涂抹，为其上色。

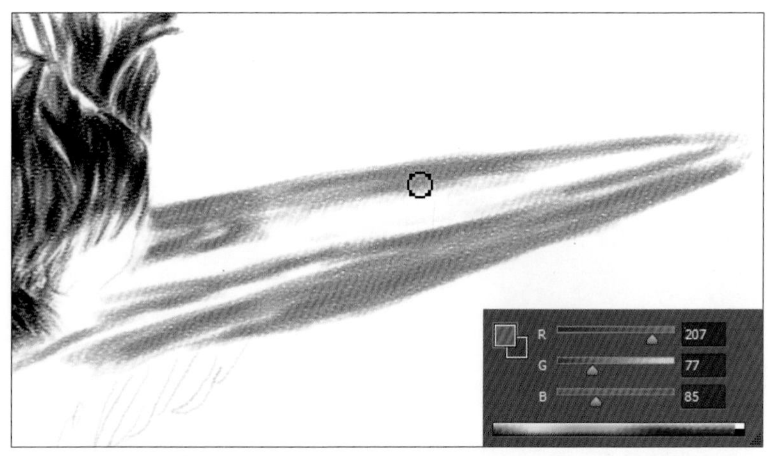

16 创建新图层，打开“颜色”面板，加深红色，具体前景色为 R231、G53、B65，继续用画笔涂抹嘴部，描绘出嘴部的亮色。

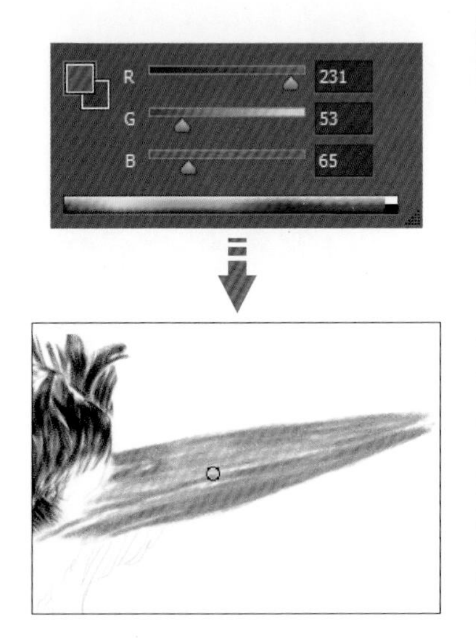

17 打开“颜色”面板，设置前景色为 R156、G93、B42，创建新图层，用画笔顺着羽毛的走势绘制出颊部和胸部重色的部分。

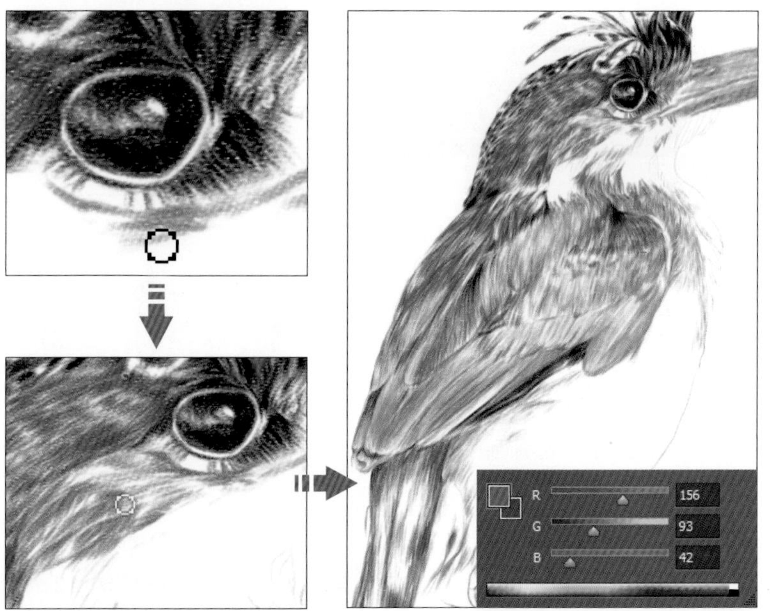

18 创建新图层，打开“颜色”面板，设置前景色为 **R208、G156、B46**。用画笔绘制出喉部和胸部的羽毛，注意越靠近翅膀部分的毛色越深，而鸟儿的轮廓边缘处因为受到光线的照射，颜色要画得浅一些。

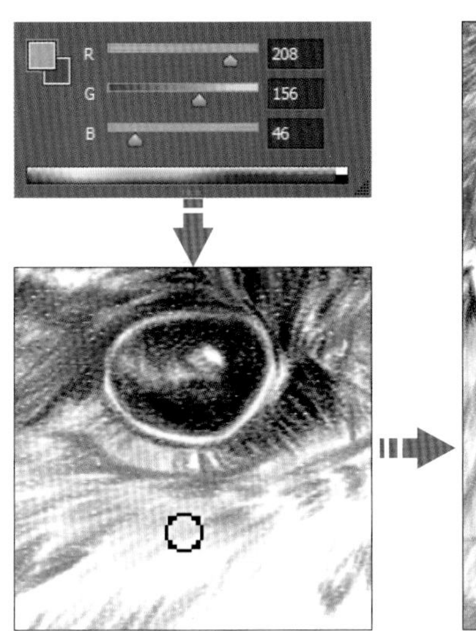

19 打开“颜色”面板，设置前景色为 **R156、G93、B42**，创建新图层，继续用画笔绘制腹部羽毛。

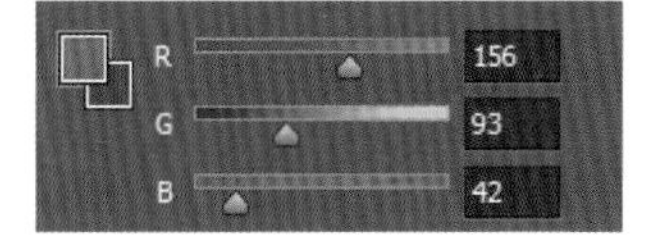

20 打开“颜色”面板，设置前景色为 **R208、G156、B46**，创建新图层，用画笔绘制黄色的腹羽毛。

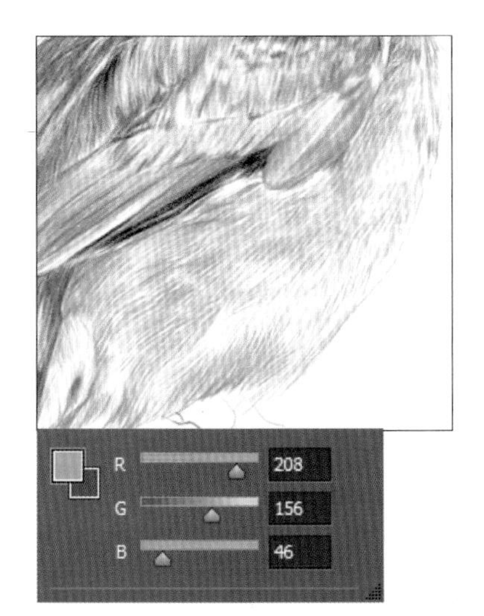

21 打开“颜色”面板，设置前景色为 **R205、G204、B200**，创建新图层，用画笔绘制嘴巴下方的灰色羽毛。

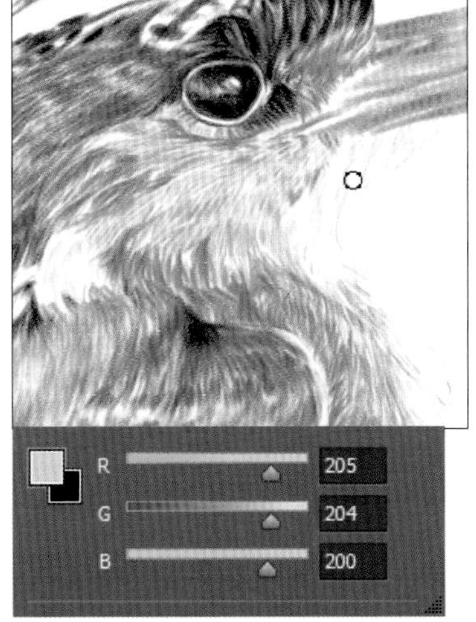

22 打开“颜色”面板，设置前景色为 **R231、G73、B25**，创建新图层，根据爪子的结构，用画笔进行绘制。

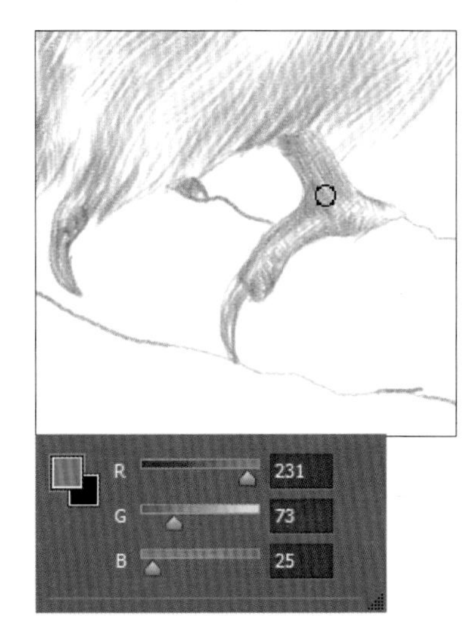

23 对爪子上色后，接下来是树枝部分的上色。创建“图层 14”图层，打开“颜色”面板，设置前景色为 R156、G93、B42，根据树枝的纹理走向用画笔进行描绘，并对树枝进行大面积的铺色。

24 创建“背部加深”图层组，在图层组中创建“图层 15”。单击工具箱中的“默认前景色和背景色”按钮，用黑色的画笔加深冠毛。

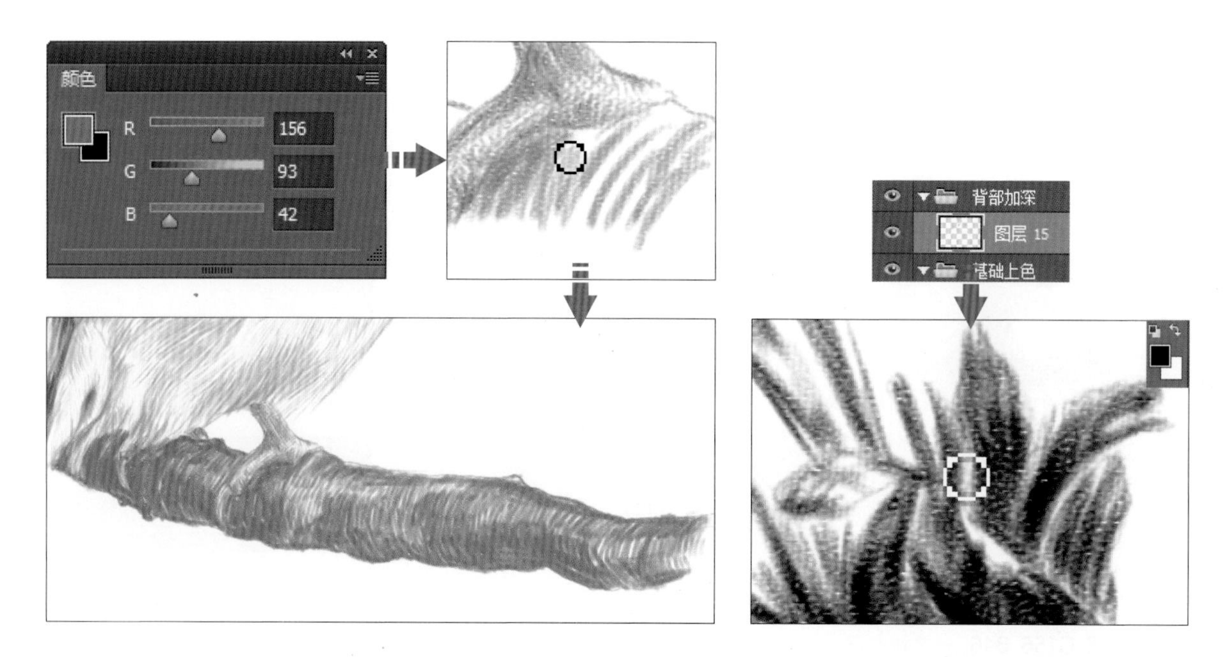

25 确保创建的“图层 15”图层为选中状态，继续用黑色加深眼睛和颈部，在绘制时需要留出眼睛的高光部分。

26 新建“图层 16”图层，打开“颜色”面板，设置前景色为 R16、G46、B134，用画笔从背部羽毛根部向外用笔轻轻涂抹，加深羽毛色彩。

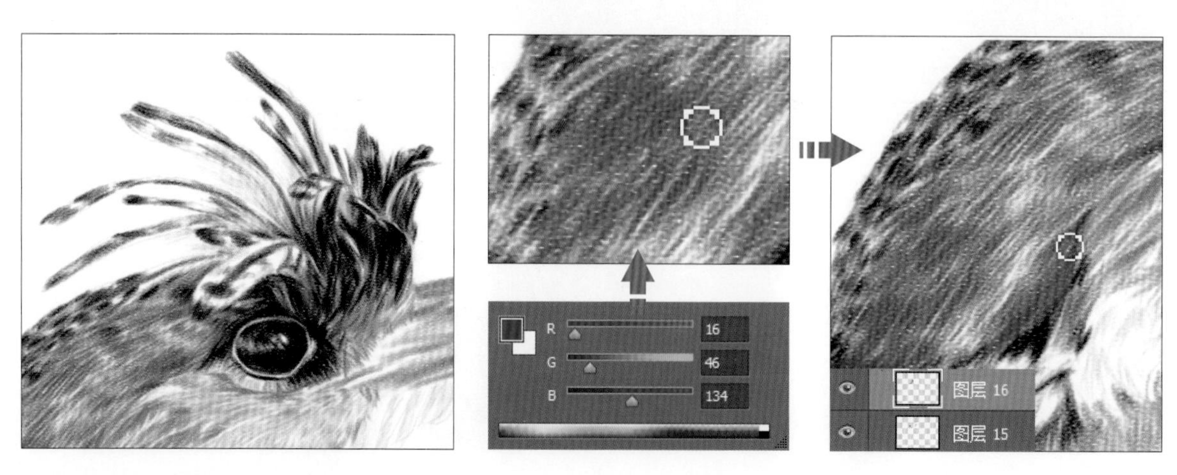

27 打开“颜色”面板，设置前景色为R16、G46、B134，用画笔涂抹，提亮颈背和冠毛。

28 打开“颜色”面板，设置前景色为R133、G202、B226，选择“画笔工具”，在选项栏中将画笔“不透明度”降为20%，继续在颈背位置涂抹。

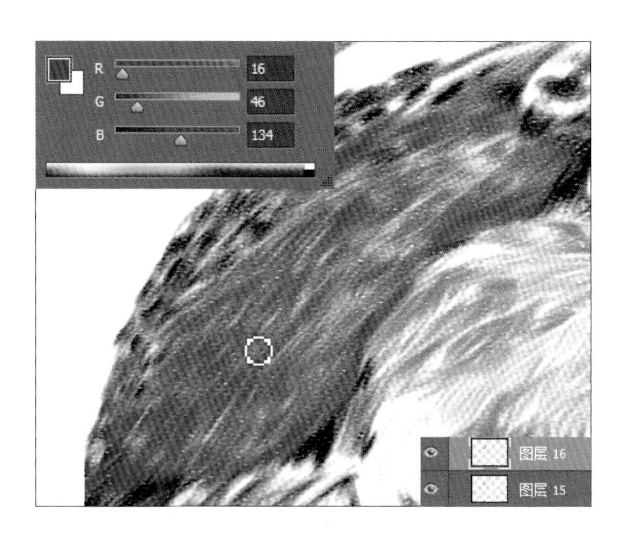

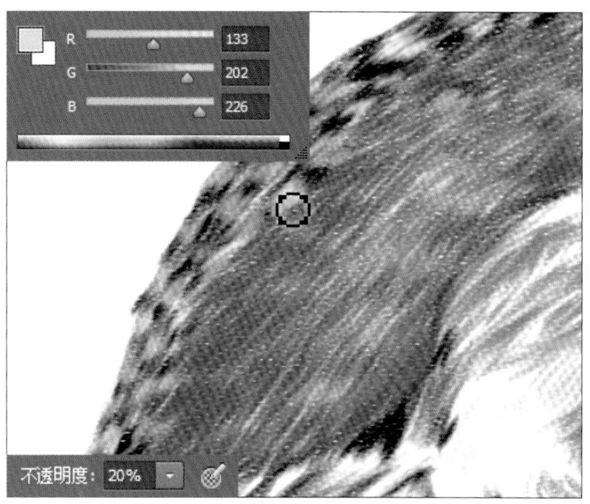

29 打开“颜色”面板，设置前景色为R23、G98、B173，使用画笔涂抹图像，加强羽毛层次感。

30 经过反复涂抹，笔尖变得较粗，单击“画笔”面板中的“锐化笔尖”按钮，锐化笔尖效果，并设置画笔“不透明度”为50%。创建新图层，单击工具箱中的“默认前景色和背景色”按钮，将前景色还原为默认的黑色，运用画笔在翅膀位置涂抹，绘制灰色羽毛。

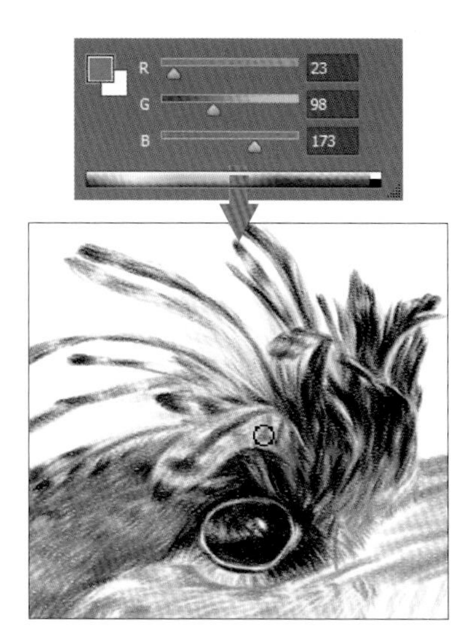

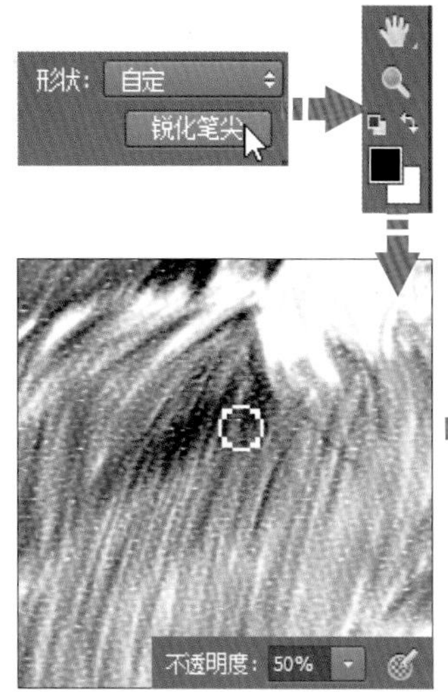

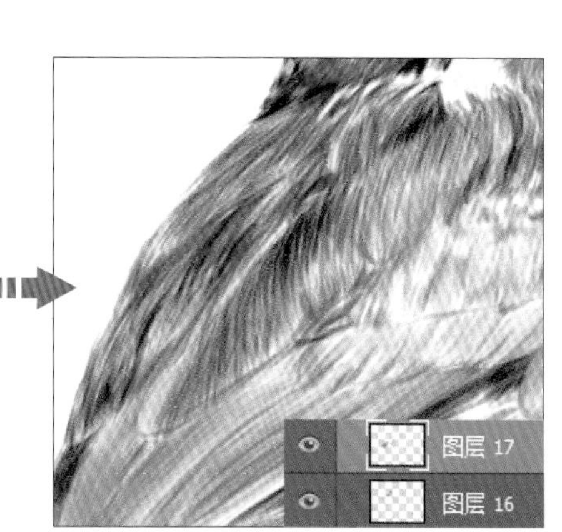

31 打开“颜色”面板，设置前景色为 R69、G74、B158，运用画笔在翅膀位置涂抹，加深翅膀颜色。

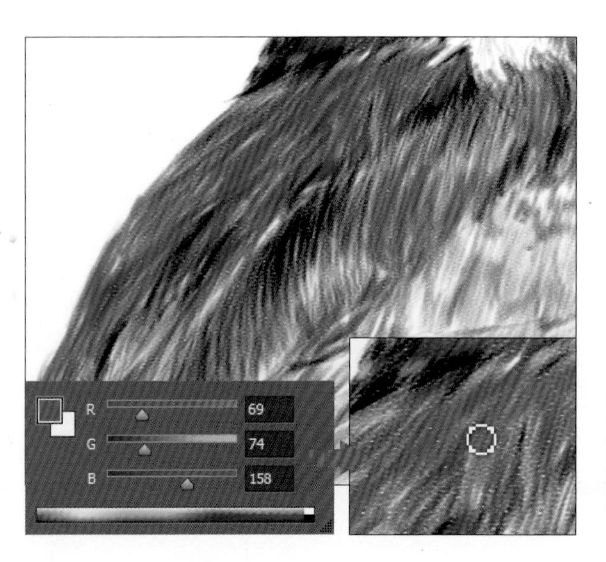

32 打开“颜色”面板，更改前景色为深蓝色，具体值为 R17、G47、B135，继续使用画笔在翅膀上的羽毛边缘位置涂抹，加深羽毛颜色。

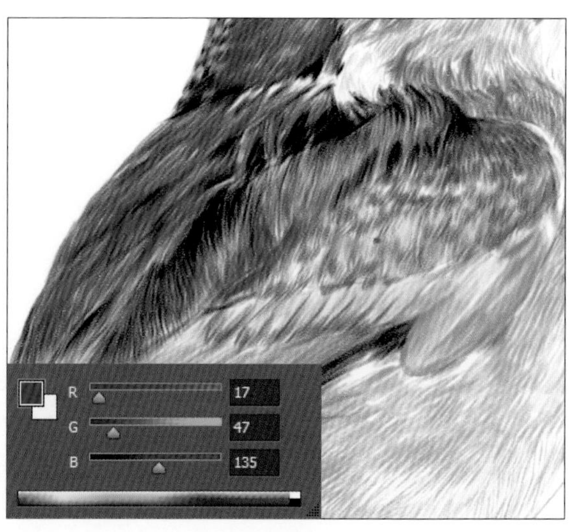

33 单击“创建新图层”按钮，新建“图层 18”图层，打开“颜色”面板，设置前景色为 R84、G99、B94，运用画笔在翅膀位置涂抹，为羽毛叠加丰富的颜色。

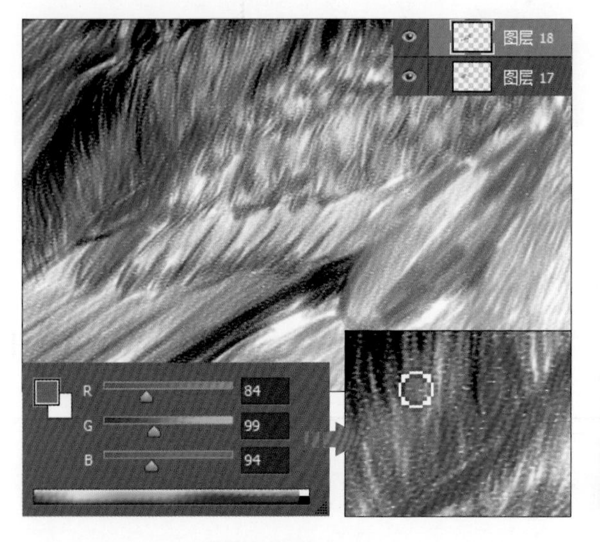

34 打开“颜色”面板，更改颜色，设置前景色为 R141、G132、B117，确保“图层 18”图层为选中状态，用画笔在翅膀位置继续涂抹，叠加灰色。

35 创建“图层 19”图层，打开“颜色”面板，先设置前景色为 R17、G47、B135，使用画笔沿羽毛走向绘制出更多蓝色羽毛，再设置前景色为黑色，设置后用画笔在羽毛边缘处涂抹，加强羽毛的轮廓及层次感。

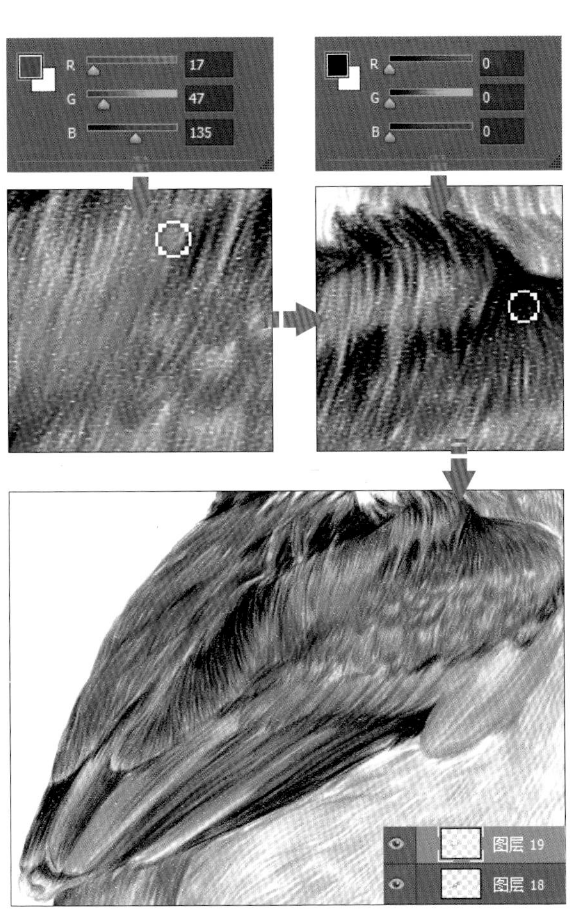

36 确保“图层 19”为选中状态，打开“颜色”面板，将前景色设置为较浅一些的蓝色，具体颜色值为 R70、G75、B157，运用画笔绘制翅膀部分，加深翅膀颜色。

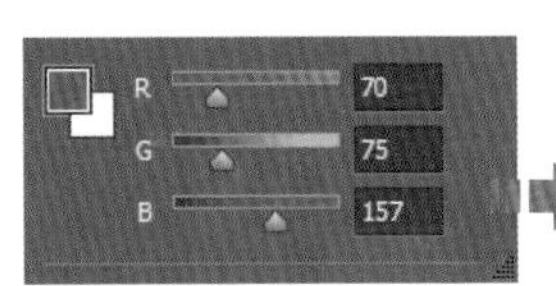

37 在“图层 19”上方新建“图层 20”图层，打开“颜色”面板，更改前景色为深蓝色，具体颜色值为 R16、G46、B134，运用画笔在尾巴上涂抹，提亮色彩。

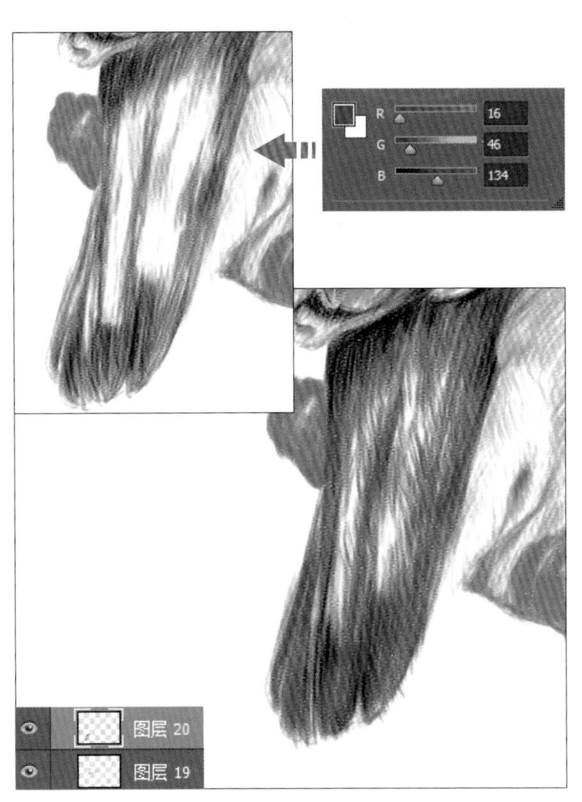

38 单击“创建新图层”按钮，新建“图层 21”图层，打开“颜色”面板，设置前景色为 R23、G99、B174，用画笔绘制尾巴，加深尾巴上的颜色。

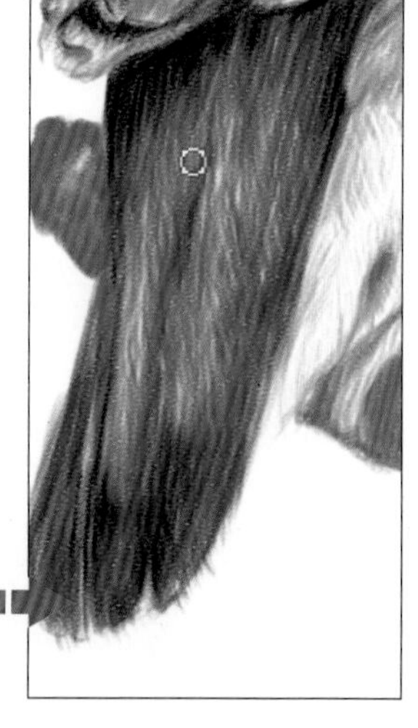

39 创建“加深嘴部”图层组，并新建“图层 22”图层，打开“颜色”面板，设置前景色为 R207、G77、B85，运用画笔绘制嘴巴部分，加深嘴的暗部色彩。

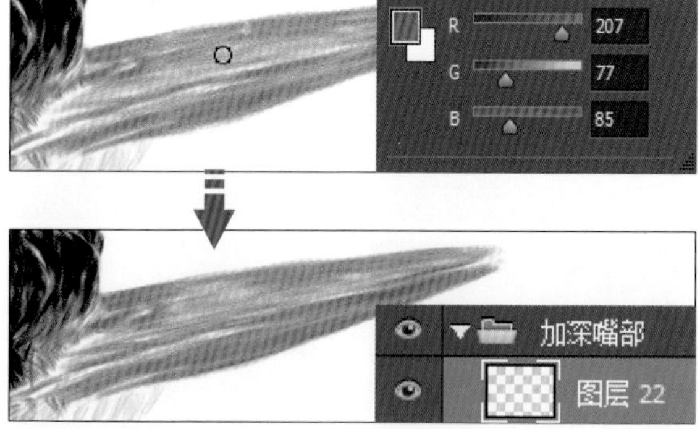

40 打开“颜色”面板，设置前景色为 R230、G74、B26，创建“图层 23”图层，再使用画笔在嘴巴亮部区域绘制更红一些的色彩。

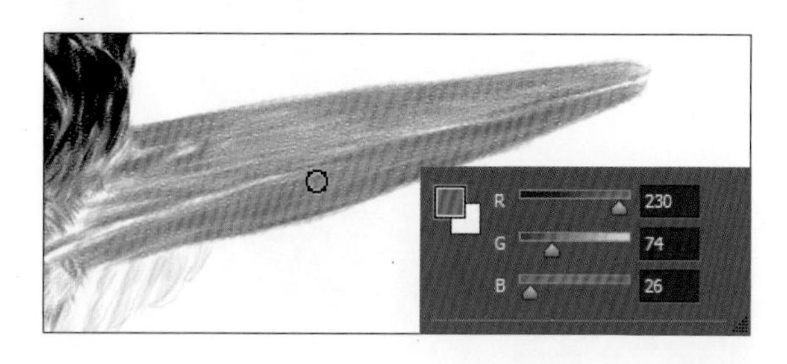

41 创建“图层 24”图层，打开“颜色”面板，设置前景色为 R248、G199、B180，继续用画笔在嘴上涂抹，增强亮部色彩。

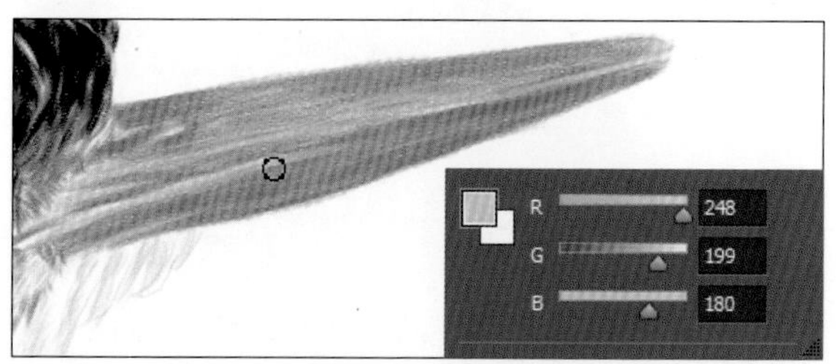

42 创建“图层 25”图层，打开“颜色”面板，设置前景色为 R181、G91、B65。使用画笔绘制嘴巴部分，加深重色。使用同样的方法，分别创建“加深腹部”和“加深脚部”图层组，加深鸟儿的腹部和脚部色彩。至此，已完成本实例的制作。

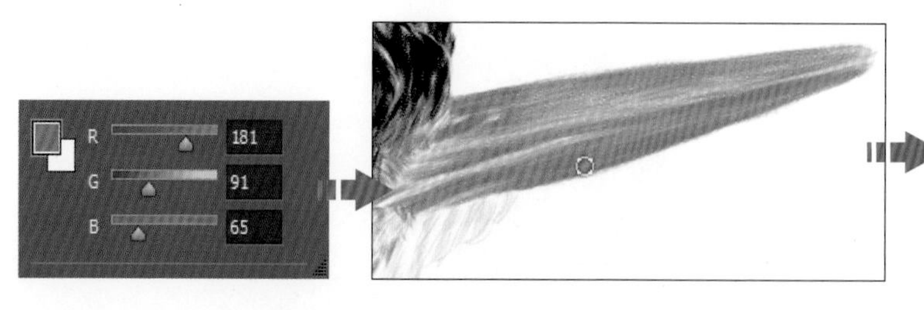

6.3 大嘴鸟

大嘴鸟又称巨嘴鸟，主要特征就是巨大而颜色鲜艳的嘴。大嘴鸟的外形略似犀鸟，身体羽毛颜色多为深褐色和黑色，脸、喉、胸处的羽毛则带少许柠檬黄色。

绘画要点

大嘴鸟的特点就是嘴部，因此需要突出表现。在绘制的时候，通过横向用笔的方式绘制长线条来表现，并且通过颜色深浅的变化，让绘制的鸟儿更有体积感和层次感。

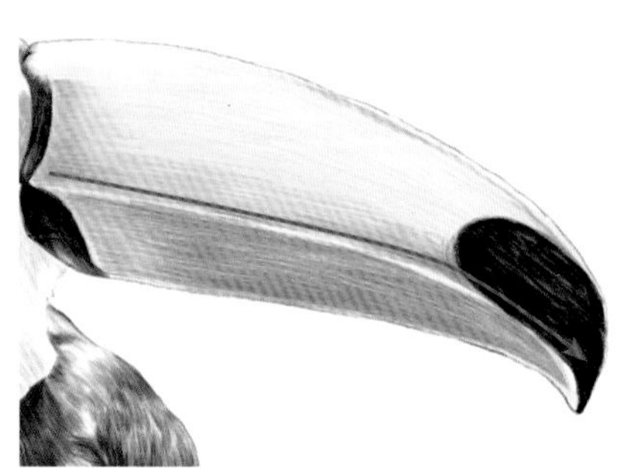

源文件　随书资源 \ 源文件 \06\ 大嘴鸟 .psd

色彩搭配

用大量的褐色来表现鸟儿身上的羽毛；为突出羽毛的层次感，用黑色加深暗部羽毛；嘴巴部分则使用黄色与橙色相表现，与鸟儿身体上的羽毛颜色形成鲜明对比。

01 执行“文件>新建”菜单命令，打开“新建”对话框，在“名称”文本框中输入“大嘴鸟”，然后在下方设置新建文件的大小，单击“确定”按钮，新建文件。

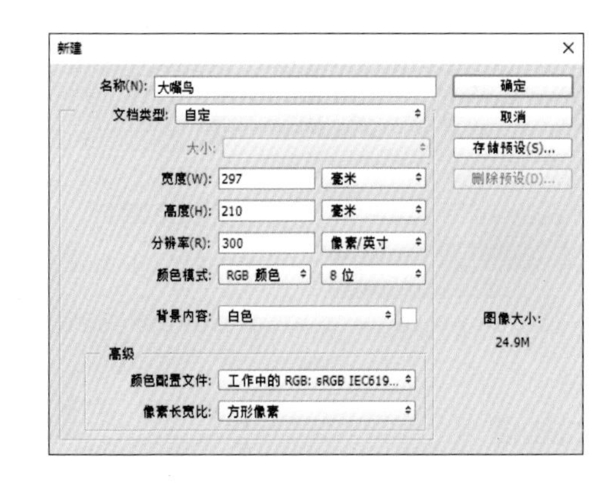

技巧提示 使用快捷键创建文件

启动 Photoshop 程序后，按下快捷键 Ctrl+N，将会弹出“新建”对话框，在对话框中设置选项，能够快速新建文件。

02 单击“图层”面板中的“创建新图层”按钮，新建“图层 1”图层，双击“图层 1”图层名，将图层重新命名为“线稿”。

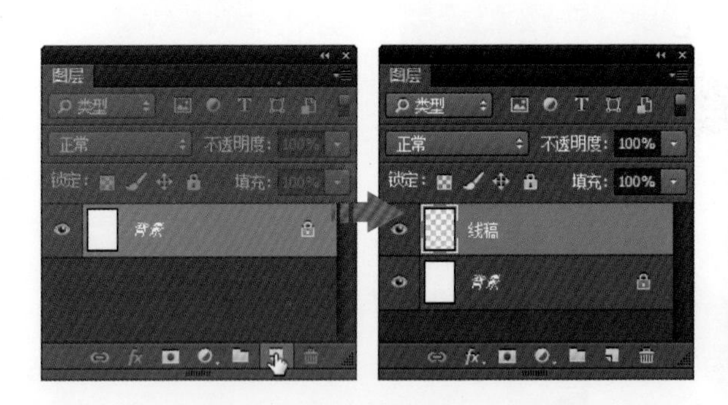

03 单击工具箱中的“画笔工具”按钮，选中“画笔工具”，单击工具选项栏中的“点按可打开‘工具预设’选取器”按钮，在打开的“工具预设”选取器下方单击选中“2B 铅笔”画笔预设，此时工具箱中会自动根据所选画笔更改画笔笔尖颜色。

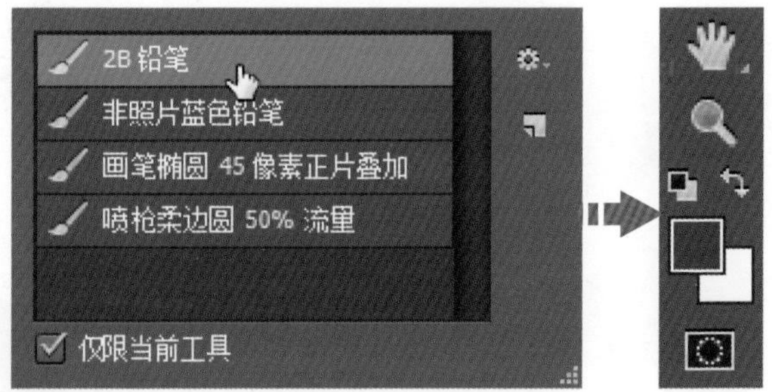

04 确保“线稿”图层为选中状态，用铅笔绘制出线稿部分，由于大嘴鸟的特点就是嘴部，所以要突出表现，同时在绘制时要用长线条横向用笔。

技巧提示 删除工具预设

在“工具预设”选取器中，选中并右击需要删除的预设，在弹出的菜单中执行“删除工具预设”命令，即可删除该工具预设。

05 创建“眼睛”图层组，再单击“图层”面板中的“创建新图层”按钮，新建“图层 1”图层，选择“画笔工具”，在选项栏中设置画笔的“不透明度”为 60%，打开“颜色”面板，设置前景色为 R23、G99、B174，用画笔沿着眼睛竖向绘制。

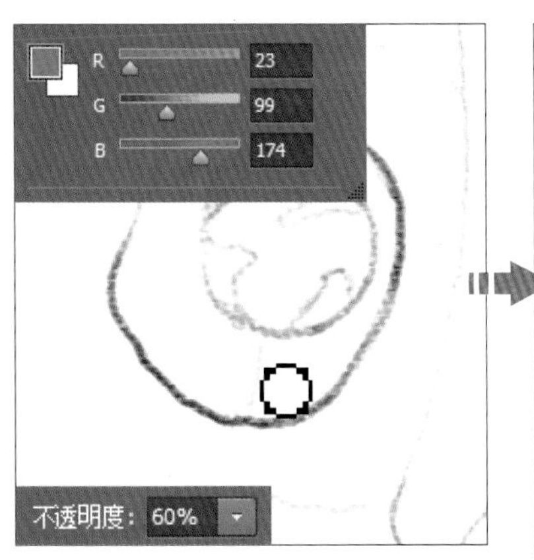

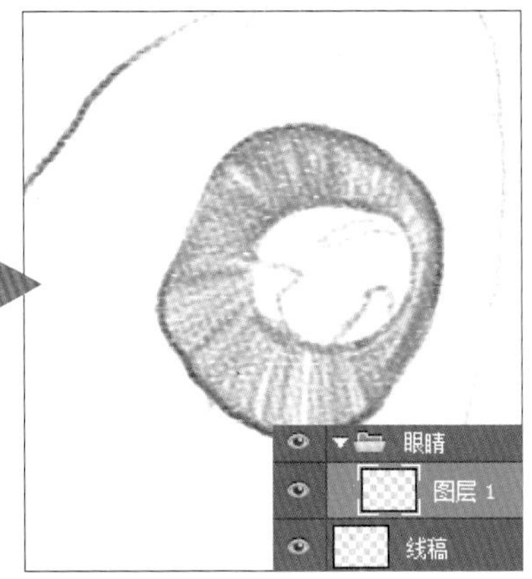

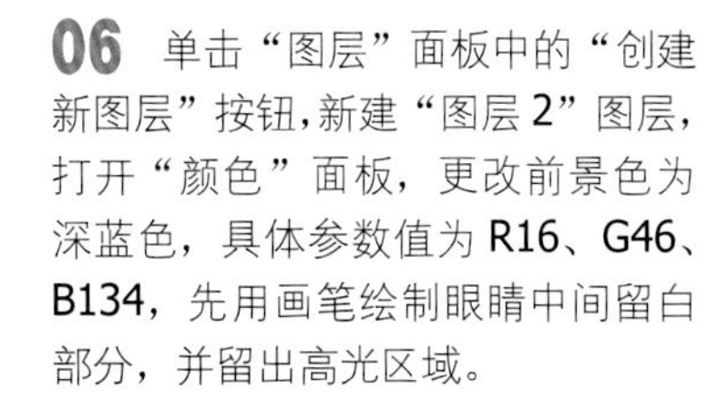

06 单击“图层”面板中的“创建新图层”按钮，新建“图层 2”图层，打开“颜色”面板，更改前景色为深蓝色，具体参数值为 R16、G46、B134，先用画笔绘制眼睛中间留白部分，并留出高光区域。

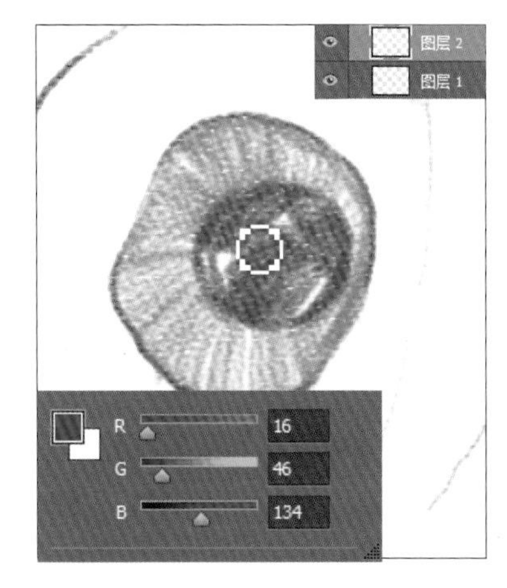

07 单击工具箱中的“默认前景色和背景色”按钮，设置前景色为黑色，新建“图层 3”图层，用黑色在眼睛上叠加一层，加深眼球。

08 打开“颜色”面板，设置前景色为 R29、G44、B139，新建“图层 4”图层，用画笔在眼睛上涂抹，叠加颜色。

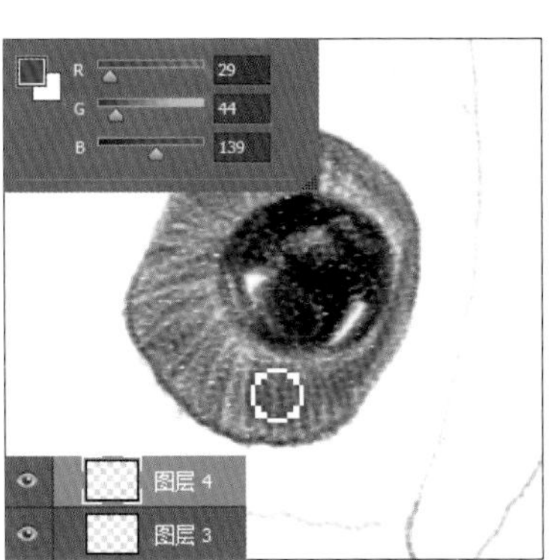

技巧提示 眼睛的绘制

绘制眼睛周围时需要和颈部的用笔方法区分开来，可以采用竖向用笔、紧密排线的方式。

09 为突出眼睛的轮廓感，单击工具箱中的“默认前景色和背景色”按钮，将前景色再次设置为黑色，创建“图层 5”图层，继续在眼睛位置涂抹，加深颜色，增强色彩。

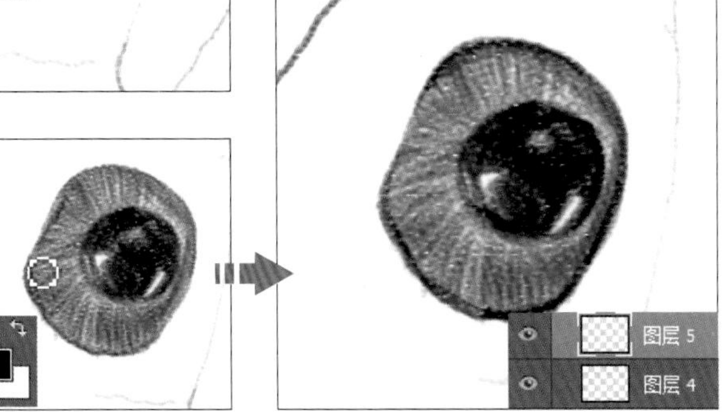

10 打开“颜色”面板，设置前景色为黄色，颜色值为 R252、G240、B40。创建“嘴”图层组，在图层组中创建“图层 6”图层，选择“画笔工具”，在选项栏中把“不透明度”降为“40%”，运用画笔绘制嘴的上半部分。

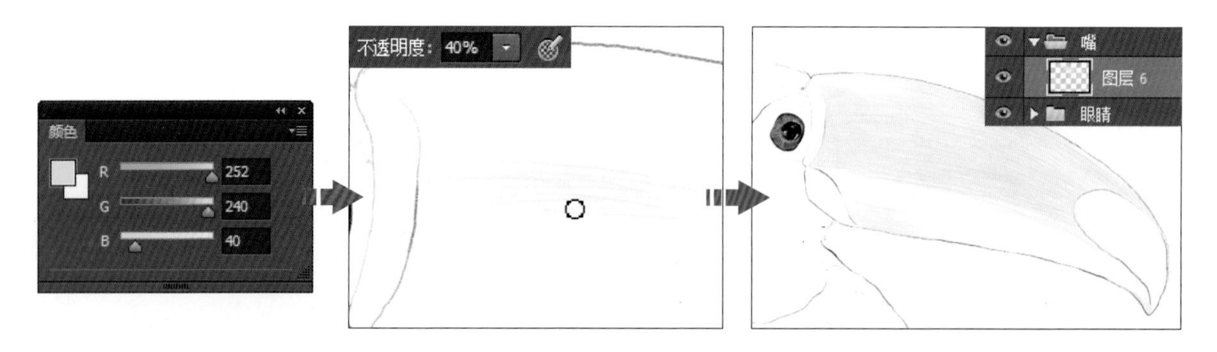

11 继续使用画笔涂抹，加深嘴巴上半部分的颜色，打开“颜色”面板，更改前景色为 R247、G190、B13，设置后创建新图层，用画笔绘制嘴的下半部分。

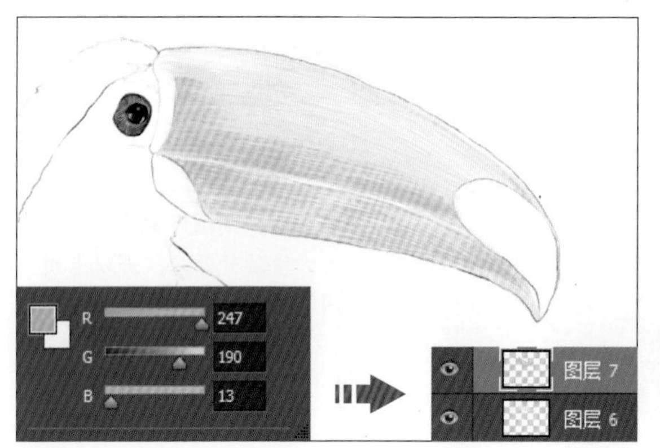

12 打开“颜色”面板，设置前景色为橙色，具体颜色值为 R238、G113、B21，创建新图层，用画笔在嘴的暗部绘制，加深颜色，表现出体积感。

R 238
G 113
B 21
图层 8
图层 7

13 创建新图层，打开“颜色”面板，在面板中设置前景色为 R233、G73、B25，继续用画笔在嘴的暗部区域涂抹，加重色彩。

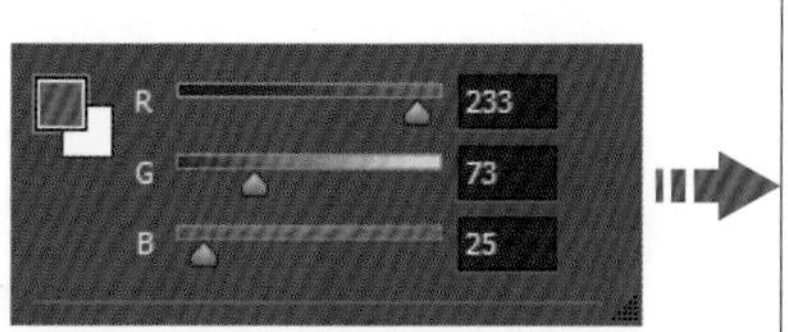

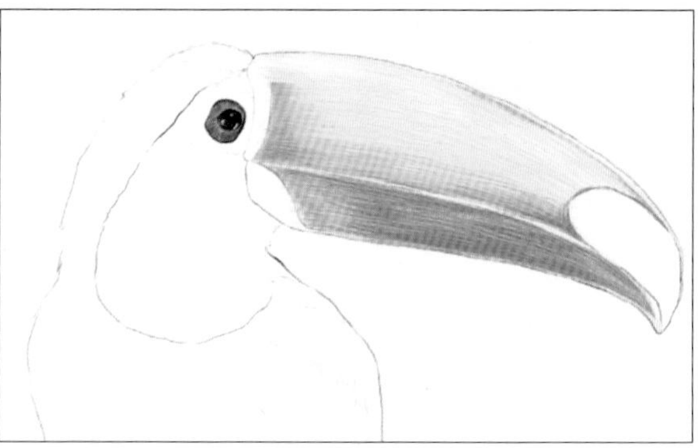

14 创建“图层10”图层，单击工具箱中的“默认前景色和背景色”按钮，设置前景色为默认的黑色，然后用画笔绘制出嘴部的空白部分。

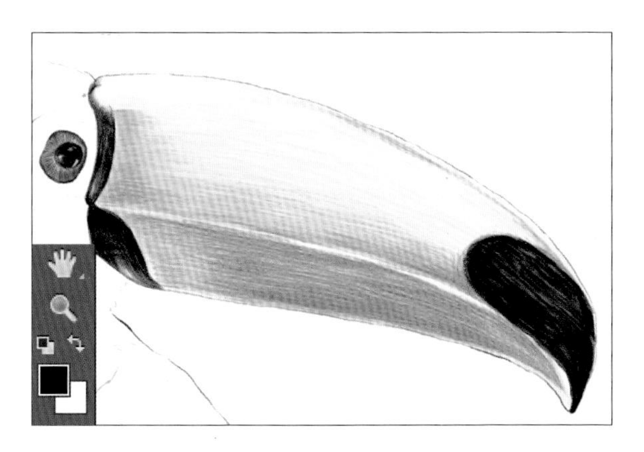

15 新建“身体”图层组，在图层组中新建“图层11”图层，打开“颜色”面板，设置前景色为R207、G197、B192，用画笔在颈部和周围绘制线条，展现颈部羽毛效果。

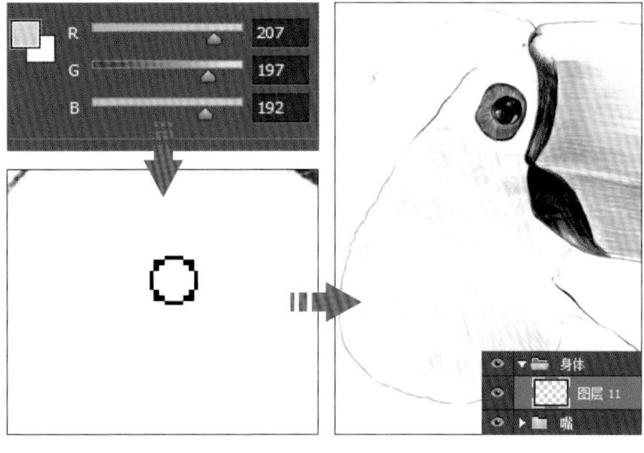

16 单击“图层”面板中的“创建新图层”按钮，新建“图层12”图层，在不更改画笔笔触颜色的情况下，运用画笔在眼睛周围绘制出羽毛效果。

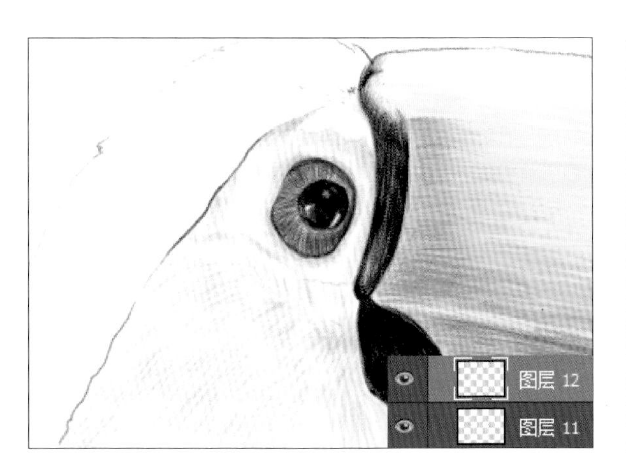

17 单击“创建新图层”按钮，新建“图层13”图层，打开“颜色”面板，设置前景色为R246、G196、B37，使用画笔在眼睛周围涂抹，叠加颜色。

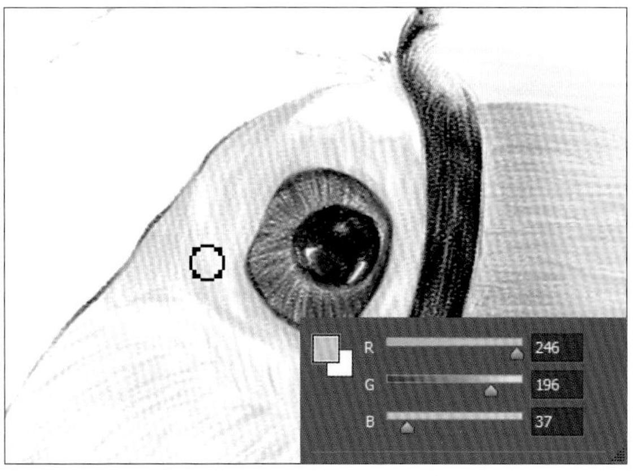

技巧提示 使用快捷键创建新图层

在Photoshop中按下快捷键Ctrl+Shift+N，将会弹出“新建图层”对话框，在对话框中设置选项，同样可以快速创建新图层。

18 打开“颜色”面板，设置前景色为R237、G114、B22，单击“创建新图层”按钮，创建“图层14”图层，继续运用画笔在周围的浅灰色位置涂抹，绘制浅橙色的羽毛。

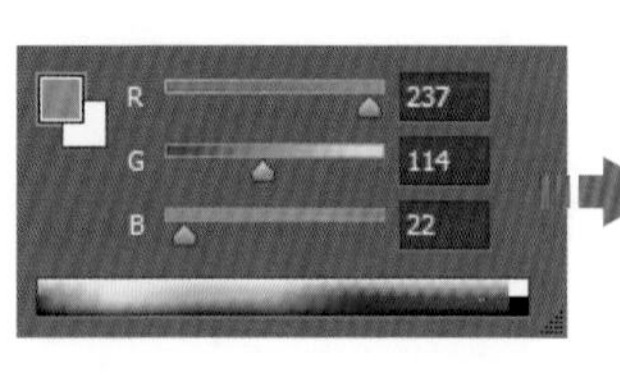

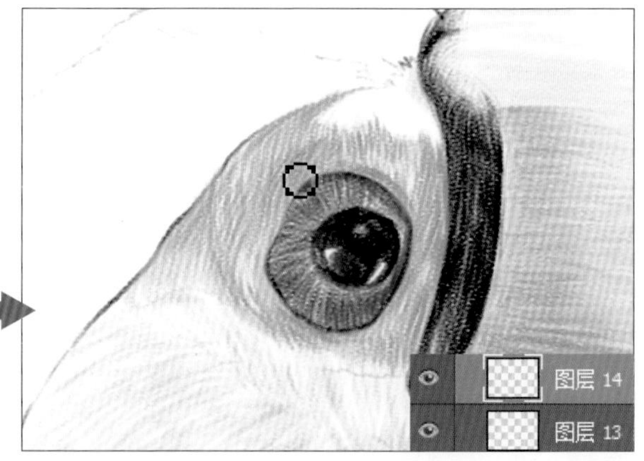

19 单击“图层”面板中的“创建新图层”按钮，新建“图层15”图层，打开“颜色”面板，更改前景色为黄色，具体参数值为R253、G247、B153，运用画笔沿着灰色羽毛的边缘涂抹，绘制出反光颜色。

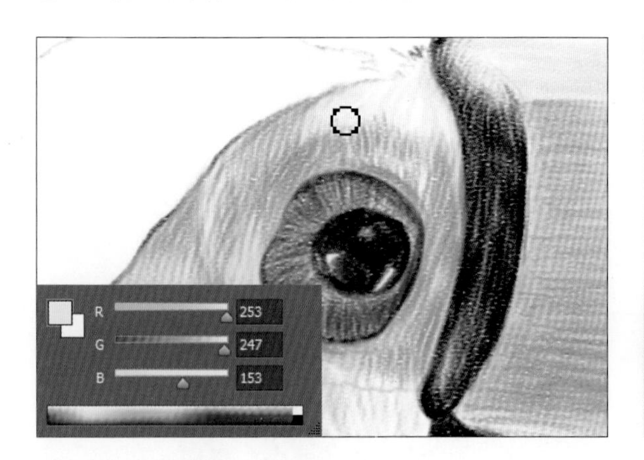

20 单击“创建新图层”按钮，新建“图层16”图层，打开“颜色”面板，设置前景色为R243、G158、B68，运用画笔继续在眼部羽毛的边缘处绘制，叠加颜色。

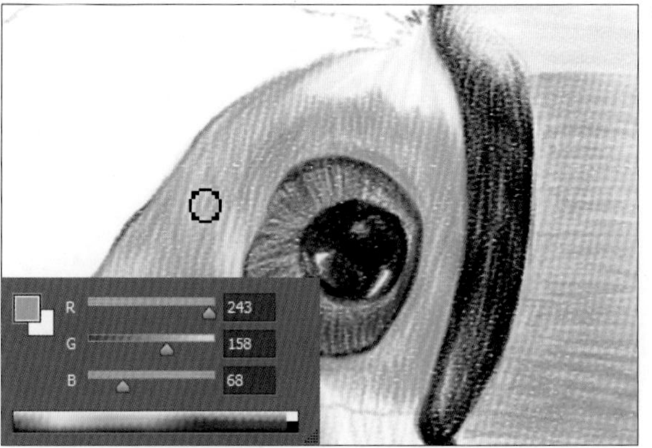

21 创建“图层17”图层，打开“颜色”面板，设置前景色为R246、G191、B14，在“画笔工具”选项栏中设置“不透明度”为35%，运用画笔在嘴巴下方和颈部边缘绘制黄色的羽毛。

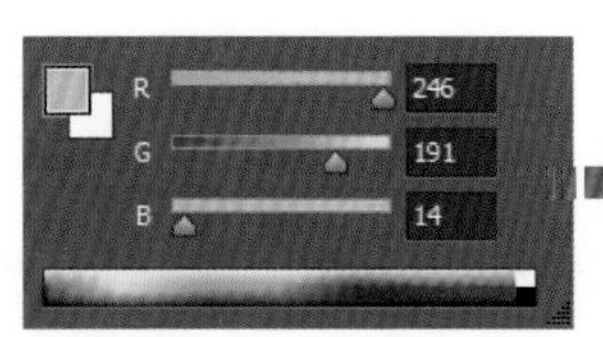

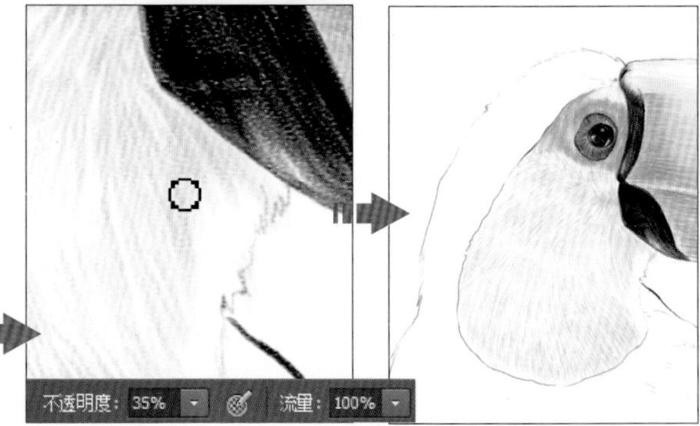

22 新建“图层 18”图层，打开“颜色”面板，设置前景色为 R209、G157、B47，用画笔在头部涂抹，绘制出头部亮色。

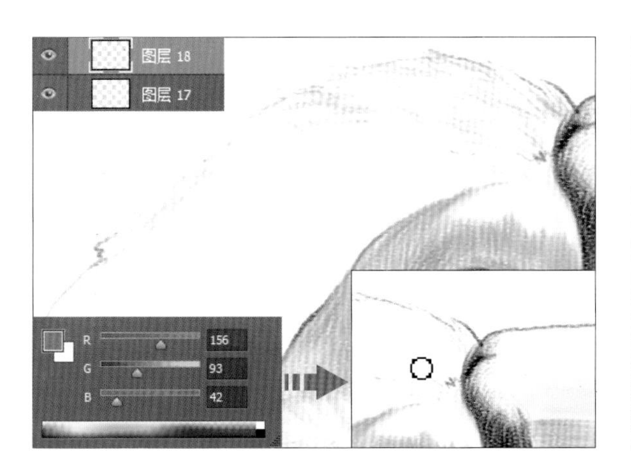

23 新建“图层 19”图层，打开“颜色”面板，设置前景色为 R156、G93、B42，用画笔沿着羽毛边缘处开始绘制，叠加颜色。

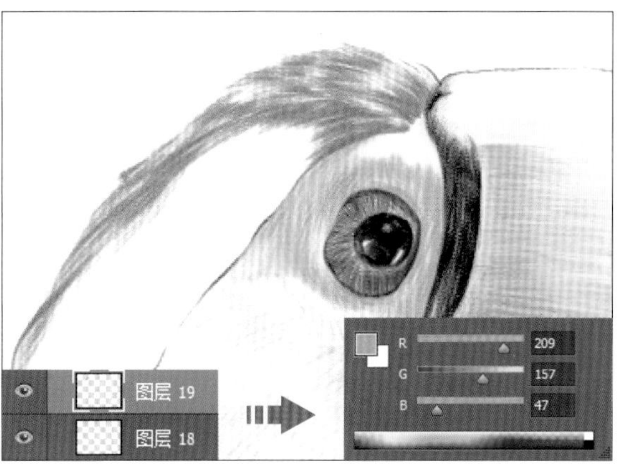

24 单击“创建新图层”按钮，新建“图层 20”图层，打开“颜色”面板，将前景色更改为 R63、G36、B27，继续在头、颈部和胸部的羽毛位置涂抹绘制图像。

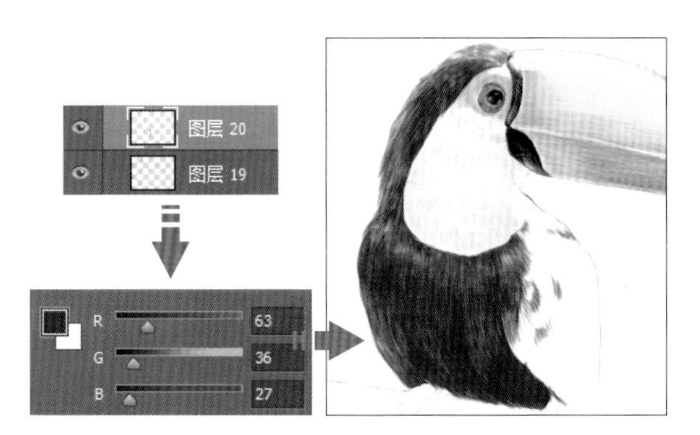

25 新建“图层 21”图层，打开“颜色”面板，设置前景色为 R177、G88、B58，用画笔根据羽毛的走向绘制出羽毛的亮部。

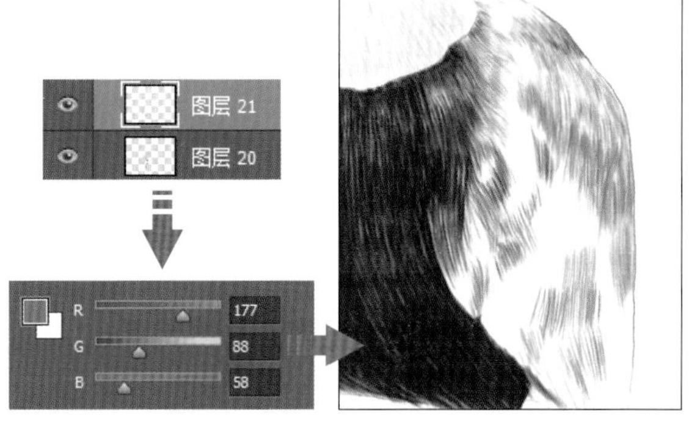

26 打开“颜色”面板，设置前景色为 R212、G160、B50，创建“图层 22”图层，继续根据羽毛的走向绘制出羽毛效果。

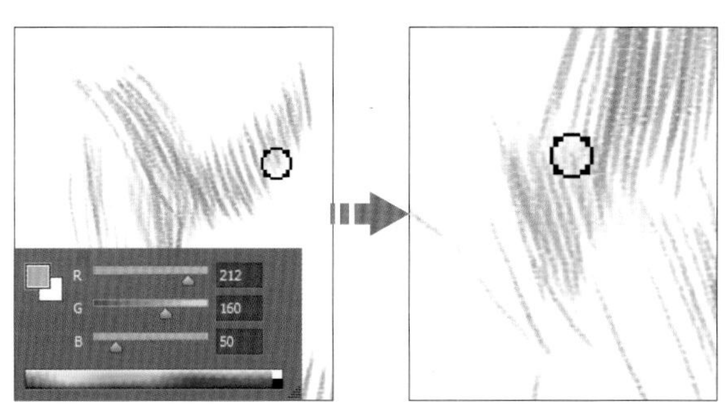

27 为了让羽毛更丰富一些，打开“颜色”面板，设置前景色为R156、G93、B42，运用画笔在胸部位置涂抹，绘制不同颜色的羽毛。

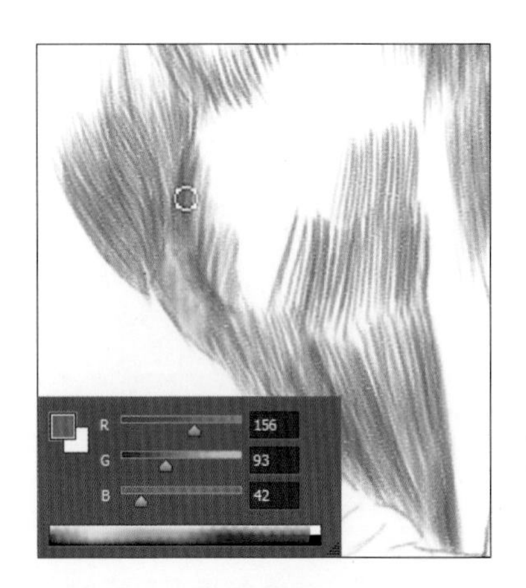

28 打开“颜色”面板，设置前景色为R255、G226、B25，根据羽毛的生长走向，用画笔绘制鸟儿身上的羽毛。

29 单击“创建新图层”按钮，新建“图层23”图层，更改前景色为R63、G36、B27，同样根据羽毛的生长走向，在翅膀部分绘制深褐色的羽毛效果。

30 单击“创建新图层”按钮，新建“图层24”图层，设置前景色为黑色，用画笔在身体位置涂抹，加深暗部，塑造鸟儿的体积感。

31 创建“脚部”图层组，单击“创建新图层”按钮，新建“图层25”图层，打开“颜色”面板，设置前景色为R82、G97、B92，运用画笔绘制爪子。由于受到光线照射，爪子的右侧为受光区域，所以可以适当留白，用于表现高光效果。

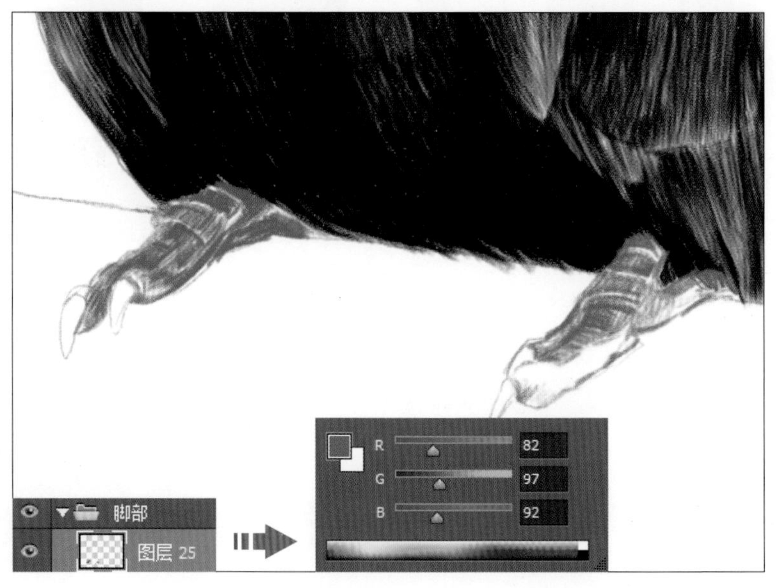

32 打开“颜色”面板，更改前景色为R30、G45、B138，新建“图层26”图层，把画笔移至爪子中间位置，通过描绘叠加色彩。

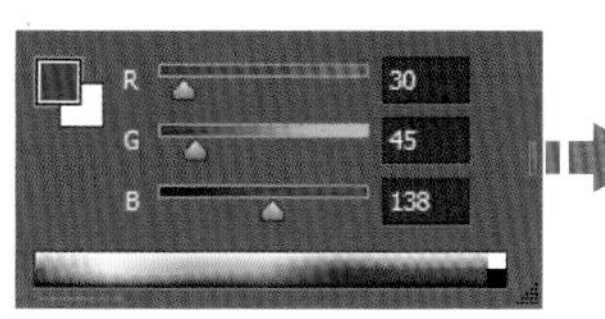

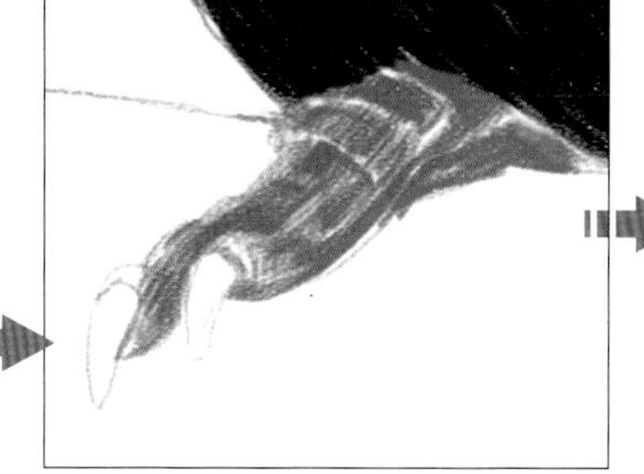

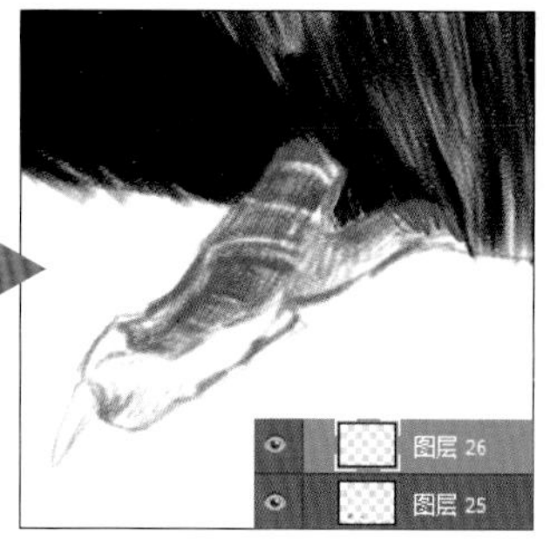

33 单击工具箱中的“设置前景色”按钮，在打开的“拾色器（前景色）”对话框中设置前景色为黑色，创建“图层27”图层，用画笔描绘爪子，再绘制黑色的指甲。

34 单击“图层”面板中的“创建新图层”按钮，新建“图层28”图层。打开“颜色”面板，设置前景色为R64、G37、B27，用画笔绘制台面的中间部分。

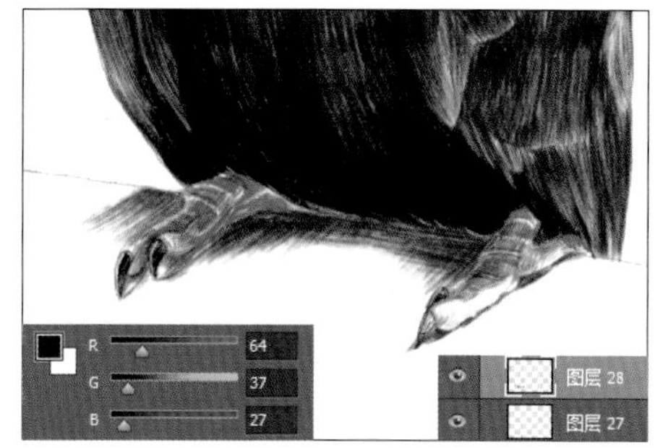

35 创建“图层29”图层，打开“颜色”面板，设置前景色为R177、G88、B58，将画笔移至台面两侧，绘制不同的颜色效果，至此，已完成本实例的制作。

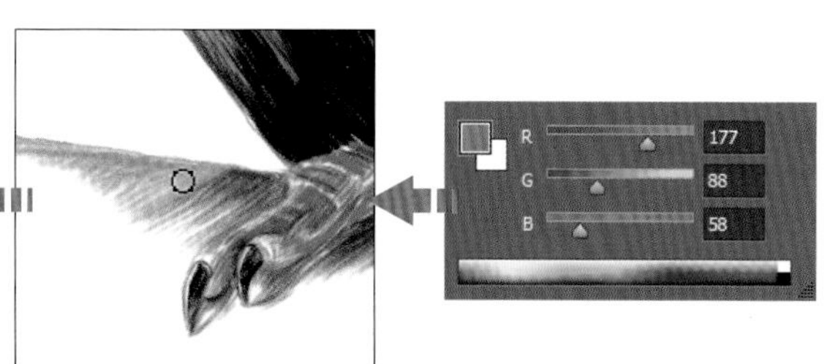

6.4 黄喉蜂虎

黄喉蜂虎属于中型鸟类，体长 23 ～ 30 厘米，因喉部羽毛呈黄色而得名，主要栖于山脚和开阔平原地区有树木生长的悬岩、陡坡及河谷地带。

绘画要点

绘制黄喉蜂虎时，头部和身体部分羽毛的绘制方法有所不同。头部主要是短而细的线条，以表现毛茸茸的质感；而身体部分的羽毛则需要用细而长的线条表现，使羽毛看起来更坚硬，并且越是靠近上方的部分用色越深。

色彩搭配

黄喉蜂虎的绘制用色非常丰富，通过鲜艳的色彩搭配、不同颜色的均匀过渡，恰到好处地突出鸟儿的外在特征，给人轻松、活泼的感受。

源文件 随书资源 \ 源文件 \06\ 黄喉峰虎 .psd

01 执行“文件 > 新建”菜单命令，打开“新建”对话框，在“名称”文本框中输入“黄喉蜂虎”，然后在下方设置新建文件的大小，单击“确定”按钮，新建文件。

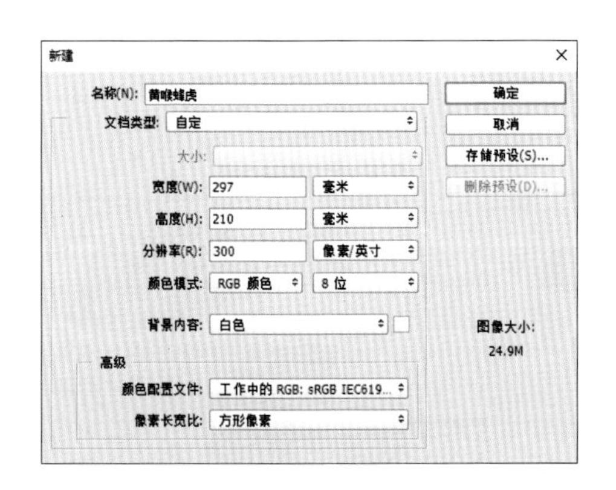

02 单击工具箱中的“画笔工具”按钮，选中“画笔工具”，单击工具选项栏中的“点按可打开‘工具预设’选取器”按钮，在打开的“工具预设”选取器下方单击选中“2B 铅笔”画笔预设，此时工具箱中会自动根据所选画笔更改画笔笔尖颜色。

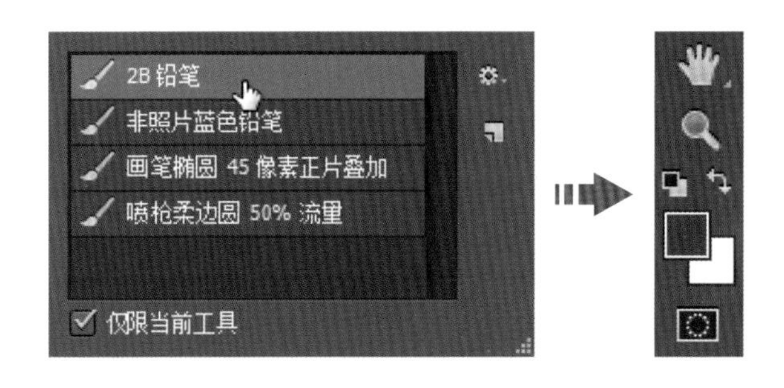

03 单击“图层”面板中的“创建新图层”按钮，新建“图层 1”图层，双击“图层 1”图层名，将图层重新命名为“线稿”。确保“线稿”图层为选中状态，降低画笔的不透明度，运用铅笔绘制线稿，由于鸟头部的毛和身体羽毛走向不同，其绘制方法也有所区别，头部主要是短而细的线条，从毛的根部向外绘制。

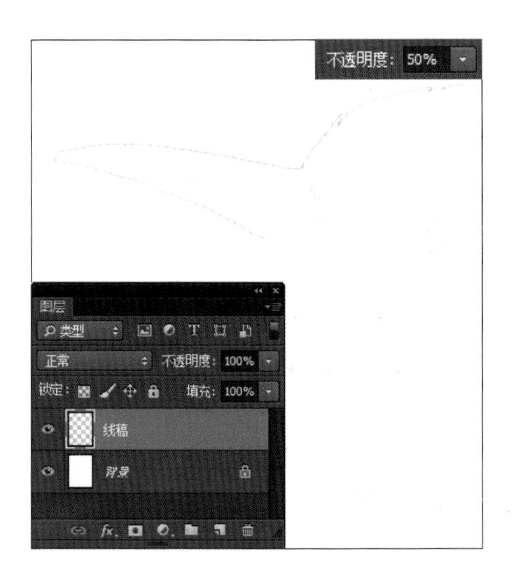

04 为便于后面上色，可以先加深轮廓线条。选中“线稿”图层，连续按下快捷 Ctrl+J，复制多个线稿图像，复制后可以看到更清楚的线稿图像。

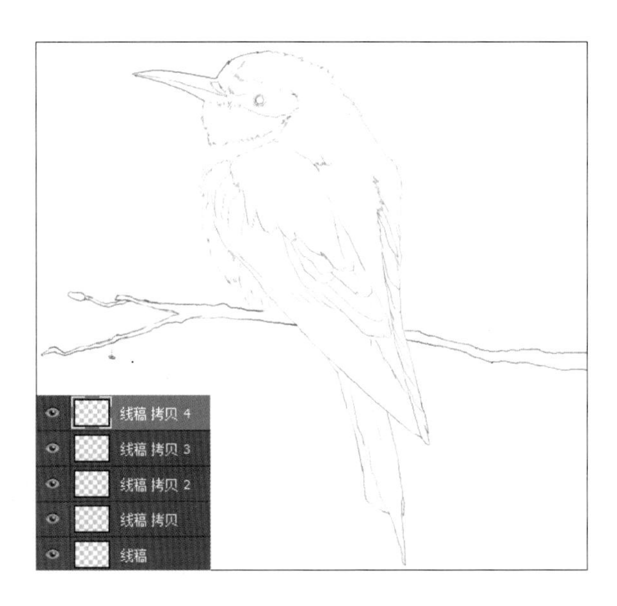

05 单击“图层”面板中的“创建新组”按钮，新建“眼睛”图层组，再单击“图层”面板中的“创建新图层”按钮，新建“图层 1”图层。

06 单击工具箱中的“默认前景色和背景色”按钮，将前景色更改为黑色，用画笔沿着眼睛的边缘向中心由深到浅绘制眼睛周围的黑色羽毛。

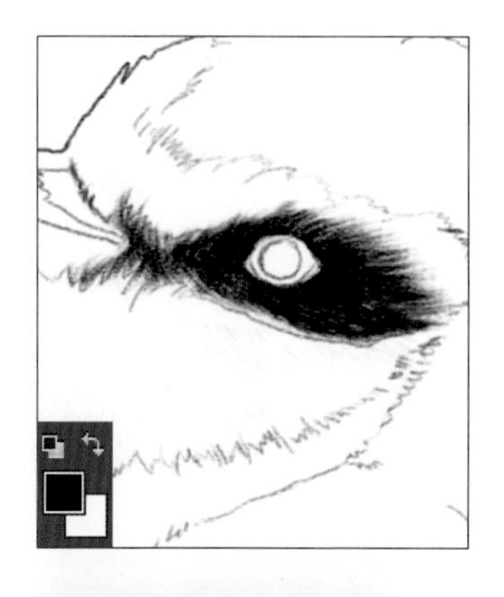

07 确保前景色为黑色，单击“创建新图层”按钮，新建“图层 2”图层，在眼珠位置涂抹，绘制黑色的眼珠效果。

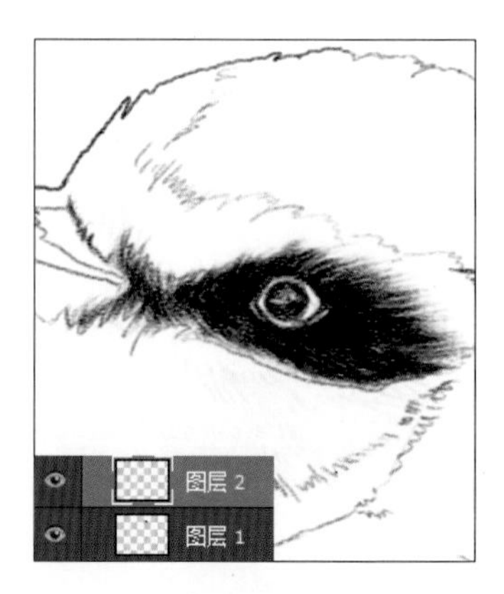

08 打开“颜色”面板，设置前景色为 R231、G57、B56，创建新图层，选择“画笔工具”，在选项栏中将“不透明度”设置为 50%，降低笔触的不透明度，沿着眼珠边缘将眼珠与羽毛的空白处涂抹为红色。

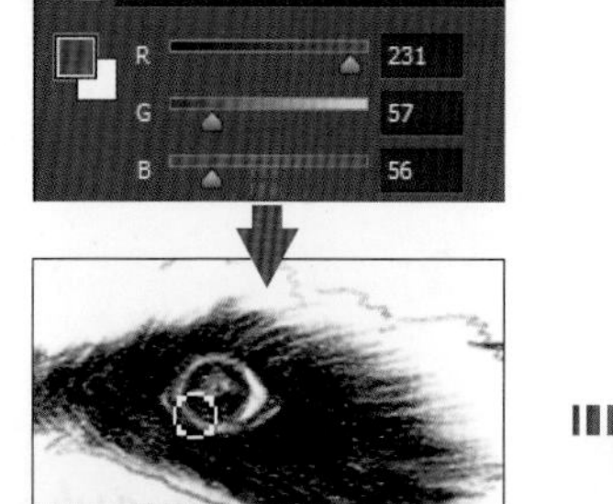

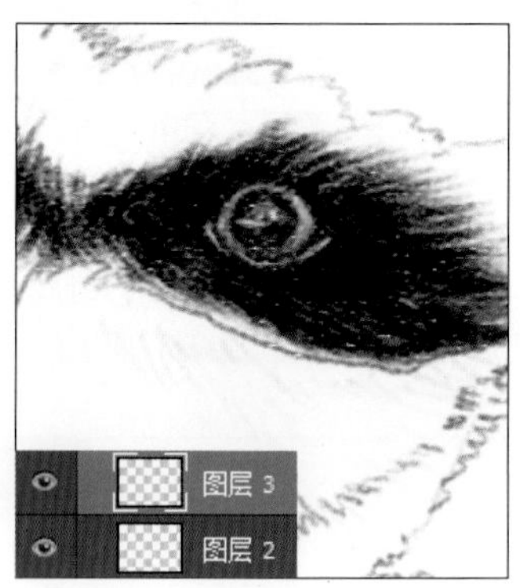

09 打开“颜色”面板，设置前景色为 R207、G155、B45，选中“图层 3”图层，运用画笔在红色的下方继续涂抹，叠加黄色的羽毛效果。

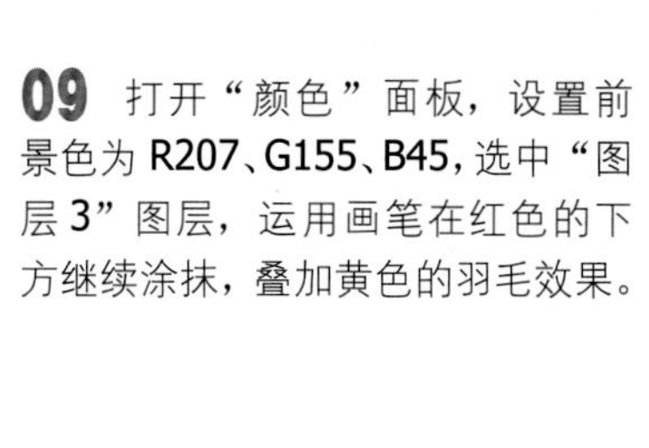

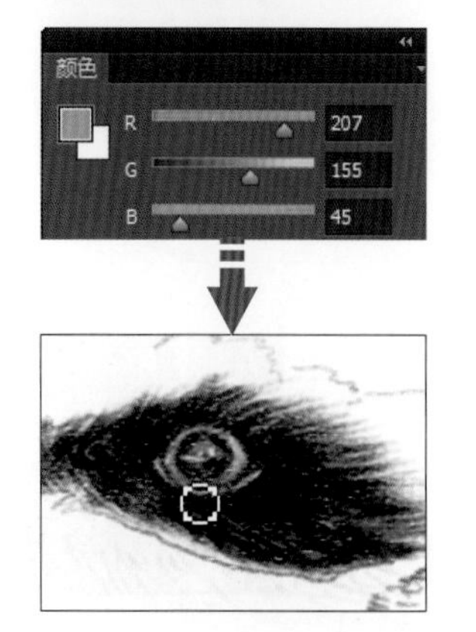

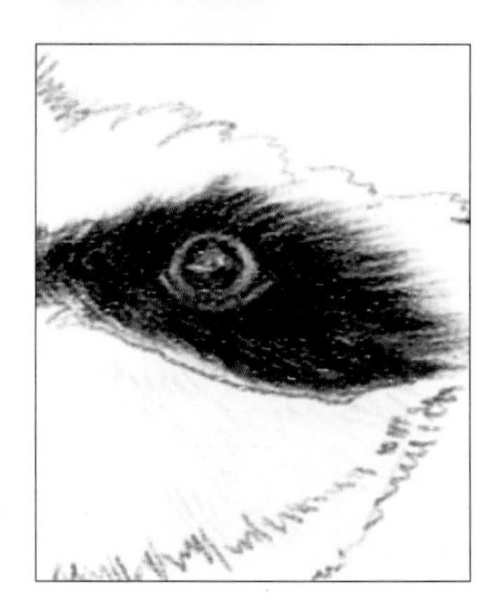

10 单击“图层”面板中的“创建新组”按钮，新建“嘴”图层组，在图层组中新建“图层 4 图层，打开“颜色”面板，设置前景色为 R16、G46、B134，用画笔横向涂抹，为嘴部上色，注意在绘制时需要留出高光部分。

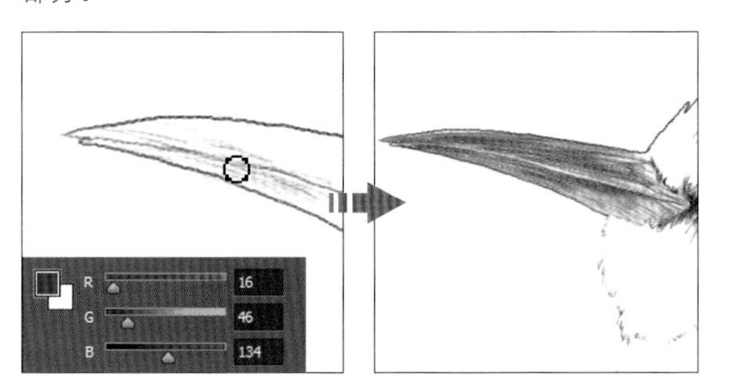

11 选中“图层 4”图层，单击工具箱中的“设置前景色”按钮，在打开的“拾色器（前景色）”对话框中将前景色设置为黑色，用画笔在嘴巴与脸部相交的位置涂抹，加深颜色。

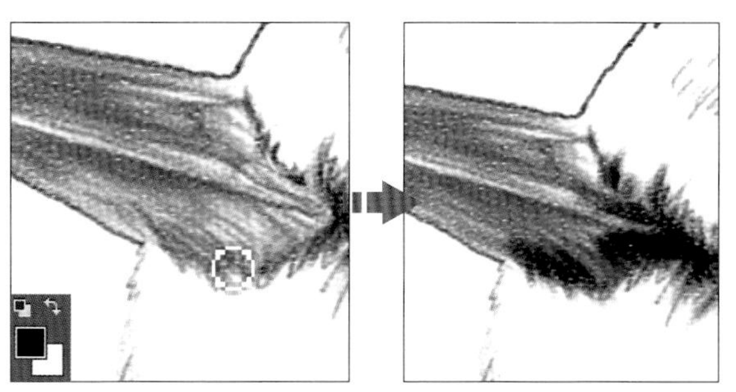

12 新建“图层 5”图层，打开“颜色”面板，设置前景色为 R184、G181、B174，用画笔在嘴巴的受光部分涂抹，叠加颜色。

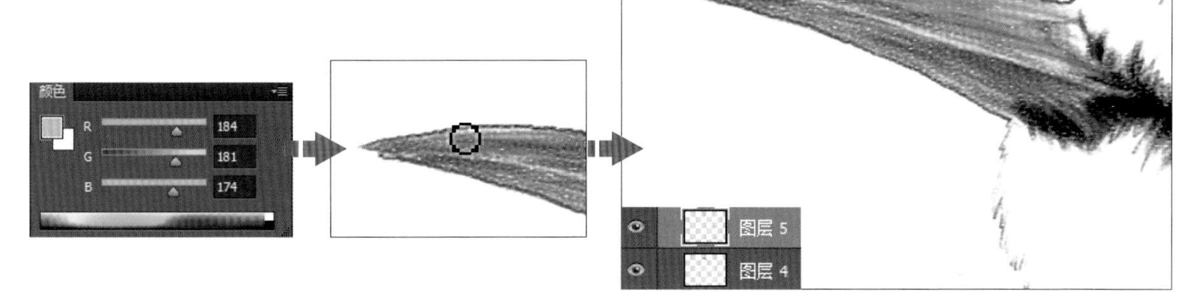

13 为了增加嘴部的体积感，新建“图层 6”图层，设置前景色为黑色，再次运用画笔在嘴唇上的暗部区域涂抹，加重黑色，使嘴巴的暗部区域颜色变得更为厚重。

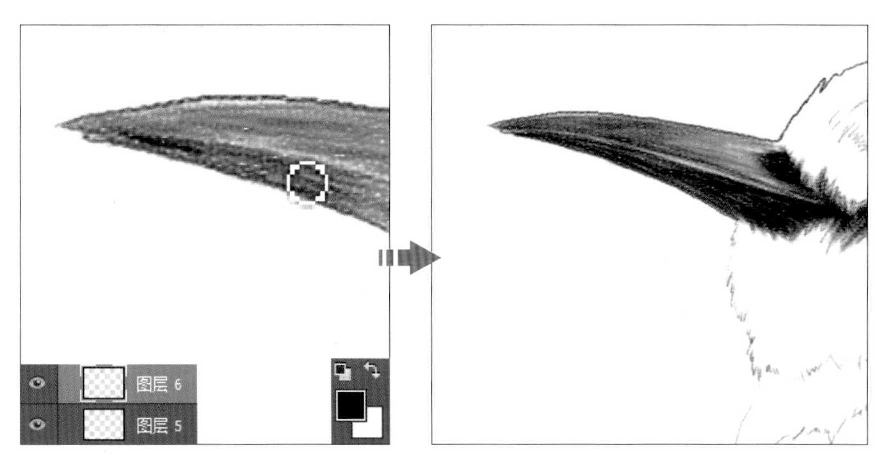

14 打开“颜色”面板，在面板中设置前景色为灰色，具体颜色值为 R206、G205、B201。为表现纤细的羽毛，单击“画笔”面板中的“锐化笔尖”按钮，锐化铅笔笔尖。新建“羽毛”图层组，在图层组中创建“图层 7”图层。然后根据明暗关系，用画笔顺着羽毛的走向绘制，为羽毛铺上一层灰色。

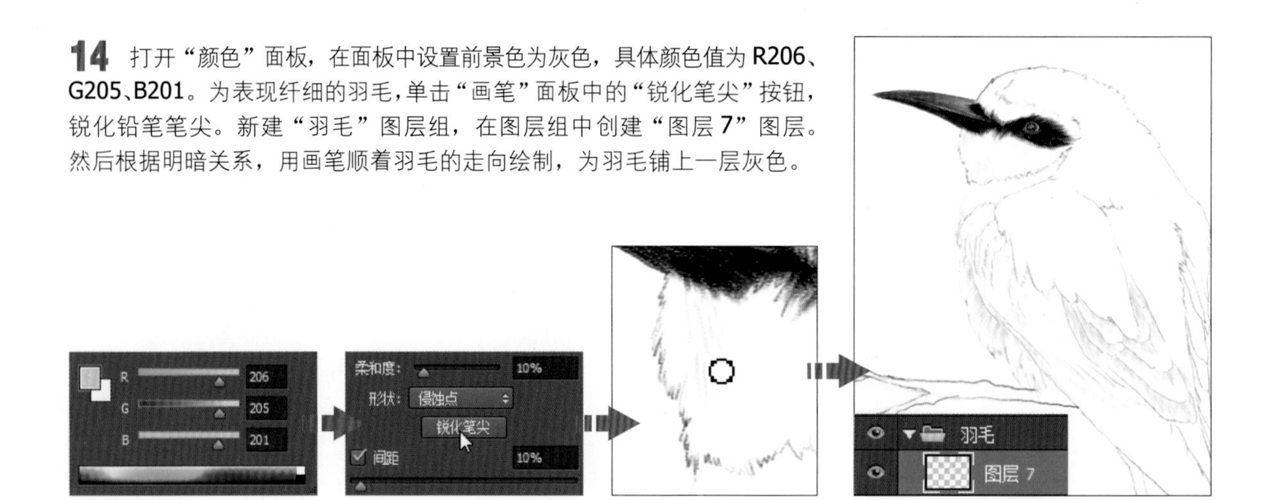

15 新建“图层 8”图层，继续使用上一步设置的颜色，在背部羽毛位置进行绘制，为其上色。

16 新建“图层 9”图层，打开“颜色”面板，设置前景色为 R253、G247、B153，使用画笔沿着翅膀和颈部的边缘绘制，将其涂抹为浅黄色，提亮毛色。

17 新建“图层 10”图层，打开“颜色”面板，设置前景色为 R248、G191、B14，使用画笔在颈部位置绘制不同长短的线条，叠加颜色，表现更丰富的羽毛色彩。

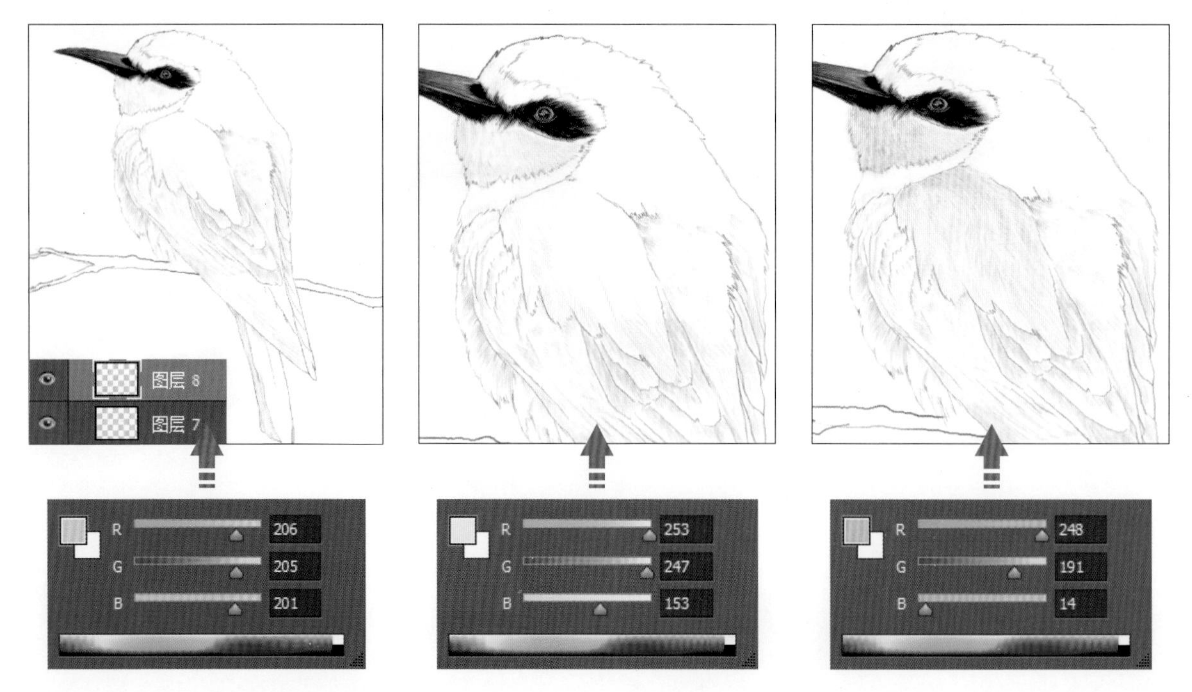

18 单击“图层”面板中的“创建新图层”按钮，新建“图层 11”图层，运用与上一步相同的颜色绘制其他部分的羽毛，表现出绒毛的质感。

19 单击“创建新图层”按钮，新建“图层 12”图层。打开“颜色”面板，设置前景色为绿色，具体参数值为 R22、G159、B117，将画笔移至颈部和头部羽毛位置进行绘制，绘制后再将画笔移至翅膀下方羽毛位置，在羽毛的根部和尾巴暗部涂抹，为其上色。

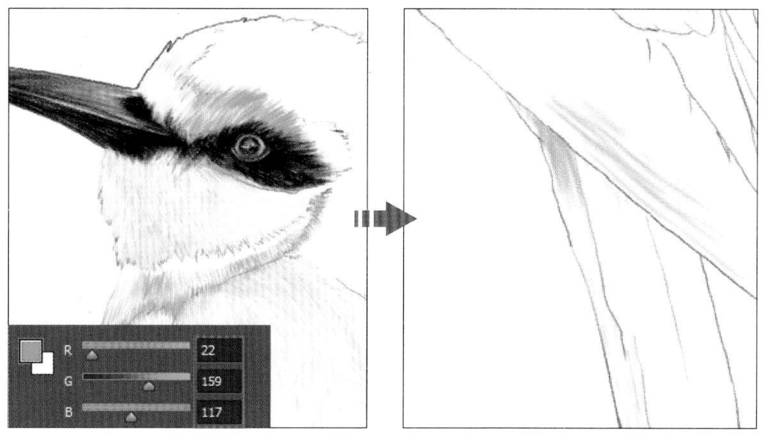

20 单击“创建新图层”按钮，新建“图层 13”图层，确保前景色不变，继续使用画笔对翅膀下方羽毛的根部和尾巴暗部上色。

21 打开“颜色”面板，设置前景色值为 R72、G189、B233，新建“图层 14”图层，用画笔在颈部和头部的绒毛位置描绘，绘制出纤细的绒毛效果。

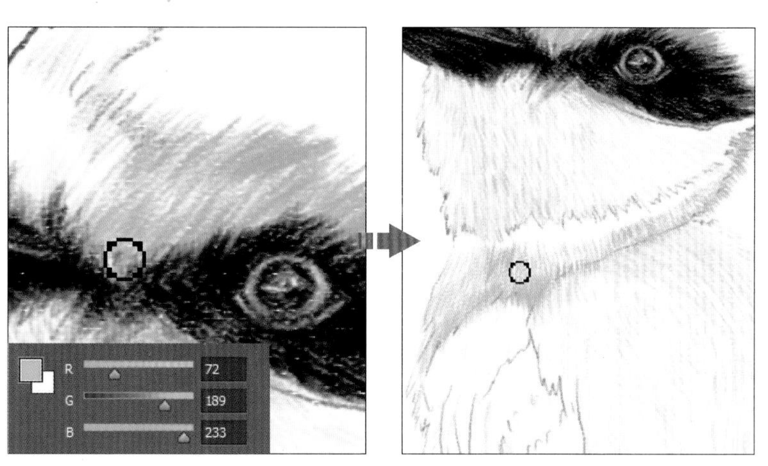

22 单击“图层”面板中的“创建新图层”按钮，新建“图层 15”图层，继续使用画笔在翅膀上面描绘，叠加颜色，表现出羽毛的颜色变化，在描绘时需注意与旁边的颜色衔接要自然。

23 由于羽毛比较纤细，为表现出根根分明的羽毛效果，需要修复磨损的画笔，将其还原至初始的笔尖粗细，单击“画笔”面板中的“锐化笔尖”按钮，锐化铅笔笔尖。新建“图层 16”图层，设置前景色为 R238、G113、B21，继续从羽毛边缘向内绘制橙色羽毛。

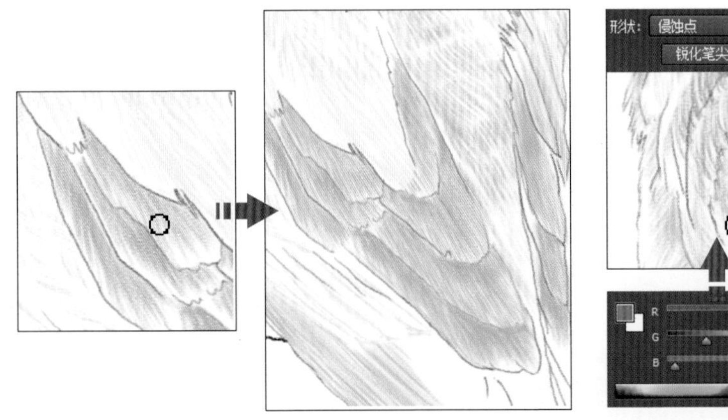

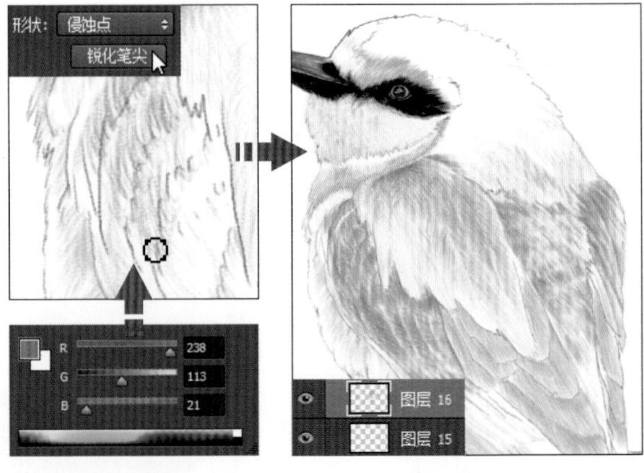

24 确认前景色不变，单击“创建新图层”按钮，新建“图层 17”图层，继续运用画笔在头部右侧绘制相同颜色的羽毛。

25 创建“图层 18”，设置前景色为 R232、G72、B24，运用画笔在头部留白的位置根据羽毛走向绘制出橙红色的羽毛。

26 创建“图层 19”图层，设置前景色为 R231、G32、B63，将画笔移至头部旁边位置绘制，叠加红色的羽毛。

27 打开“颜色”面板，设置前景色为R181、G91、B65。单击“创建新图层”按钮，新建“图层20”图层，用画笔从眼睛周围开始向右绘制浅褐色羽毛。

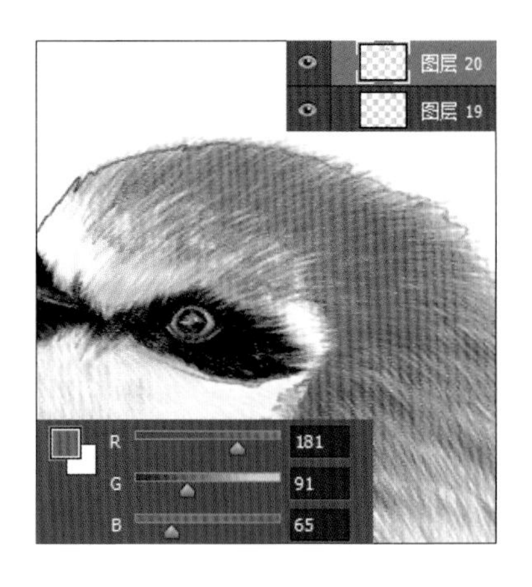

28 单击工具箱中的“默认前景色和背景色”按钮，设置前景色为默认的黑色，单击“创建新图层”按钮，新建“图层21”图层，用画笔在眼睛周围和颈部绘制黑色的羽毛。

29 单击工具箱中的“设置前景色”按钮，在对话框中设置前景色为R74、G191、B235，单击“创建新图层”按钮，新建“图层22”图层，用画笔在橙色的羽毛边缘区域涂抹，绘制出浅蓝色的羽毛。

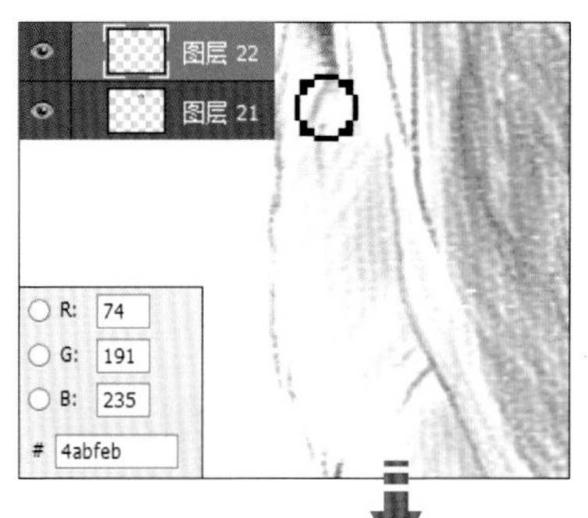

30 单击“创建新图层”按钮，新建“图层23”图层。打开“颜色”面板，设置前景色为R231、G32、B63，用画笔在橙色的羽毛上涂抹，绘制一层红色的羽毛。

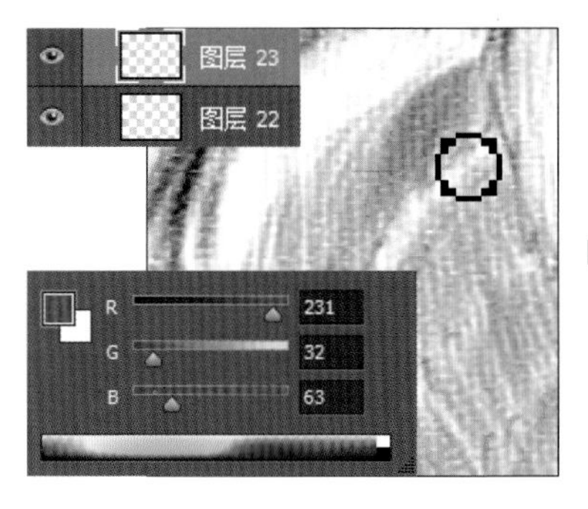

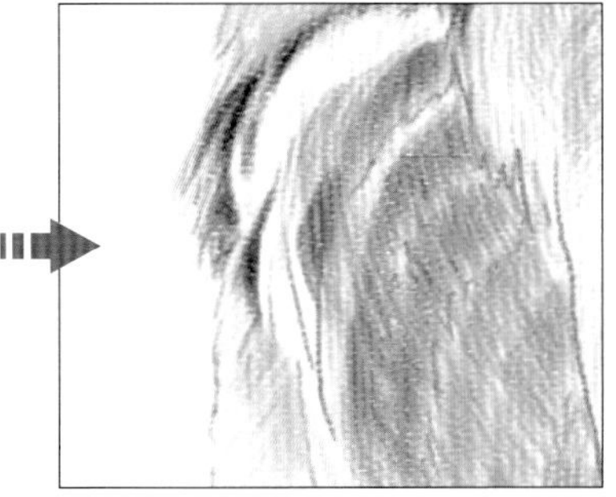

31 单击工具箱中的“默认前景色和背景色”按钮，将前景色更改为黑色，新建“图层24”图层，用黑色的画笔在羽毛留白区域涂抹。

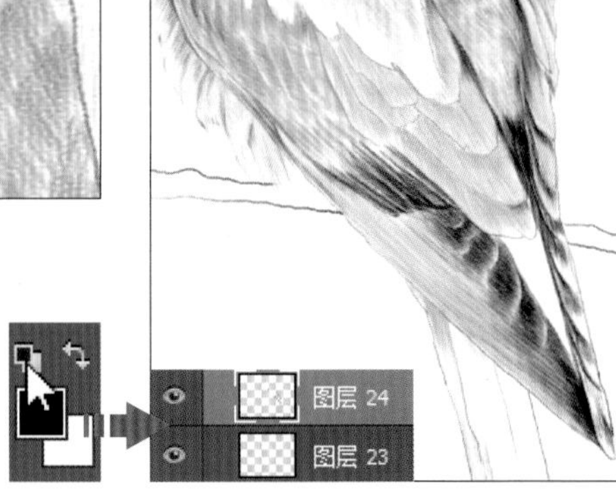

32 新建“图层 25”图层，打开“颜色”面板，设置前景色为 R188、G185、B178，将画笔移至翅膀上羽毛尾部，涂抹绘制浅灰色羽毛。

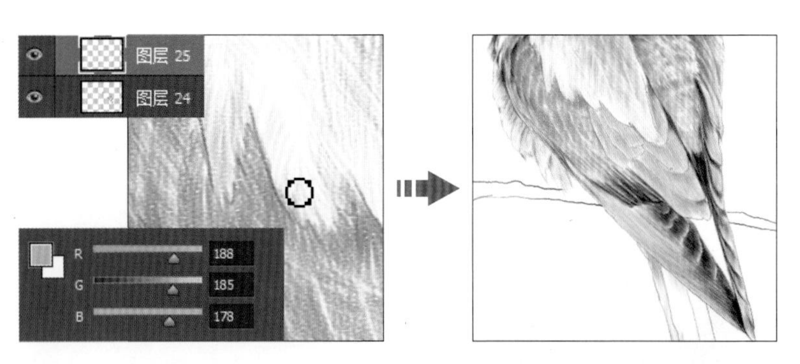

33 单击“创建新图层”按钮，新建“图层 26”图层。在“颜色”面板中设置前景色为 R233、G73、B25，使用画笔继续在左侧翅膀位置涂抹，绘制橙红色的羽毛。

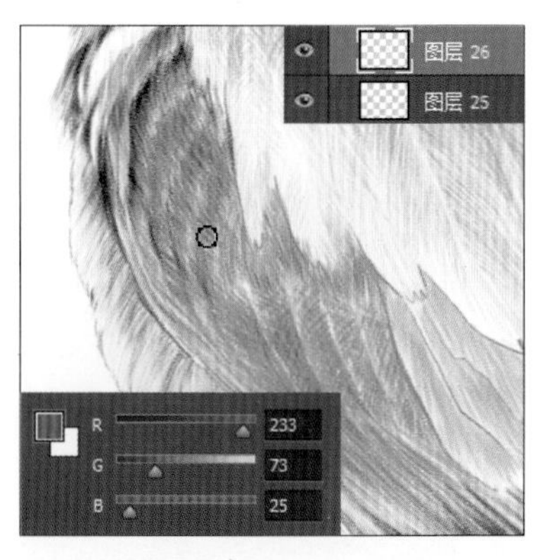

34 新建“图层 27”图层。打开“颜色”面板，设置前景色为 R99、G115、B74，在鸟儿翅膀部分的羽毛尾部和尾巴处涂抹，绘制绿色的羽毛。

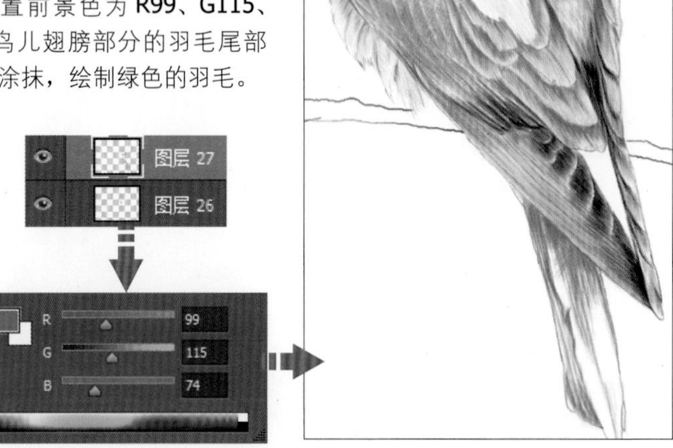

35 新建“图层 28”图层，打开“颜色”面板，更改前景色为 R24、G161、B119，继续在尾巴处涂抹，加深颜色。

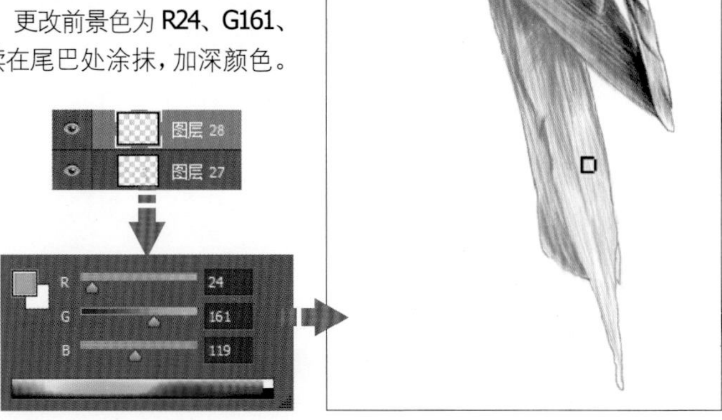

36 新建“图层 29”图层，打开“颜色”面板，设置前景色为 R242、G159、B69，设置画笔“不透明度”为 25%，在尾巴位置涂抹，叠加颜色。

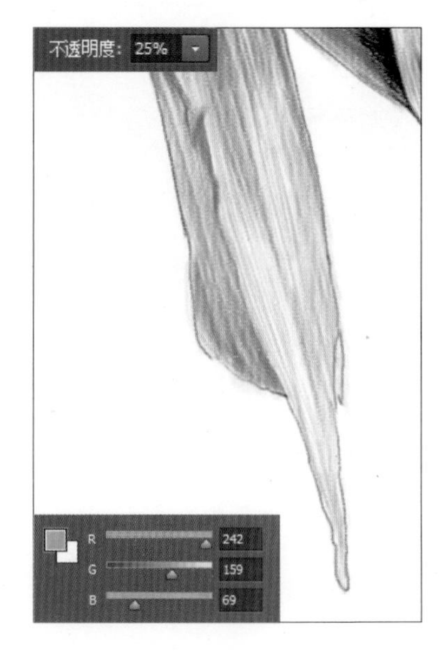

37 打开“颜色”面板，在面板中设置颜色值为R101、G117、B76，继续使用画笔在尾巴位置涂抹上色，增加尾巴部分的羽毛颜色。

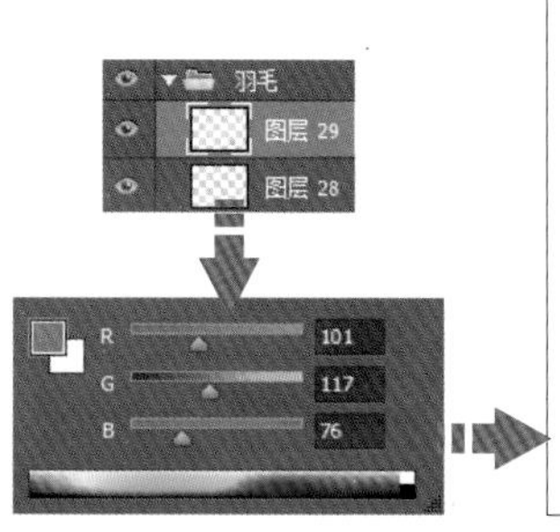

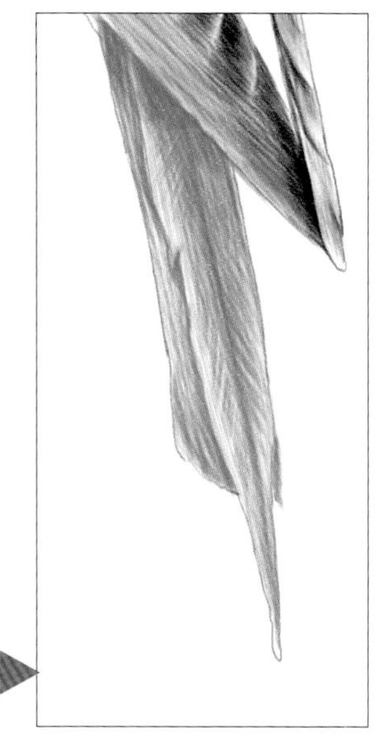

38 经过前面的绘制，完成了鸟儿主体部分的上色工作，为增强画面的完整度，下面再为树枝上色。新建“树枝”图层组，在图层组中创建新图层。打开“颜色”面板，设置前景色为R177、G88、B58，沿树枝外形轮廓横向涂抹上色。

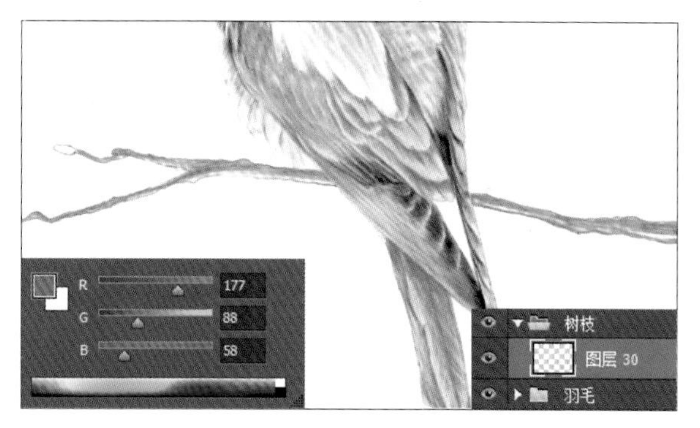

39 打开“颜色”面板，设置前景色为深褐色，具体颜色值为R63、G36、B27。创建“图层31”图层，使用画笔继续在树枝上涂抹，叠加颜色，表现树枝部分的明暗关系。

40 单击“创建新图层”按钮，新建图层，打开“颜色”面板，设置前景色为R138、G198、B129，用画笔在枝头顶端的芽苞位置涂抹，为其着色。

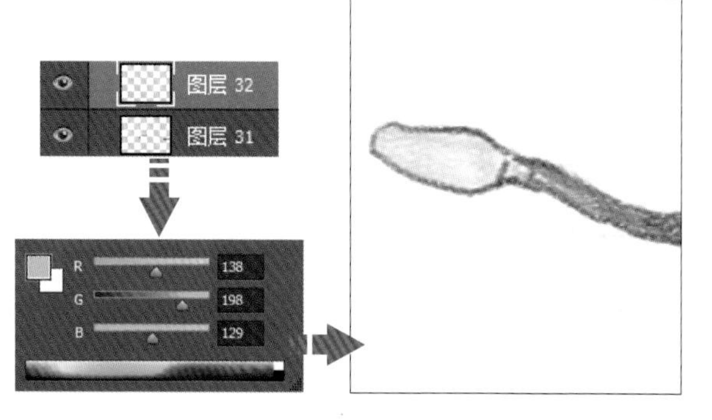

41 单击“创建新图层”按钮，新建“图层33”图层，打开“颜色”面板，设置前景色为R101、G117、B76，用画笔在芽苞的明暗交界处涂抹，加深颜色，使之变得更有立体感。

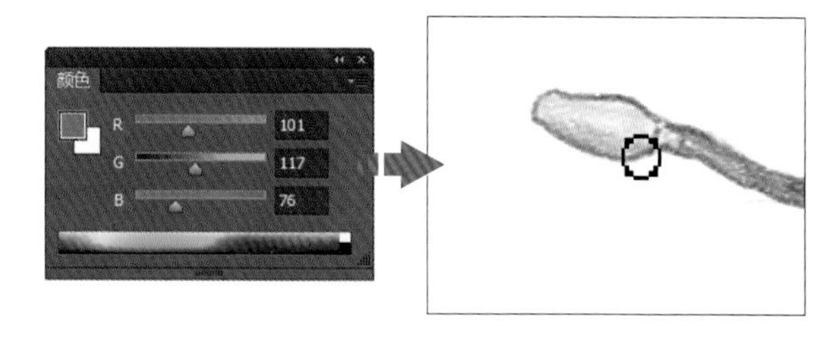

42 为让树枝与芽苞颜色过渡更自然，选中“图层 33”，打开“颜色”面板，设置前景色为 R248、G199、B180，在树枝与芽苞相交位置涂抹，叠加颜色。

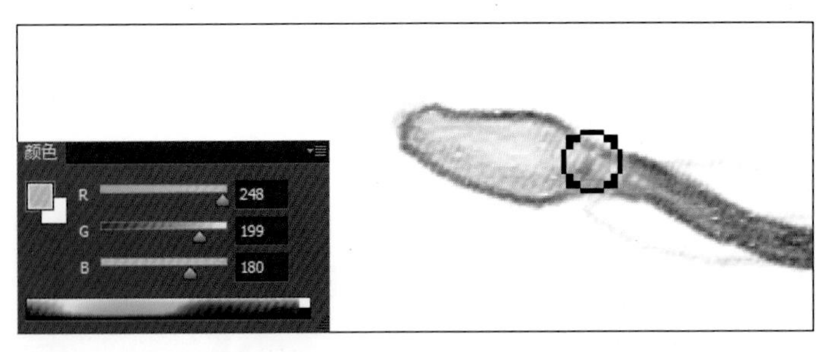

43 经过前面的操作，完成了图像的上色工作，返回图像窗口。

44 观察图像，发现线稿颜色太深，图像边缘显得有些生硬，打开“图层”面板，拖曳“线稿拷贝”图层至“线稿拷贝 4”图层前的“指示图层可见性”按钮，隐藏线稿图层，只显示最底层的线稿，查看完整的图像效果。至此，已完成本实例的绘制。

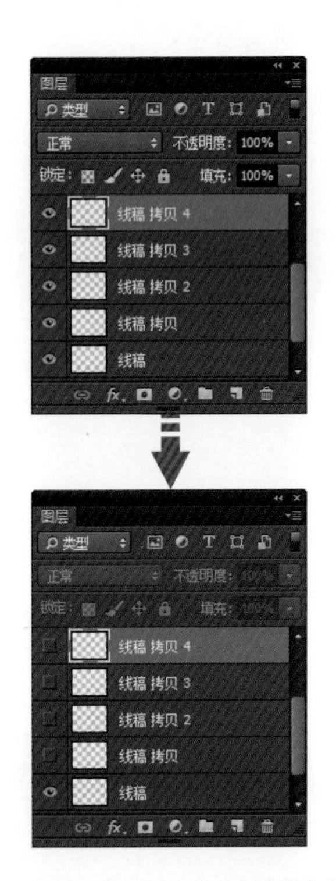

第7章 萌宠集合——宠物

随着生活水平的提高，越来越多的人开始饲养各式各样的宠物。呆萌、可爱的小宠物们不仅让人心生怜爱，还总能给人带来快乐。本章将详细介绍三种宠物的绘制方法与过程。

7.1 宠物毛发的表现技巧

毛茸茸的小动物一直都受到人们的喜爱，如可爱的猫咪、狗狗等。这类小动物多数全身都被毛发所覆盖，它们是绘制的难点与重点。虽然数码手绘中不讲究过多的绘画技巧，但是如何表现不同宠物的毛发也是非常考验创作者的绘画水平的。

1. 根据动物的毛发特点绘制

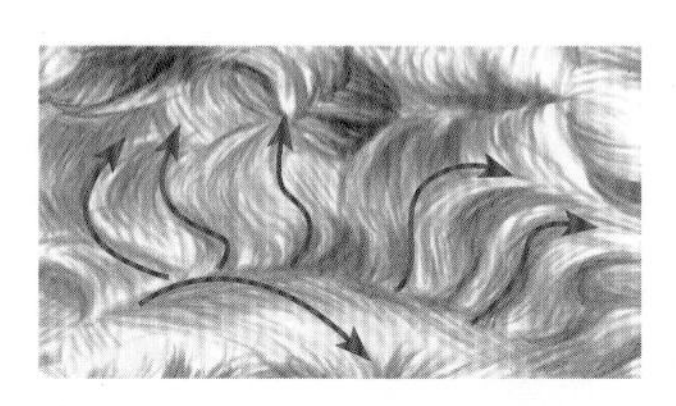

不同的小动物的毛发颜色都有不同特点。对毛发颜色较多的宠物，在绘制时可以先使用平涂排线的方法为排列出铅笔线条，为图像上一层底色，再通过叠彩方法，根据宠物的毛发颜色特点，用不同颜色的画笔叠涂，使毛发的颜色更丰富、自然。

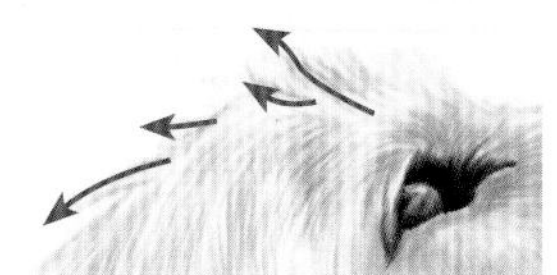

除此之外与前面章节中鸟儿羽毛的绘制类似，宠物毛发同样也需要根据毛发的生长方向绘制，不然绘制出的毛发会欠缺真实感。在绘制身体各部分时，不同区域的毛发生长方向也会有一定的区别，如右图所示用箭头标示了金毛犬各部分的毛发绘制时的笔触走向。

2. 根据动物的毛发颜色绘制

很多宠物的毛发为纯白色，如萨摩耶、纯白色的猫等。在绘制这类宠物的时候，因为白色本身不能上色，一般很难画出毛发的质感，所以可以把轮廓画成黑色后，使用较浅的颜色如黄色、灰色勾勒出它们身体的一些阴影部分的毛发，这样绘制出的宠物图像就会变得生动起来。如下两幅图为绘制的猫咪图像，可以看到猫咪身上纯白色的毛发经过处理，添加了一些阴影，毛发显得更有立体感。

7.2 布偶猫

布偶猫是现存体型最大、体重最重的宠物猫品种之一。它性格温顺，对人友善，因美丽优雅、性格又类似于狗，而被称为“仙女猫”。

绘画要点

为了表现非常灵动的布偶猫形象，在绘制时需要抓住猫的五官特征进行刻画，由于布偶猫的眼睛独具特点，由内而外地渗透出蓝色，在绘制时注意颜色要由浅到深地叠加，且要由外向内排线。绘制鼻子时则需要竖向用笔，排线要紧密，逐步叠加，且不可一次着色过深，从而使它与毛发的质感区别开来。

色彩搭配

主要采用类似色进行搭配，低纯度的浅褐色与高纯度的深褐色形成一定的对比，更易突显画面中的猫咪。

源文件　随书资源 \ 源文件 \07\ 布偶猫 .psd

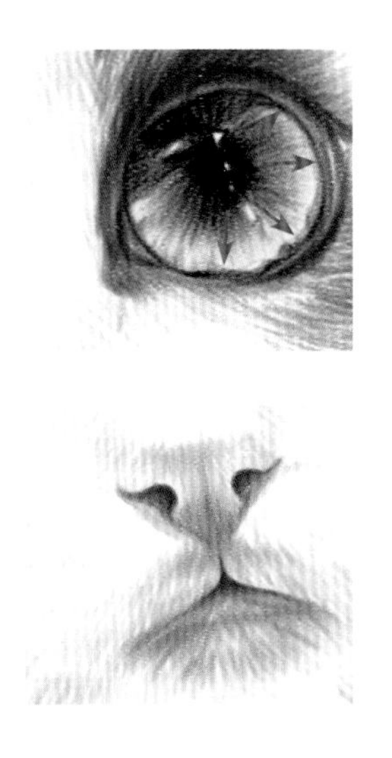

01 执行“文件 > 新建”菜单命令，打开“新建”对话框，在“名称”文本框中输入“布偶猫”，单击“文件类型”下拉按钮，在展开的下拉列表中选择“国际标准纸张”选项，设置后单击“确定”按钮，新建文件。

名称(N): 布偶猫
文档类型: 国际标准纸张
大小: A4
宽度(W): 210 毫米
高度(H): 297 毫米
分辨率(R): 300 像素/英寸
颜色模式: RGB 颜色 8 位
背景内容: 白色

02 执行“图像 > 图像旋转 > 顺时针 90 度”菜单命令，将新建的文件按顺时针方向旋转 90 度，把文件更改为横向效果。

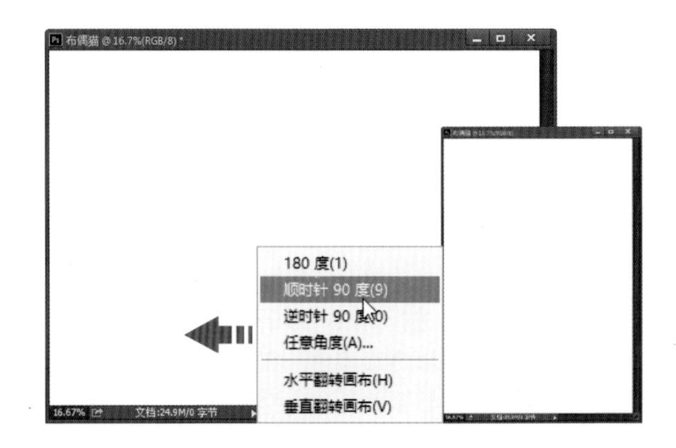

03 单击“图层”面板中的“创建新图层”按钮，新建“图层 1”图层。为区分图像，双击“图层 1”图层名，将图层重新命名为“线稿”图层。

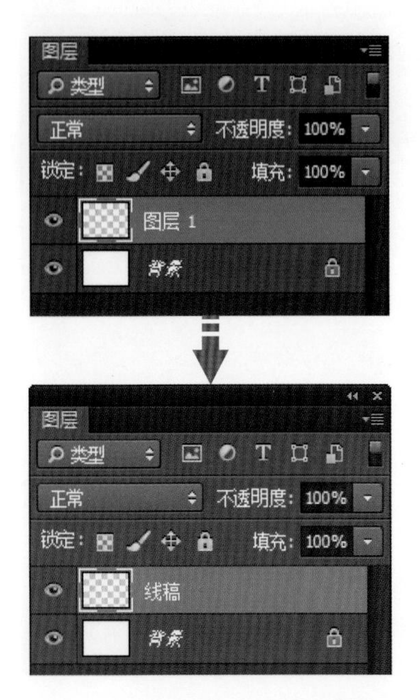

04 单击工具箱中的“画笔工具”按钮，选中“画笔工具”，单击工具选项栏中的“点按可打开‘工具预设’选取器”按钮，在打开的“工具预设”选取器下方单击选中“2B 铅笔”画笔预设，运用画笔绘制出线稿部分。

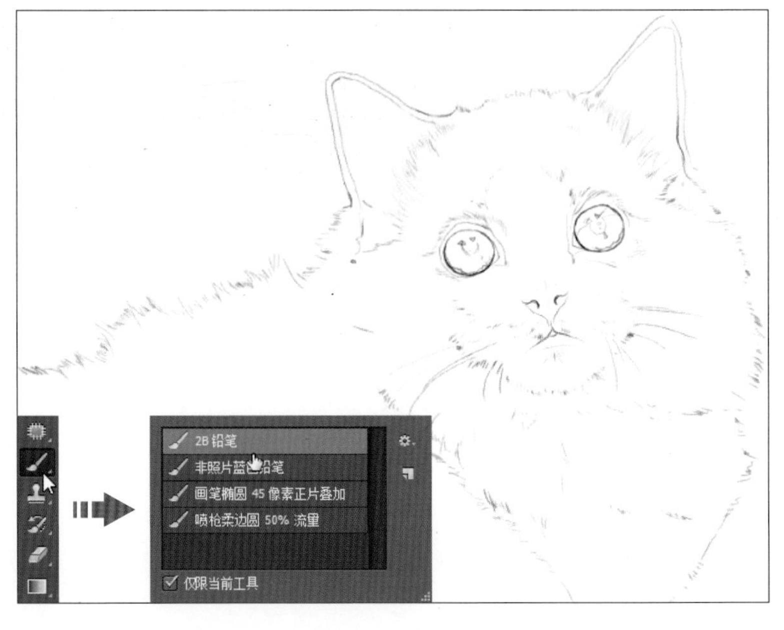

05 接下来为猫的眼睛上色。单击“图层”面板底部的“创建新图层”按钮，创建“图层 1”图层。打开“颜色”面板，设置前景色为 R138、G187、B219，由外向内地用画笔绘制线条，将眼睛填充为较浅的蓝色。

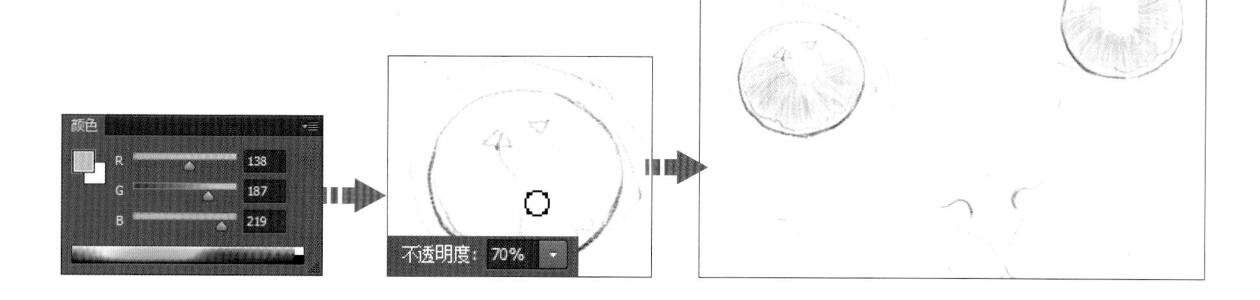

06 打开“颜色”面板，设置前景色为 R22、G50、B147，新建“图层 2”图层，从眼睛中心向外描绘，为眼睛叠加更深的颜色。

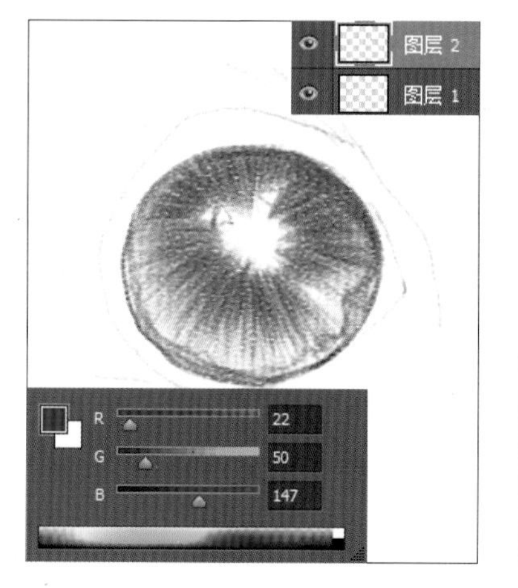

07 单击工具箱中的“默认前景色和背景色”按钮，将前景色还原为默认的黑色，新建“图层 3”图层，用画笔再从眼睛中心向外绘制，描绘出眼睛的重色。

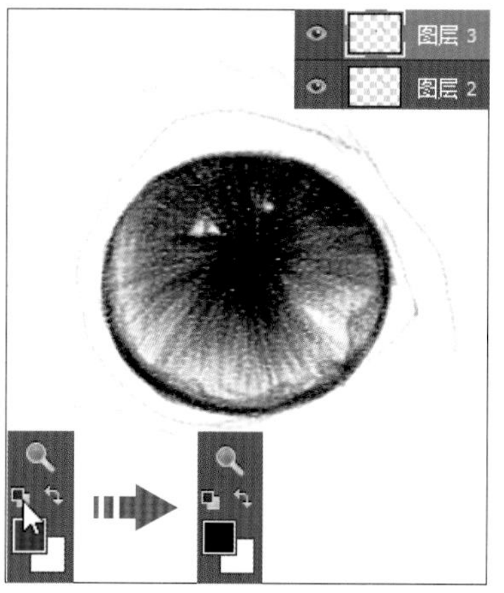

08 新建“图层 4”图层，打开“颜色”面板，设置前景色为 R249、G198、B179，运用画笔绘制出鼻子和部分脸部的毛，注意要从毛根部开始绘制，暗部区域可重复绘制，加重色彩。

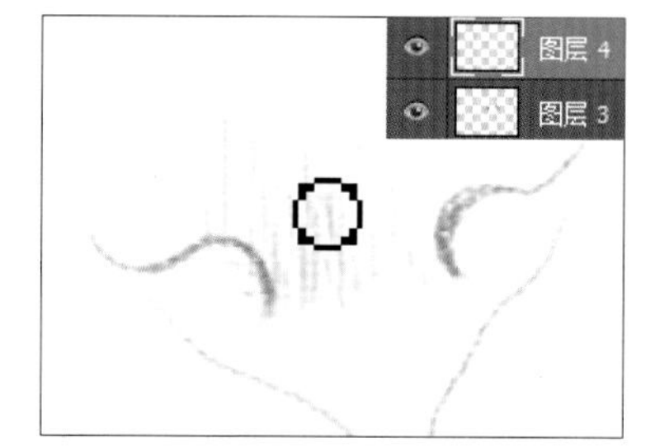

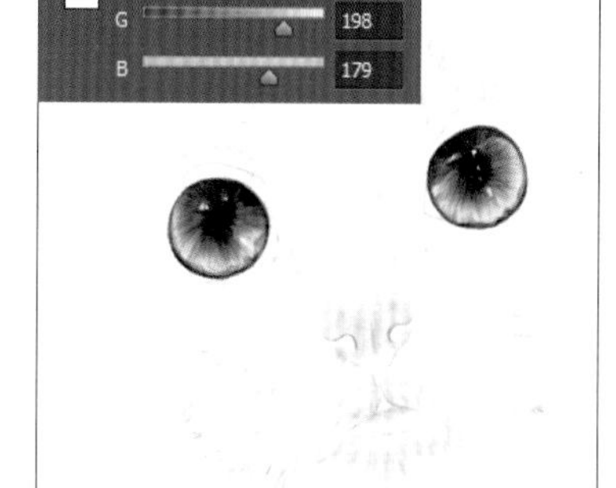

技巧提示 更改前景色与背景色

单击工具箱中的“设置前景色”按钮，在打开的对话框中可以更改前景色；单击“设置背景色”按钮，在打开的对话框中可以更改背景颜色。

09 打开“颜色”面板，设置前景色为 R232、G54、B66，新建“图层 5”图层，适当降低画笔不透明度，使用画笔绘制淡粉色的鼻尖效果。

10 打开“颜色”面板，设置前景色为 R207、G77、B85，新建“图层 6”图层，运用画笔顺着嘴部绘制出鼻子和嘴的颜色，绘制时需留出鼻孔位置。

11 新建“图层 7”图层，打开“颜色”面板，设置前景色为 R63、G36、B27，运用画笔在鼻孔和嘴的缝隙处绘制，加深图像，增强立体感。

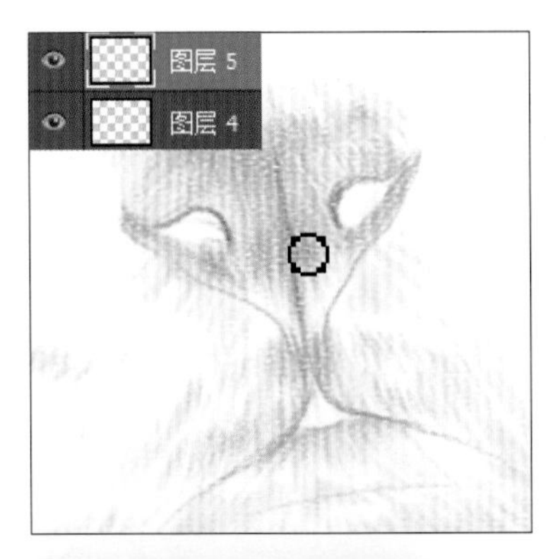

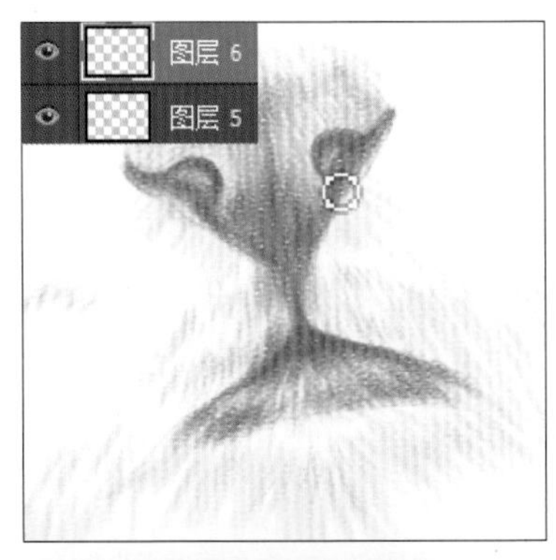

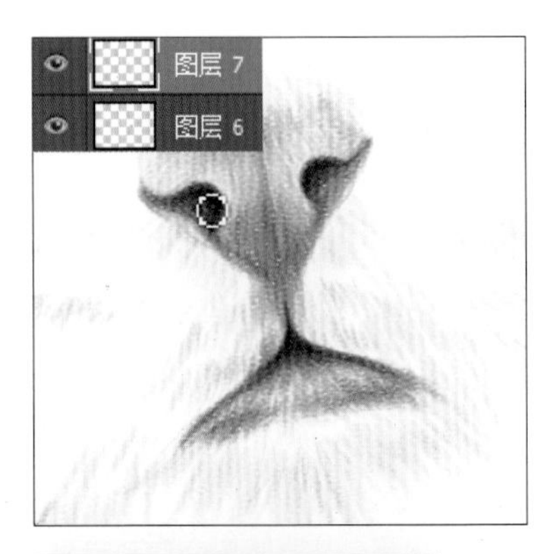

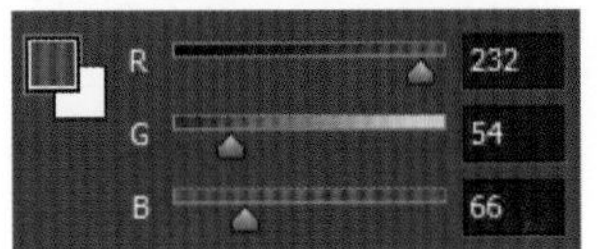

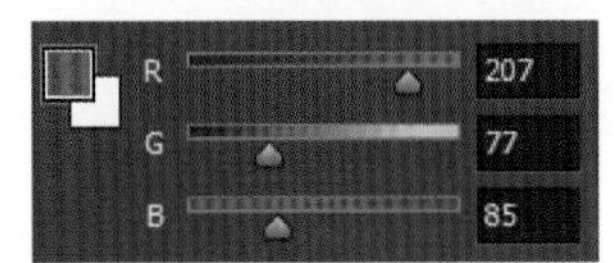

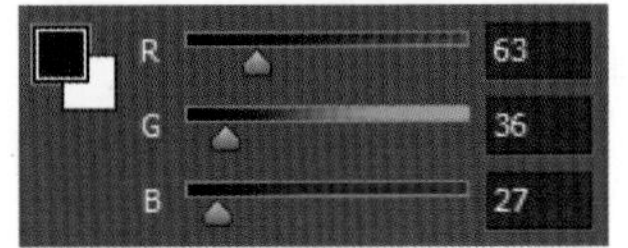

12 打开“颜色”面板，设置前景色为 R156、G93、B42，单击“图层”面板中“创建新图层”按钮，新建“图层 8”图层，将画笔移至右眼的边缘位置，顺着毛发生长方向绘制眼睛周围褐色的毛。

13 使用同样的方法为左眼周围也绘制上相同颜色的毛发效果。在绘制过程中，画笔笔尖变粗时，可以单击“画笔”面板中的“锐化笔尖”按钮，锐化笔尖，然后再进行反复地绘制。

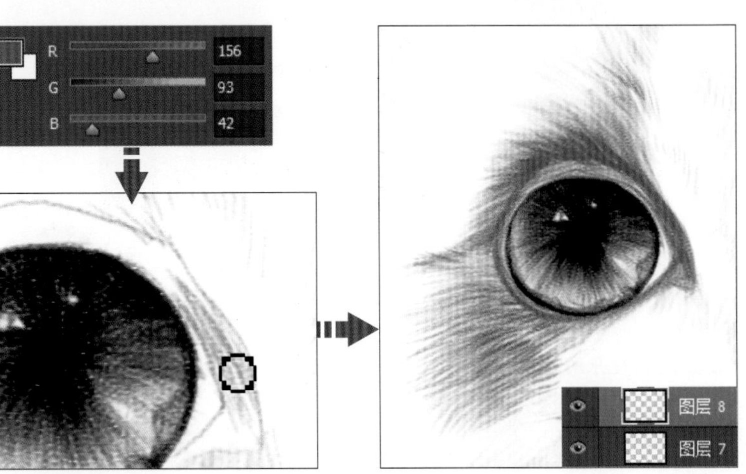

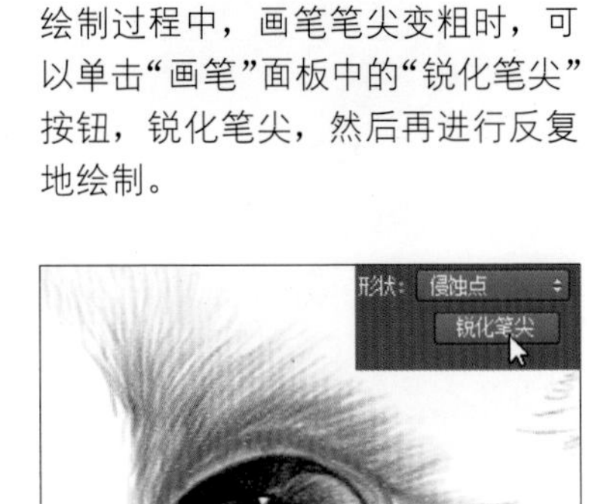

14 打开“颜色”面板，设置前景色为R63、G36、B27。单击“图层”面板中“创建新图层”按钮，新建“图层9”图层，将画笔移至右眼边缘位置，顺着毛发生长方向再次绘制，勾勒出眼睛周围的深色部分，使眼睛更加传神。

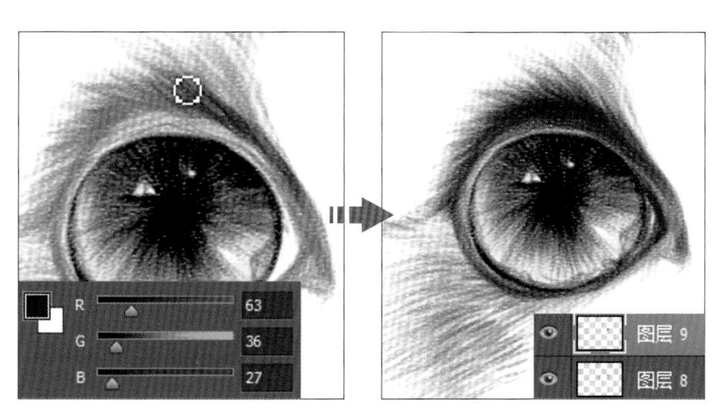

15 将画笔移至左眼上方，使用同样的方法在眼睛周围绘制出深褐色的毛发。

16 打开“颜色”面板，加深红色，设置前景色R222、G188、B160，在“画笔工具”选项栏中设置画笔的“不透明度”为40%，新建“图层10”图层，用画笔在猫身上描绘，绘制出熟褐色的毛发，在绘制身体的毛发时排线可以适当稀疏一些。

17 打开“颜色”面板，设置前景色为R223、G195、B191。单击“图层”面板中“创建新图层”按钮，新建“图层11”图层，顺着毛发生长的方向，用画笔绘制猫咪面部和颈部的部分毛发。

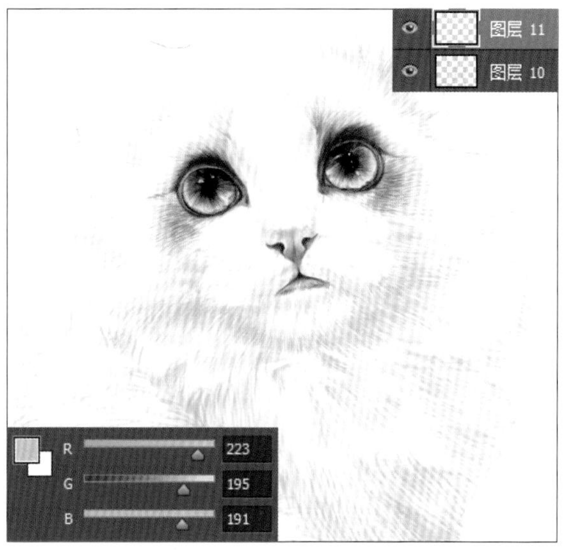

18 打开“颜色”面板，设置前景色为 R251、G200、B181，单击“图层”面板中“创建新图层”按钮，新建“图层 12”图层，使用画笔为身体背光处的毛发上色，使其与脸部的毛发颜色相呼应。

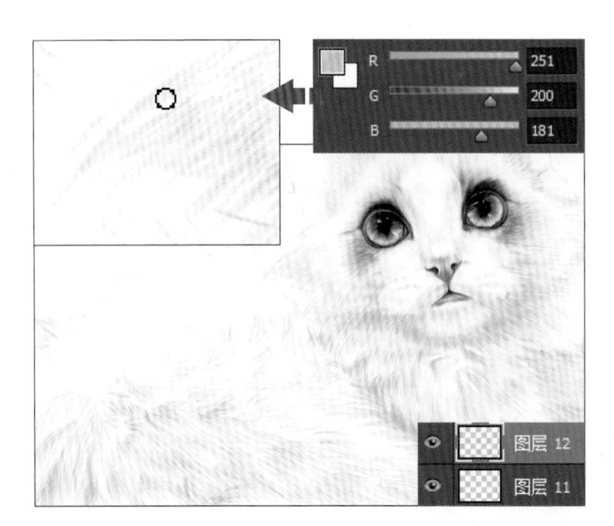

19 打开“颜色”面板，设置前景色为 R250、G199、B180，新建“图层 13”图层，调整画笔的不透明度和流量，将画笔移至耳朵位置，顺着毛发方向绘制，为耳朵部分上色。

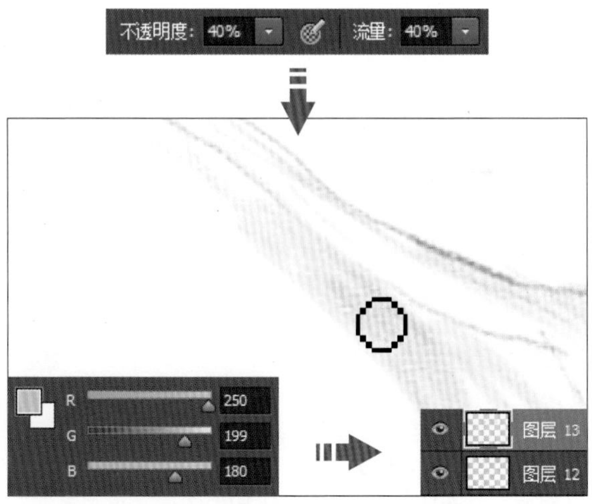

20 移动画笔，继续在右耳内侧绘制更多肉粉色的毛发，完成左耳内侧毛发的绘制后，再使用同样的方法，顺着毛发方向绘制左耳内侧的毛发。

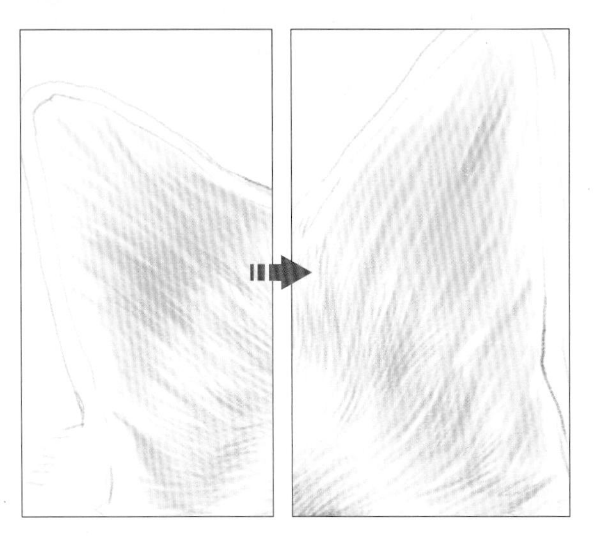

21 打开“颜色”面板，将前景色设置为 R181、G91、B65，将画笔移至耳朵中间位置，从耳朵边缘向内绘制不同颜色的毛发，绘制时需要在中间位置留出一些毛须。

22 打开“颜色”面板，设置前景色为 R206、G205、B201，单击“图层”面板中“创建新图层”按钮，新建“图层 15”图层，运用画笔沿着耳朵最外侧勾勒出更清晰的外形轮廓。

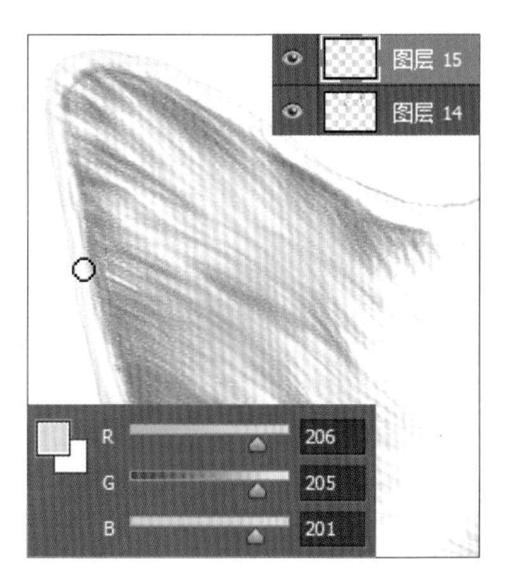

23 打开“颜色”面板，设置前景色为 R181、G91、B65。选中“图层 15”图层，将画笔移至耳朵内侧，用画笔沿着耳朵内的边缘处绘制，加深耳朵颜色。

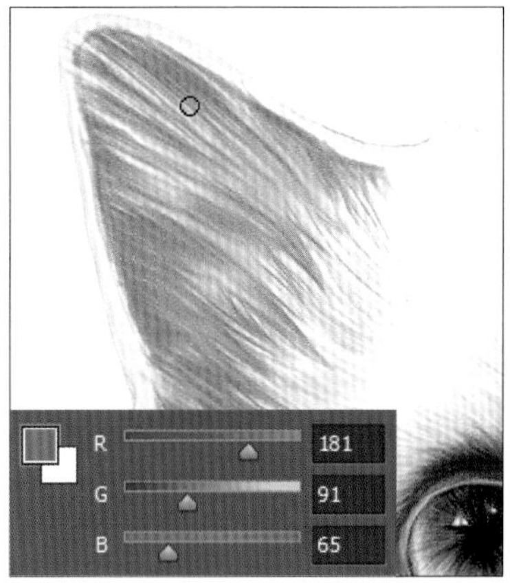

24 单击“创建新图层”按钮，新建“图层 16”图层，在“颜色”面板中设置前景色为 R63、G36、B27 在耳朵边缘描绘，通过颜色的叠加使耳朵更加具有空间感，再用相同的方法绘制出另一只耳朵。

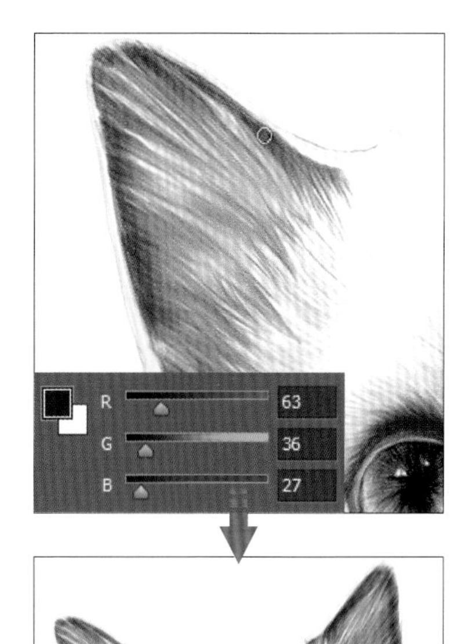

25 接下来要为背景上色。确保前景色不变，新建“图层 17”图层，用画笔在背景位置描绘，采用相同的方向绘制线条，为背景铺色，再更改前景色为 R157、G94、B43 和 R223、G189、B161，继续用画笔在背景位置绘制浅一些的颜色，使各种颜色过渡更自然。

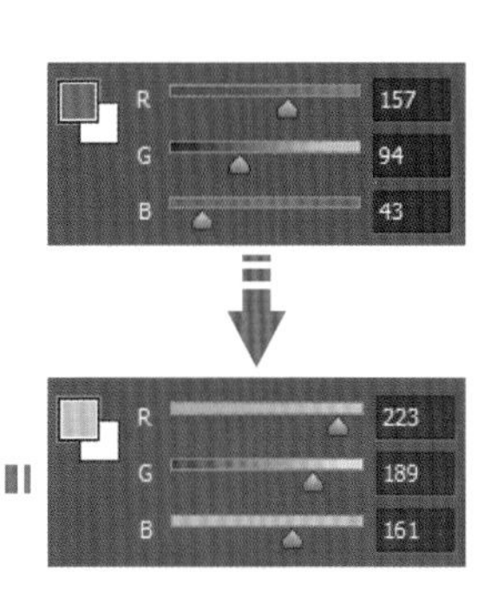

26 打开“颜色”面板，设置前景色为R209、G79、B87，在“画笔工具”选项栏中设置“不透明度”为25%，“流量”还原至100%。新建“图层18”图层，运用画笔在嘴部位置涂抹，加深颜色。

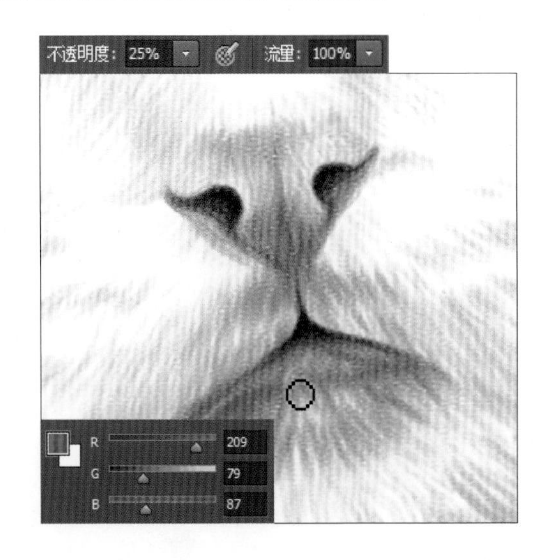

27 为统一画面颜色，单击工具箱中的“设置前景色”按钮，在打开的对话框中分别设置前景色为褐色和粉紫色，具体颜色值为R156、G93、B42和R222、G194、B190，选中“图层18”图层，在猫身上绘制，加深暗部。

28 创建新图层，打开“颜色”面板，设置前景色为白色，在“画笔预设”选取器中选择“柔边圆”画笔，绘制出猫的胡须部分。至此，已完成本实例的绘制。

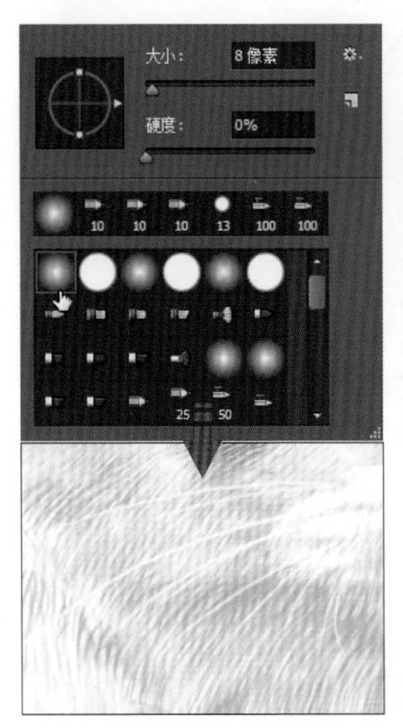

7.3 金毛犬

金毛犬是作为猎捕野禽的寻回犬而培养出来的，游泳的续航力极佳。这一犬种的独特之处在于讨人喜欢的性格，体型匀称、有力，个性活泼、热情、机警、自信且不怕生。

绘画要点

一身浓密的金黄色被毛是金毛犬的标志。金毛犬身体的毛变化较多，走势较复杂。在绘制线稿时先要勾勒出毛的走势，便于之后的上色。绘制卷曲的毛时，线条要圆润、有弧度，尤其是颈部要注意画笔的走势和颜色的深浅变化。绘制边缘毛发时要表现轻盈的质感，根据毛的走势向上轻轻绘制即可。

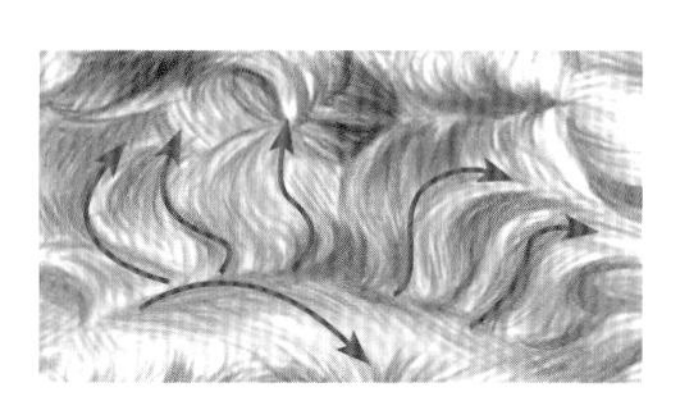

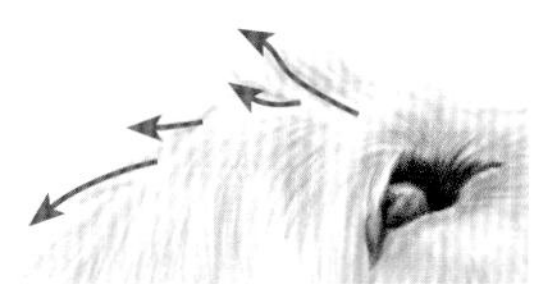

源文件　随书资源 \ 源文件 \07\ 金毛犬 .psd

色彩搭配

根据金毛犬的毛发特点，用橙色构成整个画面的主色调，不同明度的色彩变化更好地表现了金黄色的毛色特征。

01 执行"文件 > 新建"菜单命令，打开"新建"对话框，在"名称"文本框中输入"金毛"，然后在下方设置新建文件的大小，单击"确定"按钮，新建文件。

02 单击"图层"面板中的"创建新图层"按钮，新建"图层 1"图层，双击"图层 1"图层名，将图层重新命名为"线稿"。

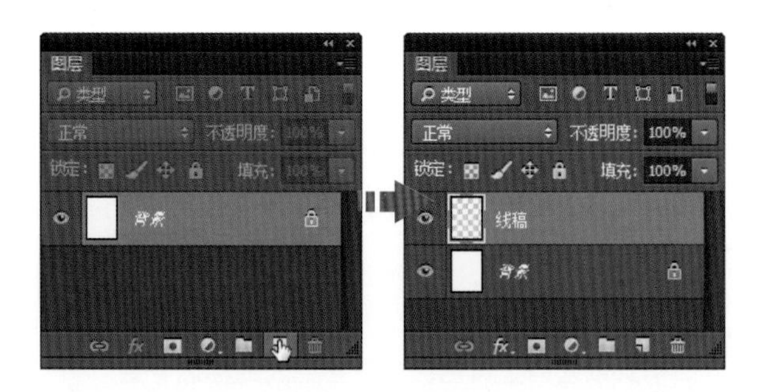

03 单击工具箱中的"画笔工具"按钮，选中"画笔工具"，单击工具选项栏中的"点按可打开'工具预设'选取器"按钮，在打开的"工具预设"选取器下方单击选中"2B 铅笔"画笔预设，选择后工具箱中会自动根据所选画笔更改画笔笔尖颜色。

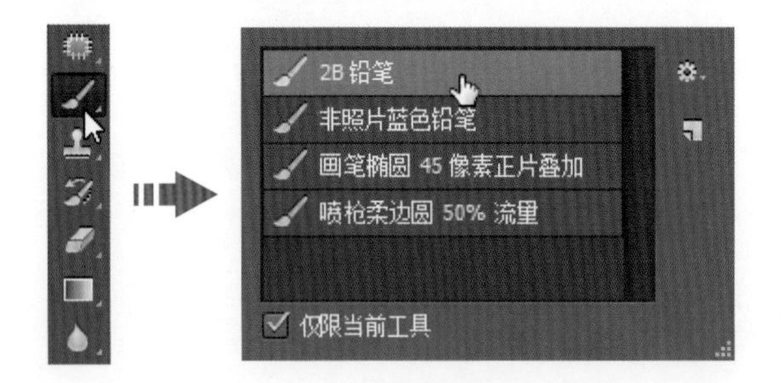

04 选中"线稿"图层，在"画笔工具"选项栏中将画笔"不透明度"降为 50%，用铅笔绘制出线稿部分。

05 打开"颜色"面板，设置前景色为 R222、G194、B190，新建"图层 1"图层，运用画笔在眼球上绘制底色，绘制时眼球边缘部分颜色需要深一些。

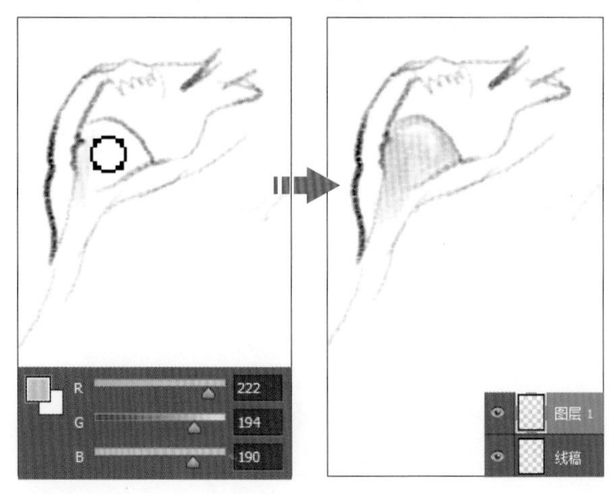

技巧提示 创建新的工具预设

在"画笔"面板中设置了画笔选项后，可以单击"工具预设"选取器右侧的"创建新的工具预设"按钮，打开"新建工具预设"对话框，在对话框中设置工具预设名称，单击"确定"按钮，即可将其存储为新的工具预设。

06 打开“颜色”面板，设置前景色为浅灰色，具体颜色值为 R185、G182、B175，创建“图层 2”图层，用画笔绘制出眼球上的高光部分。

07 打开“颜色”面板，设置前景色为深褐色，具体颜色值为 R63、G36、B27，创建“图层 3”图层，用画笔绘制出眼球周围颜色更深的部分。

08 单击工具箱中的“默认前景色和背景色”按钮，恢复默认前景色，创建“图层 4”图层，为突出眼球部分，使用画笔在眼球中间部分绘制，进一步加深颜色。

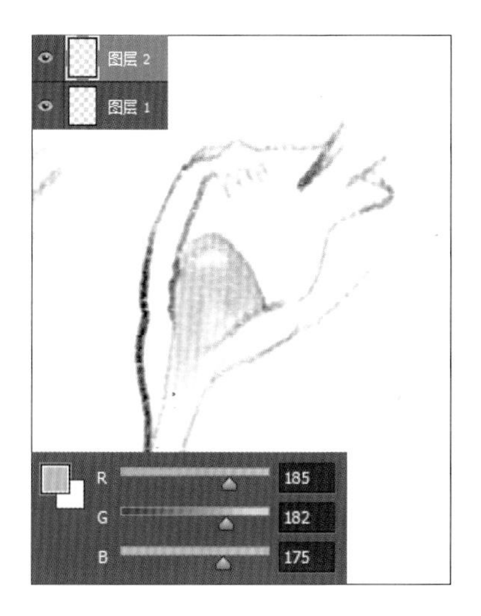

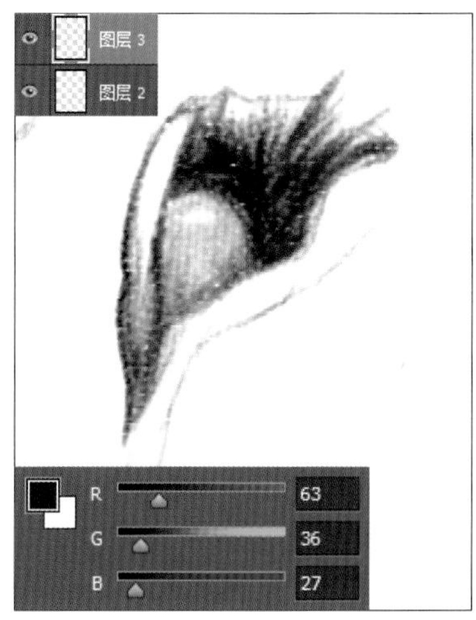

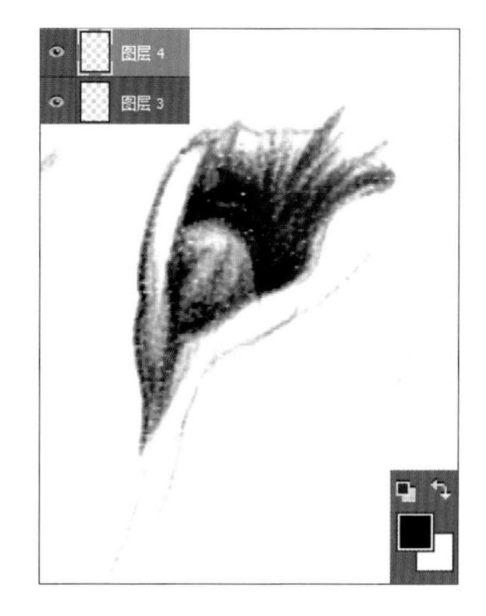

09 创建“图层 5”图层，打开“颜色”面板，设置前景色为肉色，具体颜色值为 R222、G194、B190。为了让绘制的线条更细一些，单击“画笔”面板中的“锐化笔尖”按钮，锐化画笔笔尖，然后在“画笔工具”选项栏中调整画笔“不透明度”为 20%，用画笔在鼻头位置绘制，铺上一层底色。

10 打开“颜色”面板，设置前景色为 R186、G183、B176，创建“图层 6”图层，使用画笔继续在鼻头位置绘制，叠加灰色部分。

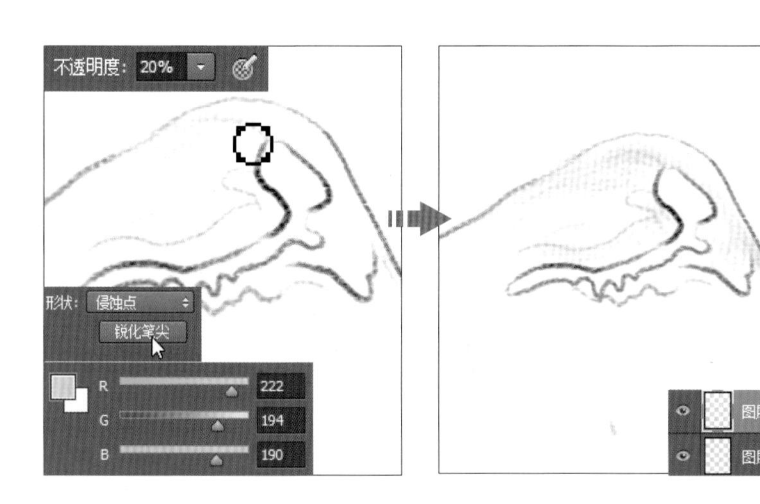

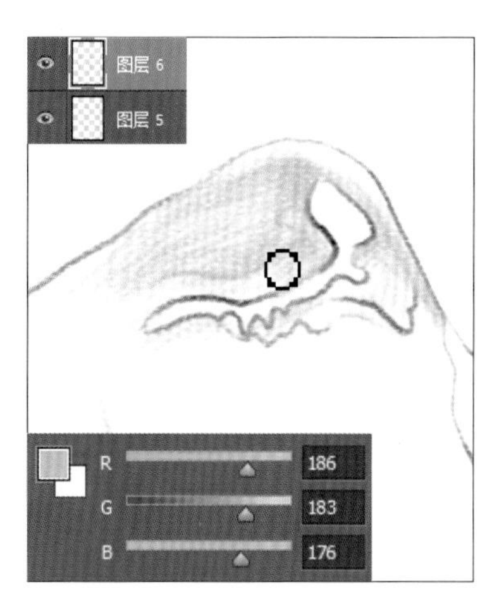

11 为增强鼻子部分的立体感，可以加深鼻孔区域。创建“图层7”图层，设置前景色为黑色，设置画笔“不透明度”为75%，使用画笔在鼻孔位置涂抹，绘制出黑色的鼻孔效果。

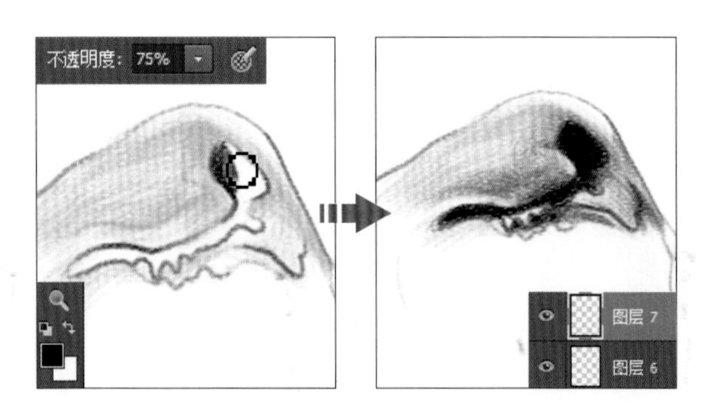

12 创建“图层8”图层，在“颜色”面板中设置前景色为R207、G206、B202。在“画笔工具”选项栏中设置“不透明度”为30%、“流量”为40%，运用画笔在金毛的嘴和脸部绘制灰色的毛发，绘制时需要按照毛发生长方向排线。

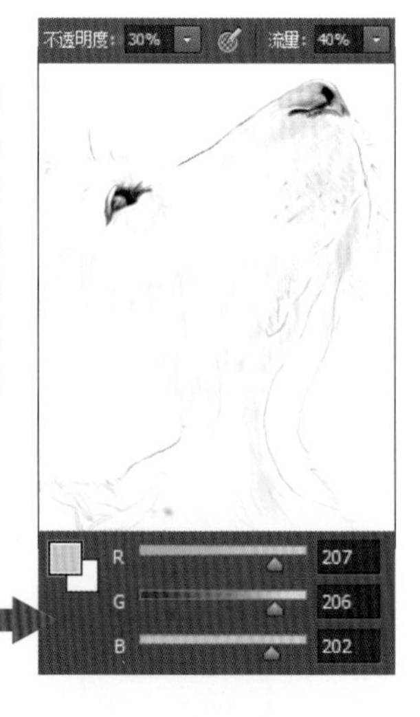

13 创建“图层9”图层，打开“颜色”面板，设置前景色为肉粉色，颜色值为R248、G199、B180，运用画笔在鼻子和眼皮上方涂抹，绘制出肉色的毛发。

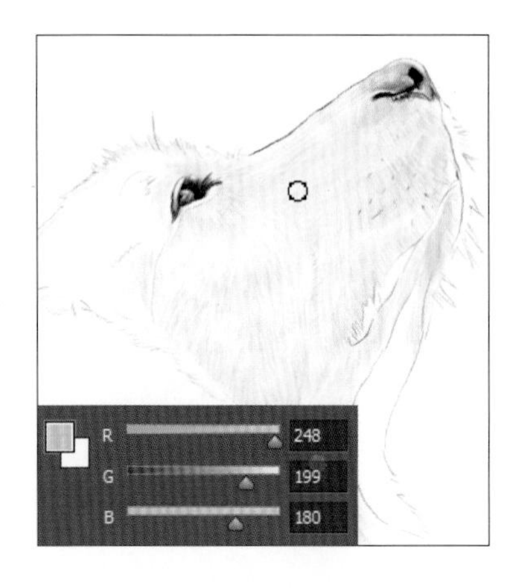

14 为让毛发呈现出层次感，选中“图层9”图层，在“画笔工具”选项栏中设置“不透明度”为50%，继续用画笔在鼻子上方涂抹，绘制更亮一些的颜色。

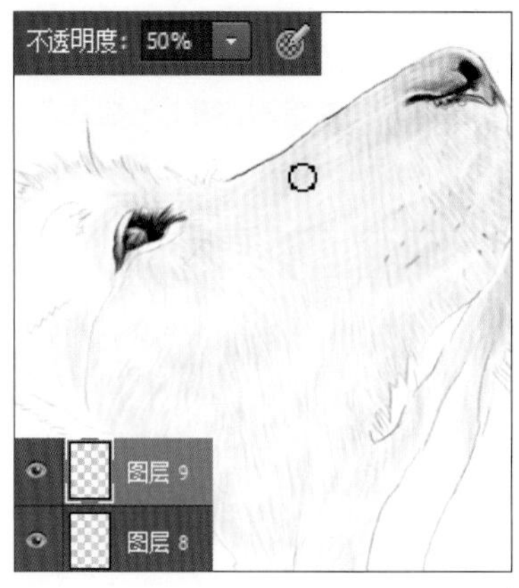

15 创建新图层，在“颜色”面板中设置前景色为R178、G89、B59。在“画笔工具”选项栏中设置画笔“不透明度”为20%、“流量”为40%。运用画笔在鼻梁、眼眶和咽喉处绘制，叠加颜色，进一步增强立体感。

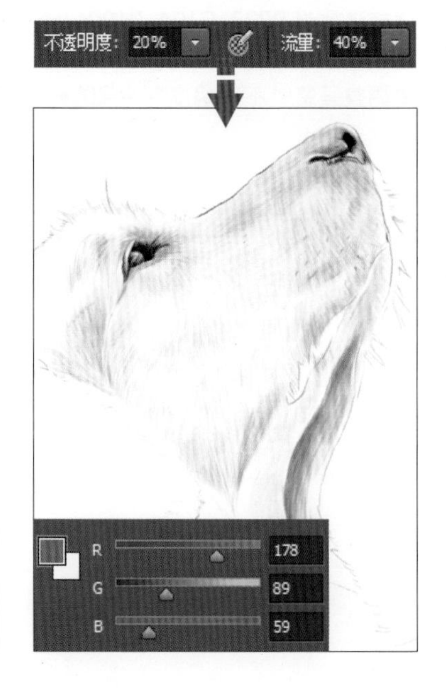

技巧提示 调整画笔不透明度使颜色自然过渡

使用画笔绘制毛发时，可以通过调整“不透明度”控制颜色的深度。“不透明度”值设置得越高，绘制的颜色越鲜艳。

16 创建“图层 11”图层，打开“颜色”面板，设置前景色为肉粉色，颜色值为 R224、G122、B48。单击“画笔”面板中的“锐化笔尖”按钮，在头部绘制出不同长短的毛发，绘制时调整画笔“不透明度”为 40%，使绘制的毛发颜色过渡更自然。

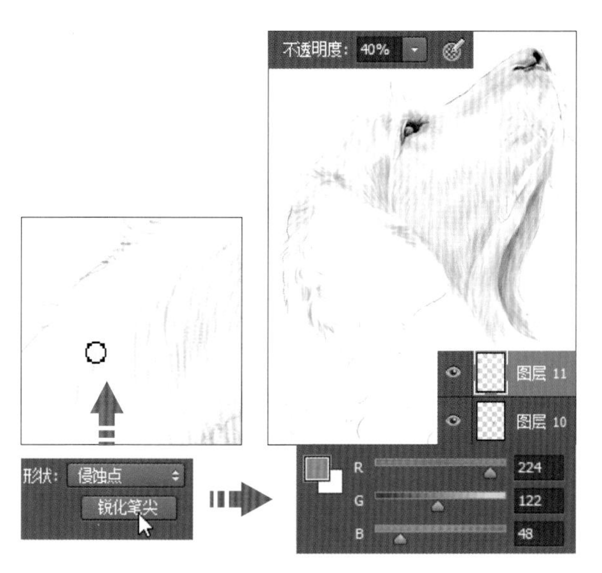

17 打开“颜色”面板，更改前景色为 R63、G36、B27。单击“创建新图层”按钮，新建“图层 12”图层，用画笔绘制出嘴部的深色部分。

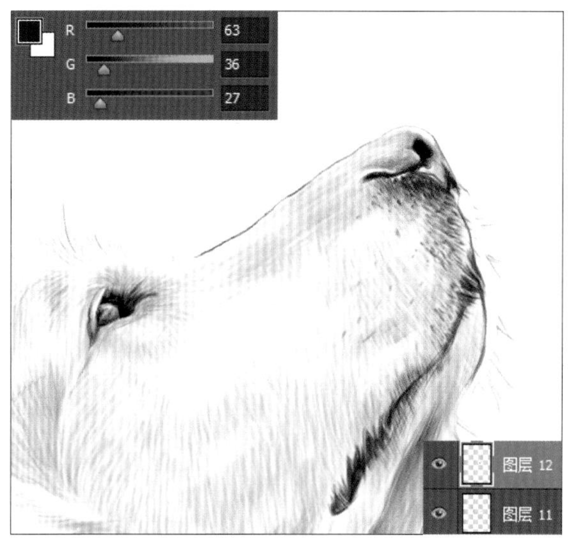

18 打开“颜色”面板，更改前景色为 R223、G121、B47。单击“创建新图层”按钮，新建“图层 13”图层，用画笔在耳朵和颈部绘制出金黄色的毛。

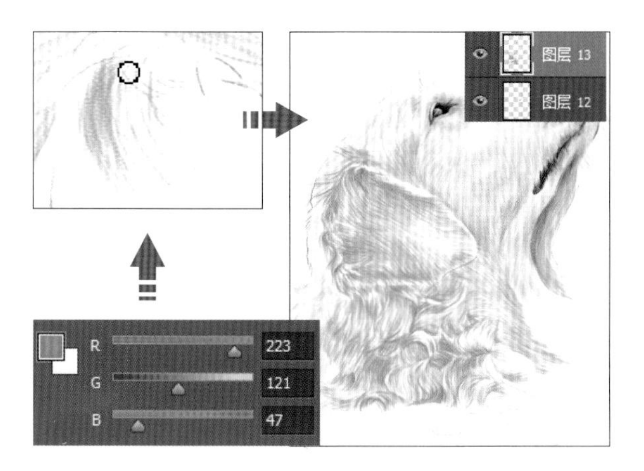

19 打开“颜色”面板，设置前景色为 R176、G89、B57，新建“图层 14”图层，把画笔移到耳朵和颈部毛发边缘位置，单击并涂抹，绘制颜色更深一些的毛发，使毛变得更加有层次。

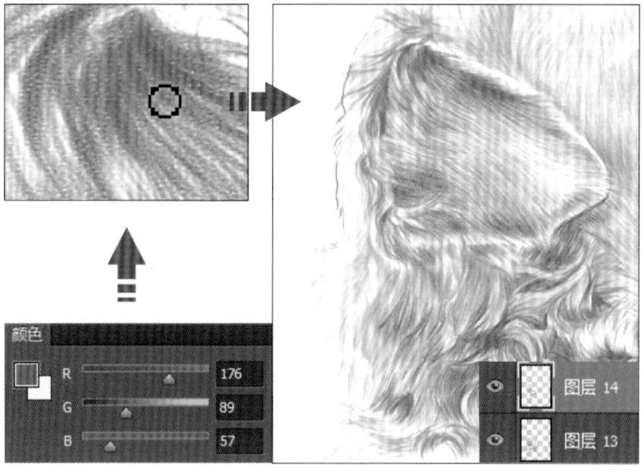

20 打开“颜色”面板，更改前景色为深褐色，具体参数值为 R63、G36、B27，在“画笔工具”选项栏中设置“不透明度”为 80%。新建“图层 15”图层，在耳朵的上方和下方的边缘内侧描绘，加深投影，突显耳朵部分。

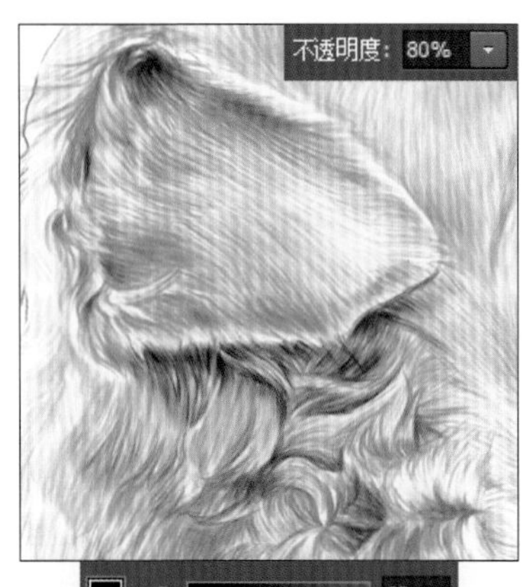

21 打开“颜色”面板，更改前景色为 R252、G223、B209，单击“创建新图层”按钮，新建“图层 16”图层，用画笔在留白的身体部分绘制肉粉色的毛发。

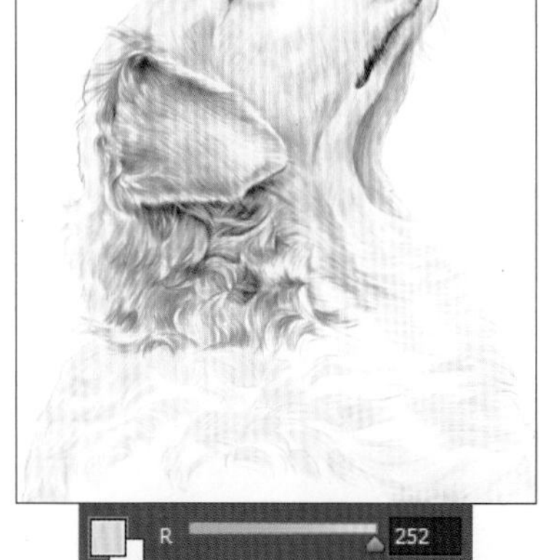

22 打开“颜色”面板，更改前景色为 R223、G121、B47，新建“图层 17”图层，用画笔在金毛身上绘制橙色的毛发，增强毛发的层次感。

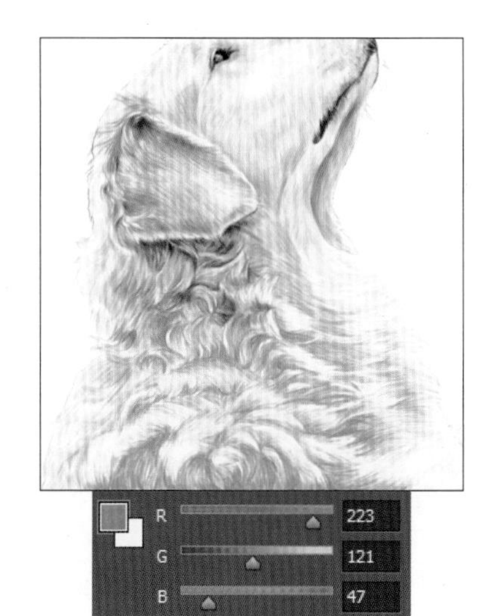

23 打开“颜色”面板，设置前景色为 R177、G88、B58，设置后创建“图层 18”图层，用画笔沿着线稿轻轻绘制出金毛的边缘，加深颜色。

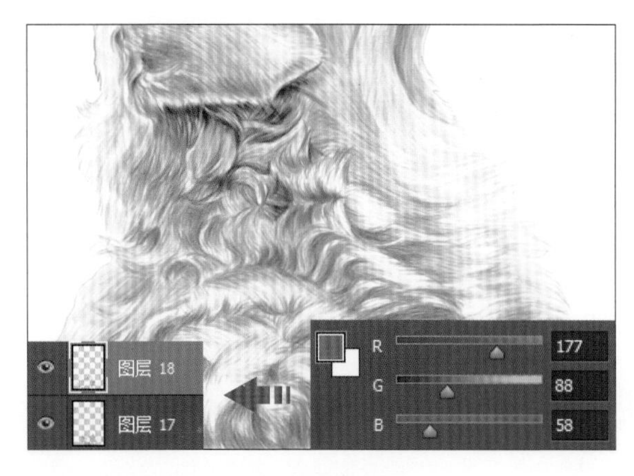

24 新建“图层 19”图层，打开“颜色”面板，设置前景色为 R63、G36、B27，用深褐色绘制出嘴部的深色处，在边缘与浅色毛交汇处要竖向用笔，使颜色过渡更自然。

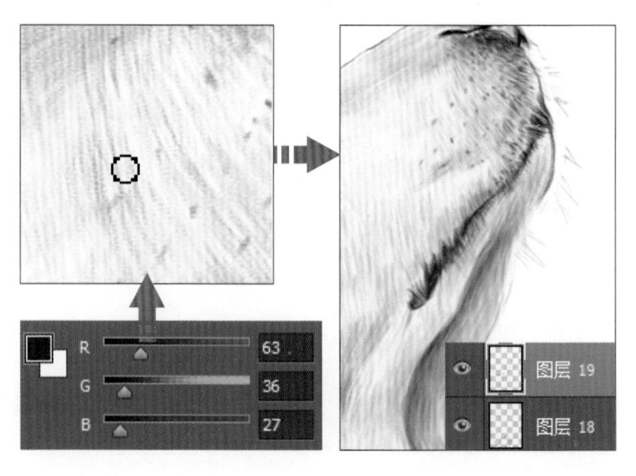

25 选中“图层 19”图层，将画笔移至耳朵旁边绘制，继续用深褐色叠加在耳朵的上方和下方的边缘内侧，起到加深投影、突显耳朵的作用。

26 新建“图层 20”图层，打开“颜色”面板，设置前景色为 R224、G122、B48，用画笔沿着线稿轻轻绘制出金毛的边缘，强调明确的轮廓线条。

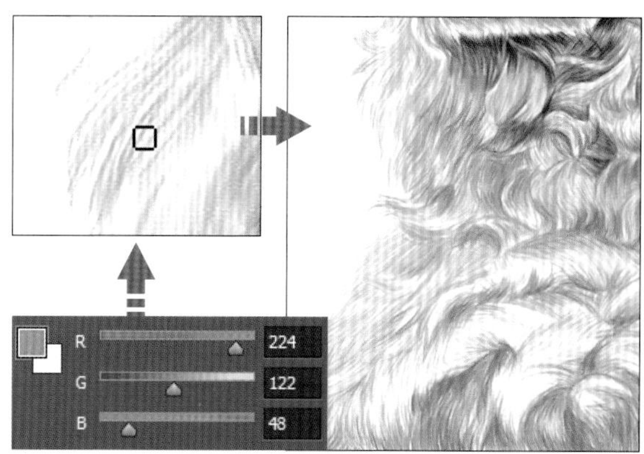

27 新建“图层 21”图层，选择“画笔工具”，在选项栏中展开“画笔预设”选取器，单击选择“柔边圆”画笔，设置画笔大小为 6 像素、“不透明度”为 90%，设置前景色为白色，用画笔在脸部绘制出金毛的胡须。

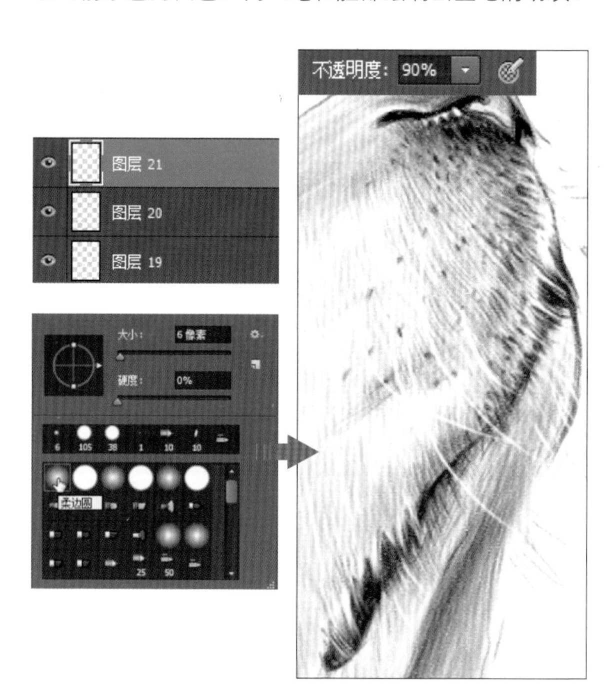

28 由于太过明显的黑色线稿影响了整体的效果，所以打开“图层”面板，单击“线稿”图层前的“指示图层可见性”图标，将“线稿”图层隐藏，至此已完成本实例的绘制。

7.4 兔子

兔是哺乳类兔形目兔科下属所有属的总称。兔具有管状长耳（耳长大于耳宽数倍）、簇状短尾、比前肢长得多的强健后肢，毛色有白色、黑色、灰色、灰褐色、黄灰色、土黄色及夹花等。

绘画要点

本实例的绘制对象是拥有白色毛的兔子，所以要采用留白的处理方式。为了表现它的轮廓特点，要根据受光情况在暗部区域上色，表现其明暗层次。同时，为了让画面更为完整，对装兔子的木箱也进行了着重描绘，根据箱子的纹理走向，分别采用不同的用笔方向，通过长线条的排线方式，突出其材质特点。

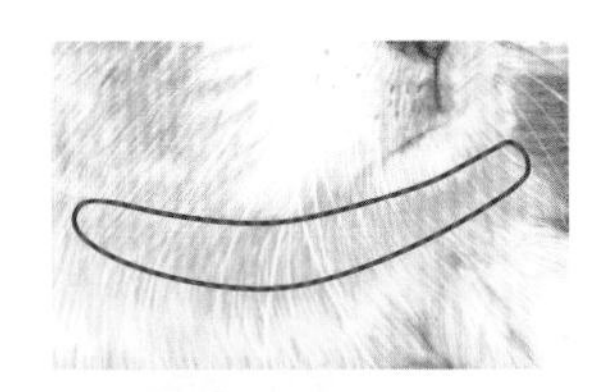

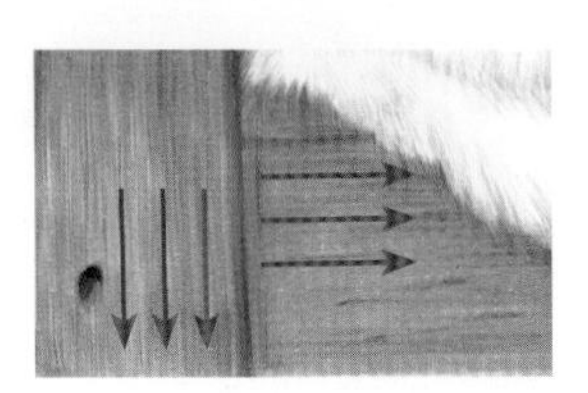

色彩搭配

在此绘画作品中，黄褐色构成了画面的主色调，黄褐色的木箱与兔子头部的毛发颜色相互呼应，搭配淡蓝色背景，给人留下更深刻的印象。

源文件　随书资源 \ 源文件 \07\ 兔子 .psd

01 执行“文件 > 新建”菜单命令，打开“新建”对话框，在“名称”文本框中输入“兔子”，然后在下方设置新建文件的大小，单击“确定”按钮，新建文件。

02 单击工具箱中的“画笔工具”按钮，选中“画笔工具”，单击工具选项栏中的“点按可打开‘工具预设’选取器”按钮，在打开的“工具预设”选取器下方单击选中“2B 铅笔”画笔预设，选择后工具箱中会自动根据所选画笔更改画笔笔尖颜色。

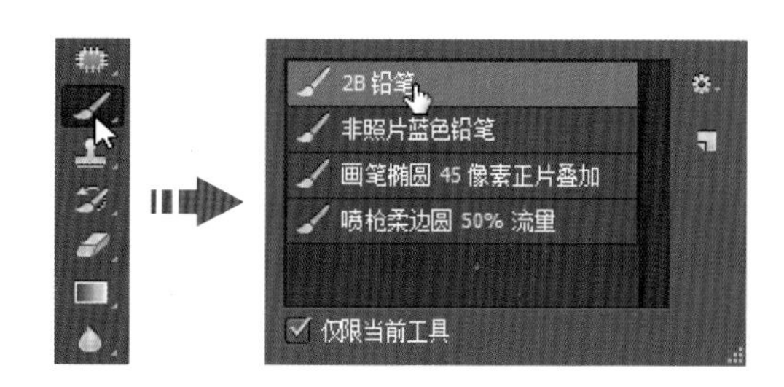

03 单击“图层”面板中的“创建新图层”按钮，新建“线稿”图层，在选项栏中设置“不透明度”为 30%，用铅笔绘制线稿部分。绘制眼睛部分时，可以将画笔的颜色更改为黑色，“不透明度”为 100%，对其进行着重刻画，使线条更加清晰。

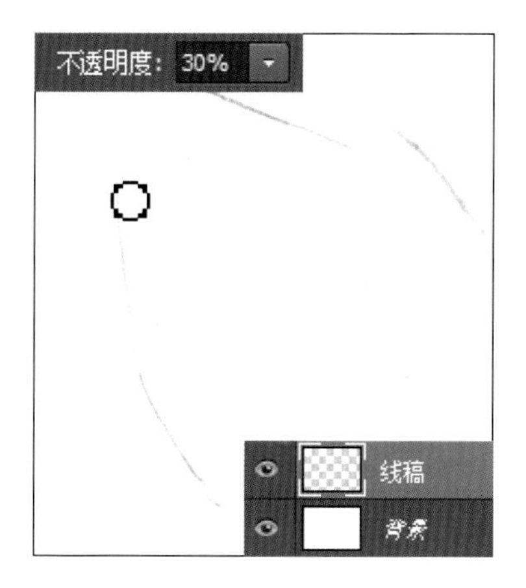

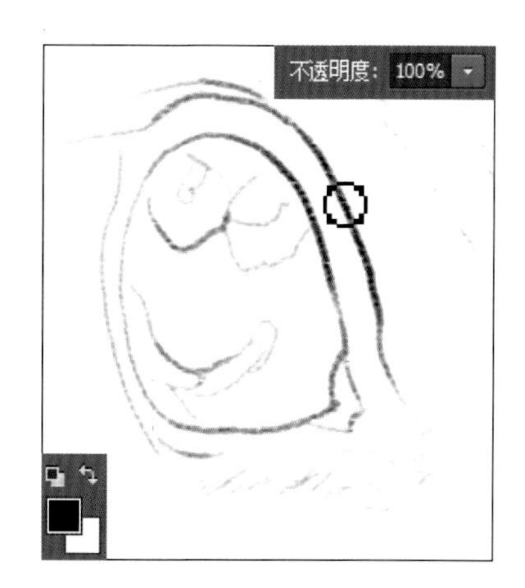

04 为便于上色，在“图层”面板中选中“线稿”图层，连续按下快捷键 Ctrl+J，复制图层，创建“线稿 拷贝”和“线稿 拷贝 2”图层，此时在图像窗口中可以看到颜色更深的线稿图像。

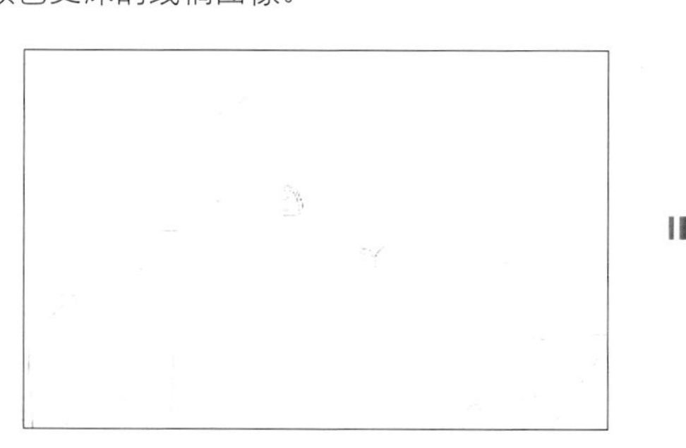

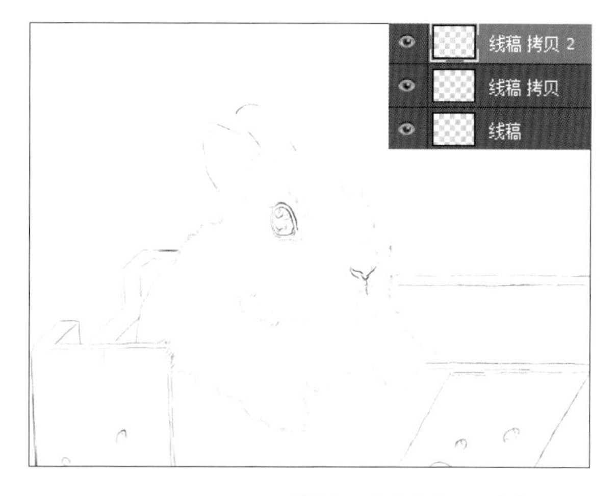

05 单击“图层”面板下的“创建新图层”按钮，新建“图层 1”图层。打开“颜色”面板，设置前景色为 R70、G75、B159，设置画笔“不透明度”为 55%，用画笔绘制出眼睛隐约透出来的一层颜色。

06 新建“图层 2”图层，单击工具箱中的“默认前景色和背景色”按钮，设置前景色为黑色，使用画笔在眼球位置绘制，在眼球上方叠加一层黑色。

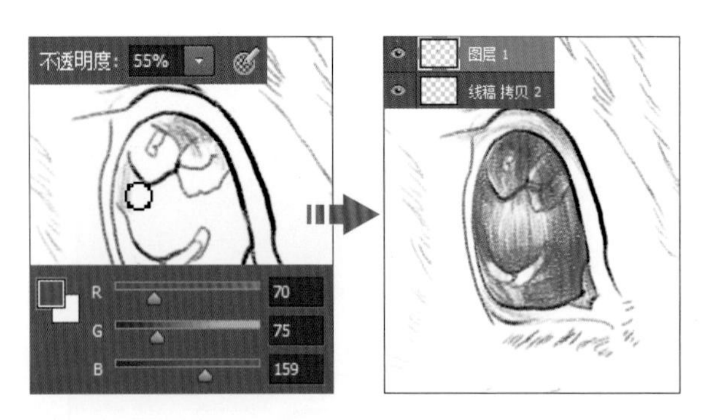

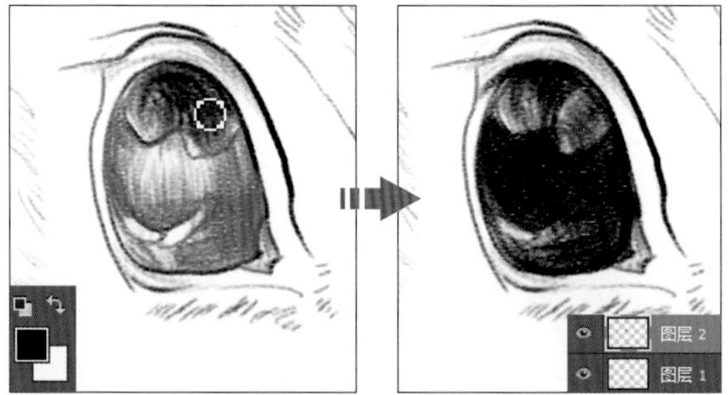

07 创建“图层 3”图层，在“画笔工具”选项栏中设置画笔“不透明度”为 20%，降低画笔不透明度。打开“颜色”面板，设置前景色为 R248、G199、B180，运用画笔在内眼角部分绘制。

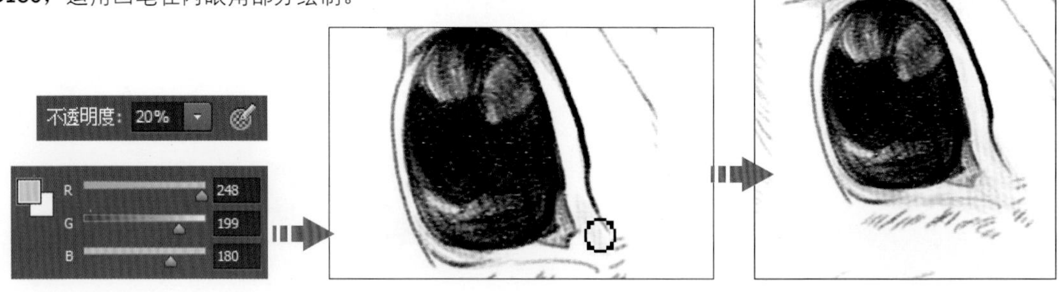

08 新建“图层 4”图层，打开“颜色”面板，设置前景色为 R242、G154、B192，运用画笔绘制桃红色眼睑，使眼睑颜色更有层次感。

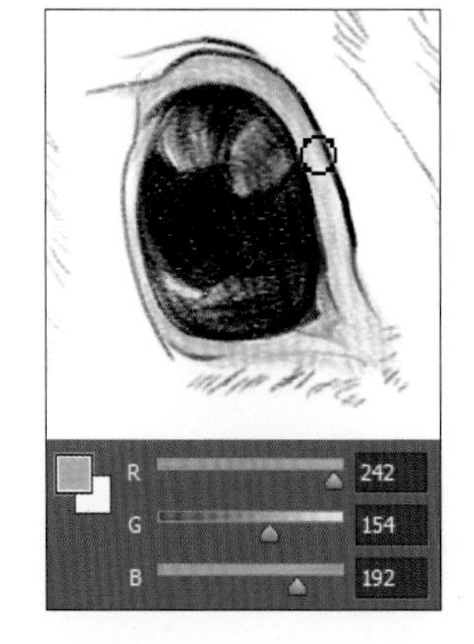

09 打开“颜色”面板，设置前景色为 R157、G94、B43，新建“图层 5”图层，设置画笔“不透明度”为 40%。用画笔绘制褐色的眼睑部分，通过颜色的叠加，加深眼睛的轮廓。

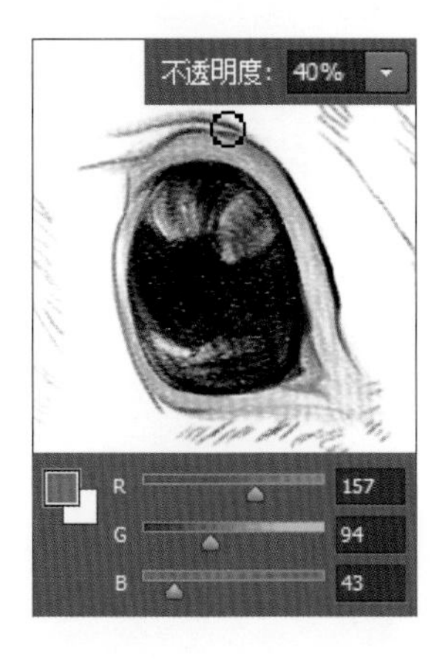

10 创建新图层，打开“颜色”面板，设置前景色为 R250、G199、B180，在“画笔工具”选项栏中设置“不透明度”为 30%，运用画笔在鼻子和耳朵位置绘制，将其填充为肉粉色。

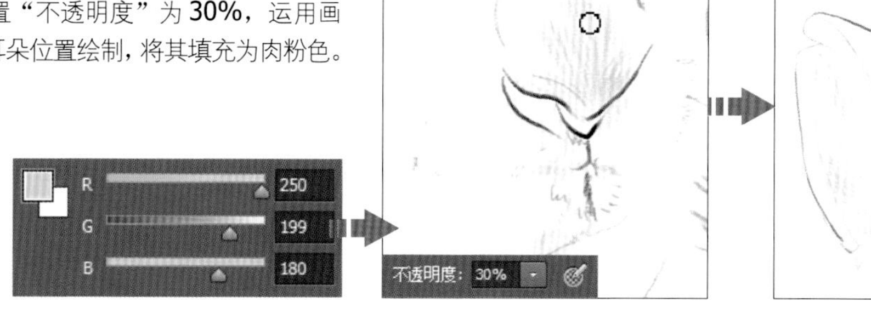

11 打开“颜色”面板，设置前景色为 R244、G156、B194。创建“图层 7”图层，用画笔在鼻底和鼻子下方的毛发处绘制，叠加桃红色的毛发。

12 打开“颜色”面板，设置前景色为 R207、G77、B85，创建“图层 8”图层，运用画笔在与步骤 12 相同的位置上绘制，叠加曙红色的毛发。

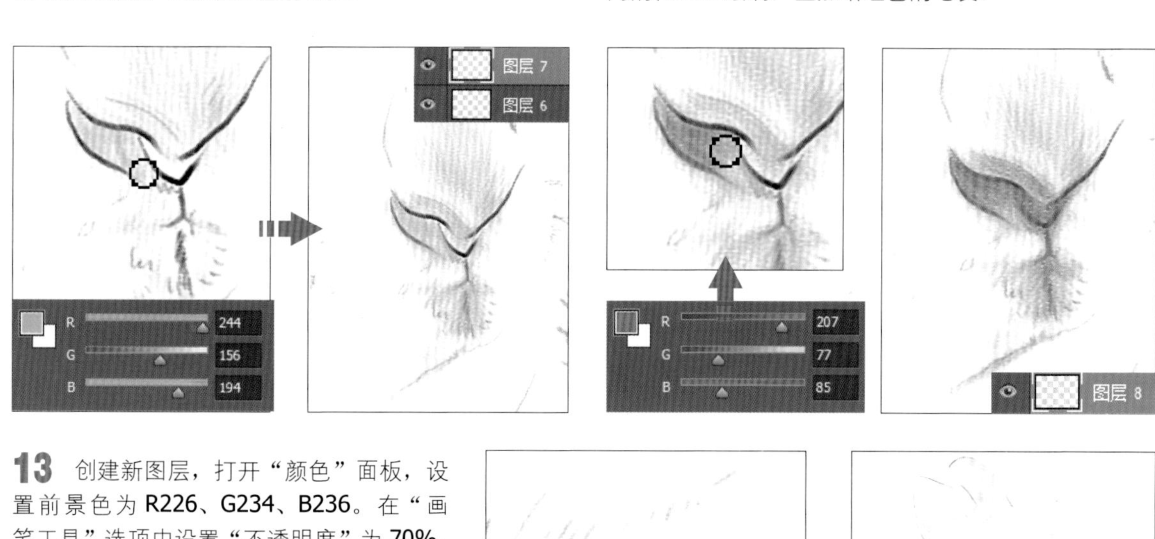

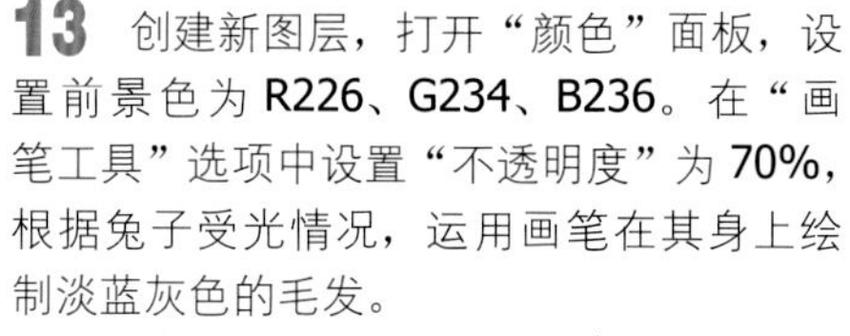

13 创建新图层，打开“颜色”面板，设置前景色为 R226、G234、B236。在“画笔工具”选项中设置“不透明度”为 70%，根据兔子受光情况，运用画笔在其身上绘制淡蓝灰色的毛发。

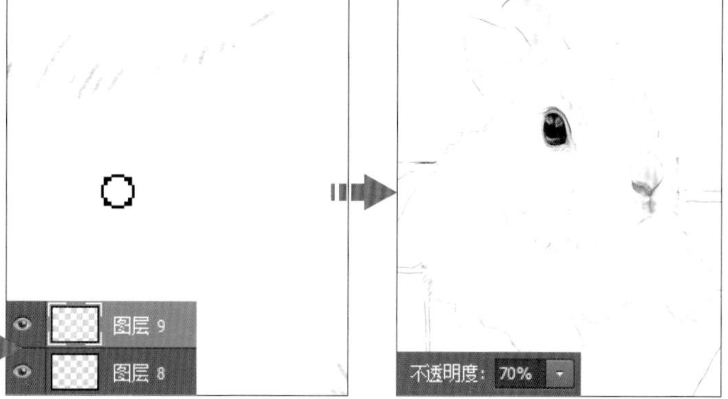

14 新建“图层 10”图层，打开“颜色”面板，设置前景色为 R222、G188、B160。打开“画笔”面板，在面板中单击“锐化笔尖”按钮，锐化画笔笔尖，然后运用画笔绘制兔子身上的毛发。

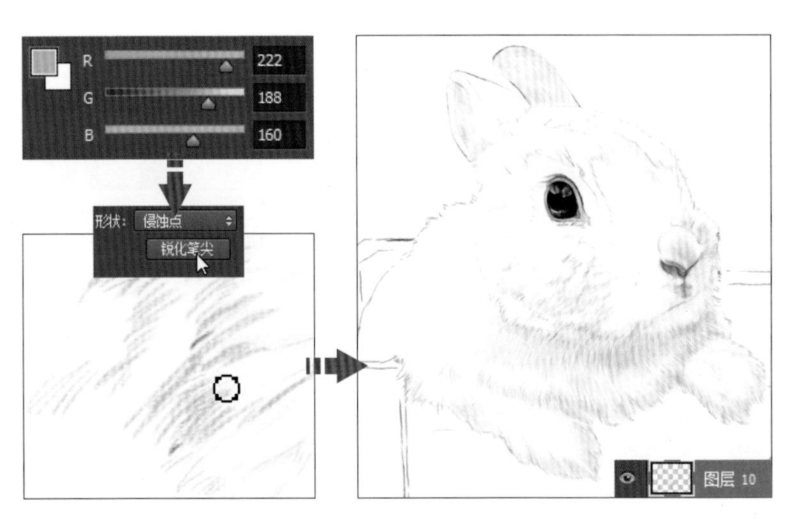

15 为了表现兔子身上的花纹走势，新建“图层 11”图层，打开“颜色”面板，设置前景色为 R236、G165、B87，在头部绘制橙黄色的毛发。

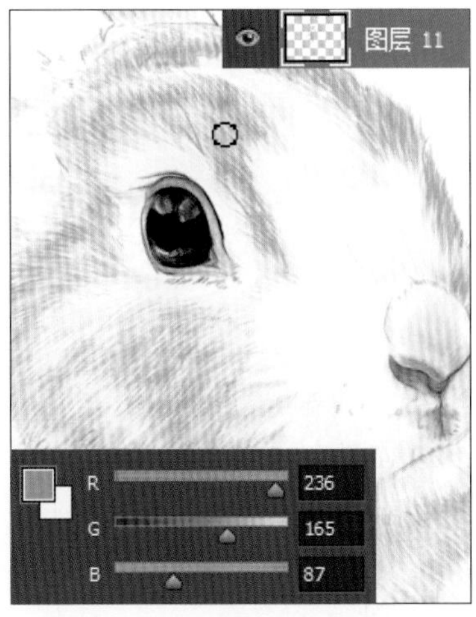

16 创建新图层，打开“颜色”面板，设置前景色为 R235、G164、B86，运用画笔在耳朵处绘制，加深毛发颜色。

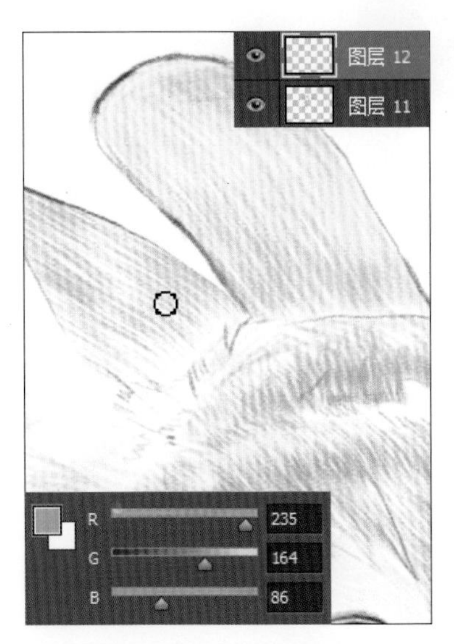

17 新建“图层 13”图层，打开“颜色”面板，设置前景色为 R209、G85、B31，在“画笔工具”选项栏中设置“不透明度”为 20%，运用画笔在兔子身体以及耳朵位置绘制不同深浅的毛发效果。

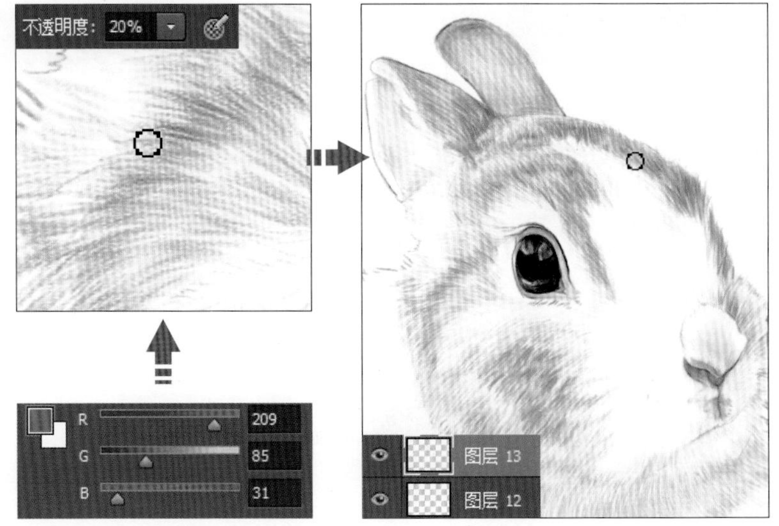

18 打开“颜色”面板，更改前景色为 R179、G90、B60，选中“图层 13”图层，继续用画笔在兔子的头部以及耳朵等位置涂抹，绘制颜色更深一些的毛。

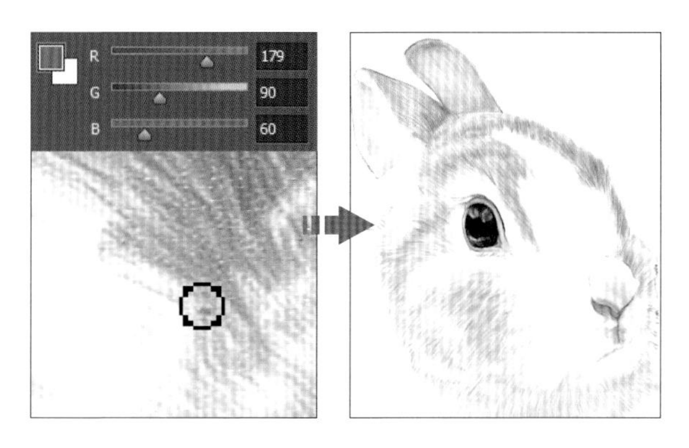

19 创建新图层，打开“颜色”面板，更改前景色为 R211、G81、B89，使用画笔在耳朵位置涂抹，绘制粉紫色的毛发。

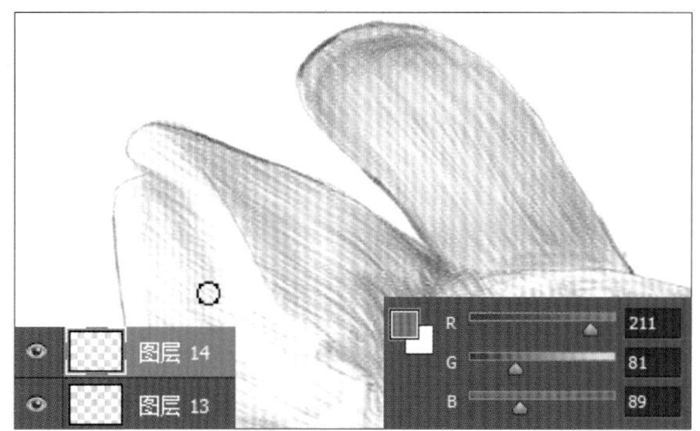

20 选中“图层 14”图层，将画笔移至兔子的鼻底和鼻孔位置涂抹，加深颜色。

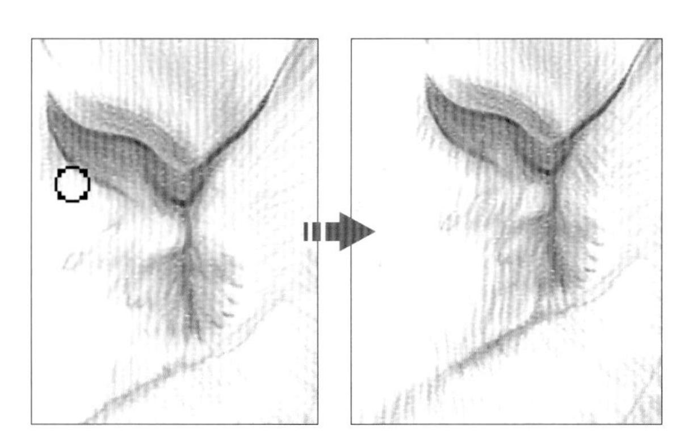

21 打开“颜色”面板，设置前景色为 R248、G193、B17，创建新图层，用画笔在兔子左脸以及边缘处涂抹，绘制亮色的毛发部分。

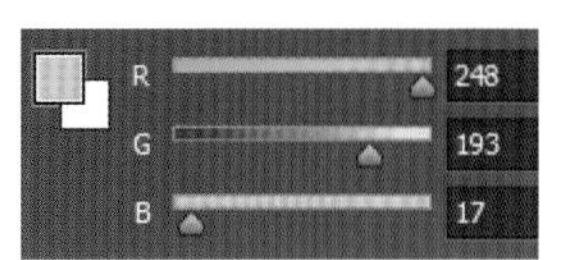

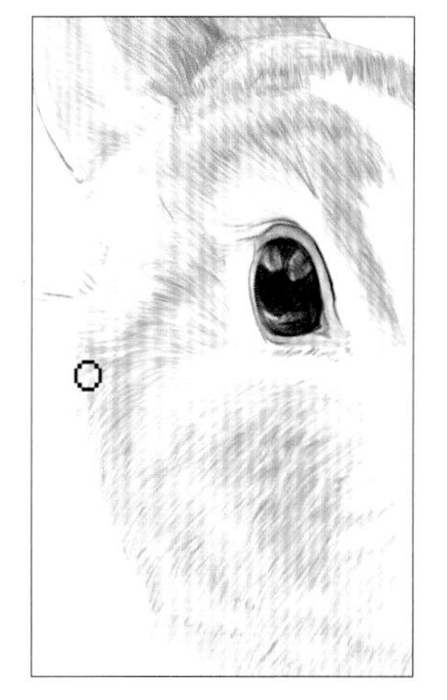

22 打开“颜色”面板，在面板中根据木箱的颜色特征，设置前景色为 R235、G164、B86，新建“图层 16”图层，用画笔在木箱位置涂抹，为其上色。

R 235
G 164
B 86

23 新建“图层17”图层，在“颜色”面板中设置前景色为R207、G83、B29，运用画笔在木箱上涂抹，叠加一层颜色，再打开“颜色”面板，更改前景色为R178、G89、B59，运用画笔在木箱上绘制，勾勒出一些木纹，突出其材质特征。

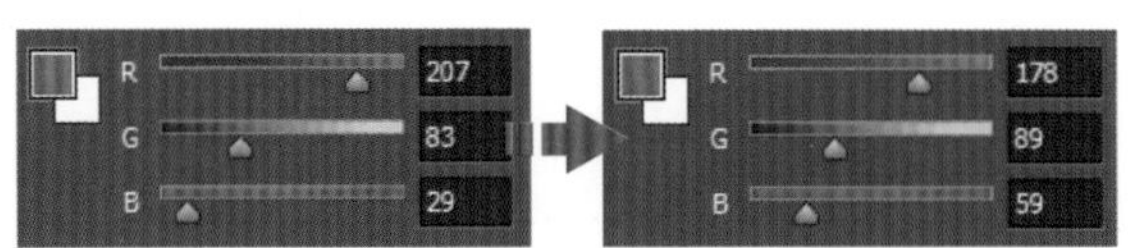

24 为进一步突显木箱的纹理质感，新建“图层18”图层，打开“颜色”面板，在面板中更改颜色为深褐色，颜色值为R66、G39、B30，运用画笔在需要突出的纹理位置涂抹，加深图像。

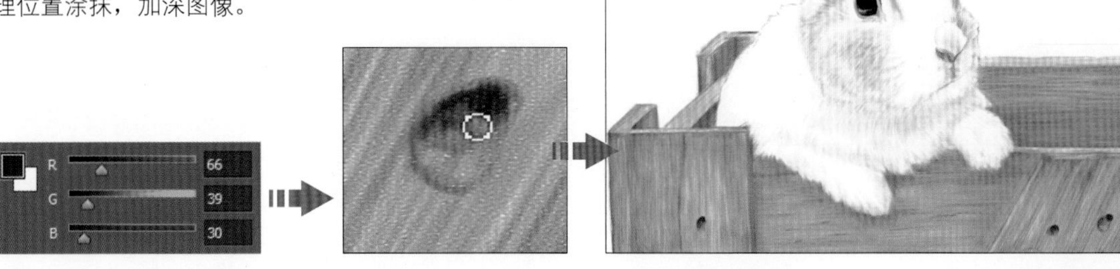

25 打开“颜色”面板，设置前景色为R225、G197、B193，创建新图层。将画笔移至兔子脖子下方单击并涂抹，绘制紫灰色的毛发，使毛发色彩变化更加丰富。

26 为突出眼睛部分，可以适合加深眼睛周围的毛发颜色。打开“颜色”面板，设置前景色为R64、G37、B28，新建“图层20”图层，将画笔移至眼睛上方，绘制深色毛发。

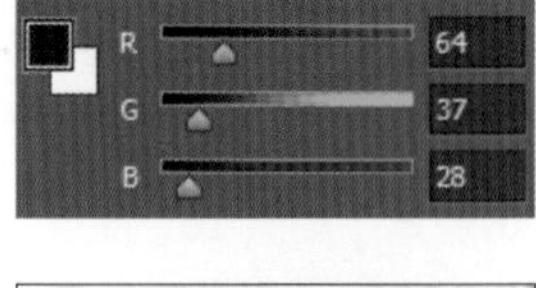

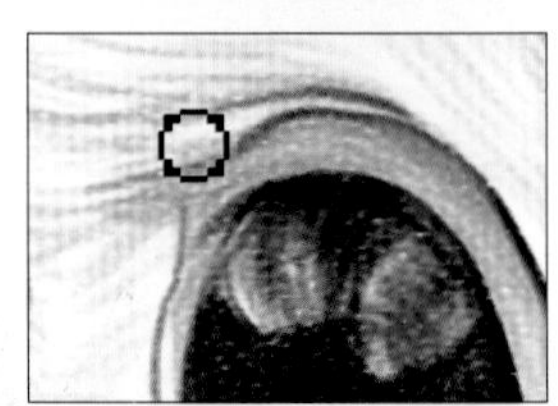

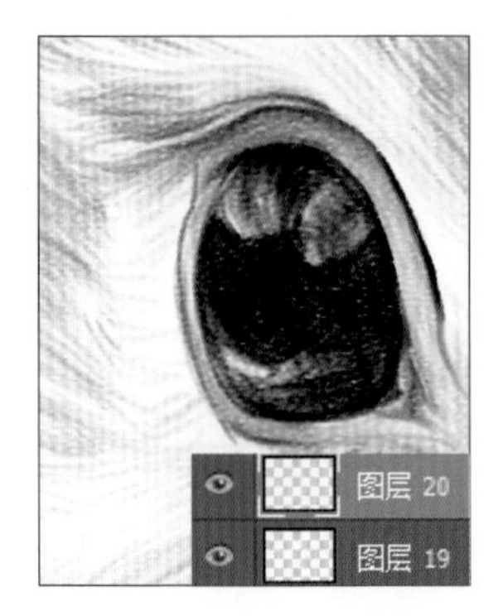

27 选中“图层 20”图层，继续使用画笔在眼睛上方以及鼻子右侧绘制更多的深色的毛。

28 打开“颜色”面板，设置前景色为 R209、G79、B87，在鼻底和鼻孔位置绘制，再次加深此区域的颜色。

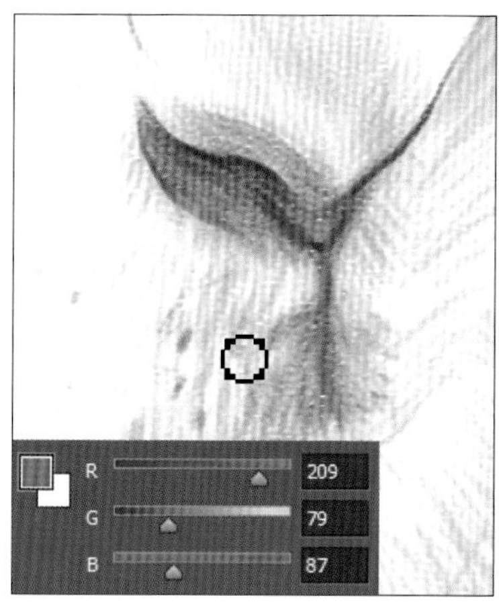

29 打开“颜色”面板，设置前景色 R209、G157、B47，在脚部边缘位置绘制，再次加深此区域的颜色。

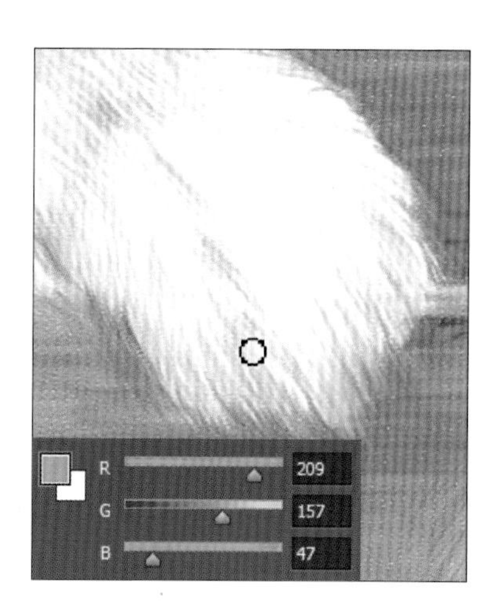

30 确认“画笔工具”为选中状态，单击并展开“画笔预设”选取器，在其中选择“柔边圆”画笔，然后设置前景色为白色，新建“图层 21”图层，在兔子嘴巴旁边绘制白色的胡须。

31 单击“画笔工具”选项栏中画笔右侧的“点按可打开‘工具预设’选取器”按钮，在打开的“工具预设”选取器中选择“2B 铅笔”画笔，然后打开“颜色”面板，设置前景色为 R226、G236、B238。

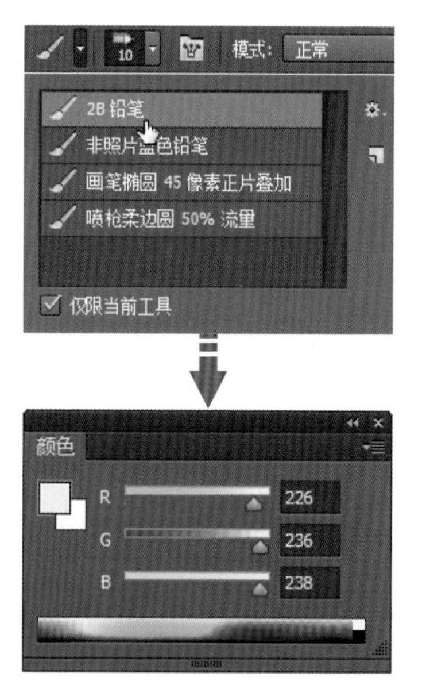

32 新建“图层 22”图层，适当降低不透明度，从木箱和兔子边缘开始向外排线，绘制出淡蓝灰色的背景。

33 新建“图层 23”图层，打开“颜色”面板，设置前景色为 R141、G190、B222，在“画笔工具”选项栏中设置“不透明度”为 30%，运用画笔在与兔子旁边背景位置绘制，叠加颜色，使背景呈现更自然的层次变化。

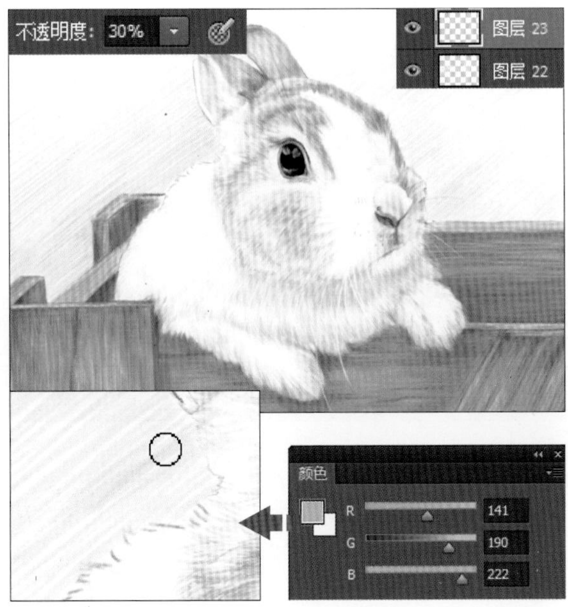

34 打开“图层”面板，在面板中单击“线稿 拷贝 2”“线稿 拷贝”图层前的“指示图层可见性”图标，将“线稿 拷贝 2”和“线稿 拷贝”图层隐藏起来，至此，已完成本实例的绘制。

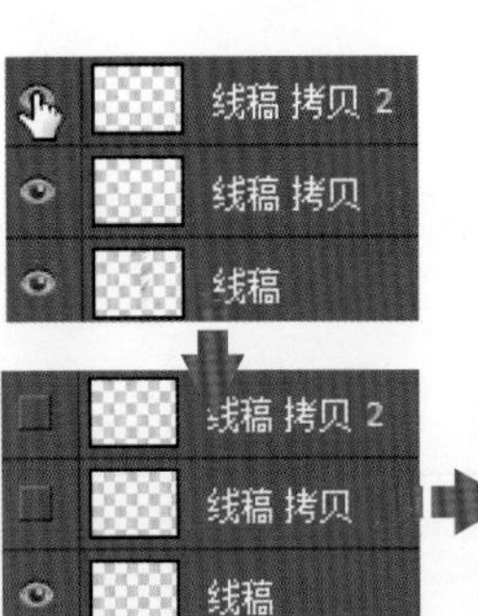